施威銘研究室 著

最新C++程式語言

旗標出版股份有限公司

感謝您購買旗標書,
記得到旗標網站
www.flag.com.tw
更多的加值內容等著您…

● FB 官方粉絲專頁:旗標知識講堂

● 旗標「線上購買」專區:您不用出門就可選購旗標書!

● 如您對本書內容有不明瞭或建議改進之處,請連上旗標網站,點選首頁的 聯絡我們 專區。

若需線上即時詢問問題,可點選旗標官方粉絲專頁留言詢問,小編客服隨時待命,盡速回覆。

若是寄信聯絡旗標客服 emaill, 我們收到您的訊息後,將由專業客服人員為您解答。

我們所提供的售後服務範圍僅限於書籍本身或內容表達不清楚的地方,至於軟硬體的問題,請直接連絡廠商。

學生團體　訂購專線:(02)2396-3257 轉 362
　　　　　傳真專線:(02)2321-2545

經銷商　服務專線:(02)2396-3257 轉 331
　　　　將派專人拜訪
　　　　傳真專線:(02)2321-2545

國家圖書館出版品預行編目資料

最新 C++ 程式語言 / 施威銘研究室著

-- 初版. -- 臺北市 : 旗標, 民94 面 ; 公分

ISBN 957-442-314-X (平裝附光碟片)

1. C++(電腦程式語言)

312.932C　　94020790

作　　者/施威銘研究室

發 行 所/旗標科技股份有限公司

台北市杭州南路一段15-1號19樓

電　　話/(02)2396-3257(代表號)

傳　　真/(02)2321-2545

劃撥帳號/1332727-9

帳　　戶/旗標科技股份有限公司

監　　督/楊中雄

執行企劃/張清徽

執行編輯/張清徽・黃昕暐

美術編輯/薛榮貴・蔡盈貞・雷雅婷

封面設計/蔡盈貞

校　　對/黃昕暐・張清徽・陳膺任

新台幣售價:560 元

西元 2024 年 2 月 初版 28 刷

行政院新聞局核准登記-局版台業字第 4512 號

ISBN 957-442-314-X

旗標程式語言學習地圖

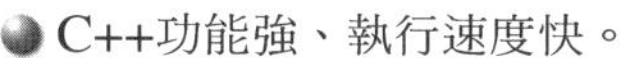

書名：最新 C++ 程式語言

- C++功能強、執行速度快。
- 使用最普遍的物件導向程式語言。
- 軟體公司開發專案的首選。

書名：最新 Java2 程式語言

- Java是目前最熱門的物件導向程式語言。
- 學會Java再通過考試認證, 工作更有保障。

- C的結構簡單、應用廣泛。
- 硬體控制仍是以C爲主。
- 學會C後再學其它語言也很容易。

書名：最新 C 程式語言

- Visual Basic.NET易學易用。
- 學會Visual Basic.NET能立即開發Windows應用程式。

書名：新觀念的 Visual Basic.NET 教本

序 Preface.....

物件導向程式設計爲目前軟體界的大勢所趨, 在這個領域也不斷有新技術新產品。但既使如此, 已有超過 20 年歷史的 C++ 程式語言, 卻仍佔有一席之地, 未被其它新技術擊倒。除了是因爲用 C++ 開發的應用程式執行效率高的優點外, 另一方面, C++ 也隨時代進步, 在新標準制定時納入了衆多程式設計人員的建議, 強化了 C++ 語言的功能, 因此要用 C++ 撰寫功能強大的應用程式, 也變得更方便。

雖然 C++ 是由 C 語言發展而來的, 不過閱讀本書並不需具備 C 語言的知識, 既使您未學過任何程式語言, 也能循本書的指引, 一步步學會 C++ 程式設計。本書在說明基本的語法之餘, 也都會在適當的地方提醒初學者應注意的事項, 幫助讀者避開在學習起步過程中可能犯的錯誤, 減少學習挫折。

由於 C++ 的領域博大精深, 身爲一本入門書籍, 無法涵蓋所有 C++ 的主題。期盼本書能先將讀者帶入 C++ 的世界, 讓讀者能以較輕鬆的學習歷程跨過 C++ 的入門學習門檻, 之後讀者自有能力再探索其它的 C++ 進階技術。

最後並感謝 Dev-C++ 開發團隊以 GPL 授權開放 Dev-C++ 軟體, 讓本書能將實用的 C++ 整合開發環境附於光碟, 提供讀者最佳的 C++ 學習體驗。

施威銘研究室

2005 年 冬

書附檔案下載

本書提供書中各章範例專案檔、Dev C++安裝程式和電子書下載，下載連結如下：

https://www.flag.com.tw/DL.asp?F5700

書附檔案內容包含下列三個部分：

- **DEV-C++：**此套整合開發環境為採用 GPL (GNU General Public License) 授權的自由軟體 (Free Software)。只要進入書附檔案中的 \devcpp 4 資料夾，雙按 **Setup.exe** 即可啟動安裝程式進行安裝，書附檔案中附有簡易操作說明供讀者參考。讀者亦可自行連上官方網站 (https://www.bloodshed.net/) 下載最新版本及查詢相關資訊。

- **書中所有的範例程式檔：**各章範例程式都存放在書附檔案的 **\Examples** 資料夾下，以該章為名的子資料夾中，例如第4章的範例程式 Ch04-01.cpp，就放在 \Examples\Ch04 資料夾中。在書中各範例程式開頭，均有標示其檔案名稱，供讀者參考。

- **附錄 D 電子書：**我們將本書『附錄 D-UML (Unified Modeling Language) 簡介』的內容製作成 PDF 電子書形式，讀者可在電腦上閱讀其內容。

讀者電腦若無閱讀 PDF 檔案格式的軟體，可至https://get.adobe.com/tw/reader/ 下載。

目錄 Contents.....

目錄 Contents.....

目錄 Contents.....

目錄 Contents.....

目錄 Contents.....

目錄 Contents.....

目錄 Contents.....

目錄 Contents.....

目錄 Contents.....

目錄 Contents.....

目錄 Contents.....

C++ 簡介

學習目標

- 認識程式語言
- 程式語言種類簡介
- C++ 歷史
- 認識 C++ 程式開發工具

本章將簡單介紹程式語言的功能與演進, 以及 C++ 程式語言的發展歷史, 接著再介紹目前主流的 C++ 應用程式開發工具, 帶領大家一步步的進入 C++ 程式設計的領域。

1-1 甚麼是程式語言？

身為電腦使用者, 我們常會說：『用 xx 程式來做 xx 事情。』那這麼多能做不同事情、發揮不同功效的應用程式是如何產生的呢？簡單的說, 是程式設計人員 (programmer) 寫出來的。而程式設計人員『寫程式』所用的語言, 就稱為電腦程式語言, 或簡稱**程式語言 (Programming Language)**。

既使未學過程式設計的人, 也可能聽過許多種不同的程式語言, 像是組合語言、 Basic 、C 、C++ 、 Java 、...等等。以下我們進一步來瞭解為什麼會有這麼多種不同的程式語言, 以及其間的差異。

1-1-1 程式語言的演進與分類

如果不考慮一百多年前的差分機 (Difference Engine), 第一個程式語言的出現至今才不過半個世紀多, 但在短短的 50 年, 就已發展出數量多到令人眼花撩亂的程式語言種類。程式語言大略可依如下的方式分類：

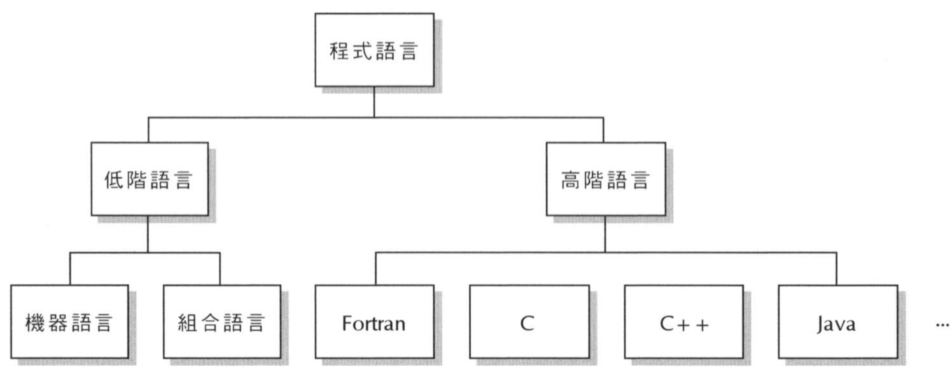

以下我們就簡單介紹這幾類不同的語言及其發展過程。

機器語言 (Machine Language)

對於電腦來說，它眞正所懂得的語言只有一種，就是**機器語言**。所謂的機器語言，其實是以特定的數字來表示電腦所能進行的各個動作，我們稱這些數字爲**機器碼 (Machine Code)**、或機器語言。舉例來說，如果把電腦比喻爲一個人，而 0 代表向前走一步、1 代表向後退一步、2 代表往左轉 90 度、而 3 代表往右轉 90 度。那麼當我們要命令這個人往前走三步、再往右走三步時，就必須下達『0003000』的指令，當電腦看到這一串數字後，就會依照每個數字所代表的意義做出指定的動作：

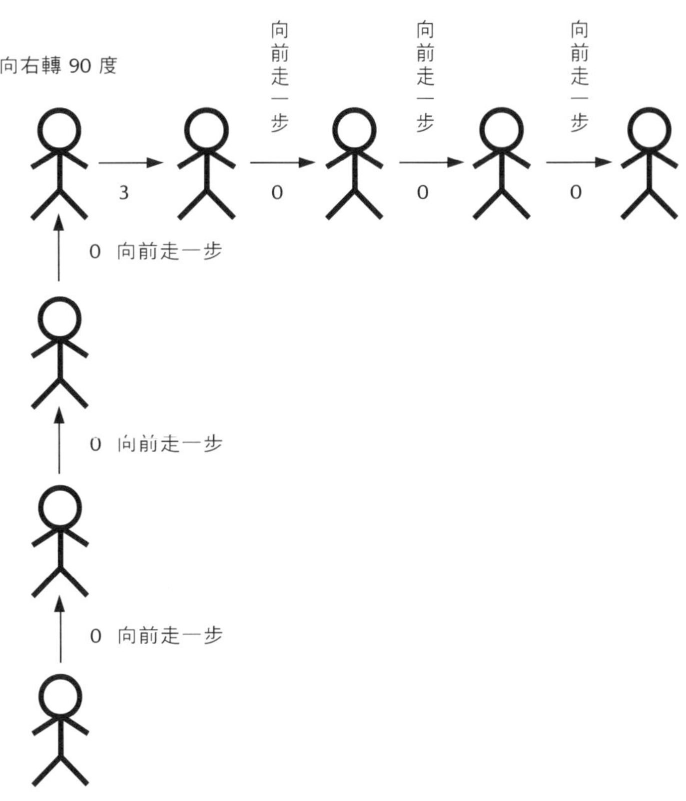

任何一個人都可以看得出來，這種以數字表達的語言並不適合人閱讀。因此大家很快就發現要用這種方式撰寫程式，實在太難、太辛苦了，所以人們就開始思考如何能以更友善的方式來撰寫程式。

組合語言 (Assembly)

爲了解決機器語言的難題，有人就想到了用一些符號來替代數字，以方便人們辨識各個指令。以前面的例子來說，如果以 forward 代替原本的 0 、backward 代替 1 、left 代替 2 、而用 right 替代 3 。那麼同樣要往前走三步、再往右走三步的程式，寫起來就變成這樣：

```
forward
forward
forward
right
forward
forward
forward
```

像是這樣使用文字符號替代機器碼撰寫程式的語言，就稱爲組合語言。這種寫法絕對要比原本的 0003000 要容易懂得多，不過這樣一來，雖然人們看得懂，但是電腦卻看不懂，而必須透過一個翻譯的動作，將這個用組合語言寫成的程式轉換成電腦看得懂的機器語言，負責這個翻譯動作的就是**組譯器 (Assembler)**。

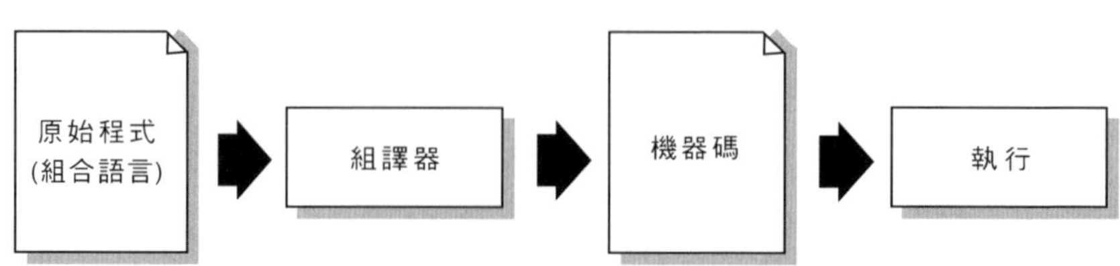

不管是機器語言或組合語言都有個缺點, 就是每種電腦的中央處理器 (CPU) 其機器語言並不相同。例如一般個人電腦用的 Pentium 處理器, 其機器語言就和昇陽工作站所用的 UltraSPARC 處理器不同。以前面的行走例子來說, 在甲電腦上 0 代表的是向前走；但換了乙電腦, 0 可能代表的是向後走, 一樣下達 0003000, 到達的地方就天差地遠了。

高階語言

不論是機器語言還是組合語言, 對於程式的描述都是以電腦所能進行的最基本動作爲步驟, 因此這兩種語言被稱爲**低階語言 (Low-Level Language)**。換言之, 本來是希望這個人向前走三步, 然後向右走三步, 但是因爲電腦所能進行的基本動作的限制, 使得我們所寫出來的程式必須以『向前走一步、向前走一步、向前走一步、向右轉 90 度、向前走一步、向前走一步、向前走一步』這樣繁瑣的方式一步步描述實際進行的動作, 寫起程式來其實並不便利。

爲了解決這樣的問題, 因此就有人設計新的語言, 用比較接近人類思考的方式來撰寫程式。這種新的程式語言就稱爲**高階語言 (High-Level Language)**, 從第一個廣被使用的 Fortran 語言開始, 至今曾流行過的還有 C 、Pascal 、 Basic 等等。使用這種語言, 寫出來的程式就會像是：

```
向前走三步
向右走三步
```

這樣不但更容易閱讀和理解, 也比使用低階語言所寫出來的程式精簡多了。不過電腦並無法看懂這樣的程式, 和組合語言一樣需要一個轉譯的動作, 將使用高階語言所撰寫的程式轉換成電腦所能看懂的機器語言, 然後才能依此執行。這個轉換的動作是由各程式語言的**編譯器 (Compiler)** 或是**解譯器 (Interpreter)** 來進行。

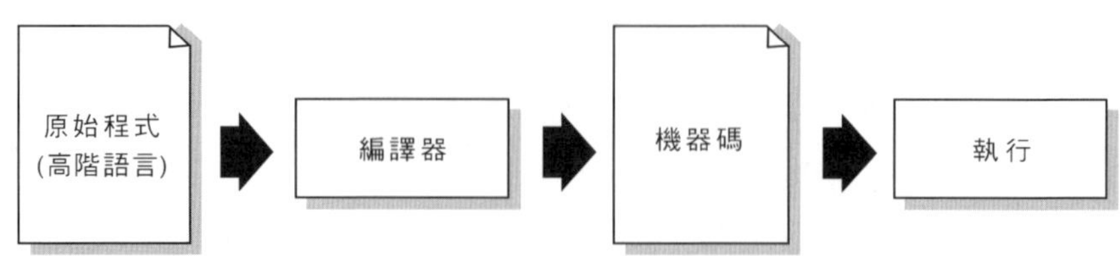

物件導向程式語言

隨著軟體技術的不斷演進，高階語言也仍不斷在改良、演進。約在 1960 年代興起了**物件導向 (Object-Oriented)** 的觀念，簡單的說就是將資料和程式結合成『物件』，在設計程式時以物件的方式來思考及設計程式的內容。本書從第 8 章開始，就會陸續介紹物件導向程式設計的觀念與方式，在此就不浪費篇幅撰述。

目前比較著名的物件導向程式語言，除了本書介紹的 C++ 外，還有 Ada、Java、Smalltalk 等。

1-1-2 編譯式與直譯式的程式語言

除了以程式語言本身的特質來分類以外，也可以依據程式執行的方式來區別，依此種方式區分，可將程式語言分成**編譯式語言**與**直譯式語言**兩大類。

編譯式的程式語言

所謂編譯式的程式語言，其執行的方式是先將整個程式從頭到尾讀完，然後電腦才開始依據程式中所描述的動作一一執行。這就好像是一本翻譯書，是先將原文書整個從頭到尾先翻譯好，然後才拿給讀者閱讀。

這種作法的好處是，只要書已經翻譯好，那麼不論往後甚麼時候需要閱讀，都不需要再重新翻譯，就可以直接閱讀翻譯好的版本。不過相對來說，在第一次想要閱讀之前，就必須先花時間等待譯者翻譯完畢才行。

對應到電腦實際的運作方式, 編譯式語言必須先用所謂的**編譯器 (Compiler)**將撰寫好的原始程式轉譯成爲機器碼, 然後再執行這份機器碼。以後每次要執行同一個程式時, 就只需要執行這份轉譯好的機器碼, 而不需要花費時間重複再做轉譯的動作。

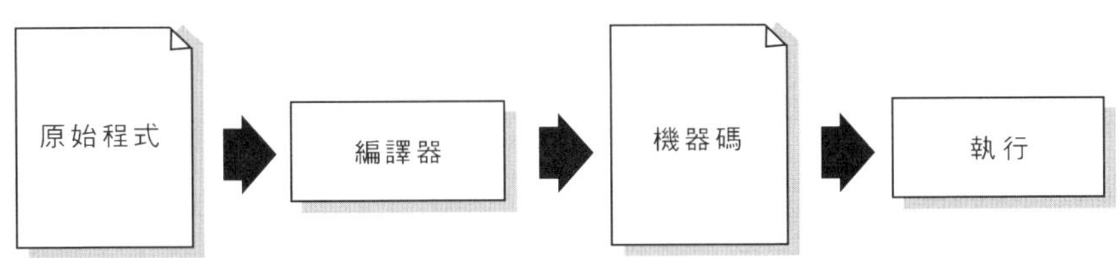

不過由於每種電腦的機器語言並不相同, 比如說我們常用的個人電腦和昇陽工作站的機器語言就不相同, 因此, 同一個程式如果要在不同的機器上執行, 就必須使用專爲該種電腦所設計的編譯器, 轉譯出符合該電腦的機器碼才行。

直譯式的程式語言

直譯式的程式語言剛好和編譯式的程式語言相反, 並不先將整個程式讀完, 而是每讀取程式中所描述的一個動作, 電腦隨即執行相對應的動作, 這樣邊讀程式、邊做動作。這就好像是參加國際會議時的現場口譯一樣, 主講者邊講, 口譯者便即時翻譯給大家聽。

這種作法的好處是, 只要主講者講完第一句話, 口譯者便開始翻譯, 而不需要等待主講者整篇發言完畢。但相對的, 由於口譯者即時翻譯完就結束了, 因此如果需要重新聽一遍, 就只好從頭再請口譯者翻譯了。

對應到電腦實際的運作方式，直譯式的程式語言就是透過所謂的**解譯器 (Interpreter)**，每閱讀完程式中所描述的一部份，便立即要求電腦進行對應的動作，一直到整個程式執行完畢爲止。由於沒有儲存轉譯的結果，因此往後每次要再執行相同的程式時，都必須要再花費時間透過解譯器重新轉譯；相對的，直譯式的好處是程式寫完立即就可以開始執行，而不需等待轉譯。

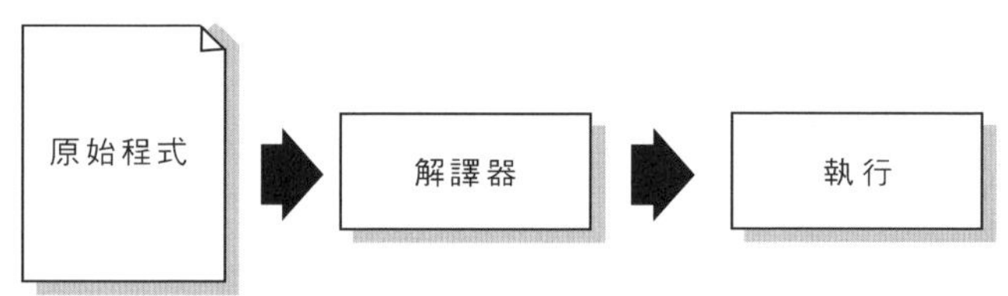

程式語言種類與執行方式的關係

大部分的程式語言，都有其固有的執行方式。比如說，C/C++ 一般都是編譯式；而 Basic 一般則是直譯式。不過這並非絕對，也有人爲 C++ 語言設計出直譯式的解譯器；相同的，也有軟體公司爲 Basic 語言做出編譯器。不論是編譯式或是直譯式，兩種方法各有巧妙，而以目前較爲流行的程式語言來說，兩種方式都各有擅場。

1-2 C++ 程式語言簡介

1-2-1 C++ 語言簡史

C 語言：C++ 的前身

C 語言是 1972 年在 AT&T 貝爾實驗室 (Bell Laboratory) 中發展出來的，原創者 Dennis Ritchie 當時是爲了要發展 UNIX 作業系統，所以需要一種具有類似組合語言般的高效率，以及能很方便移植到各機型 (高可攜性) 之程式語言, 於是創造了 C 語言。後來, 由於 C 語言所具備的效率、彈性、可攜性等各項優點, 逐漸成為一種廣受歡迎的程式語言。

C 語言的優點包括：

1. 程式碼精簡, 產生的程式執行效率佳。
2. 具有很高的可攜性。
3. 完全支援模組化的程式設計。
4. 彈性大而擴充性強。

C 語言在 1980 年代時愈來愈流行, 但在商業領域及政府單位對各種事物要求標準化的需求下, 在 1983 年時, 美國國家標準學會 (ANSI) 開始著手制定 C 語言的標準, 並在 1989 年時推出第一版的 C 語言標準。目前最新版的標準則是 1999 年定案的, 稱為 C99 。

C++ 語言的發展

C++ 和 C 語言一樣, 也是在貝爾實驗室中發展出來的。其原創者 Bjarne Stroustrup 創造 C++ 的目的, 是希望把寫程式變成一種相當愉快的事情, 而且讓設計者可以很輕鬆地寫出好的程式來。他從 1979 年開始, 以 C 語言為基本架構, 再加上物件導向程式設計相關功能, 發展出一個名為 **"C with Classes"** 的新語言, 也就是最初的 C++ 語言。

此後 "C with Classes" 不斷被改良, 並在 1983 年時正式命名為 **C++** 。在 C 語言中, "++" 是一個遞增運算子 (Increment operator), 如果將 C 當成是變數, 則 C++ 就代表 C = C + 1 之意 (關於 ++ 在程式語言中的意義, 詳見第 4 章)；由此可看出 C++ 的目標就是要創造一個更好的 C, 而且仍可與 C 相容並保有 C 原來的各項優點。

由於 C++ 可與 C 相容, 所以大部份在 C 語言上發展出來的軟體仍可以在 C++ 中繼續使用, 再加上其本身具有許多比 C 更強的特性, 使得 C++ 在短短幾年之間, 搖身一變成爲目前最熱門的語言之一。

最初的 C++ 只是在 UNIX 上的一個轉譯器 (名爲 Cfront), 可將 C++ 程式先轉成 C 語言後再加以編譯; 其後, 隨著使用者不斷增加, 而逐漸有了在各作業系統上的編譯器, 使 C++ 應用程式的產生更加方便。

C++ 的標準化

C++ 的標準化是由 ANSI 和國際標準組織 (ISO) 共同進行的, 兩個組織均成立工作小組專責制定 C++ 的標準, 同時也針對使用者的需求, 修正及強化 C++ 的功能。

ANSI/ISO 的 C++ 標準經過漫長的討論與修正, 在 1998 年正式發布了編號爲 ISO/IEC 14882：1998 的 C++ 標準, 簡稱爲 ISO C++98 或 C++98 。在此之後, 各主要 C++ 編譯器開發者大多也都遵循 ISO 的標準來設計他們的 C++ 語法。

1-2-2 C++ 的未來

C++ 標準的下一代：C++0X

在 ISO 完成 C++98 標準後, 也隨即展開下一代 C++ 標準的制定工作, 這個下一版的 C++ 標準預計在 200X 年能正式推出, 所以被稱爲 C++0X 。

雖然目前難以預測下一代的 C++ 標準會有什麼樣的變化, 但可以預見的是：在業界的要求下, 新 C++0X 仍會與目前的 C++ 相容, 並增加一些讓程式設計人員更方便的功能。因此我們現在學好 C++, 不必擔心過 3 、5 年後會出現一個令人陌生的新 C++ 語言, 又要重學很多東西。我們現在所學、所寫的 C++ 程式, 可能不必做任何修改、或是只需做局部修改, 就能符合下一代的 C++ 標準, 也能用在下一代的 C++ 編譯器。

C++ 與 Java、C# 的競爭

對程式語言陌生的讀者, 雖然沒寫過什麼程式, 可能也聽說過被視為 C++ 對手的 Java、C# 程式語言。這兩個語言也是目前流行的物件導向程式語言, 使用的軟體公司 / 程式設計人員也不少, 很多人也將這幾個語言視為彼此互相競爭的對手。

其實這幾個語言雖然有些相似之處, 但也各有特色、各有適合其發揮之處, 以下簡單列出其間的差異：

- **C++**：發展最久, 應用也最廣泛, 幾乎所有的作業系統 / 平台上都可找得到開發 C++ 應用程式的工具, 而且編譯出來的程式, 其執行效能最佳。
- **Java**：目前主要應用在開發網路及行動裝置的應用程式, 其特色是跨平台, 換言之編譯好的 Java 程式, 可以在任何已安裝 Java 執行環境 (JRE, Java Runtime Enviroment) 的作業系統上執行。
- **C#**：微軟所開發的程式語言, 也已被 ISO 及歐洲標準組織 (ECMA) 認可為一項程式語言標準。C# 和 Java 有個相似的特性：C# 的程式在編譯後, 需在 ".NET" 環境下執行, 換句話說, 只要有 ".NET" 環境的平台, 都能執行 C# 應用程式, 達到跨平台執行的效果, 但由於在 Windows 以外的作業系統很難看到 .NET 的蹤影, 所以實際上主要的應用仍侷限在微軟 Windows 作業系統。和 C++ 相較, 用 C# 開發 Windows 圖形介面的程式較為方便。

由於 C++ 目前的應用仍相當廣泛, 在較重視執行效能或與硬體相關的場合 (例如撰寫作業系統), 幾乎都仍需使用 C/C++ 來撰寫程式, 所以學習 C++ 並不需擔心被淘汰。而且學會 C++ 後, 要再學習 Java 或 C# 都相當容易上手, 因此學習 C++ 語言仍是當前的不二選擇。

1-2-3 C++ 程式開發工具

工欲善其事必先利其器, 要學習 C++ 語言, 當然要先準備好一套實用的開發工具來進行開發。

命令列工具與整合開發環境

前面說過, C++ 是編譯式的程式語言, 細分來看, C++ 原始程式要經過編譯、連結的動作, 才能產生可執行的程式檔。因此一個 C++ 程式的產生過程大致如下：

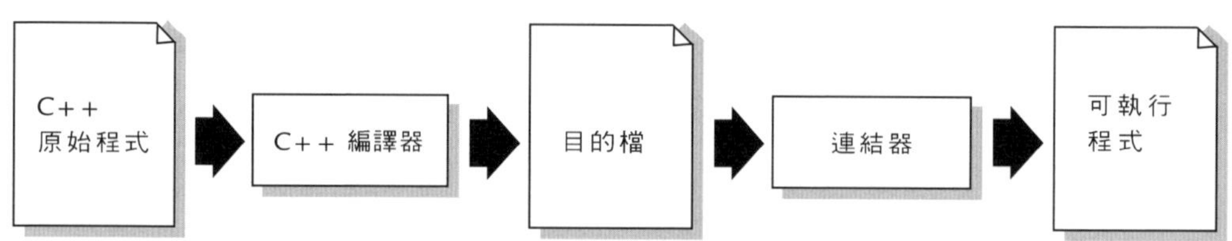

連結器的功用, 是將C++ 程式中使用到其它地方 (例如函式庫, 詳見下一章) 的程式與目的檔連結 (linking) 在一起, 形成一個完整、可執行的程式檔。

在上列的開發過程中, 我們需用到三個工具程式：編譯器、連結器、及用來輸入 C++ 原始程式的文字編輯器。其中最傳統的編譯器、連結器都是在文字模式的命令提示下執行的, 所以可稱之為命令列工具。

而在程式的開發過程中，我們通常需要來回多次修改程式、測試程式多次。換言之，我們來回切換執行文字編輯器、編譯器、連結器好幾次，相當不便。因此就有人發展出**整合開發環境** (IDE, Integrated Development Environment)，簡單的說，IDE 提供了一個編寫程式專用的編輯器介面，從這個介面即可啓動編譯器、連結器來進行編譯與連結的動作。此外大多的 IDE 也結合了實用的除錯、圖形介面設計、專案管理等多種輔助功能與工具，讓程式 / 專案開發的過程更輕鬆、方便。

以下我們就來介紹幾個目前較流行的 C++ IDE 及命令列工具。

Visual C++系列

微軟公司的 Visual C++ 是 Windows 平台上主流的 C++ 整合開發環境之一。Visual C++ 的 IDE 和微軟公司其它程式語言產品 (包括 Visual Basic 、C# 、J# 等) 其實是共用一個名爲 Visual Studio 的 IDE 。對於想同時用微軟其它語言或技術的開發人員而言，由於只需熟悉一套操作介面即可，所以使用起來較爲方便。

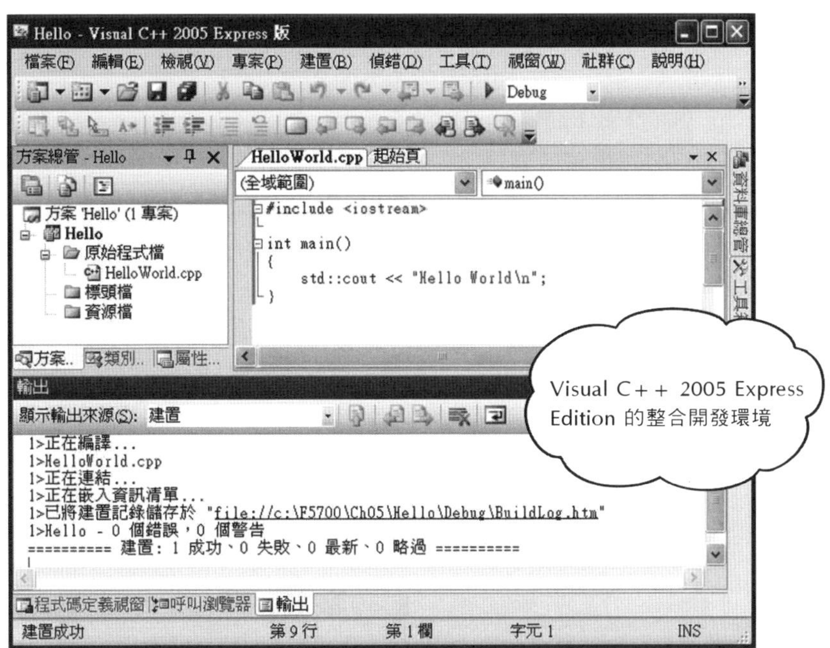

近三年來, 微軟為推展其 .NET 技術, 也將相關技術加到 Visual C++ 中, 其特色之一就是能以微軟自家的 "Managed C++" 語法, 撰寫專門用在 .NET 環境下執行的 C++ 程式。由於 .NET 非本書主題, 此處就不多介紹, 有興趣的讀者可參考微軟 .NET 網站 (http://www.microsoft.com/Net/)、Visual C++ 網站 (http://msdn.microsoft.com/visualc/)、或其它相關書籍。

Borland C++Builder/C++BuilderX 系列

Borland 公司的 C++Builder/C++BuilderX 整合開發環境, 由於具備類似 Visual Basic 的設計介面, 可以很容易設計圖形使用者介面, 因此也廣受眾多使用者歡迎。而且 C++BuilderX 同時支援 Windows、Linux、Solaris 等三種作業系統。

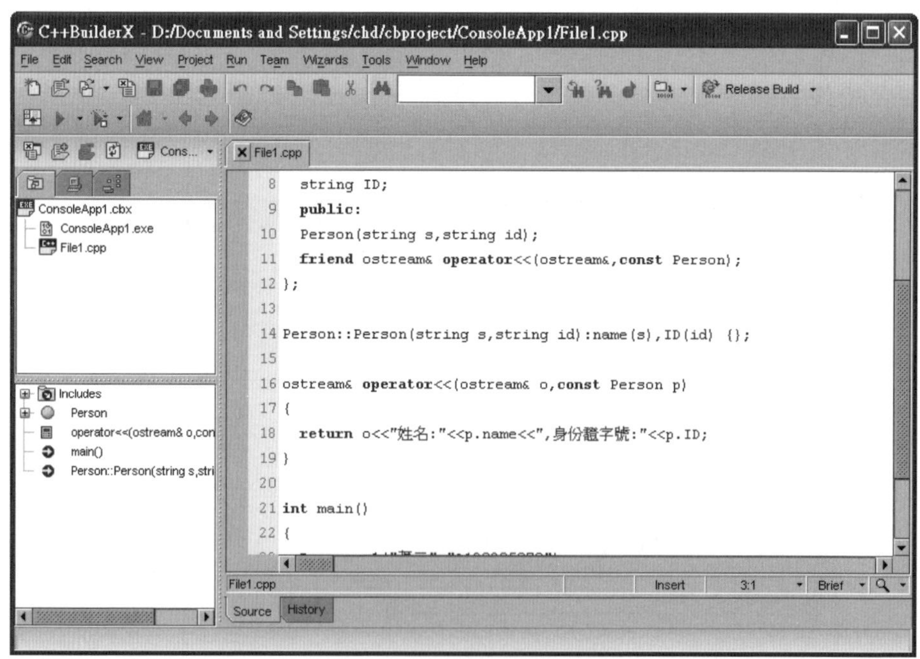

C++BuilderX 的環境

從官方網站 http://www.borland.com/downloads/ 除了可下載個人版及企業版的試用版外，也可找到只能在文字模式下使用的純編譯器版本。

 GCC

GCC 最初是 C 語言的編譯器, 當時它代表 "GNU C Compiler" 這 3 個字的縮寫。不過後來 GCC 支援的程式語言擴及 C++、Java、Fortran、Ada 等等, 這時它已變成是多種程式語言編譯器的集合, 因此也『正名』爲 "GNU Compiler Collection"。GCC 屬於 GNU 自由軟體計劃的一部份, 因此在 Unix、Linux、FreeBSD 等平台上都能看到 GCC 的芳蹤, 所以若您有使用這些作業系統, 就可直接用 GCC 來編譯包括 C++ 在內的多種程式。此外也有人將 GCC 移植到 Windows 平台上, 所以在 Windows 中也能使用 GCC 來編譯程式。

GCC 中的 C++ 編譯器名稱爲 **g++**, 要用它來編譯程式, 只要在 "g++" 後面加上 C++ 原始程式的名稱當參數, 即可進行編譯：

root@mail:/var/tmp/cpp [50x7]

連線(C) 編輯(E) 檢視(V) 視窗(W) 選項(O) 說明(H)

```
[root@mail cpp]# g++ HelloWorld.cpp
[root@mail cpp]# ls
a.out  HelloWorld.cpp
[root@mail cpp]# ./a.out
 Hello World
[root@mail cpp]#
```

在 Linux 下用 g++ 編譯 C++ 程式

有關 GCC 的詳細資訊、檔案下載、說明文件, 都可到官方網站 http://gcc.gnu.org/ 取得。

在 Unix/Linux 平台中當然也有整合式的開發環境, 例如 KDE 這個知名的桌面環境就有一套 KDevelop 整合開發環境, KDevelop 可藉由安裝不同的 Plugin 而支援 C/C++、Fortran、Java 等多種語言：

Dev C++

Dev C++ 是 Windows 平台上的 GCC 整合開發環境, 也就是說, Dev C++ 本身僅提供 IDE 這個介面環境, 程式的編譯、連結都是交給 GCC 負責。Dev C++ 的特色是它是自由軟體 (Free Software), 所以我們可以從網路上直接下載它來使用 (本書所附檔案中已附 Dev-C++ 4 完整版本)。

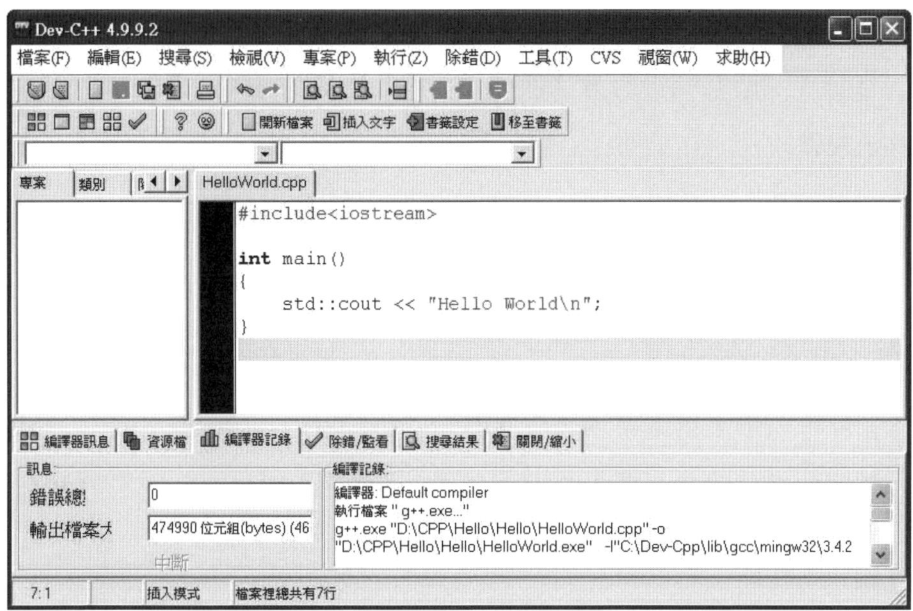

關於 Dev C++ 的進一步資訊請至其官方網站：http://www.bloodshed.net/devcpp.html。

學習評量

1. 依據程式語言執行的方式區分, 以下何者不是程式語言的類型？

   a.編譯式。

   b.直譯式。

   c.口譯式。

   d.以上皆是。

2. 以下何者是編譯式程式語言的特點？

   a.執行前不需要先轉譯成機器碼。

   b.重複執行時不需要重新編譯。

   c.程式的執行效率低。

   d.以上皆非。

3. 如果依據程式語言的特性區分, 以下何者不是程式語言的類型？

   a.組合語言。

   b.物件導向程式語言。

   c.抽象語言。

   d.高階語言。

4. C++ 程式語言屬於哪一種程式語言？

   a.機器語言。

   b.組合語言。

   c.物件導向程式語言。

   d.以上皆非。

5. C++ 語言是誰發明的？

   a.微軟公司。

   b.Bjarne Stroustrup 。

   c.Brian Kernighan 。

   d.Dennis Ritchie 。

6. 開發 C++ 應用程式的過程中需產生何種檔案？

   a.原始程式檔。

   b.目的檔。

   c.可執行檔。

   d.以上皆有。

7. 以下何者不具有跨平台執行的能力？

   a.C++

   b.Java

   c.C#

   d.以上皆可

8. 從『C++ 原始程式檔』到『可執行檔』, 不會經過哪個動作？

   a.編譯。

   b.連結。

   c.反組譯。

   d.以上動作都要。

9. 以下何者不是整合式的開發環境？

a.Visual C++

b.Borland C++BuilderX

c.Dev C++

d.g++

10. 以下何項不是直譯式程式語言的特性？

a.每次執行都需要重新轉譯。

b.程式執行時需要解譯器。

c.程式執行的效率比編譯式的程式高。

d.以上皆是。

初探 C++

學習目標

- 認識編譯、執行 C++ 程式的過程
- 瞭解 C++ 程式結構
- 熟悉 C++ 基本語法
- 認識 C++ 的基本輸出方式

上一章簡單介紹了 C++ 的歷史及開發 C++ 程式的工具, 本章就要開始引導大家撰寫第一個 C++ 程式, 並詳細說明一個 C++ 程式的基本架構, 及應具備的要素。

2-1 撰寫第一個 C++ 程式

開發 C++ 程式的第一個動作, 當然就是『寫』程式了, 程式寫好後才能依照前一章所述, 進行編譯、連結的動作, 以產生可執行的程式檔。

2-1-1 程式的編輯與存檔

不管您要使用整合開發環境或命令列工具, 您都必須先輸入程式的內容, 通常稱之爲原始碼 (Source Code), 而儲存原始碼的檔案則稱爲原始檔或原始程式檔。請在您的整合開發環境或文字編輯器中輸入以下的程式內容：

程式 Ch02-01.cpp 第一個 C++ 程式

```
#include<iostream>

int main()
{
  std::cout << "Hello, 我的第一個 C++ 程式";
  return 0;            // 這一行可省略不寫
}
```

輸入程式時, 不必輸入每一行開頭的數字 (稱爲『行號』), 這些行號是方便讀者閱讀及爲了本書說明所加上去的, 並非程式的一部份。

請注意，輸入以上的程式內容時，必須和書上的**大小寫完全一致**，否則稍後將無法成功編譯程式。輸入完畢後，以 Ch02-01.cpp 爲檔名存檔，cpp 是目前一般所用的 C++ 原始程式副檔名。接下來即可編譯 / 連結程式，並看看程式的執行結果。

2-1-2 編譯、連結、執行程式

以下過程以 Visual C++ 2005 的命令列工具示範，請先參考附錄 A 安裝軟體。

有些整合開發環境需建立『專案』(project) 後才能編譯/連結程式，專案的建立方式請參見各 IDE 的使用說明，本書附錄也介紹如何在 Visual C++ 2005 中建立專案。

使用命令列工具者，請在文字模式下執行編譯器，並在後面加上 C++ 程式檔名 (剛才存的檔名爲 Ch02-01.cpp) 即可。目前多數的編譯器工具，會在編譯成功後自動呼叫連結器進行連結，以產生可執行檔，所以您可能只看到幾行簡短的訊息或甚至沒有任何訊息，就表示程式已完成編譯和連結。例如以下即爲使用 Visual C++ 2005 Express 所附的命令列工具程式編譯時，所出現的訊息：

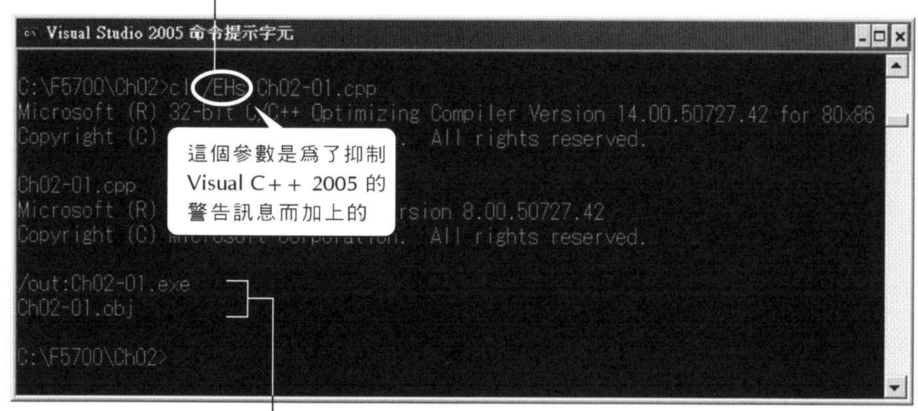

執行程式

編譯 / 連結成功後，預設建立的執行檔主檔名與程式的主檔名相同，所以只要在**命令提示字元**下輸入程式的名稱，即可執行程式：

1 執行 "dir" 命令可以看到編譯、連結過程產生的檔案

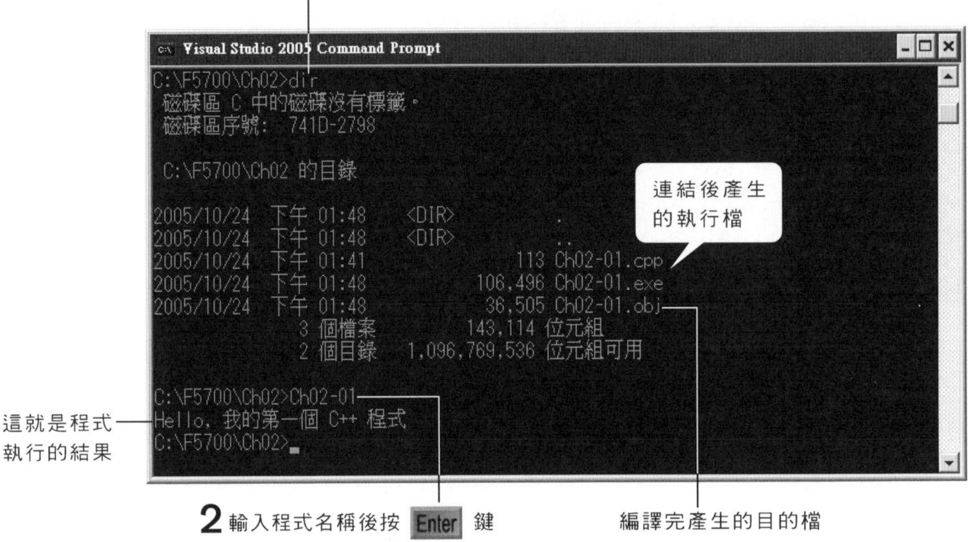

這個程式的執行結果，就是在螢幕上顯示一行訊息：『Hello, 我的第一個 C++ 程式』，稍後我們會再詳細解說程式的內容。

編譯連結出現錯誤訊息

如果編譯或連結時，編譯器顯示一些訊息，且未產生可執行檔，表示原始程式內容有問題，編譯器無法正確解讀以進行編譯動作。此時必須回頭檢查程式，你可檢查如下的項目：

- 是否有大小寫與書上範例程式不同的地方，並請將之更正為與書上相同。請切記，C++ 語言會**區分大小寫**，也就是說同一個英文字母的大寫和小寫在 C++ 是 2 個不同的符號。

- 是否有遺漏標點符號，例如分號、括號、括弧等等。
- 是否誤用了全型的標點符號，C++ 語法只接受英文半型符號，如果您不小心將某個標點符號輸入成中文全型符號，請將之換回半型。

修正問題後再重新編譯 / 連結，應該就能成功。

2-2 C++ 程式的組成及語法規則

看過一個簡單的 C++ 程式後，以下我們要來分析一下程式的結構，並逐行解說各行程式的意義。

2-2-1 基本的程式輪廓

我們再回頭看一次程式的內容：

程式 Ch02-01.cpp 第一個 C++ 程式

```
01 #include<iostream>
02
03 int main()
04 {
05   std::cout << "Hello, 我的第一個 C++ 程式";
06   return 0;            // 這一行可省略不寫
07 }
```

寫程式的準備工作（第 01 行）

這部份是『可執行的程式碼』（第 03～07 行）

程式大概可分為 2 個部份，第 1 行並不算是 C++ 的程式，但許多 C++ 程式都少不了它，我們把它稱為寫 C++ 程式前的準備工作，有了它之後稍後寫程式會比較方便。這個程式因為內容較簡單，所以準備工作只有一行，有些較複雜的程式，這部份可能多達十數行；從第 2 行開始才是真正的 C++ 程式。以下我們就逐行解說各程式的內容。

2-2-2 前處理指令與含括檔

```
#include<iostream>
```

前面說過, 程式第一行並不算是 C++ 的敘述, #include 是個前置處理指令 (preprocessing directive, 或稱爲『假指令』)。在 C++ 編譯器編譯程式前, 會先由前置處理器 (preprocessor) 處理程式所有以 # 開頭的前置處理指令, 例如前置處理器看到 #include 這個指令時, 會將指令後面所列的**含括檔**(include file, 或稱**表頭檔**, header file) 整個置入到 #include 指令所在的位置, 同時將原來 #include 這一行移除。這個置入的動作, 就稱之爲**含括** (include)。

前置處理器的處理動作是在記憶體中進行, 處理結果不會寫回我們的原始檔, 所以原始檔的內容不會變動。

標準函式庫

爲了方便我們設計有用的程式, C++ 語言提供了一組具備各式功能的工具箱, 這個工具箱一般稱爲**標準函式庫**(standard library)。**函式**(function) 就是一段程式組合, 它能提供某項實用的功能, 像是專門計算正弦函數 (sin) 值的函式、用來將一組文字或數字排序的函式...等等。在 C++ 的標準函式庫中已提供許多現成的函式, 例如當我們需要計算正弦函數值, 就可直接用標準函式庫中的數學函式來計算, 省下自己設計『計算正弦函數值』程式的工夫。C++ 標準函式庫提供的不只是函式, 也有許多實用的**類別**(class) 和**物件** (object) 可直接取用, 本書後面都會陸續介紹。

而 C++ 語言規定, 使用任何函式、類別、物件時, 必須先**宣告**(declare), 『宣告』的意思是說某個字 (名字) 是有特殊的意義。同樣的, 要使用**標準函式庫**所提供的函式、類別、物件, 也都必需在程式中一一宣告這些函式、類別、物件的名字。但這樣一來, 寫個簡單的程式, 就要先在程式開頭宣告一堆名字，實在太不方便，因此**標準函式庫**所提供的函式、類別、物件等，其宣告都放在預先定義好的含括檔中，我們只要用 #include 指令含括必要的含括檔，就能使用其中所宣告的任何函式、類別、或物件。

#include 的格式

#include 指令可有下列兩種格式：

- #include <檔名>：指示前置處理器到系統的 INCLUDE 資料夾去找要含括的檔案。這種形式主要是用於含括標準函式庫中的含括檔使用。
- #include " 檔名 "：指示前置處理器先到目前的工作目錄去找，若找不到，再到系統的 INCLUDE 資料夾去找。此法通常用於我們自行設計的含括檔，此處暫不介紹。

所以我們程式第 1 行所含括的就是標準函式庫中的 iostream 含括檔，檔案內含 C++ 所提供的標準輸出及輸入工具，我們程式中就會用到其中一樣工具。

除了 iostream 外，C++ 還有很多含括檔，以 Visual C++ 2005 為例，在 "Program Files\Microsoft Visual Studio 8\VC\include" 路徑下即可看到 Visual C++ 2005 所提供的含括檔。在本書後續章節，我們也會用到其它的含括檔。

2-2-3 main() 函式 -- C++ 程式的起點

```
int main()
{
      std::cout << "Hello, 我的第一個 C++ 程式";
      return 0;            // 這一行可省略不寫
}
```

剛剛已介紹過**函式**, 而範例程式第 3 行的 main() 就是一個函式, 稱爲 **main() 函式**。所有的 C++ 程式都要有個 main() 函式, 它是程式執行的起點。也就是說 C++ 程式在執行時, 都是從 main() 函式開始執行。

main() 函式開頭的 "int" 是整數 (Integer, 詳見下一章) 的意思, 表示 main() 函式在執行完會『傳回』一個整數給作業系統。至於作業系統如何使用這個**傳回值**, 在此不做討論。只要請您記得, "int main()" 是 C++ 程式的主體, 我們寫的程式都要有它。

第 4 到 7 行由大括號 {} 包住的部份, 稱爲 main() 函式的**本體** (body), 也就是放 main() 函式的內容。

main() 函式雖是程式執行的起點, 但它不一定要放在原始程式的開頭, 在本書較後面的章節, 我們會設計較複雜的程式, 其 main() 函式可能會放在程式的後方, 這對程式執行並無影響。因爲編譯器仍會把程式編譯成從 main() 函式開始執行。

2-2-4 單一敘述的組成

```
std::cout << "Hello, 我的第一個 C++ 程式";
return 0;              // 這一行可省略不寫
```

在 main() 函式中有 2 行程式, 或者說是有 2 個**敘述**(statement), 敘述是 C++ 程式的基本組成單位。回顧一下前一章控制機器人的例子, 我們下給機器人的指令, 就是一個敘述。C++ 的每個敘述都必須以分號 (;) 結尾, 因爲 C++ 編譯器就是依分號來分辨一個敘述的開頭和結尾, 才能據以將之編譯成對應的機器語言。

#include 是前置處理指令, 而不是 C++ 的敘述, 所以不必以 ';' 作爲結尾。

敘述乃是由一些符合語法的字串所組成，常見的敘述有：宣告、定義、運算式、設定、函式呼叫、迴圈及流程控制等，例如：

- 第 5 行敘述的功用應不用再說明了，對照程式的執行結果，我們就能明白此敘述的功用就是在螢幕上輸出 "Hello, 我的第一個 C++ 程式" 這段文字。我們稍後會對這部份做更詳細的說明。

- 第 6 行的敘述 "return 0" 則是呼應前面介紹過的 main() 函式傳回值，也就是說我們的 main() 函式在輸出文字後，會傳回 0 這個數值給作業系統。一般慣例都是用傳回 0 表示程式執行未發生任何問題。

  由於已成慣例，所以這行敘述**可以省略不寫**，當編譯器看到 main() 函式沒有傳回數值時，會自動把它視爲傳回 0 。

字符與空白符號

敘述可以再細分爲由一或多個**字符 (Token)** 所組成。例如第 5 行『std::cout << "Hello, 我的第一個 C++ 程式";』就是由 **std**、**::**、**cout**、**<<**、**"Hello, 我的第一個 C++ 程式"**、**;**這些字符所組成。字符與字符之間可以加上適當數量的**空白符號 (Whitespace)**，以茲識別。例如同樣這一行程式，我們可以寫成下面這個樣子，其意義是相同的：

```
      std ::   cout
  <<
    "Hello, 我的第一個 C++ 程式";
```

我們在幾個字符間加上額外的空白、甚至換行，其意義仍是相同的。因爲對 C++ 編譯器來說，空白字元、定位字元 (Tab)、換行都算是空白符號。

因爲只要不違背基本的語法規則,我們都可以自由地排列程式碼內容,所以有人形容 C++ 的此種特性爲『自由格式』(free format)。

簡單的說, **字符 (Token)**就是對 C++ 編譯器有意義的符號, 例如 **std**、**cout** 等是在 <iostream> 含括檔中宣告的;而**::**、**<<**則都屬於 C++ 語言的運算子 (operator, 參見下一章);而分號 **(;)** 則是用來分隔敘述的符號。

再次提醒, 在 C++ 中大小寫是有分別的, 所以 std 不能寫成 "STD"、"Std"、"sTd", C++ 編譯器會將它們視爲不同的字符。

請注意, 前置處理指令雖不是 C++ 語言的『敘述』, 但也屬於 C++ 語言的一部份, 也會分別大小寫, 因此前置處理指令也需使用小寫。

2-2-5 爲程式加上註解

```
return 0;              // 這一行可省略不寫
```

在第 6 行程式後面, 從兩條斜線開始的部份, 稱爲**註解**(comment)。註解是我們寫給自己或其他人閱讀的說明文字, 而編譯器在遇到註解時, 會自動跳過。

註解的格式有 2 種:

- 單行註解:也就是以 2 個斜線 (//) 開頭的註解。當編譯器看到 "//" 時, 就會將 "//" 到這一行結尾的文字完全忽略, 從下一行程式再開始編譯。
- 區塊註解:如果您要寫的註解有好幾行, 就可使用這種方式, 其格式是以成對的 /* 與 */ 來包含所要加入的註解說明。這一對符號不需在同一行, 編譯器會自動跳過這一對符號間的所有文字, 例如:

程式 Ch02-02.cpp 含註解的程式

```
01 /*   以下是我們所寫的第一個  C++  程式
02      作者：施威銘研究室
03      版本：1.0
04      內容：在螢幕輸出一行訊息              */
05 #include<iostream>
06
07 int main()
08 {
09   std::cout << "Hello, 我的第一個 C++ 程式";
10   return 0;           // 這一行可省略不寫
11 }
```

上述這個程式的執行結果和前一個程式相同，而第 1 ~ 4 行就是一個區塊註解。如果您將 C++ 敘述寫在其中，編譯器將不會看到它，所以也發生不了作用。

2-2-6 C++ 的輸出與輸入

C++ 語言本身並不具備輸出與輸入的功能，所有的輸出與輸入均是藉由函式呼叫的方式來達成。這些函式都已預先製作好了，並放在標準函式庫內供我們使用。輸出與輸入裝置的種類很多，有鍵盤、螢幕、檔案、印表機等，其中有一組特殊的裝置稱爲標準輸入與輸出，一般而言就是指由鍵盤讀入和由螢幕輸出。

我們回頭看『std::cout << "Hello, 我的第一個 C++ 程式";』這行敘述，其中 **std::cout** 就是代表標準輸出的**串流物件**。而我們用 << 這個運算子將 "Hello, 我的第一個 C++ 程式" 這個**字串**輸出到螢幕上，所以我們能在畫面上看到這串文字。

利用同樣的方式，我們可以輸出多行的文字字串，例如下面這個程式：

程式 Ch02-03.cpp 輸出多行訊息

```
01 #include<iostream>
02
03 int main()
04 {
05   std::cout << "Hello, 我的第一個 C++ 程式";
06   std::cout << std::endl;          // 換行
07   std::cout << "Bye, C++ !";
08 }
```

執行結果

```
Hello, 我的第一個 C++ 程式
Bye, C++ !
```

第 5 及第 7 行的程式分別就是輸出**執行結果**所示的 2 行訊息。至於第 6 行的 std::endl 則是定義在 iostream 含括檔中, 它代表的是一行的結尾 (**END** Line), 也就是讓輸出的內容換行, 所以第 7 行程式輸出的訊息, 會出現在另一行。如果沒有第 6 行輸出 std::endl 的敘述, 則 "Bye, C++ !" 這幾個字會緊接在 "Hello, 我的第一個 C++ 程式 " 後面, 讀者可自行嚐試。

或許有讀者會發現, 像前面這樣輸出訊息非常不便, 每次都要打一串 "std::cout <<" 文字。如果程式要輸出 100 行訊息, 豈不是要重複 200 行都要打 "std::cout <<" (包括換行動作)。

其實我們可透過 2 種方式簡化使用 "std::cout" 的敘述內容：

- 在程式開頭即宣告使用 std 名稱空間。
- 將多個 std::cout 敘述『串接』成單一敘述。

以下分別說明之。

使用 std 名稱空間

其實標準輸出的物件名稱是 "cout", 前面的 "std" 代表的是 cout 這個名字是定義在一個名為 std 的**名稱空間** (namespace, 或稱命名空間)。

簡單的說, 『名稱空間』是避免大家使用同樣的名稱為類別、物件命名的一種機制。我們可做這樣的比喻：在現實生活中, 我們可能會在同一班就遇到同名同姓的人, 但 C++ 程式 (同一班) 卻不允許有同名同姓的情況發生, 但可允許不同班有同名同姓者。而『名稱空間』的功用, 就是讓 C++ 程式中有同名同姓的『人』時, 可將他們區分為不同班 (不同的名稱空間), 如此 C++ 編譯器就不會弄錯, 造成編譯錯誤；因此 "std::cout" 的意思, 就是告訴 C++ 編譯器：這位 cout 同學是 std 這一班的。

但我們的程式並沒有那麼複雜, 實在不需要去分班, 所以我們可在程式一開始就宣告說我們都是 std 這一班, 這樣一來, 使用 cout 時, 前面就不需加上 "std::" 了。宣告的方法是用 using namespace 敘述, 如以下程式所示：

程式 Ch02-04.cpp 指定 std 名稱空間

```
01 #include<iostream>
02 using namespace std;    // 使用 std 名稱空間
03
04 int main()
05 {
06   cout << "Hello, 我的第一個 C++ 程式";
07   cout << endl;           // 換行
08   cout << "Bye, C++ !";
09 }
```

執行結果

```
Hello, 我的第一個 C++ 程式
Bye, C++ !
```

串接輸出

爲了方便起見, "<<" 運算子可以**串接**起來使用, 正如我們平常寫加減法的運算式時, 可以將 + 、 - 、 * 、 / 符號串在一起用一樣, 例如前一個範例程式的第 6 、 7 行, 可以合併成：

```
cout << "Hello, 我的第一個 C++ 程式" << endl;
```

輸出的順序是由左至右逐一輸出, 所以 cout 會先在螢幕上輸出一行 "Hello..." 的字串後, 就會緊接著換行。利用同樣的方式, 我們可以串接多個輸出內容。所以我們又可將程式簡化成：

程式 Ch02-05.cpp 串接輸出

```
01 #include<iostream>
02 using namespace std;    // 使用 std 名稱空間
03
04 int main()
05 {
06   cout << "Hello, 我的第一個 C++ 程式"
07        << endl
08        << "Bye, C++ !";
09 }
```

請注意第 6 ~ 8 行總共只有一個分號，所以它們其實是**一個敘述**，只不過我們將它分成 3 行來寫。因爲換行也算是空白符號，所以像這樣分成多行，C++ 編譯器也能正常解讀並編譯程式。

輸入資料

std::cout 是用於輸出資料，至於要想讓使用者由鍵盤輸入資料，則需使用 std::cin 物件。 cin 稱爲『標準輸入』(Standard Input)，在個人電腦上通常就是指鍵盤，所以使用 cin 就是要從鍵盤輸入資料。cin 的用法很簡單，最基本的語法如下：

```
cin >> 儲存物件的變數;
```

由 cout 輸出時用的是 "<<" 運算子，由 cin 輸入時則換個方向使用 ">>" 運算子。由外界輸入資料時，程式要準備一個儲存空間來放這筆資料，而最簡單的方式就是準備一個**變數 (variable)** 來存放輸入的資料。關於變數會在下一章做更詳細的說明，在此我們先簡單示範 cin 的用法：

程式 Ch02-06.cpp 由鍵盤取得輸入資料

```
01 #include<iostream>
02 using namespace std;    // 使用 std 名稱空間
03
04 int main()
05 {
06   cout << "請輸入一個數字：";
07   int i;          // 宣告一個整數變數 i
08   cin >> i;       // 將鍵盤輸入的資料存到 i
09   cout << "您輸入的數字是 " << i;
10 }
```

其中第 7 行的敘述是宣告一個用來存放整數 (int) 的變數, 變數名稱爲 i, 在第 8 行就將由鍵盤輸入的資料存到 i 之中, 在第 9 行則將 i 所存的數值接在字串後一起輸出。

編譯好程式後, 執行時會先現如下的訊息：

```
請輸入一個數字：
```

這時候程式會暫停, 等待我們輸入資料, 例如我們輸入 123 後按 Enter , 程式就會接著執行, 也就是輸出前列第 9 行的訊息：

```
請輸入一個數字：123 Enter
您輸入的數字是 123          ← 輸入資料後才會出現這行訊息
```

請注意, 由於用來接受輸入的變數 i 只能存放整數的資料, 所以若我們輸入文字或符號等非數字資料, cin 就會視爲輸入錯誤, 而不會將輸入的文字或符號存入 i, 此時 i 將維持其預設值 1, 如下所示：

```
請輸入一個數字：abc  ◄── 輸入文字
您輸入的數字是  1    ◄── 結果 i 的值仍是 1
```

關於變數可存放的資料種類及變數的預設值，請見下一章。

2-3 良好的程式撰寫習慣

寫程式的目的不外乎是能正常執行，但是要如何讓您的程式簡明易懂也是相當重要的。因為我們可能在程式寫好過了半個月、三個月後要回頭參考或修改，此時要讀幾個月前寫的程式，若看到程式碼排得亂七八糟，縱然記憶力再好，恐怕也很難記得當初程式所想表達的含意。為了避免這種情形，一般都會依循幾個原則，建立良好的程式撰寫習慣。

前面說過，C++ 是自由格式的程式語言，只要有確實遵照字符間加上必要的空格、敘述結尾加上分號...等基本的語法規則，不管我們的程式如何排列，C++ 編譯器仍能正常讀取進而編譯。但寫程式並不只是寫給 C++ 編譯器看，很多時候程式也要給除了自己以外的人閱讀。所以如何提高程式的『可讀性』，就是我們在撰寫程式時所要注意的。

2-3-1 適當的分行：便於整篇程式的閱讀

在 C++ 語言中並未限制單行的長度，所以就算把整個程式寫成非常長的一行，只要每段敘述都有正確地以分號標開，編譯程式時也不會發生錯誤。問題是，這樣的程式讀起來，感覺會像讀一篇沒有標點符號的文章一樣，不知道哪裡該停頓，哪裡是段落結束：

```
#include<iostream> using namespace std;int main(){cout<<...
                   └────前置處理指令、C++ 敘述都擠在同一行
```

因此一般習慣都是將每個敘述、前置處理指令都個別放在一行，而函式的名稱、大括號也是各佔一行。就像我們前面的範例程式所示：

```
#include<iostream>
using namespace std;    // 使用 std 名稱空間

int main()
{
...
```

如果敘述很長時，可以在適當的地方將之換行，例如前面已看過的例子：

```
cout << "Hello, 我的第一個 C++ 程式"  ─┐
     << endl                          ├─被分成 3 行的敘述
     << "Bye, C++ !";                ─┘
```

這 3 行程式就等於：

```
cout << "Hello, 我的第一個 C++ 程式" << endl << "Bye, C++ !";
```

如果要用 cout 輸出的字串本身就很長時，可將字串切割成多個子字串，個別輸出，例如：

```
cout << "我想用 cout 輸出的雙引號字串很長, 超過三十個字...";
```

只要適當的切割，就能將它分成 2 個子字串，分列在 2 行（注意！切割後的每個子字串前後都要用引號 " 括起來）：

```
cout << "我想用 cout 輸出的雙引號字串很長, "
     << "超過三十個字...";
```

或改用 2 個敘述個別輸出：

```
cout << "我想用 cout 輸出的雙引號字串很長, ";
cout << "超過三十個字...";
```

其它類型的敘述, 也都可採類似的技巧, 在後面幾章的範例程式您就會看到。

2-3-2 適當縮排

爲了提高可讀性, 寫程式要像寫文章一樣：段落明顯, 章節分明。要讓程式看起來有段落、章節的感覺, 就需善用內縮的技巧。

```
int main()
{
  cout << "Hello, 我的第一個 C++ 程式"      ← 大括號中每行都內縮
       << endl                              ┐ 被分成多行的敘述,
       << "Bye, C++ !";                     ┘ 第 2 行以下再內縮
}
```

一般習慣只要用到大括號時, 則大括號以內的程式都會比大括號的位置內縮一些。至於內縮幾格, 視每個人的習慣不同, 有些人習慣空 2 或 4 格, 也有人是直接用 Tab 鍵來做縮排。而像上列 cout 敘述的第 2 、3 行, 其內縮方式則是讓 "<<" 符號彼此對齊。利用這種方式, 我們就能讓程式看起來有段落、層次感, 閱讀起來也比較能找出條理。

使用 Tab 做縮排要注意, 每種編輯器、IDE 的定位字元 (Tab) 位置設定不盡相同, 或者可由使用者自訂定位的位置。所以用不同的編輯器讀取同一個檔案時, 看到的縮排位置可能也不一樣。

2-3-3 程式碼的註解：幫助瞭解程式

最後一點要注意的，就是要適時的替程式加上註解。爲什麼要加註解呢？一來有時程式的邏輯會較爲巧妙，無法一眼看出，此時適當的加上說明，可幫助閱讀。

其次從維護程式的考量，您或您的同事可能在半年、一年後要回頭修改程式，對自己，可能早就忘了程式在寫什麼；對別人來說，則可能完全不能瞭解程式的內容。爲了提升效率，避免大家浪費太多時間，若能在一開始寫程式時，就在適當的地方加上各種說明註解，這樣維護程式也會變得比較輕鬆自在。

在註解您的程式時，建議可依如下的原則：

- 盡量使用 "//" 來標示註解，除非是多行的連續註解，才使用 /* 與 */ 。畢竟只在註解開頭輸入 "//"，比要在註解前後輸入 "/*" 與 "*/" 來得方便。
- 當註解太長時需要換行時，新的一行也必須在 /* 與 */ 之間。
- 註解越詳細越好，但也不要浮濫，讓程式檔充斥一堆『非程式』的文字，反而影響閱讀。

學習評量

1. 以下有關 #include 的敘述何者正確？

   a.#include 指令不屬於 C++ 語法, 所以可以寫成大寫。
   b.這個指令可用來含括標準函式庫的含括檔。
   c.使用 #include 指令後, 一定要接著用 using 敘述指定名稱空間。
   d.使用 #include 指令的敘述, 結尾也要加上分號。

2. 每一個 C++ 程式都必須要有的區塊是？

   a.Main 區塊。
   b.main 區塊。
   c.class 區塊。
   d.start 區塊。

3. C++ 程式的每一個敘述都要以哪一個符號結尾？

   a.逗號 ,
   b.冒號 :
   c.分號 ;
   d.以上皆非。

4. 以下對 C++ 語法的描述, 何者錯誤？

   a.一個敘述一定要寫在同一行。
   b.大小寫英文字母視為不同。
   c.只要用分號分隔, 多個敘述可以寫在同一行。
   d.main() 函式是程式的起點。

5. 以下何者不能作爲 C++ 程式中的空白符號？

   a.換行字元。

   b.井字號 # 。

   c.空白字元。

   d.以上皆可。

6. 含括檔 iostream 中定義的 endl 的意思是？

   a.空一格。

   b.敘述結尾。

   c.換行。

   d.字串結尾。

7. 以下有關 std::cout 的敘述何者正確？

   a.cout 代表螢幕與鍵盤。

   b.cout 代表的是『標準輸出』裝置。

   c.我們可以用 >> 符號將字串輸出到 cout 。

   d.以上皆是。

8. 以下何者正確？

   a.C++ 程式中一定要加上註解, 否則無法正確編譯。

   b.C++ 函式的內容一定要向右縮排, 否則無法正確編譯。

   c.單一敘述一定要寫在同一行。

   d.以上皆非。

9. 撰寫好的 C++ 程式存檔時, 通常都是用 __________ 作爲副檔名。

10. C++ 程式的起點是 __________ 。

程式練習

1. 請撰寫一個 C++ 程式, 執行後可以在螢幕上顯示以下內容：

```
春眠不覺曉,  處處聞啼鳥
夜來風雨聲,  花落知多少
```

2. 請指出以下程式錯誤, 並說明修正的方法：

```
#include<iostream>

int main()
{
   std::cout << //我要列印的訊息"測試一下"
          << endl;
}
```

3. 請撰寫一個 C++ 程式, 執行後可以在螢幕上顯示以下圖形：

```
*
* *
* * *
* * * *
* * * * *
```

4.以下程式有錯誤, 請指出：

```
#include<iostream>

int Main()
{
   std::cout << "我的C++程式" << endl
}
```

5. 以下程式有錯誤, 請將之修改後編譯執行：

```
#include<iostream>
use namespace std;

int main()
{
  cout << "這個程式,";
  cout << "應該沒有錯？" << endl;}
```

變數

學習目標

- 認識變數與常數
- 認識各種資料型別
- 熟悉變數的命名規則
- 學習自訂資料型別

在上一章中，已經認識了 C++ 程式的基本要素，有了這樣的基礎，就可以進一步使用 C++ 撰寫程式來解決問題了。在這一章中，就要介紹程式設計中最基本、但也最重要的一個元素 -- **變數**(Variable)。

3-1 甚麼是變數？

當我們在進行心算時，要用大腦記住數字，然後將它們加減乘除，只要數字一多，就會發現我們的腦袋實在不爭氣，可能連要計算的數字都記不住，更不要說想要在腦中計算出答案了。這時候我們就會佩服在電視上表演心算的神童，也會覺得計算機 (電腦) 實在好用，手指頭按一按就能算出答案。

其實，電腦也沒有比我們高明多少，只不過它能清楚確實記住要計算的數字，也就是存放到記憶體中。要進行計算時，再從記憶體取出要計算的數字，計算結果也會存到記憶體中。

在這個例子中，數字就是所謂的**資料**；而計算的動作則稱為電腦在**處理**資料；計算出來的答案則是處理的**結果**(其實也算是資料)。寫程式時，就是在命令電腦以我們想要的方式處理資料，而在程式中就是用**變數 (Variable)** 來表示儲存資料的地方。抽象一點的說法，就直接說『變數就是儲存資料的地方』。

3-1-1 宣告變數

讓我們先來看看以下這個程式：

程式 Ch03-01.cpp 宣告變數並指派內容給變數

```
01 #include<iostream>
02 using namespace std;
03
04 int main()
05 {
06   int i;        // 宣告一個整數變數 i
07   i = 123;      // 將 i 的值設為 123
08   cout << "變數 i 的內容為：" << i;
09 }
```

執行結果

```
變數 i 的內容為：123
```

在這個程式中, 第 3 行的 "int i;" 敘述的功用, 就是**宣告 (Declare)**一個變數, 它的名字叫做 i, 而最前面的 int 則是說這個叫做 i 的變數可以用來存放**整數 (Integer) 型態的資料**(下一節會再加說明)。當 C++ 編譯器看到這一行時, 就會在程式執行時配置一塊記憶體空間, 以存放資料。在這個例子中, 存放的就是在第 4 行**指定 (assign)**給 i 的 123 。

如果把變數比擬成百貨公司服務櫃檯提供的**保管箱**, 那麼第 6 行程式的意思就等於是向櫃檯人員說『麻煩給我一個可以放整數的保管箱！』。而在程式實際執行這一個敘述時, 就相當於櫃檯的服務人員去找出一個空的保管箱, 並且將保管箱的**號碼牌**給您。如此一來, 您就擁有一個可以存放物品的地方了。

3-1-2 設定變數的內容

如同前面所說，變數就像是個保管箱，那麼櫃檯服務人員所給的保管箱號碼牌就相當於是這個保管箱的名字。往後當您需要放置或是取出保管箱中的物品時，都必須出示這個號碼牌，讓櫃檯人員依據號碼找出保管箱來幫你取出或是放置物品。

變數的使用也是一樣，宣告了變數之後，往後要存放或是取出資料時，只要指定變數的名字即可。像是程式中的第 7 行，就是將 123 這個數值放入名字為 i 的變數中 (也就是將 123 這個物品放入 i 這個保管箱中)。在這一行中的 = 稱為**指定運算子 (Assignment Operator)**，它的功用就是將資料放到變數中。

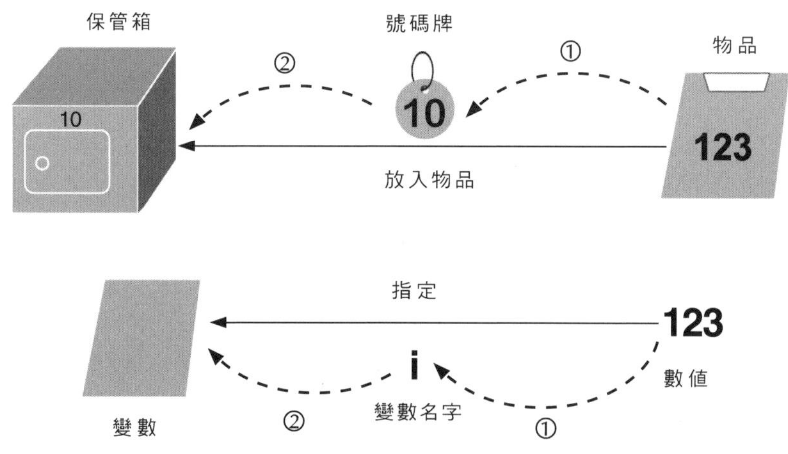

程式中的第 8 行，則是取出資料的範例。當我們需要取用變數所存的資料時，只要在需要用到資料的地方寫上變數的名字，實際執行程式時，就會將資料由變數中取出，並且取代變數名字出現在程式中的位置。以第 8 行來說，先用 cout 輸出 " 變數 i 的內容為：" 的訊息，後面再用 << 串接變數 i，由於 i 所存的值已變成 123，因此這行程式的功能就相當於：

```
cout << "變數 i 的內容為：" << 123;
                              └─代換為 i 的值
```

因此, 最後程式的執行結果就是將 " 變數 i 的內容為：123" 這段文字顯示出來了。

要注意的是, 在 " 變數 i 的內容為：" 中雖然也出現了變數 i 的名字, 但是因為使用了雙引號 " 括起來, 因此括起來的內容會被視為是單純的一段文字, 而不會將其中的 i 解譯為變數的名字, 所以就不會以變數 i 的內容取代。

變數所存的資料 (簡稱**變數值**) 是可以更換的, 所以如果我們中途改變了變數值, 則程式輸出資料時, 會以執行當時變數的內容來取代變數名字出現的位置, 例如：

程式 Ch03-02.cpp 改變變數值

```
#include<iostream>
using namespace std;

int main()
{
  int i;
  i = 123;    // 將 i 的值設為 123
  cout << "變數 i 的值為：" << i << endl;
  i = 456;    // 將 i 的值改成 456
  cout << "變數 i 的值變成：" << i;
}
```

執行結果

```
變數 i 的值為：123
變數 i 的值變成：456
```

由於在第 9 行重新指定新的值給變數 i, 所以之後第 10 行程式執行時顯示的就會是 456, 而不是之前的 123 了。

3-1-3 變數的名稱

在前面的範例中, 變數的名字只是很簡單的 **i**, 就字面來說, 看不出有任何的意義。爲了方便閱讀, 最好可以爲變數取個具有說明意義的名字。舉例來說, 如果某個變數代表的是學生的年齡, 那麼就可以幫這個變數取像是 **age** 這樣的名字, 請參考以下實際的範例:

程式 Ch03-03.cpp 改變變數值

```
#include<iostream>
using namespace std;

int main()
{
  int age;    // 使用能代表變數意義的名稱
  age = 18;
  cout << "小妹今年 " << age << "歲";
}
```

執行結果

```
小妹今年 18 歲
```

這樣一來, 在閱讀程式的時候, 就更容易瞭解每個變數的意義與用途, 而且如果有變數用在與其意義不符的用途上時, 也很容易就能發現, 進而修正程式。

因此在替變數取名字時, 就要稍微花心思替不同用途的變數取個有意義的名字。但要小心的是, 在 C++ 中變數的命名方式有幾個原則不能違背, 而且有些字是不能用來當成變數的名稱。

變數的命名規則

C++ 程式中的變數名稱, 需符合以下規範：

- 可使用任何文字 (英文字母、中文字都可以) 或數字, 以及 "_" 符號組成, 其他符號都不能使用。以下所列都是合法的變數名稱：

```
aa
a_a
_aa
f15
f_16
變數01    // 不建議使用
```

在此要提醒讀者一點, C++ 語言標準雖然允許我們在變數名稱中使用中文 (或其他語系的文字), 但一方面某些平台可能未支援此項功能, 二來 C++ 語言本身定義的關鍵字 (後詳) 及標準函式庫中定義的函式、變數名稱仍爲英文, 寫程式時若要中文、英文切來切去難免不便, 所以建議還是只用英文來替變數命名。

變數名稱的長度沒有限制, 您可以使用任意個數的字元來爲變數命名。

再次提醒讀者, 在 C++ 中大小寫字母是不同的, 所以在程式中若將變數名稱命名爲 "AGE" 和 "age", 它們會被視爲兩個不同的變數。

- 數字不能當成第 1 個字元。例如以下都是**不合法**的變數名稱：

```
2days
19f
```

● 變數名稱不能重複。真實世界會有人同名同姓，但在程式中則不可有兩個變數使用相同的名稱，否則編譯器會發出重複定義的錯誤訊息。

某些狀況下是可以有同名的變數，這部份留待第 6 章再做介紹。

除了以上 2 點，變數名稱也不能和 C++ 語言中的**關鍵字 (keyword)**重複。以下我們就來認識 C++ 語言的關鍵字。

C++ 關鍵字

關鍵字 (或稱保留字) 是定義在 C++ 語言標準中，對 C++ 編譯器有特殊意義的字符。所以在替變數命名時，必須避開這些關鍵字，因為 C++ 不會把它當成變數名稱，而是會遵照該關鍵字所代表的意義及功能來編譯程式。下表就是 C++ 的關鍵字：

asm	do	if	return	typedef
auto	double	inline	short	typeid
bool	dynamic_cast	int	signed	typename
break	else	long	sizeof	union
case	enum	mutable	static	unsigned
catch	explicit_cast	namespace	static_cast	using
char	export	new	struct	virtual
class	extern	operator	switch	void
const	false	private	template	volatile
const_cast	float	protected	this	wchar_t
continue	for	public	throw	while
default	friend	register	true	
delete	goto	reinterpret_cast	try	

變數名稱和關鍵字都屬於字符

前一章談過**字符**的觀念, 字符是組成C++ 敘述的要素之一, 而變數的名稱就是字符的一種。C++ 的字符可分爲以下幾類：

- 識別字 (identifier)：簡單的說, 識別字就是在C++ 程式中用來代表一樣東西的名稱。例如變數名稱就是識別字的一種, 在後面幾章介紹的函式名稱、類別名稱也都是識別字。定義在標準函式庫中的名稱 (例如 cout), 也是識別字。
- 關鍵字 (keyword)：在C++ 語言中有特別意義的字, 例如我們已用過的 using、int。
- 字面常數(literal)：在程式中直接寫出來的數字、字串等, 例如在前一個範例程式中出現的 123、456 等。
- 運算子(operator)：也就是C++ 的運算符號, 例如 =、>>。
- 標點符號(punctuator)：例如分號、大括號等。

3-2 資料的種類：資料型別

使用任何變數之前, 都需要先**宣告**(declare)。宣告變數的目的, 除了讓編譯器認識這個變數名稱外, 另外也是告訴編譯器, 這個變數是用來存放什麼類型的資料, 這些資料種類, 在程式語言中稱爲**資料型別 (Data Type)**。

宣告變數的語法如下：

```
資料型別  變數名稱;
```

例如前一個範例程式中的：

```
int age;
```

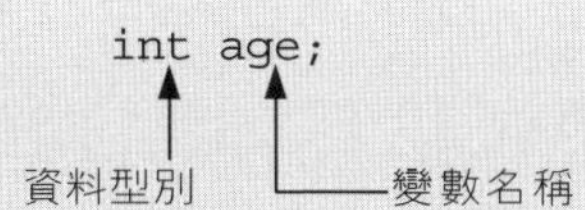

此外我們可在同一敘述中，同時宣告多個『同型別』的變數，只要用逗號將變數名稱分開即可：

```
int my_age, your_age;   // 同時宣告 2 個變數
    ↑         ↑
第 1 個變數     └─第 2 個變數名稱
```

每一種資料型別所使用記憶體大小不盡相同 (位元組數不同)，所以當我們宣告了變數所屬的型別，編譯器就會配置適當的空間給該變數來存放資料。以下就要跟大家介紹 C++ 程式語言中所能夠處理的資料種類，以及這些資料的表達方式。

3-2-1 整數

前面我們已使用過的 int 是**整數 (integer)**資料型別，可用來記錄如 1 、2200 、-3 之類的正負整數。

整數變數所佔的記憶體空間為 32 位元 (4 個位元組)，所以可表示的數字範圍為 -2147483648 (負的 2^{16})與 2147483647 (2^{16}-1)。

指定給 int 變數的數值若超過 int 允許的範圍，將會使變數所存的數值變得不正確，例如：

```
int verybig;
verybig = 2345678900;   // 超過 2147483647
cout << verybig;        // 將在螢幕輸出 "-1949288396"？
```

第 2 行指定超過 2147483647 的數值給 verybig 時，由於其值超過 int 變數可表示的範圍，所以將導致變數所存的數值不正確。

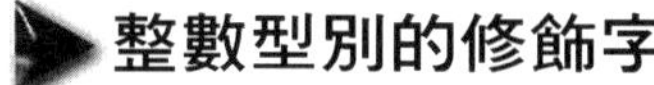

整數型別的修飾字

爲了讓我們能以更彈性的方式使用整數變數, C++ 允許我們在宣告整數時, 在 int 前面加上**修飾字**, 來改變整數資料的範圍與使用的記憶體大小, 修飾字有 3 種, 分列如下：

1. **short**：short int 將整數資料型別變成只有 16 位元 (2 bytes)。所以可表示的數值範圍變成從 -32768 ~ 32767 。

2. **long**：在目前的 32 位元個人電腦上, long int 其實和 int 一樣, 都是用 32 位元 (4 bytes) 來記錄整數值。但如果在 64 位元的環境下, 則 long 會變成 64 位元, 可表示的數值範圍也變成 -9223372036854775808 (負的 2^{63}) ~ 9223372036854775807 (2^{63} - 1)。

3. **unsigned**：unsigned 不會改變整數佔用的記憶體大小, 且可與前 2 個修飾字一起使用。其功用是讓 C++ 的整數變成只能表示 0 及正整數。例如 unsigned int 可記錄範圍 0 ~ 4294967295 之間的整數。有些人將 unsigned 類型的整數稱爲無號 (無正負號) 的整數。

使用修飾字時, 可將修飾字加在整數型別 int 之前, 但也可省略 int 這個關鍵字, 如以下範例程式所示：

程式 Ch03-04.cpp 整數型別的修飾字

```
#include<iostream>
using namespace std;

int main()
{
  unsigned int i;  // 變數 i 只能記錄正整數或 0
  short j;  // 省略 "int" 關鍵字
  long  k;  // 省略 "int" 關鍵字
  unsigned long  l;  // 省略 "int" 關鍵字
  i = 1999;
```

```
11   j = 32767;
12   k = 2147483648;  // 故意設為 long 最大值加 1
13   l = 4294967295;
14   cout << i << ' ' << j << ' ' << k << ' ' << l << endl;
15 }
```

執行結果

```
1999 32767 -2147483648 4294967295
```

第 11 行程式故意將 k 的值設為 long 最大值 (2147483647) 加 1, 結果因超出 long 可表示的範圍, 使 k 的值反而變成負的 -2147483648 。至於為何恰好是變成 long 可表示的最小值, 與電腦中記錄數值的方式有關, 在此就不深入說明。

讀者可能會被 short 、 int 、 long 的大小弄混, 其實平常大部份的程式也只會用到 int 型別, 眞要分辨三者, 也只需把 short 看成是較小的整數型別；long 是較大的整數型別；而 int 則是『最普通』的整數型別, 且其大小是視作業系統、編譯器種類而定。

要想知道您所使用的作業系統及編譯器組合, 會產生多大的 short 、 int 、 long 變數, 可使用 C++ 的 sizeof() 運算子來查看。

sizeof() 運算子

sizeof() 運算子的用途是查看變數所佔的記憶體空間大小, 也可查看各資料型別會使用的記憶體空間。而其傳回的大小值是以位元組為單位, 所以當您不確定目前所用的作業系統 / 編譯器的 short 、 int 、 long 各佔幾個位元組, 就可用如下的程式來檢查：

程式 Ch03-05.cpp 查看各資料型別所佔的記憶體大小

```
#include <iostream>
using namespace std;

int main()
{
  cout << "short: " << sizeof(short) << " 位元組" << endl
       << "int  : " << sizeof(int)   << " 位元組" << endl
       << "long : " << sizeof(long)  << " 位元組" << endl;
}
```

執行結果

```
short: 2  位元組
int  : 4  位元組
long : 4  位元組
```

此程式分別顯示 short 、 int 、 long 三種資料型別的大小 (unsigned 的大小和未加 unsigned 時是一樣的), 在本例中 int 和 long 一樣都是 4 個位元組 (32 位元), 但在不同的環境中可能會有不同的結果。例如我們在 64 位元 Linux 中使用 g++ 編譯此程式, 執行所得的結果是 short 和 int 都是 4 個位元組 (32 位元), 但 long 則是 8 個位元組 (64 位元)。

稍後介紹的其它資料型別, 也都可用 sizeof() 來查看其大小。

3-2-2 字元

C++ 的字元 (character) 型別有 2 種：

- **char**：大小為 8 位元, 可記錄一般英文、數字字元, 或是標點符號等。

- **wchar_t**：大小爲 16 位元，可記錄包括中日韓文字在內的雙位元組 (double bytes) 字集的字母。這是 C++ 爲因應國際化而加入的資料型別，不過一般寫程式時不常使用，稍後的程式範例也會示範其不適用的理由。

每個字元變數都只能記錄 1 個英文字母、數字字元或符號，在 C++ 要表示一個字元時，可用單引號 (') 括住字元：

```
'a'    ← 小寫字元 a
'M'    ← 大寫字元 M
'+'    ← 加法符號
```

以下就是個使用字元變數的簡單範例：

程式 Ch03-06.cpp 使用字元變數

```
#include<iostream>
using namespace std;

int main()
{
  char c1, c2;         // 宣告 2 個字元變數
  wchar_t c3;
  c1 = 'a';  // 將字元 'a' 指定給變數
  c2 = 65;   // 將 ASCII 碼 65 的字元指定給變數
  c3 = '大';
  cout << c1 << endl << c2 << endl << c3 << endl;
}
```

執行結果

```
a
A
42090
```

此程式的內容很簡單, 比較需要解釋是第 9 行, 此敘述將 65 指定給 c2 字元變數, 其作用等於是將字元 'A' 指定給 c2 變數, 因爲大寫 A 的 ASCII 碼爲 65 。什麼是 ASCII 碼呢？

我們知道在電腦中可記錄的資料基本上只有數值, 所以文字其實也是以數值的方式來表示, 爲讓所有電腦系統都用一致的方式來表示相同的字元, 例如 65 代表大寫 A 、97 代表小寫 A, 這種以特定數值代表某個字元的方法就稱爲**編碼**, 目前資訊界一般所用的編碼爲美國標準資訊交換碼 (ASCII, American Standard Code for Information Interchange)。

所以當我們直接指定數值 65 給變數 c2 時, 其實和指定 'A' 給它是一樣的意思。因此從 cout 輸出 c2 的值時會看到字元 'A', 而不會看到數值 65 。

ASCII 雖然是美國國定標準, 但由於使用廣泛, 後來也被國際標準組織 (ISO) 採納爲 8859-1 拉丁文字編碼標準, 後來的標準萬國碼 (Unicode, ISO 10646) 中的拉丁字母部份, 其編碼也仍是和傳統的 ASCII 碼相同。

至於程式第 10 行指定 '大' 這個字給 c3 時, 輸出的內容卻變成 42090 。這也是文字編碼所造成的, 因爲 '大' 這個字的 Unicode 編碼就是 42090 (若以 16 進位表示則是 A46A)。但 cout 預設在輸出 wchar_t 型別的資料時, 並不會以字元的形式輸出, 而是以數字的形式輸出, 所以我們看到的就是 '大' 的 Unicode 編碼了。這也是前面提到使用 wchar_t 型別不便之處, 因此不建議大家使用這個型別。

其實 C++ 標準類別庫中也有提供專門輸出 wchar_t 型別的 wcout, 但在使用上的便利性也是不如 cout, 這也是不建議使用 wchar_t 的另一原因 (wcout 的用法請參見第 14 章)。

利用字元型別處理數字

由於 char 本質上存的是數值 (字元的編碼), 所以我們也可用它來存放整數資料, 可代表的數值範圍為 -128 ~ 127 。當然我們也可在 char 前加上 unsigned 表示變數只能儲存 0 及正整數。然而 cout 預設在輸出時, 都是將 char/unsigned char 變數輸出成對應編碼的文字：

```
unsigned char x;
x = 100;
cout << x;        // 將會顯示字母 'd' (ASCII 碼 100)
```

若希望 cout 能將 char/unsigned char 變數輸出成數字, 則需使用轉型的技巧, 此部份留待下一章再介紹。

3-2-3 浮點數

當程式需用到含有小數 (例如 3.14), 或是超過整數型別可表示範圍 (例如 10 的 20 次方) 的數字時, 就需改用浮點數 (floating point) 型別的變數。 C++ 的浮點數型別有下列 3 種：

- **float**：浮點數 (floating point) 資料型別, 如 1.1 、 2.22 。大小為 4 個位元組, 可表示範圍為 1.175e-38 與 3.402e38 間的浮點數。
- **double**：倍精度浮點數 (double precision floating point) 資料型別, 也是用來存放浮點數型別, 但是小數的位數比 float 多, 而且精確度更高。大小為 8 個位元組, 可表示範圍為 2.225e-308 與 1.7976e308 間的浮點數。
- **long double**：擴充精確度的浮點數資料型別, 和 long int 的情況相似, 在一般 32 位元電腦上 double 和 long double 都是相同的。

以下範例程式就是將圓周率指定給 flaot 、 double 型別的變數, 並查看其精確度：

程式 Ch03-07.cpp 使用浮點數

```
01 #include<iostream>
02 using namespace std;
03
04 int main()
05 {
06   float f_pi;
07   double d_pi;
08   //  將圓周率值指定給變數
09   f_pi  = 3.1415926535897932f;
10   d_pi  = 3.1415926535897932;
11
12   cout.precision(17);
13   cout << "f_pi = "  << f_pi  << endl
14        << "d_pi = "  << d_pi  << endl;
15 }
```

執行結果

```
f_pi = 3.1415927410125732
d_pi = 3.1415926535897931
```

1. 第 9 、 10 行將圓周率值 (表示到小數點後 20 位) 指定給 float 及 double 型別的變數 (其中第 9 行最後一個數字後的 f, 只是表示此數字爲浮點數, 稍後會進一步說明)。稍後在第 13 及 14 行則輸出 2 變數的值。

2. 第 12 行的程式是設定 cout 在顯示浮點數時, 要顯示的數字位數。讀者可先不管這行程式的語法和意義, 此處只是爲示範 float 和 double 的差異才加上此敘述。

由輸出結果可發現 float 變數記錄的數值精確度低於 double 很多, 當我們將同樣的數值指定給 f_pi 、 d_pi 時, f_pi 從小數點後第 7 位數就開始和我們指定的值不同, 但 d_pi 則在小數點後第 16 位數才不同, 但其精確度已足夠一般情況值用。因此如果要進行較精確的科學計算時, 應使用 double 或 long double, 而不要使用 float 。

3-2-4 布林型別

布林型別 bool 可表示**眞 (true)**、**假 (false)**兩種狀態, 在做邏輯、比較運算時就會得到布林型別的眞假值。在設定 bool 型別的變數 (通常稱為『布林變數』) 值時, 可使用 C++ 關鍵字 true 、 false 來表示其值為眞或假。

其實在 C++ 中, bool 是以整數的方式來記錄, 0 相當於 false, 1 則為 true, 所以在設定布林變數值時, 也可直接用 0 、 1 來設定。

程式 Ch03-08.cpp 示範使用布林變數

```
#include<iostream>
using namespace std;

int main()
{
  bool test1,test2;
  test1 = true;
  test2 = 0;     // 相當於設為 false
  cout << "test1 = " << test1 << endl
       << "test2 = " << test2 << endl;

  // 改用文字的方式輸出布林值
  cout << boolalpha;
  cout << "test1 = " << test1 << endl
       << "test2 = " << test2 << endl;
}
```

執行結果

```
test1 = 1
test2 = 0
test1 = true
test2 = false
```

1. 第 7 、 8 行程式分別將不同的值指定給布林變數, 其中第 7 行使用關鍵字 true 來指定；第 8 行則是將變數值指定為 0, 這就相當於指定為 false 。

2. 第 9 、 10 行分別輸出 2 個變數值。由輸出結果可發現, cout 預設是將 true 顯示為 1 、 false 顯示為 0 。

3. 第 13 行的程式是設定 cout 在顯示布林變數時, 改用文字的方式來表示, 而不再使用 0 、 1 來表示。其中 boolalpha 是 cout 的控制器, 我們會在第 14 章進一步介紹, 讀者可暫時先不管其語法。更改 cout 的顯示方式後, 第 13 、 14 行再次輸出變數值, 就變成是以 true 、 false 的文字來顯示了。

3-2-5 設定變數的初值

當程式宣告一個變數, 獲得一塊記憶體空間來存放變數值時, 變數最初的值是『不確定的』, 因此我們必須設定變數的初值, 然後讓程式做必要的處理, 才能產生我們所期望的結果。

在前面的範例程式中, 都是先宣告好變數, 然後再設定變數的內容, 其實還有較便利的作法, 就是在宣告時就同時設定其初值, 而且可以用運算式來設定初值。

宣告同時設定初值

在宣告變數的同時就設定該變數的初值，也稱爲**定義**(definition)。舉例來說，以下的程式就是改寫自前面的範例程式，只是宣告變數時即設定初值：

程式 Ch03-09.cpp 宣告同時設定初值

```
01 #include<iostream>
02 using namespace std;
03
04 int main()
05 {
06   int age = 18;
07   double rate = 31.685;
08
09   cout << "小妹今年 " << age << " 歲" << endl;
10   cout << "今天台幣兌美元的匯率是 " << rate << endl;
11 }
```

執行結果

```
小妹今年 18 歲
今天台幣兌美元的匯率是 31.685
```

第 6 、7 行在宣告變數時，即設定變數的初值，所以稍後輸出時，就會看到所設定的值。利用這種方式，就可以省掉額外撰寫設定變數內容的敘述。

此外，如果在同一敘述宣告多個變數時，也可一一指定不同的初值，例如：

```
int age = 18, height = 170, weight = 50;
```

此敘述就相當於宣告了 age 、height 、weight 三個整數變數，同時將它們的初值分別設定爲 18 、170 、50 。

用運算式設定變數的初值

前面的範例程式中曾用運算式指定給變數，也就是讓變數值等於運算式的計算結果。同理，在設定變數初值時，也可以直接用運算式來設定。雖然我們未正式介紹 C++ 運算式，不過最基本的四則運算都可以用在 C++ 程式中：

程式 Ch03-10.cpp 宣告同時設定初值

```
01 #include<iostream>
02 using namespace std;
03
04 int main()
05 {
06   int i = 10, j = 20, k = 30, sum = i + j + k;
07   cout << "總和等於： " << sum << endl;
08 }
```

執行結果

```
總和等於：60
```

第 6 行最後面的 "sum = i + j + k" 意思就是宣告 sum 變數，同時將 "i + j + k" 的總和設定為其初值。由於前面已先設好 i 、j 、k 的初值，所以程式也能自動算出正確的和，並設定給變數 sum 。

由鍵盤輸入取得變數的值

我們也可用前一章提到的『標準輸入』cin，從鍵盤取得變數值，例如：

程式 Ch03-11.cpp 從鍵盤取得變數值

```
01 #include<iostream>
02 using namespace std;
03
04 int main()
05 {
06   int age;
07   cout << "請問今年貴庚：";
08   cin >> age;          // 將使用者輸入的值存到 age
09   cout << "您今年 " << age << " 歲";
10 }
```

執行結果

```
請問今年貴庚：20  ←— 輸入 "20" 後按下 Enter 鍵
您今年 20 歲
```

第 8 行的敘述會將使用者輸入的數值指定給 age, 例如在上列的執行例中, 我們輸入了 20, 所以 age 所存的數值就是 20 。

3-3 常數

前面我們介紹了變數的宣告與定義, 另外有一種資料和變數相對, 稱爲**常數 (Constant)**。顧名思義, 變數所存放的資料隨時可以改變, 因此稱爲**變數**；而常數所儲存的資料則是『恆常不變』, 因此稱之爲**常數**。

在 C++ 中, 可將常數的形式歸類爲三種：**字面常數 (Literal)**、**唯讀變數**及**巨集常數**。

3-3-1 字面常數

所謂的**字面常數**，就是直接在程式中以文字表達其文字或數值，在之前的範例程式中其實已經用過許多次了。例如：

```
char c1 ='a';
int i = 10, j = 20, k = 30;
double pi = 3.14159;
```

上列的程式片段中，**'a'**、**10**、**20**、**30**、**3.14159** 等就是字面常數，直接看其文字，就可以瞭解其所代表的數值。使用字面常數就是這麼簡單，不過有幾點需要注意：

- char 型別的字面常數以字元來表達時，必須以單引號括起來，例如 'a'。
- 如果要表示一串文字，則必須用一對雙引號 (") 括起來，例如 "How are You"、" 這是一串文字 "。

C++ 初學者注意事項　中文『字』是 2 個位元組，所以是 2 個 char 所組成，視爲 2 個字元。因此即使只寫一個字，也是要用雙引號，例如 "天"。

此外在 C++ 中還有一些特別的字面常數表示方式，以下就先介紹各種數值常數的表示法。

各種數字表示法

前面設定 float 變數的範例中，我們在 3.1415926535 這個數值後面加了 f，其作用是告訴編譯器，3.1415926535 這個字面常數是 float 型別。在 C++ 中，數值型的字面常數有以下幾個特性：

- 整數字面常數預設爲 int 或 long 型別 (以 Visual C++ 爲例, 預設爲 int)。我們也可在數字後面加上 u (unsigned)、 l (long) 指定其型別, 且這 2 個字可放在一起使用：

```
123u     // 無正負號的整數 123
987l     // 長整數 987
555ul    // 無正負號的長整數 555
```

C++ 初學者注意事項 雖然 C++ 會分辨大小寫, 但字面常數後的型別標記則是不分大小寫, 例如不管是 'u'、'U' 都是表示 unsigned。

- 任何有小數點的字面常數預設爲 double 型別。可加上 f 或 l 指定其爲 float 或 long double：

```
3.14f    // float 常數 3.14
.314l    // long double 常數 0.314
```

除了標記字面常數的型別外, 也可用不同的方式來表示數值：

- 整數字面常數可使用 8 進位或 16 進位表示：第 1 個數字是 0 時, 此數值爲 8 進位；若以 '0x' 爲首, 則此數值爲 16 進位表示。
- 浮點數除了用一般的小數點數值表示, 也可用科學記號表示, 也就是在數值後面加上 e (大小寫均可), 再加上該數字爲 10 的幾次方。

以下就是個簡單的範例：

程式 Ch03-12.cpp 各種字面常數表示法應用

```
#include<iostream>
using namespace std;

int main()
{
  int i;                double d;
  i = 074;              d = 6.02e22;
  cout << "i= " << i << "     d= " << d << endl;
  i = 0xACE;            d = 3.14159E-1;
  cout << "i= " << i << "   d= " << d << endl;
}
```

執行結果

```
i= 60     d= 6.02e+022
i= 2766   d= 0.314159
```

這個範例程式分別用 8 進位及 16 進位的字面常數設定 int 變數的值, 以及用科學數字表示法設定 double 型別變數值。

特殊字元表示法 - Escape Sequence

前面學過字元常數要用單引號 (') 括起來表示, 而字串常數則要用雙引號 (")。但如果我們要將 char 變數值設爲單引號, 或是字串內也要包含雙引號, 我們不能用如下的方式表示：

```
char quote = ''';               // 不合法
cout << "他對我說：”Hello"";    // 不合法
```

上述兩種表示方式都是不合法的，在編譯時會出現錯誤，因為 C++ 編譯器無法解讀程式。例如『"他對我說："Hello""』會被看成是 "他對我說：" 及 "" 兩個字串，而中間的 Hello 則 C++ 編譯器不曉得是什麼，因此視為語法錯誤。

為解決要在字面常數中使用這類特殊符號或字元的問題，在 C++ 程式中需以 Escape Sequence (跳脫序列) 來表示特殊字元和符號。Escape Sequence 的寫法是以反斜線 (\) 開頭，後面跟著一個英文小寫字母或符號，來表示特殊的控制字元及符號：

符號	ASCII 碼	代號符號	用途
\a	0x07	BEL	嗶聲
\b	0x08	BS	退位
\f	0x0C	FF	換頁
\n	0x0A	LF	換行
\r	0x0D	CR	歸位 (游標移至行首)
\t	0x09	HT	水平定位 (tab)
\v	0x0B	VT	垂直定位
\\	0x5C	\	反斜線
\`	0x2C	`	單引號
\"	0x22	"	雙引號
\?	0x3F	?	問號

上表前半的控制字元是屬於『看不到』的字元，用 cout 輸出這些字元，只會產生該字元對應的效果，例如 cout << '\n' 將會使 cout 輸出換行，和使用 "cout << endl" 的效果一樣。這些 Escape Sequence 也可以放在字串中使用，請參考以下的應用實例：

程式 Ch03-13.cpp 脫序字元的應用

```
01 #include<iostream>
02 using namespace std;
03
04 int main()
05 {
06   char beep = '\a';
07    cout << "今天天氣很好\n"
08         << "接著你會聽到三聲\"嗶聲\"\n";
09   cout << "嗶!\t" << beep << "嗶!\t" << beep << "嗶!" << beep;
10 }
```

執行結果

```
今天天氣很好
接著你會聽到三聲"嗶聲"
嗶!        嗶!        嗶!
```

← 同時會聽到電腦喇叭發出聲音

1. 第 6 行將字元變數 beep 設爲控制字元 '\a', 也就是會使電腦喇叭發出嗶聲的字元。

2. 第 7 、 8 行分別輸出 2 個字串, 這兩個字串結尾都有加上換行字元 '\n', 所以輸出字串後, 下一個輸出就會換行輸出。

3. 第 9 行交替輸出 "嗶!\t" 字串與 beep 變數, '\t' 是定位字元 (tab), 這就好比我們在打字時先打出 "嗶!" 然後按一下 Tab 鍵, 再打下一組字串一樣, 所以螢幕上輸出的結果就是 3 個 "嗶!", 且中間有一些空白。至於輸出 beep 並不會在螢幕上看到任何文字輸出, 只會聽到電腦喇叭發出三次嗶聲 (因爲我們輸出 beep 三次)。

用字元編碼指定字元

Escape Sequence 除了用來指定控制字元與特殊符號外, 也可用『指定字元編碼』的方式來表示特定的字元, 表示方法如下:

- 在反斜線後面加上 8 進位數值, 就等於是該 ASCII 編碼所代表的字元, 例如:

```
'\141'    // 8 進位數字 '141' 等於十進位的 97,
          // ASCII 碼 97 為小寫字元 'a'
'\12'     // ASCII 碼 10 為換行字元 '\n'
```

- 若數字的開頭為 x 或 X, 則該數值是 16 進位的 ASCII 碼, 例如:

```
'\x61'    // 同 '\141', 也就是字元 'a'
'\xA'     // 同 '\12' , 也就是 '\n'
```

- 若數字的開頭為 u 或 U, 則該數字是 16 進位的 Unicode 編碼, 例如:

```
'\u706B'  // Unicode 中 '706B' 所指的字元為 '火'
```

指定 Unicode 時, 則程式必須在支援 Unicode 且有安裝對應字型的環境下, 才能正常編譯、執行, 並顯示該 Unicode 編碼的字元。

3-3-2 const 唯讀變數

如果一個數值具有某種特殊的意義, 而且在程式中經常會被用到, 那我們就可以用一個較有意義的識別字來代替這個常數, 例如: 圓周率用 PI 來代表, 稅率用 TaxRate 來代表。這樣做有兩個好處:

- 使常數的意義一目瞭然：假設稅率是 0.05 (5%), 那麼 TaxRate 要比 0.05 容易讓人了解。
- 使常數的值易於修改：例如當稅率更動時，我們只要改變 TaxRate 的定義值即可，而不必更改程式的其他部份。

C++ 提供二種方法來定義常數，第一種是用唯讀變數，另一種則是利用前置處理指令。以下先介紹唯讀變數的用法。

當我們在定義一個變數時, 如果在最前面加上關鍵字 "const", 那麼這個變數就會成爲一個**唯讀變數**(constant variable), 它的值將永遠無法改變。例如：

```
const double PI = 3.14159;
```

由於唯讀變數的值不能改變，所以在定義時一定要給它一個初值。在定義好之後，任何企圖改變其值的敘述都將造成編譯時的錯誤。下面是一些錯誤的範例：

```
const char str;              // 錯誤：沒有指定初值

const int maxSize = 10;
maxSize = 20;                // 錯誤：不能更改 const 變數的值
```

唯讀變數除了值不能更改以外，它和一般變數的性質完全相同。

程式 Ch03-14.cpp 使用唯讀變數定義圓周率

```
#include<iostream>
using namespace std;

int main()
{
```

```
    const double PI = 3.1415926;  // 定義唯讀變數
    double area;

    // 用唯讀變數計算圓面積
    area = 5 * 5 * PI;
    cout << "半徑 5 的圓面積等於 " << area << endl;

    area = 15 * 15 * PI;
    cout << "半徑 15 的圓面積等於 " << area << endl;
}
```

執行結果

```
半徑 5 的圓面積等於 78.5398
半徑 15 的圓面積等於 706.858
```

3-3-3 巨集常數

巨集常數是以前置處理指令 #define 來定義, 其格式如下：

```
#define 常數名稱 常數值
```

例如：

```
#define PI 3.1415926
#define TAX_RATE 0.05
#define KB 1024
```

巨集常數通常都是定義在程式的開頭, 並且都用大寫文字, 以便和其他的變數或函式名稱有所分別。一旦定義好巨集常數之後, 我們便可以在程式中使用該常數, 在編譯程式前, 前置處理器會先把所有的常數名稱代換成常數值, 然後才眞正開始編譯。以下的範例程式改用 #define 的方式來定義圓周率：

程式 Ch03-15.cpp 使用唯讀變數定義圓周率

```
01 #include<iostream>
02 using namespace std;
03 #define PI 3.1415926    // 定義巨集常數
04
05 int main()
06 {
07   double area;
08
09    // 用巨集常數計算圓面積
10   area = 7 * 7 * PI;
11   cout << "半徑 7 的圓面積等於 " << area << endl;
12
13   area = 9 * 9 * PI;
14   cout << "半徑 9 的圓面積等於 " << area << endl;
15 }
```

執行結果

```
半徑 7 的圓面積等於 153.938
半徑 9 的圓面積等於 254.469
```

當我們編譯此程式時, 前置處理器會將程式中所有的 PI 代換成 3.1415926, 然後才開始編譯。所以第 10 、 13 行中的 PI, 在編譯前都已變成是『字面常數』3.1415926 。

注意, 前置處理器並不懂 C++ 的語法, 它只是單純地執行文字代換的工作, 而不會為我們做型別或是語法的檢查, 這是和使用 const 唯讀變數最大的不同之處。

3-4 自訂資料型別

爲了模擬眞實世界的事物, C++ 允許我們利用內建的資料型別定義出較複雜的**自訂資料型別**(User Defined Data Type), 以表示特定的資料型式。以下就來介紹兩種自訂新型別的方式：

- **定義新的整數型別**：以 enum 定義列舉型別。
- **爲型別建立別名**：用 typedef 爲資料型別定義別名。

3-4-1 列舉型別：enum

列舉型別 (Enumeration type) 可以讓我們定義新的整數型別, 並用列舉的方式來指出所有可能的成員。其定義方式爲：

```
enum  新型別名稱  { 列舉出所有成員 } 變數名, 變數名, ... ;
```

其中, 新型別名稱或變數名都可省略, 而大括弧內所列舉的各成員就稱爲『列舉成員』(Enumerator) 。例如, 我們可以定義某種水果茶有三種口味：

```
enum fruit_tea { apple, banana, orange };
fruit_tea taste;          // taste 是 fruit_tea 型別的變數
```

如此一來, 我們要設定變數 taste 的值時, 就只能用 3 個列舉成員 apple 、banana 、 orange 來設定。而列舉成員其實也依序代表從 0 開始的整數值, 所以 apple 、 banana 、 orange 就分別代表 0 、 1 、 2 。請參考以下的範例：

程式 Ch03-16.cpp 使用列舉型別定義整數

```
#include<iostream>
using namespace std;

int main()
{
  enum fruit_tea { apple, banana, orange };
  fruit_tea taste;   // taste 是 fruit_tea 型別的物件

  taste = apple;      // 需用列舉成員來設定其值
  cout << "taste = " << taste << endl;

  taste = orange;
  cout << "taste = " << taste << endl;
}
```

執行結果

```
taste = 0
taste = 2
```

大家或許會覺得這樣不是讓寫程式變得複雜了嗎？直接將 taste 宣告成 int 變數, 然後用字面常數 0 、 1 、 2 來設定豈不是比較方便？雖然看起來是如此, 但使用 enum 有下列好處：

- 讓程式看起來比較有意義。因為我們把單純的數值用有意義的名稱代替, 所以程式的可讀性也提高, 更容易看出設定變數值代表的意義。
- enum 可以把變數的值限定在列舉之名稱集合裡, 如此可減少程式可能的錯誤。例如 taste 值就只能是 0 、 1 、 2, 而不能指定為其它的值, 否則編譯時就會出現錯誤。但使用一般 int 變數則無法做到此種限制, 如果不小心設定了不應使用的值, 必須自行檢查程式, 不能靠編譯器幫忙。

列舉成員預設的值是從 0 開始，不過我們也可以自行指定它們所代表的值，例如：

```
enum fruit_tea { apple=3, banana, orange };
```

此時 apple、banana、orange 代表的值就變成 3、4、5。當然我們也可將列舉成員設為不連續的值，甚至指定相同的值都可以：

```
enum fruit_tea { apple=5, banana=2, orange };  // 代表值變成 5、2、3

enum boolean { False, True, off=0, on }; // False 和 off 都是 0
                                         // True 和 on 都是 1
```

在定義列舉型別時可同時定義所要使用的變數，且型別名稱如果不再使用，也可以將之省略：

```
enum { blue, red, yellow } color;
  ▲
  └─沒有型別名稱
```

最後要提醒讀者：若定義了多個列舉型別，即使不同型別中的列舉成員代表的值是一樣，也不能將它們交錯使用。因為對 C++ 而言，它們代表的是**不同**的資料型別，所以這樣的程式將會造成編譯錯誤：

```
enum fruit_tea { apple, banana, orange } taste;
enum colors { blue, red, yellow } ;

taste = blue;     // 錯誤：blue 不屬於 fruit_tea 型別
```

3-4-2 用 typedef 爲型別建立別名

用 typedef 關鍵字可以爲任何已存在的資料型別建立別名, 其目的是爲了使用上的方便, 以及增加程式的可讀性。其建立方式如下:

```
typedef  型別  新的別名;
```

舉例來說, 若您想使用 unsigned char 變數, 但覺得這個名稱實在太長了, 對打字及閱讀都造成一些負擔, 可以替它取個較簡短的名字來代替, 例如:

```
typedef unsigned char byte;
```

這行敘述就是將 byte 定義爲 unsigned char 型別的別名, 接著我們就能用 byte 來代替 "unsigned char" 這一大串字了。通常在定義了型別的別名後, 我們會希望能在所有的程式都能用到它, 所以會將它放在一個自訂的含括檔中, 例如:

程式 Ch03-17.h 用 byte 取代 unsigned char 的含括檔

```
typedef unsigned char byte;
```

以後在撰寫程式時, 只要含括這個自訂的含括檔, 就能改用 byte 來宣告 unsigned char 型別的變數了:

程式 Ch03-17.cpp 用 byte 宣告變數

```
01 #include<iostream>
02 #include"Ch03-17.h"
03
04 int main()
05 {
06   byte a = 8, b = 88; // a、b 都是 unsigned char 型別的變數
07   std::cout << a * b;
08 }
```

執行結果

```
704
```

前一章提過, 含括自訂的 .h 檔時, 需用雙引號括住檔名, 所以第 2 行的寫法是 #include"Ch03-17.h" 而非 #include<Ch03-17.h>。

其實在 C++ 標準函式庫中就有很多使用 typedef 的應用實例, 例如代表資料大小或長度的變數, 就經常是宣告爲 size_t 型別, 這個資料型別可能是 unsigned int 或其它整數型別 (視各編譯器的實作方式及應用環境各有不同), 但因爲在標準函式庫中以 size_t 來代表, 如此一來我們就能以一致的方式來表示一種代表大小或長度的資料。

3-5 綜合演練

3-5-1 交換兩變數的值

兩個同型別的變數可以用等號將其值指定給對方, 比如說 a = b, 就是將變數 b 的值指定給 a, 換句話說變數 a 與 b 的值會變成相同。我們可以用這個原理來作兩個變數值的交換：

程式 Ch03-18.cpp 兩變數值互換

```
01 #include <iostream>
02 using namespace std;
03
04 int main()
05 {
06   int a=10, b=20;  // 宣告兩個 int 變數 a, b
07   int temp;        // 宣告暫存整數變數 temp
08
09   cout << "交換前 a = " << a << "\tb = " << b << endl;
10
11   temp = a;  // 將變數 a 的值指定給暫存變數
12   a = b;     // 把變數 b 的值指定給 a
13   b = temp;  // 將暫存變數所存的 a 值指定給 b
14
15   cout << "交換後 a = " << a << "\tb = " << b << endl;
16 }
```

執行結果

```
交換前 a = 10   b =20
交換後 a = 20   b =10
```

1. 在第 11 ~ 13 行中, 先將 a 的變數值指定給 temp 。然後再將 b 的變數值指定給 a 。最後, 再將 temp 的變數值指定給 a 。

2. 在變數指定過程中, 如果在被指定新變數值的變數中, 已先存有其它變數值。此時, 新變數值會取代舊的變數值。

3 個變數空間中的變數值, 轉換過程如下：

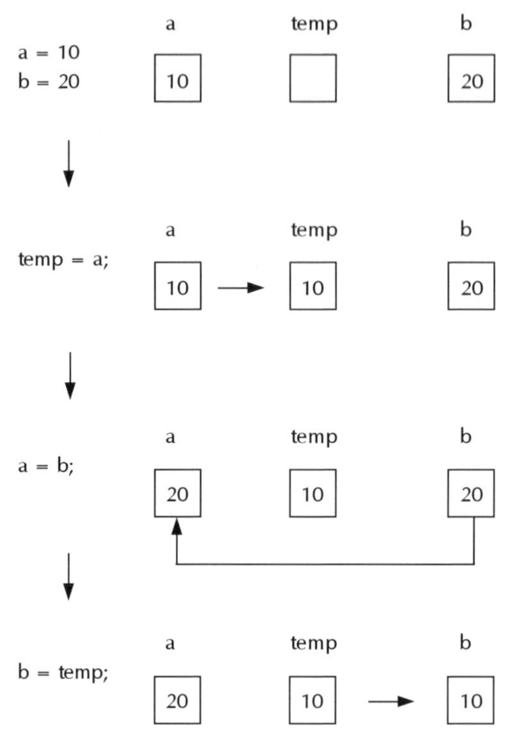

這種數值交換的技巧，是寫程式時常用到的，請讀者務必練習熟記。

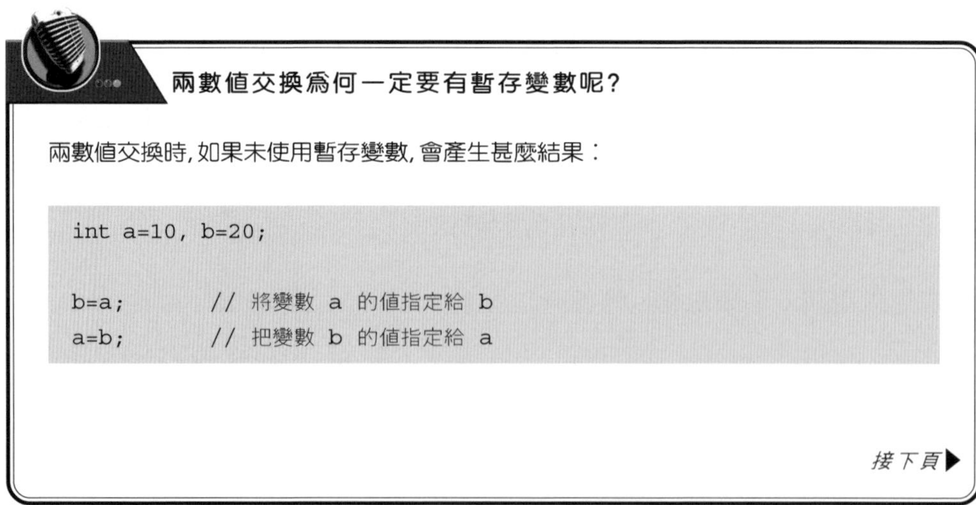

兩數值交換爲何一定要有暫存變數呢?

兩數值交換時，如果未使用暫存變數，會產生甚麼結果：

```
int a=10, b=20;

b=a;        // 將變數 a 的值指定給 b
a=b;        // 把變數 b 的值指定給 a
```

接下頁▶

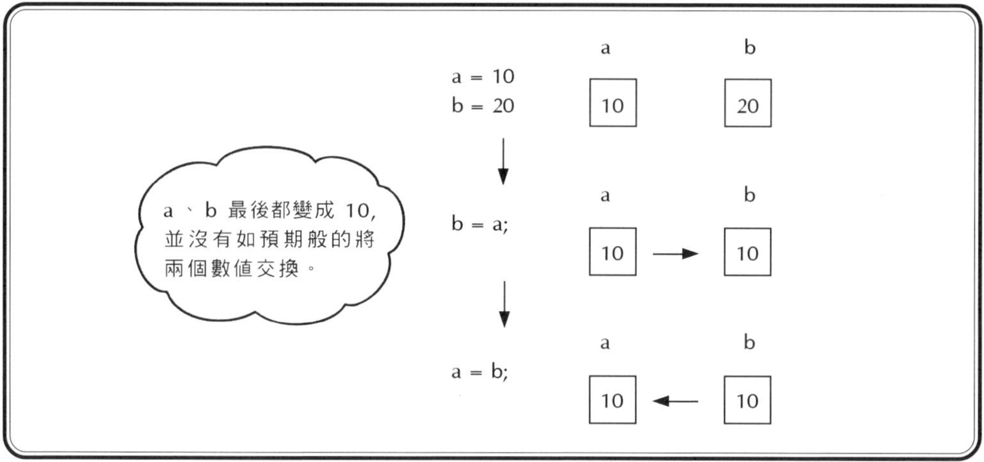

3-5-2 大小寫轉換

我們已經知道字元是以整數的方式記錄字元的 ASCII 編碼 (或 Unicode), 其中大寫英文字母的編碼爲 65 ~ 90, 小寫則是 97 ~ 122, 各字母的大小寫 ASCII 編碼值恰好相差 32 。利用這個規律性, 我們就能寫程式作大小寫字母的轉換。

程式 Ch03-19.cpp 大寫字母轉小寫字母

```
01 #include <iostream>
02 using namespace std;
03
04 int main()
05 {
06   char upper = 'S', lower;   // 宣告兩個字元變數
07
08     lower = upper + 32;
09     cout << upper << " 的小寫是 " << lower << endl;
10 }
```

執行結果

```
S 的小寫是 s
```

第 8 行, 將 upper 變數值加上 32, 也就是前述大小寫字母 ASCII 碼的差值, 所以 lower 就變成小寫的 's' 了。

學習評量

1. 下列何者不是 C++ 語言的變數型別？

   a. int

   b. float

   c. byte

   d. long

2. 下列何者不是宣告變數時一定要具備的語法？

   a.資料型別。

   b.變數名稱。

   c.初始值。

3. 變數的值 (可以 \ 不可) 改變, 常數的值 (可以 \ 不可) 改變。

4. 我們可以用 _________ 關鍵字定義資料型別的別名。

5. 請依序寫出以下三個型別的大小 (位元組數)：

   unsigned short ______

   char ______

   double ______

6. 以下哪個變數名稱是不合法的？

   a. abc

   b. _abC

   c. F10

   d. ?h

7. 以下哪一個敘述有錯？

   a. int i,j,k = 10 ;

   b. int i,j, short b ;

   c. int i = 1,j = 2,k ;

   d. int thisisalongname = 1 ;

8. 有關於 char 型別, 以下何者錯誤？

   a.不能存放中文字。

   b.佔用 1 個位元組。

   c.可以使用跳脫序列。

   d.可以表示標準萬國碼字元。

9. 以下何者是有效的浮點數值？

   a. 3.2

   b. 0.33E-4

   c. 3F

   d.以上皆是。

10. 有關浮點數, 以下何者爲真？

   a. C++ 會將帶小數的數值字面常數當成 double 型別。

   b. float 型別可表示的範圍比 double 大。

   c. double 型別不能存放整數值。

   d.以上皆非。

程式練習

1. 試寫一個程式, 定義巨集常數 SIZE 爲 10, 然後由螢幕輸出 SIZE 的值。
2. 試寫一個程式, 宣告變數 a=10 、 b=101.7 、 c='c', 然後由螢幕輸出這 3 個變數的值。
3. 試寫一個程式計算矩形面積, 其中矩形的長寬均以唯讀變數定義。
4. 試寫一個程式, 計算 3 + 2 的和。
5. 已知 f=1*2*3*4*5, 試寫一程式求出 f 。
6. 若 y=2*x, 試寫一程式讓使用者輸入 x 的值, 然後程式求出並顯示 y 的值。
7. 請撰寫一個程式, 顯示單引號 (') 的 ASCII 碼。
8. 請撰寫一個程式, 在螢幕上顯示以下訊息：

```
我正在學習 "C++" 程式語言
```

9. 試寫一個程式輸出如下結果：

```
交換前 a=10, b=20, c=30;
交換後 a=30, b=10, c=20;
```

10. 試寫一程式, 利用 ASCII 碼, 將小寫字母 z , 轉換成大寫字母 Z, 然後從螢幕輸出。

運算子與運算式

學習目標

- 認識運算式
- 熟悉各種運算子
- 瞭解運算子的優先順序
- 資料的轉型

在上一章中，我們已經看過了 C++ 程式語言中的各種資料型別，有了這些資料後，就能進一步來處理資料。其實在 C++ 程式中，大部分的處理工作就是運算，像是大家都很熟悉的四則運算、或是邏輯比較，以及低階的位元運算等等。有了這些運算的功能，才能對輸入的資料進行處理，得到我們所需的結果。因此，在這一章中，就要將重點放在 C++ 程式語言所提供的各項運算功能。

4-1 甚麼是運算式？

在 C++ 程式語言中，大部分的敘述都是由**運算式 (Expression)** 所構成，至於運算式則是由一組一組的**運算子 (Operator)** 與**運算元 (Operand)** 組成。其中，運算子代表的是運算的**種類**(或者說是運算符號)，而運算元則是要運算的**資料**。舉例來說：

```
5 + 3
```

就是一個運算式，其中 **+** 就是**運算子**，代表要進行**加法**運算，而要相加的則是 5 與 3 這兩個資料，所以 **5** 與 **3** 就是**運算元**。

要注意的是，不同的運算子所需的運算元數量不同，像是剛剛所提的加法，就需要二個運算元，這種運算子稱為二**元運算子 (Binary Operator)**；如果運算子只需單一個運算元，就稱為**單元運算子 (Unary Operator)**。

另外，運算元除了可以是**字面常數**以外，也可以是**變數**，例如：

```
5 + i
```

甚至於運算元也可以是另外一個**運算式**，例如：

```
5 + 3 * 4          // 可看成是 5 和 (3 * 4) 相加
```

實際在執行時, C++ 會將 **5** 與 **3 * 4** 視爲是加法的兩個運算元, 其中 **3 * 4** 本身就是一個運算式。

每一個運算式都有一個**運算結果**，以加法運算來說，兩個運算元相加的結果就是加法運算式的運算結果。當某個運算元爲一個運算式時，該運算元的值就是這個運算式的運算結果。以剛剛的例子來說，3 * 4 這個運算式的運算結果是 12，而 12 就會作爲前面加法運算的第二個運算元的值，所以整個運算式相當於 **5 + 12**。

在 C++ 語言中，四則運算的運算次序和我們從小所學的『先乘除、後加減』完全相同，而且在運算式當中，也可以任意使用配對的**小括號 "()"**，明確表示計算的方式，舉例來說：

程式 Ch04-01.cpp 使用括號指定運算順序

```
#include<iostream>

int main()
{
  int i,j;
  i = (1 + 3) * 5 + 6;    // -> 4 * 5 + 6
  j = 1 + 3 * (5 + 6);    // -> 1 + 3 * 11
  std::cout << "變數 i 等於：" << i << '\n'
            << "變數 j 等於：" << j;
}
```

執行結果

```
變數 i 等於：26
變數 j 等於：34
```

其中第 6 與第 7 行的運算式如果將括號去除, 兩個運算式將變得一模一樣, 可是因爲加上了括號, 所以兩個運算式的運算順序並不相同, 最後的結果也不一樣。

有了以上的基本認識後, 就可以進一步瞭解各種運算了。以下就分門別類, 介紹 C++ 程式語言中的運算子。

4-1-1 算術運算子

在所有的運算子中, 大家最熟悉的應該就是一般的算術運算子了, 而且實際在撰寫程式時使用率也極高。因此, 在這一小節中, 所要介紹的是可以運用在數值型別資料的各種運算子。

C++ 的算術

在數值運算中, 最直覺的就是 +、-、*、/ 四則運算, 除了 * (乘)、/ (除) 符號要熟悉之外, 運算式的寫法, 都只要依我們習慣的方式來撰寫即可。不過在 C++ 中的數值由於有整數與浮點數的差異, 也使得 C++ 的四則運算結果, 不一定會和我們所習慣的相同。舉例來說, 我們都知道 3 除以 2 的結果是 1.5, 但在 C++ 程式中可不一定如此：

程式 Ch04-02 整數與浮點數的四則運算

```
#include<iostream>

int main()
{
  std::cout << "3 除以 2 等於 " << (3/2) << '\n'
            << "3.0 除以 2 等於 " << (3.0/2);
}
```

執行結果

```
3 除以 2 等於 1          ← 運算結果不正確！
3.0 除以 2 等於 1.5
```

第 5 行和第 6 行的程式分別將除法運算式直接輸出到 cout, 這就表示將除法運算的結果輸出到螢幕上, 所以我們可在螢幕上看到程式所計算出的商。

將運算式直接用 cout 輸出, 其原理也是前面介紹過的將運算式當成另一個運算式的運算元, 上例中就是將 (3/2) 當成 << 的運算元。這樣的用法在往後也會看到。

但第 5 、 6 行的程式明明都是用 3 除以 2, 爲什麼得到的商卻不同？這是因爲在 C++ 中, 如果運算式中的運算元『都是』整數 (int 、 long 、 short 等), 則運算結果也會是整數, 若有小數部份, 將會被**捨去**, 只保留整數的部份。因此第 5 行 (3/2) 的結果就是 1.5 去掉小數部份, 只剩下 1 。

因此如果運算結果有可能產生小數, 則至少要有一個運算元是浮點數型別 (double 、 float 都可以), 計算結果才會保留小數部份。如上第 6 行程式就是將 3 寫成 3.0, 對 C++ 來說, 這個字面常數因爲有小數點所以會是 double 型別, 因此計算結果也會保留小數部份, 得到正確的商。

因爲只用整數進行計算, 而導致計算結果不正確, 是初學者常遇到的問題, 需特別注意。

加減運算子也可以用來表示正負數, 這也和平常使用的方式相同, 例如：

```
-5          // 負 5
3 * (-6)   // 結果爲負的 18
```

求餘數運算子

C++ 除了提供基本的四則運算外，還有個特別的**求餘數**運算子：% 。語法如下：

```
a % b
```

這個運算式的意思是用 a 除以 b，並取其餘數，所以：

```
語法
8 % 3   → 8 除以 3 的餘數爲 2， 所以計算結果爲 2
9 % 3   → 9 可以被 3 整除， 所以計算結果爲 0 (沒有餘數)
```

以下就來看一個實際的例子：

程式 Ch04-03 求餘數

```
01 #include<iostream>
02
03 int main()
04 {
05   int i = 79, j = 17;
06   std::cout << i << " 除以 " << j
07             << " 的餘數爲：" << (i % j);
08 }
```

執行結果

```
79 除以 17 的餘數爲：11
```

第 7 行將求餘數運算式的結果直接輸出到 cout，所以我們可在螢幕上看到程式所計算出的餘數。

請注意, % 只能用在整數的資料型別, 若用在浮點數將會產生編譯錯誤：

```
3.5 % 3   // 不合法, 編譯會失敗
```

遞增遞減運算子

在設計程式時, 經常會需要將變數的內容遞增或是遞減 (加一或減一), 例如：

```
i = i + 1;        // 遞增, 將 i 加 1 後設爲 i 的新數值
j = j - 1;        // 遞減, 將 j 減 1 後設爲 j 的新數值
```

因此爲方便做這類運算, C++ 特別提供了專用的運算子, 可以用來代替如上以加減法運算子來將變數加減 1 的敘述。如果您需要幫變數加 1, 可以使用 **++** 遞增運算子 (Increment Operator) ；如果需要幫變數減 1, 則可以使用 **--** 遞減運算子 (Decrement Operator) ：

程式 Ch04-04.cpp 使用遞增與遞減運算子

```
#include<iostream>

int main()
{
  int i = 100;
  i++;   // 遞增
  std::cout << "變數 i 的值爲：" << i;

  i--;   // 遞減
  std::cout << "\n變數 i 的值爲：" << i;
}
```

執行結果

```
變數 i 的值爲：101
變數 i 的值爲：100
```

在第 6 行使用了遞增運算子, 因此變數 i 的內容會變成 100 + 1, 也就是 101 。而在第 9 行中, 使用了遞減運算子, 因此變數 i 就又變回 100 了。

遞增及遞減運算子除了可以寫在變數的後面 (稱爲『後置』), 也可以寫在變數的前面 (稱爲『前置』), 這兩類運算子雖然同樣會將變數做遞增或遞減的運算, 但它們所代表的意義並不相同, 請看這個範例：

程式 Ch04-05.cpp 前置與後置遞增運算子

```
01 #include<iostream>
02
03 int main()
04 {
05   int i = 100, j;
06   j = (i++) + 5;    // 後置遞增
07   std::cout << "i = " << i << "\t\tj = " << j;
08
09   i = 100;
10   j = (++i) + 5;    // 前置遞增
11   std::cout << "\ni = " << i << "\t\tj = " << j;
12 }
```

執行結果

```
i = 101        j = 105
i = 101        j = 106
```

我們分別在第 5 、9 行將 i 設定爲 100, 然後在第 6 與第 10 行的運算式中使用遞增運算子, 並將計算結果設定給變數 j 。這 2 行程式唯一的差別就是遞增運算子的位置一個在變數後面、一個在變數前面, 結果卻不相同。主要的原因就是當遞增運算子放在變數後面時, 雖然會遞增變數的值, 但遞增運算式的運算結果卻是變數**尚未遞增前**的原始值。因此, 第 6 行的運算式就相當於以下這行程式：

```
j = 100 + 5; // 100 是變數 i 遞增『前』的值
```

這種方式稱爲**後置遞增運算子 (Postfix Increment Operator)**。但如果把遞增運算子擺在變數之前，那麼遞增運算式的運算結果就會是變數**遞增後**的內容。因此，第 10 行的敘述就相當於以下這行程式：

```
j = 101 + 5; // 變數 i 遞增後是 101
```

由於遞增運算式的運算結果是變數遞增後的值，所以 ++i 先變成 101 之後才和 5 相加，設定給 j，因此 j 就變成 106 了。這種方式稱之爲**前置遞增運算子 (Prefix Increment Operator)**。

C++ 初學者 注意事項 前置與後置的差異，往往造成初學者誤用，使得程式執行結果不正確，請務必弄懂兩種運算子的差異。

如果運算式中某個變數同時出現有遞增 / 減及無遞增的形式 (例如 j = ++i + i)、或是同一運算式中同時遞增或遞減了一次以上，又會有什麼樣的結果呢？先說結論：不建議此種用法，因爲運算結果可能不會是您預期的結果，請參見以下的例子：

程式 Ch04-06.cpp 前置與後置遞增運算子

```
#include<iostream>

int main()
{
  int i = 10, j;
  j = (i++) + i + (i++);  // 兩個後置遞增
  std::cout << "i = " << i << "\t\tj = " << j << '\n';

  i = 10;                 // 將 i 再設爲 10
```

```
10   j = (--i) + i + (--i);  // 兩個前置遞減
11   std::cout << "i = " << i << "\t\tj = " << j;
12 }
```

執行結果

```
i = 12          j = 30
i = 8           j = 24
```

對第 6 行的敘述, 讀者可能會以為第 1 個 i 遞增後才會用於第 2 、3 個 i 參與運算。但由程式執行結果可發現並非如此。在此運算式中的後置遞增, 都是待整個運算式運算結束後, 才做遞增的處理。所以第 6 行的敘述可分解成如下步驟：

1. 由於是後置遞增運算, 因此其中 i++ 的運算結果是變數 i 未遞增前的值 10, 變成：

```
j = 10 + 10 + 10;        // 算出 j 為 30
```

2. 算出 30 並指定給變數 j 後, 再將變數 i 的值遞增『兩次』, 所以最後得到的 i 是 12 。

第 10 行前置遞減運算的情形也是類似, 這行程式的動作可分解成：

1. 由於是前置遞減, 所以在進行加法運算時, 兩次的遞減都會先計算, 所以 10 遞減兩次變成 8 。

2. 用已遞減過的 i 值進行加法運算：

```
j = 8 + 8 + 8;        // 算出 j 為 24
```

雖然在上面的例子中，多個遞增、遞減的動作都是在算式計算之前或之後『一併』進行，但在其它類型的敘述中則又不必然如此，例如像 "cout << i++ << i++;" 這樣的敘述，在不同編譯器上就會有不同的結果，而且其結果可能出乎一般預料之外。因此我們建議：不要讓使用遞增、遞減運算的變數，在同一運算式中出現一次以上。

最後要提醒的是，遞增與遞減運算子只能用在**變數**上，也就是說，您不能撰寫這樣的程式：

```
5++;
```

4-1-2 比較運算子

C++ 語言共有 6 個做爲比較用的比較運算子 (Relational Operator)，其運算結果只傳回 true (整數 1) 或 false (整數 0)。其使用法如下表所列：

運算子	使用例	說明
>	i > j	比較 i 是否大於 j
<	i < j	比較 i 是否小於 j
==	i == j	比較 i 是否等於 j
>=	i >= j	比較 i 是否大於或等於 j
<=	i <= j	比較 i 是否小於或等於 j
!=	i != j	比較 i 是否不等於 j

由於只做比較而不做設定，所以執行後各運算元的值不變。但若運算元爲另一個運算式，則會先計算該運算式，然後再取其結果來參與比較，所以該運算式內變數的值有可能會改變。

程式 Ch04-07.cpp 輸出比較運算的結果

```
#include<iostream>
using namespace std;

int main()
{
  int i = 3, j = 3;

  cout << boolalpha;  // 改用文字的方式輸出布林值

  cout << "(i == j)  ：" << (i == j) << endl;
  cout << "(i > j)   ："  << (i > j) << endl;
  cout << "(++i > j)："<< (++i > j) << endl;
  cout << "(j-- < 3)："<< (j-- < 3) << endl;
  cout << "(i != j)  ：" << (i != j) << endl;
}
```

執行結果

```
(i == j)  ：true
(i > j)   ：false
(++i > j)：true
(j-- < 3)：false
(i != j)  ：true
```

由於 << 的優先順序較高 (後詳), 所以比較運算子的運算要用小括弧括起來。注意, '==' 和 '=' 不可搞混, 前者是做爲比較之用, 而後者則是用來指定值之用, 稍後我們還會進一步介紹 '=' 運算子。

4-1-3 邏輯運算子

C++ 提供 3 個邏輯運算子 (Logical Operator), 邏輯運算子是取運算元的布林值來參與運算, 運算結果也只傳回 true (整數 1) 或 false (整數 0)。其使用法如下表所示：

運算子	使用例	說明
!	!i	對 i 做邏輯的 NOT
&&	i && j	i 與 j 做邏輯的 AND
||	i || j	i 與 j 做邏輯的 OR

若參與運算的不是布林型別, 則凡是非 0 的數即爲眞 (true), 0 則爲假 (false)。 AND (&&)、 OR (||)、 NOT (!) 等邏輯運算的結果是由以下所列的眞值表所定義：

AND	眞	假
眞	眞	假
假	假	假

OR	眞	假
眞	眞	眞
假	眞	假

NOT	眞	假
	假	眞

舉例來說, 若是 &&, 則兩個運算元都必須爲眞 (true), 結果才會爲眞, 否則即爲假；若是 ||, 二個運算元只要有一個爲眞結果即爲眞, 否則爲假；若是 !, 則眞變假、假變眞。

程式 Ch04-08.cpp 輸出邏輯運算的結果

```
#include<iostream>
using namespace std;

int main()
{
  int i = 3;
  bool b = false;

  cout << boolalpha;  // 改用文字的方式輸出布林值
  cout << "i = " << i << "\tb =" << b << endl;
  cout << "i && b：" << (i && b) << endl;
  cout << "i || b：" << (i || b) << endl;
```

```
  cout << "i &&!b：" << (i &&!b) << endl;
  cout << "i ||!b：" << (i ||!b) << endl;
}
```

執行結果

```
i = 3   b = false
i && b：false
i || b：true
i &&!b：true
i ||!b：true
```

請注意, 當 && 運算中的第 1 個運算元爲 false 時, 則第 2 個運算元將不會被計算, 這是因爲 && 運算只要有一方爲假其結果必定爲假, 所以就不必再計算第 2 個運算元的值了。同理, 在 || 運算中, 若第 1 個運算元的值爲 true, 那麼第 2 個運算元也不會被計算, 這是因爲 || 運算只要有一方爲眞其結果必定爲眞。

程式 Ch04-09.cpp 第 2 個運算元不被考慮的狀況

```
#include<iostream>
using namespace std;

int main()
{
  int i = 3, j = 0;

  cout << boolalpha; // 改用文字的方式輸出布林值

  cout << "i = " << i << "\tj =" << j << endl;
  cout << "i || (j++)：" << (i || (j++)) << endl;
  cout << "i = " << i << "\tj =" << j << endl;

  cout << "j && (++i)：" << (j && (++i)) << endl;
  cout << "i = " << i << "\tj =" << j << endl;
}
```

執行結果

```
i = 3    j =0
i || (j++)：true
i = 3    j =0      ←— j 沒有遞增
j && (++i)：false
i = 3    j =0      ←— i 沒有遞增
```

第 11、14 行的邏輯運算中第 2 個運算元 (j++) 及 (++i) 都未被計算, 因爲這 2 個邏輯運算都由第 1 個運算元即得到結果。

4-1-4 位元運算子

C++ 也能對資料做位元層級的處理, 它總共提供了 6 種位元運算子 (Bitwise Operator), 大大的提高了底階處理能力。位元運算子會把資料看成是位元 (bit) 的集合, 其運算方式也是 1 個位元、1 個位元地處理：

運算子	使用例	說明
>>	i >> j	把 i 的位元右移 j 個位元
<<	i << j	把 i 的位元左移 j 個位元
~	~i	把 i 的每一位元反相 (0 變 1、1 變 0)
|	i | j	i 與 j 對應的位元做 OR
&	i & j	i 與 j 對應的位元做 AND
^	i ^ j	i 與 j 對應的位元做 XOR

其中 XOR 的眞值表如下：

XOR	眞	假
眞	假	眞
假	眞	假

恰有一爲眞 (true) 則結果爲眞, 否則爲假。

位元運算子的運算元必須是整數類型 (char、int、long 等), 否則會產生語法錯誤。以下就是個位元運算的簡例：

程式 Ch04-10.cpp 各種位元運算的情形

```
#include<iostream>
using namespace std;

int main()
{
  short i = 23, j = 14;

  cout << "i >> 1 = " << (i >> 1) << endl;
  cout << "i << 3 = " << (i << 3) << endl;
  cout << "~i = " << (~i) << '\n' << endl;

  cout << "i = " << i << "\tj =" << j << endl;

  cout << "i & j = " << (i & j) << endl;
  cout << "i | j = " << (i | j) << endl;
  cout << "i ^ j = " << (i ^ j) << endl;
}
```

執行結果

```
i >> 1 = 11
i << 3 = 184
~i = -24

i = 23  j =14
i & j = 6
i | j = 31
i ^ j = 25
```

1. 第 8 行 "i >> 1" 的運算情形如下 (右側爲 2 進行表示)：

```
short i = 23;   // i=   00010111

      i >> 1;   //      00010111
                // >>1   00010111
                // -----------------
                //       00001011 → 十進位的 11
```

2. 第 9 行 "i << 3" 的運算情形如下：

```
         00010111
<<3   00010111
-----------------
         10111000 → 十進位的 184
```

3. 第 10 行 "~i" 的運算情形如下：

```
~    00010111
-----------------
     11101000 → 十進位的 -24
```

4. 第 14 行 "i & j" (14 & 23) 的運算情形如下：

```
    00001110 (14)
&   00010111 (23)
------------
    00000110 → 十進位的 6
```

5. 第 15 行 "i | j" (14 | 23) 的運算情形如下：

```
       00001110
   |   00010111
  ------------
       00011111
```

6. 第 16 行 "i ^ j" (14 ^ 23) 的運算情形如下：

```
       00001110
   ^   00010111
  ------------
       00011001
```

在右移 '>>' 或左移 '<<' 時, 被移出去的位元將被捨棄, 而空出的部份則自動補 0 。但如果變數是負數 (最左一個 bit 爲 1), 那麼右移後左邊的空白部份將補 1 。

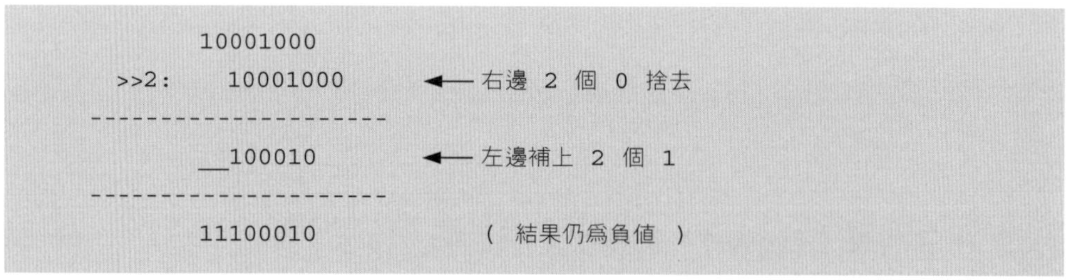

此外, 左移 n 相當於對數字乘上 2 的 n 次方, 而右移 n 則是除以 2 的 n 次方, 例如在前面的例子中：

```
23 << 3     即是 23 * 8 = 184
23 >> 1     即是 23 / 2 = 11
```

由於乘、除法會佔用較多的 CPU 時間, 在某些情況下我們可以改用右、左移來做乘除運算, 可加快執行速度 (但程式可讀性則會降低)。

4-1-5 指定運算子

指定運算子 (Assignment Operator) 是用來設定變數的內容, 它需要 2 個運算元, 左邊的運算元必須是一個變數, 而右邊的運算元可以是變數、字面常數或是運算式。指定運算子的作用如下：

- 如果右邊的運算元是一個運算式, 那麼指定運算子的作用就是把右邊運算式的運算結果放入左邊的變數。
- 如果右邊的運算元是一個變數, 那麼指定運算子就會把右邊變數的內容取出, 放入左邊的變數。
- 如果右邊的運算元是個字面常數, 就直接將常數值放入左邊的變數。

初學者有時會將 "=" 和 "==" 混淆, 最常見的是要使用 "==" 時不小心寫成了 "=", 造成程式無法編譯, 或雖編譯成功, 但執行結果不正確。

雖然指定運算子的基本用法大家都已經很熟悉了, 但仍有一些應用技巧是我們還沒介紹過的。例如指定運算子也可像其它運算子一樣串接在一起使用：

程式 Ch04-11.cpp 串接指定運算子同時指定多個變數

```
#include<iostream>
using namespace std;

int main()
{
  int i,j,k,l;
  i = j = k = l = 3 + 5;
```

```
08   cout << "i  = " << i << endl
09        << "j  = " << j << endl
10        << "k  = " << k << endl
11        << "l  = " << l << endl;
12 }
```

執行結果

```
i = 8
j = 8
k = 8
l = 8
```

第 7 行的程式會從最右邊的 "3 + 5" 開始, 算出 8 後以指定運算子指定給 l, l 的值再指定給 k...。最後 i、j、k、l 四個變數的值都變成相等。

當成運算元的指定運算式

前面提過, 每一個運算式都有一個運算結果, 而指定運算式的運算結果就是放入指定運算子左邊變數的內容。請看以下的例子：

程式 Ch04-12.cpp 將指定運算式當成運算元

```
#include<iostream>
using namespace std;

int main()
{
  int i,j,k;
  i = (j = (k = 1 + 2) + 3) + 4;
  cout << "i  = " << i << endl
       << "j  = " << j << endl
       << "k  = " << k << endl;
}
```

執行結果

```
i = 10
j = 6
k = 3
```

第 7 行的運算式看似複雜，但只要拆開來看就很簡單，最內部的算式是指定運算式 "k = 1 + 2"，所以 k 的值為 3，而運算的結果也是 3。所以外層的運算式就變成 "j = 3 + 3"，也就是 6。同理，最外層的運算式即為 "i = 6 + 4"，所以 i 的值即為 10。

複合運算子

指定運算子還有個特別的功能，它可以和算術運算子或位元運算子結合在一起，使等號左邊的變數可與另一個運算式 (或變數) 進行算數或位元運算，並將結果再指定給變數，請參見下表：

運算子	使用例	相當於
+=	a += b	a = a+b
-=	a -= b	a = a-b
*=	a *= b	a = a*b
/=	a /= b	a = a/b
%=	a %= b	a = a%b
>>=	a >>= b	a = a >> b
<<=	a <<= b	a = a << b
|=	a |= b	a = a | b
&=	a &= b	a = a & b
^=	a ^= b	a = a ^ b

請注意, "!=" 並不是邏輯運算子 ! (NOT) 與 = 結合的複合運算子, "!=" 是比較 2 個運算元是否不相等的比較運算子 (參見 4-1-2 節)。

如果複合運算子右邊爲運算式，仍是先計算該算式，然後再做複合運算子的運算，例如：

```
a *= b + c;      // 相當於 a = a * (b + c);
                 // 而非 a = a * b + c
```

程式　Ch04-13.cpp 使用複合運算子

```
#include<iostream>
using namespace std;

int main()
{
  int i = 5;
  float j = 3.5;

  i *= 4;      // 相當於 i = i * 4
  j /= 2;      // 相當於 j = j / 2
  cout << "i  = " << i << endl
       << "j  = " << j << endl;
}
```

執行結果

```
i = 20
j = 1.75
```

使用複合運算子可讓程式看起來較爲簡潔, 也是一般 C++ 程式人員普遍會使用的寫法。但初學者剛開始可能會不太習慣, 多練習幾次即能熟悉複合運算子的使用。

4-2 運算子的優先順序

到上一節爲止，我們已介紹了 C++ 中大部分運算子的功用，但如果我們將不同的運算子放在一起使用：

```
i = 3 + 5 >> 1 / 2 ;
```

您能夠猜出來變數 i 最後的內容是甚麼嗎？爲了確認 i 的內容，必須先瞭解當一個運算式中有多個運算子時，C++ 究竟是如何解譯這個運算式？

4-2-1 不同運算子的優先順序

影響運算式解譯的第一個因素，就是運算子之間的**優先順序**(Precedence)，這個順序決定了運算式中不同種類運算子之間計算的先後次序。在四則運算的部份，C++ 當然仍是依循先乘除後加減的規則，但如果運算式中混入了其它類型的運算子又該如何？例如：

```
i = 1 + 3 * 5 >> 1 ;
```

依循先乘除後加減的規則，至少可確定 3 會與乘法運算子結合。可是中間的乘法和右邊的移位運算哪一個比較優先呢？如果乘法運算子比移位運算子優先，5 就會選取乘法運算子，整個運算式就可以解譯成這樣：

```
i = 1 + (3 * 5) >> 1 ;
  ↓
i = 1 + 15 >> 1
```

那麼接下來的問題就是加法運算子和移位運算子哪一個優先，假設加法運算子優先，則上述運算式將變成 "i= 16 >> 1"，使 i 的值變成 8；如果是移位運算子優先，就是 "i = 1 + 7"，也是 8 。

但是如果移位運算子比乘法運算子優先的話，則一開始的解譯就會變成這樣：

```
i = 1 + 3 * (5 >> 1);
  ↓
i = 1 + 3 * 2
```

如此一來，i 的值就變成 7 了。從這裡就可以看到，運算子間的優先順序不同，會導致運算式的運算結果不同。

C++ 規定了各運算子之間的優先順序，以決定運算式的計算順序。以剛剛的範例來說，乘法運算子最優先於加法運算子，而加法運算子又優先於移位運算子，因此，i 的值實際上會是 8，就如同第一種解譯的方式一樣。以下是實際的程式：

程式　Ch04-14.cpp 測試運算子優先順序

```
#include<iostream>
using namespace std;

int main()
{
  int i;

  i = 1 + 3 * 5 >> 1; // 相當於 16 >> 1 -> 8
  cout << "i = " << i << endl;

  i = 8 / 2 << 1;     // 相當於 4 << 1 -> 8
  cout << "i = " << i << endl;
}
```

執行結果

```
i = 8
i = 8
```

此程式在編譯時, C++ 編譯器會對第 8 行的程式提出『警告』(warning), 建議我們檢查計算的優先順序, 並建議以括號明確標示出先計算的部份, 稍後會再對括號的應用做進一步說明。

4-2-2 運算子的結合性

另外一個影響運算式計算結果的因素, 稱爲**結合性** (Associativity), 就是指對於優先順序相同的運算子, 彼此之間的計算順序。就一般四則運算, 當然仍是依平常的應用一樣, 是由左向右, 請先看以下這個運算式:

```
int i = 8 / 2 / 2;
```

由於運算式中都是除法運算子, 優先順序自然相同, 但是左邊的除法會先計算, 所以相當於 "(8 / 2) /2", 也就是 2, 而不會是 "8 / (2 / 2)" 。

但其它的運算子就不一定是由左向右, 例如前面看過指定運算子範例, 就是由右向左計算:

```
i = j = k = l = 3 + 5;  // 從最右邊的 "l = 3 + 5" 開始處理
```

因此運算子間除了要有一定的優先順序外, 也必須有一套事先訂好的結合順序, 我們才能確認程式的運算方式, 而不會有意外的結果。

下表就是 C++ 運算子的優先順序及結合順序區分圖：

優先順序	符號	功能及使用場合	結合性
1. 範圍解析	::	範圍解析運算子	由左到右
2. 特殊運算子	( ) [ ] . ->	函式呼叫用的小括弧 陣列元素 成員直接存取 成員間接存取	
3. 一元運算子	! ~ + - & * ++ -- sizeof new delete	否定 取 1 的補數 正號 負號 取變數位址 (即指位器) 取指位器所指位址的內容 增 1 (Increment) 減 1 (Decrement) 計算資料所佔的 byte 數 動態配置記憶體 釋回已配置的記憶體	由右到左
4. 型別轉換	(type)	資料型別的強迫變換 (Cast)	
5. 成員指位器 存取運算子	.* ->*	成員指位器直接存取 成員指位器間接存取	由左到右
6. 乘法運算子	* / %	乘法運算 除法運算 餘數運算	
7. 加法運算子	+ -	加法運算 減法運算	
8. 移位(shift) 運算子	>> <<	右移運算 左移運算	
9. 比較關係 運算子	< <= > >=	小於 小於等於 大於 大於等於	

10.邏輯等值 運算子	== !=	是否相等 是否不相等	由左到右
11.& 位元運算子	&	每個位元做 AND 運算	
12.^ 位元運算子	^	每個位元做 XOR 運算	
13.| 位元運算子	|	每個位元做 OR 運算	
14.&& 邏輯運算子	&&	邏輯 AND 運算	
15.|| 邏輯運算子	||	邏輯 OR 運算	
16.條件運算子	?:	Exp1 ? Exp2 : Exp3 檢查 Exp1 是否為真, 真則 執行 Exp2, 假則執行 Exp3	由右到左
17.指定及複合 運算子	= += -= *= /= %= >>= <<= &= ^= |= throw	指定 相加後再存入左邊的變數 相減後再存入左邊的變數 相乘後再存入左邊的變數 相除後再存入左邊的變數 取餘數再存入左邊的變數 右移後存入左邊的變數 左移後存入左邊的變數 位元 AND 後存入左邊的變數 位元 XOR 後存入左邊的變數 位元 OR 後存入左邊的變數 拋出例外	
18.逗號運算子	,	分隔開變數或算式	由左到右

上表中有些運算子我們還未介紹過, 在本書後續章節將會一一介紹到。例如在下一節就會介紹到型別轉換 (cast) 的運算子; 下一章則會介紹條件運算子; 在第 8 章介紹類別時, 則會提到存取成員的運算子。

4-2-3 使用括號強制運算的順序

瞭解運算子的結合性與優先順序之後，我們就能據以判斷運算式的計算過程。但我們還要說明 C++ 編譯器解讀運算式的另一種情況，請看下面的例子：

```
int i = 2, j =7, k;
...
k = i +++ j;
```

上面的運算式究竟是 "(i++) + j" 還是 "i + (++j)" ? 對 C++ 編譯器而言, 它在由左往右讀取程式時，會盡量以『最多字元』能辨識出的運算子爲準，所以讀到 "+++" 時, 會將它看成 "++" 和 "+", 所以上列的算式爲 "(i++) + j" 。雖然 C++ 編譯器能正常解讀，但我們自己看程式容易造成混淆。所以應盡量用括號將運算式中的各部份予以分開，以方便閱讀。

建議大家養成使用括號的習慣, 以提高程式的可讀性。

使用括號除了可提高程式可讀性外，還有個主要用途，就是改變運算式的運算順序。這點也是大家平時做算術時即學過的，例如想要先加減、後乘除，就可用括號把加減運算式括起來。

由於括號的優先順序排行第 2, 所以放在括號內的運算式 (運算子), 將會比括號外的運算式 (運算子) 更優先計算了。舉例來說：

```
j = 10 ;
...
i = j + 20 * 8 >> 1 % 6 ;
```

計算的優先順序是先做 * 、 %，再做加法，最後才做位元的移位，算出來的值爲 85 。但如果用括號把它改成：

```
i = (j + 20) * (( 8 >> 1 ) % 6 );
```

則原本優先順序較低的 + 、>> 將會先計算，而求餘數又比同樣順序的乘法先算，最後算出來的值就變成 120 。

不論如何，就算您不想變動運算子的計算順序，當程式中有較複雜的運算式時，仍應儘可能地加上適當的括號標出計算順序，不但讓自己不會寫出錯誤的算式，也可讓別人都能夠一目了然，更可讓編譯器不會提出警告。

4-3 運算式的運算規則

到目前爲止，已經把各種運算子的功用以及運算式的運算順序都說明清楚，不過即便如此，您還是有可能寫出令自己意外的運算式。因爲 C++ 在計算運算式時，除了套用之前所提到的結合性與優先順序以外，還使用了幾條處理資料型別的規則，如果對此不加以瞭解，撰寫程式時就會遇到許多奇怪不解的狀況。

4-3-1 不同型別資料的運算規則

當運算式中混合了不同的資料型別，編譯器會自動調整各運算元的資料型別，亦即把每個變數調整成同一型別以利運算，我們稱之爲『標準型別轉換』(Standard conversion)。

做型別轉換時, 是以運算式中最長 (最大) 之型別爲調整基準 (以免漏失資料的精確性)。比如運算式中有 int 變數及 double 變數, 則調整的原則是把 int 變數轉換成 double 型別, 然後再進行計算。C++ 的運算式是依下列原則來做型別轉換：

1. 在運算式進行之前, 所有的 char、unsigned char、short、enum 都先轉換成 int 型別, 而 unsigned short 則轉換成 unsigned int。
2. 接下來, 再把各運算元依如下的位階 (rank), 選其最高位階來轉換 (或稱爲升級, promotion)：

```
int → unsigned → long → unsigned long → float → double → long double
```

3. 進行運算。
4. 把運算後的資料轉換成與 '=' 左邊變數相同之型別, 再設給 '=' 左邊的變數。

舉例來說, 有如下的變數及運算式：

```
char   c;
int    i;
long   l;
float  f;
double d;
...
i = (i + f) - (c * i) / d + (l - i) / (f + c) ;
```

則該運算式中各變數會依如下的方式進行轉換：

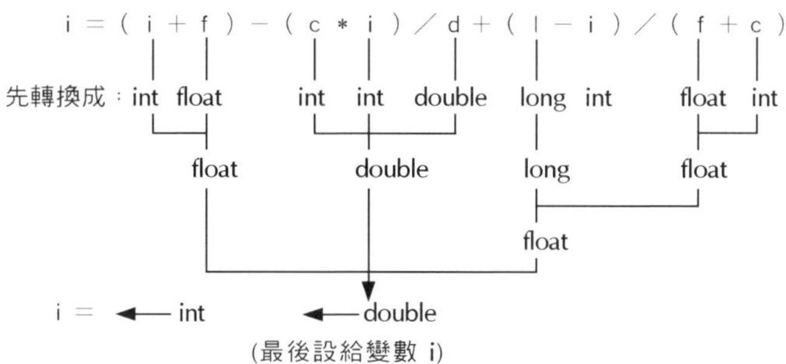

簡單的說，就是把運算式中各運算元提升到其中最高一級的資料型別。但要注意運算式的運算結果，最後如果指定給範圍較小的資料型別時，就會發生結果不正確問題。例如上述的例子若寫成程式：

程式 Ch04-15.cpp 測試運算子運算規則

```
#include<iostream>
using namespace std;

int main()
{
  char   c = 10;
  int    i = 100;
  long   l = 1000;
  float  f = 0.5f;
  doublc d = 0.5e-10;

  i = (i + f) - (c * i) / d + (l - i) / (f + c) ;
  cout << "i = " << i << endl;
   // 同樣的算式再算一次，但指定給 double 變數
  d = (i + f) - (c * i) / d + (l - i) / (f + c) ;
  cout << "d = " << d << endl;
}
```

執行結果

```
i = 1662697659
d = 1.10579e+019
```

同樣的算式竟會有不同的結果？這是因為運算式的結果已遠超過 int 可表示的範圍，所以將數值指定給 int 變數時，就會出現結果不正確的情形。其實編譯器也會主動發現這個潛在問題，因此程式雖可編譯成功，但編譯器會發出如下警告：『conversion from 'double' to 'int', possible loss of data』。

就算運算式的結果是在變數的範圍內，但只要運算式是由範圍大的型別指定到範圍小的型別，編譯器都會發出警告 (例如將 double 變數指定給 int 變數)。若確定程式的寫法沒錯，且運算結果是在型別的容許範圍內，可利用**強制轉型**的方法，讓編譯器不會對程式發出警告。

4-3-2 強制型別轉換

我們可以用『型別轉換』(Cast) 運算子來作強制的型別轉換，其語法如下：

```
(型別) 運算式 ;       ◄─┐
     或                ├── 兩種寫法功能完全相同
型別 (運算式);        ◄─┘
```

例如說：

```
int i = (int) 3.33;    // 3.33 轉換成 3 後指定給 i
int j = int('A');      // 字元 'A' 轉換成 int 65 ('A' 的 ASCII 碼)
cout << double (i+5); // 將 (i+5) 轉換成 double 後再輸出
```

上面二種格式的功能完全相同。如此一來，運算式的結果就會被強制轉換成我們所指定的型別。請注意，轉型只是讓變數的值，暫時被視為新的型別看待，不是讓變數變成該型別，變數一經宣告後，其型別是無法變更的。

回顧前面介紹過的 2 個整數相除的問題，若商有小數，將會被略去。此時就可利用強制轉型的方式，讓參與除法運算的整數暫時變成浮點數型別，即可求得含小數的商：

程式 Ch04-16.cpp 將整數強制轉型為浮點數

```
01 #include<iostream>
02
03 int main()
04 {
05   int i = 3, j = 2;
06   std::cout << "3 除以 2 等於 " << (i/j) << '\n'
07             << "3 除以 2 等於 " << ((double) i/j);
08 }
```

執行結果

```
3 除以 2 等於 1        ← 未使用強制轉型， 計算結果不正確！
3 除以 2 等於 1.5
```

第 7 行程式將變數 i 先轉型成 double 型別，再做除法運算 (轉型運算子的優先順序較高)，所以就能算出含小數的商值。

4-4 綜合演練

4-4-1 溫度轉換

攝氏與華氏溫度的轉換公式為 C = (F - 32) * 5 / 9，其中 C 代表攝氏、F 是華氏。我們可以把這個公式寫成如下的 C++ 程式，讓程式來替我們做轉換的工作：

程式 Ch04-17.cpp 將華氏溫度轉成攝氏溫度

```
#include <iostream>
using namespace std;

int main()
{
  float C, F;
  cout << "請輸入華氏的溫度：";
  cin >> F;
  C = (F - 32) * 5 / 9;  // 溫度轉換公式的算式
  cout << "換算成攝氏溫度為 " << C << " 度";
}
```

執行結果

```
請輸入華氏的溫度：77.9
攝氏溫度為 25.5 度
```

4-4-2 換零錢程式

假設有一換幣機提供了 1 元、 5 元和 10 元三種硬幣, 若要寫一程式模擬此換幣機行為的程式, 當使用者輸入要兌換的金額後, 算出應支付的最少硬幣值, 可寫成如下的簡單程式：

程式 Ch04-18.cpp 模擬換幣機程式

```
#include <iostream>
using namespace std;

int main()
{
  int money;
  int ten,five,one;

  cout << "請輸入您的換幣金額：";
  cin >> money;
  ten = money / 10;       // 計算拾圓硬幣的個數
  five = (money%10)/5;  // 計算伍圓硬幣的個數
  one = (money%10)%5;   // 計算壹圓硬幣的個數
  cout << money << " 元共可兌換零錢：\n"
       << " 拾圓 " << ten << " 個\n"
       << " 伍圓 " << five << " 個\n"
       << " 壹圓 " << one << " 個\n";
}
```

執行結果

```
請輸入您的換幣金額：127
127 元共可兌換零錢：
 拾圓 12 個
 伍圓 1 個
 壹圓 2 個
```

學習評量

1. 以下何者錯誤？

   a.運算式是由運算子與運算元組成。

   b.指定運算子沒有運算結果。

   c.運算元可以是一個運算式。

   d.只需要一個運算元的運算子稱爲單元運算子。

2. 請問以下程式片段, 最後 i 與 j 的值各爲何？

```
int i,j;
i = (j = 3) >> 1;
```

   a.i 爲 3, j 爲 3 。

   b.i 爲 1, j 爲 1 。

   c.i 爲 1, j 爲 3 。

   d.此程式無法執行。

3. 請問以下程式片段, 最後 i 與 j 的值各爲何？

```
int i = 3,j = 5;
i += j-= 2 - 1;
```

   a.i 爲 6, j 爲 3 。

   b.i 爲 7, j 爲 4 。

   c.i 爲 3, j 爲 2 。

   d.此程式無法執行。

4. 請問以下程式片段, 最後 k 的值為 ______

```
int i = 3, j = 2, k = 1;
k += --i + j--;
```

5. 請問 "20 >> 1 + 1 << 1 * 3" 的運算結果為何？

a.40 。

b.60 。

c.30 。

d.18 。

6. 請問以下程式執行後, 變數 i 的內容為何？

```
int i = 10;
i + = 1.34;
```

a.1.34 。

b.11 。

c.11.34 。

d.程式語法錯誤。

7. 若 "int a=0, b=1;", 請寫出下列各邏輯運算式的結果。

(1) !a&&!b ________

(2) !a||!b ________

(3) a&&a&&b ________

(4) a||b||a ________

8. 若 "int a=0, b=0, c=0;", 請寫出下列各運算式的結果。

   (1) a<b+4 __________

   (2) b==c __________

   (3) a+b+c==-3*-b __________

   (4) a&&b __________

9. 若 "int b=0, c=0;", 請寫出下列各運算式的結果。

   (1) !b*4||4-3 __________

   (2) !c-!!b+!0 __________

10. 若 "int a=1, b=1;", 請寫出下列各運算式的結果。

   (1) a+b && a-b __________

   (2) a>b && a<b __________

   (3) (a || b) - (a && b) __________

   (4) (!a || !b) - (!a && !b) __________

程式練習

1. 請撰寫程式, 計算出 277 除以 13 的商數以及餘數。

2. 請撰寫程式, 將攝氏溫度值換算為華氏溫度 (已知攝氏溫度等於華氏溫度減 32 度再乘上 5 / 9)。

3. 假設火車站的自動售票機能接受 50 元、10 元、5 元及 1 元的硬幣, 請撰寫一個程式, 算出購買票價 137 元的車票時, 所需投入各種幣值硬幣最少的數量？

4. 試寫一計算重量度量衡轉換的程式, 輸入公斤轉成英磅 (若 1 公斤 = 2.2 英磅)。

5. 請撰寫程式, 可計算任意兩整數的平方和。

6. 試寫一個程式由使用者輸入長、寬、高, 計算長方體的體積 (體積 = 長 * 寬 * 高)。

7. 路人甲步行的速度為每秒 1 公尺, 而路人乙的步行速度則為每秒 75 公分, 如果兩人相距 200 公尺並開始面對面前進, 請撰寫程式計算出兩人多久會相遇？

8. 試寫一個程式由使用者輸入半徑, 計算球體的體積 (球體體積 = 3/4 πr^3)。

9. 試利用位元運算子計算 2 的 1 次方到 8 次方的值。

10. 假設某個停車場的費率是停車 2 小時以內, 每半小時 30 元, 超過 2 小時, 但未滿 4 小時的部分, 每半小時 40 元, 超過 4 小時以上的部分, 每半小時 60 元, 未滿半小時均以半小時計算。如果您從早上 10 點 23 停到下午 3 點 20 分, 請撰寫程式計算共需繳交的停車費。

流程控制

學習目標

- 以條件判斷式執行不同的流程
- 將口語的狀況轉譯成條件判斷式
- 學習讓程式能夠重複執行的方法
- 熟悉 if/else 及 switch 敘述及各種迴圈的語法
- 學習跳出迴圈的方法

經過第 3 章的變數宣告及第 4 章運算式的練習後, 相信讀者對 C++ 程式的運算及執行都有了一定的概念。但是在現實生活中, 許多事情並非只是做簡單的輸出及單一的運算就能解決。要寫出具有『實用價值』的程式, 通常需要利用兩個以上的步驟來進行處理, 這時候我們就必須規劃處理的步驟。因此, 本章的重點就會放在如何安排程式中各個步驟的執行順序, 也就是**流程控制**。

5-1 甚麼是流程控制?

在說明流程控制前, 先了解何謂『流程』? 以一天的生活為例, 『早上起床後, 先刷牙洗臉, 吃完早餐後就出門上課, 上完了早上的三堂課, 在餐廳吃自助餐, 午休後繼續上下午的課..., 晚上回宿舍唸書, 最後上床睡覺』, 結束一天的流程。程式的執行也是相同的, 如同第 2 章曾提及, 程式在執行時是以敘述為單元, 由上往下循序進行。如右圖:

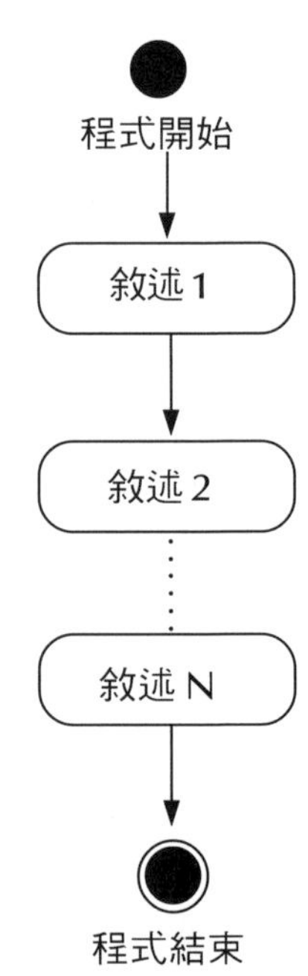

由上圖不難發現, 程式的執行就如同平常的生活一樣, 是有**順序性**地在執行, 整個執行的順序與過程, 就是**流程**。

但是流程並非僅僅依序進行，它可能會因爲一些狀況而變化。以一天的生活爲例，如果下午老師請假沒來上課，下午的課就會取消，因而更改流程，變成『早上起床後，先刷牙洗臉，... 上完了早上的三堂課，由於下午老師請假，因此決定去學校外面吃午餐，並在市區逛街，下午再回學校打球...』。程式中的流程也是一樣，可能會因爲狀況不同而改變，執行不同的敘述，如下圖：

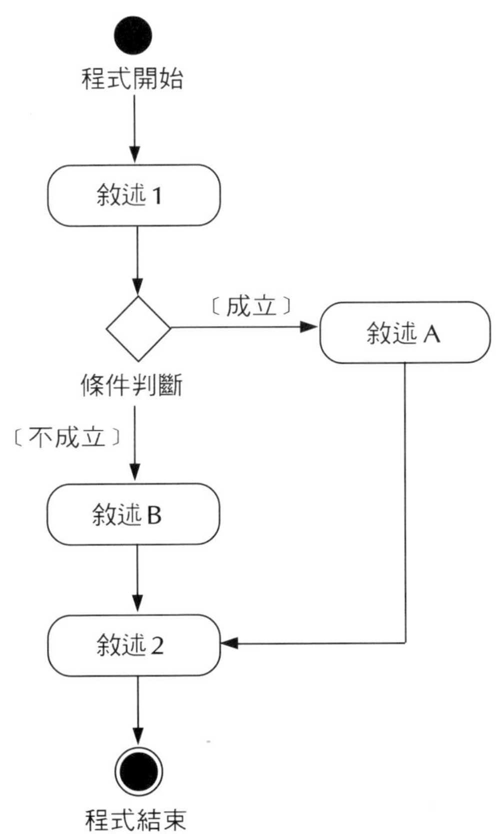

因此，對於程式執行的流程順序以及因應不同狀況而選取不同的流程，即爲**流程控制** (flow control)。流程控制可說是電腦程式的靈魂，它包含：條件判斷、迴圈控制及無條件跳躍三大類：

1. **條件判斷控制**：判斷條件的眞僞，然後程式依眞僞的情形至指定的地方去執行程式。 C++ 這方面的敘述有：if-else 、 switch-case 等 2 種。

2. **迴圈控制**：程式依指定的條件做判斷，若條件成立則進入迴圈執行迴圈內的動作。每執行完一次迴圈內動作便再回頭做一次條件判斷，直到條件不成立後才結束迴圈，C++ 屬於這方面的流程控制敘述有：for 、 while 和 do-while 3 種。

3. **無條件跳躍**：當程式執行到無條件跳躍敘述時，程式立即依該敘述的指示跳到目的位置執行，由於無條件跳躍的強制性，容易使我們無法由程式本身看出其前因後果，造成閱讀及偵錯的困難，一般也都盡量不用，本書也不擬介紹。

C++ 的無條件跳躍敘述爲 goto。

5-2 if 條件分支

5-2-1 語法與執行流程

在條件判斷敘述中，最常用到的就是 **if 敘述**了，它就如同日常生活中常使用的『如果...就...』是一樣的意思。比方說『如果明天沒下雨，就去爬山』以圖形來表示就是：

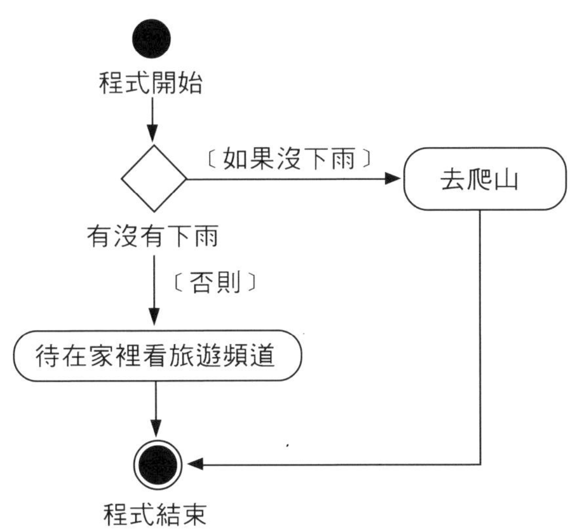

在 C++ 程式中判斷當然不是使用這麼口語的說法，而是使用 if 敘述來依條件判斷的結果執行對應的程式敘述。if 敘述的語法如下：

```
if (條件運算式)
    敘述              // 條件運算式為 true 時要執行的敘述

if (條件運算式) {
    敘述              // 如果要執行的敘述有好幾行
    ....              // 可用大括號括起來
}
```

- **if**：『如果』的意思。會根據條件運算式的結果，來判斷是否執行 { } (稱爲區塊, block) 中的程式。如果條件運算式的結果爲 true，則執行區塊內的敘述；如果結果爲 false，則跳過區塊。
- **條件運算式**：通常由比較運算或邏輯運算所組成。
- **敘述**：條件運算式結果爲 true 時所要執行的動作。如果只有單一敘述，則大括號可省略；如果有好幾行敘述，則需用大括號將它們括起來。

以生活中常見的例子來說，使用 if 判斷汽車是否該加油的程式可以寫成這樣：

程式 Ch05-01.cpp 檢查油量的程式

```
01 #include<iostream>
02 using namespace std;
03
04 int main()
05 {
06   float gasoline;
07   cout << "請輸入目前所剩油量 (單位：公升)：";
08   cin >> gasoline;
09
10   if (gasoline < 1)                     // 如果 gasoline 小於 1
11     cout << "快沒油了, 該加油囉！\n";     //  就執行指定的敘述
12
13   cout << "祝您行車愉快。";
14 }
```

執行結果

```
請輸入目前所剩油量 (單位：公升)：2
祝您行車愉快。
```

執行結果

```
請輸入目前所剩油量 (單位：公升)：0.5
快沒油了, 該加油囉！
祝您行車愉快。
```

1. 第 8 行由鍵盤取得使用者輸入代表目前油量的數值，並存入變數 gasoline 中。

2. 第 10 行就是 if 敘述, 它的條件式是 "gasoline < 1", 也就是判斷 gasoline 的值是否小於 1 。若 gasoline 小於 1, 此運算式結果爲 true, 此時將會執行第 11 行的敘述；若 gasoline 不小於 1, 此運算式結果爲 false, 此時將會跳過第 11 行的敘述, 執行第 13 行的敘述。

3. 第 11 行爲條件成立時要執行的敘述, 由於只有一行敘述, 所以未使用大括號。

在第 1 個執行結果中, 輸入的剩餘汽油量爲 2 公升, if 的條件運算式 (gasoline < 1) 的運算結果爲 false, 因此第 11 行的敘述不會被執行, 而是直接執行之後的程式。

在第 2 個執行結果中, 輸入的剩餘汽油量小於 1 公升, 此時 if 的條件運算式結果爲 true, 因此就會執行第 11 行的敘述, 輸出 " 快沒油了, 該加油囉！ \n" 這個字串。

程式流程如下：

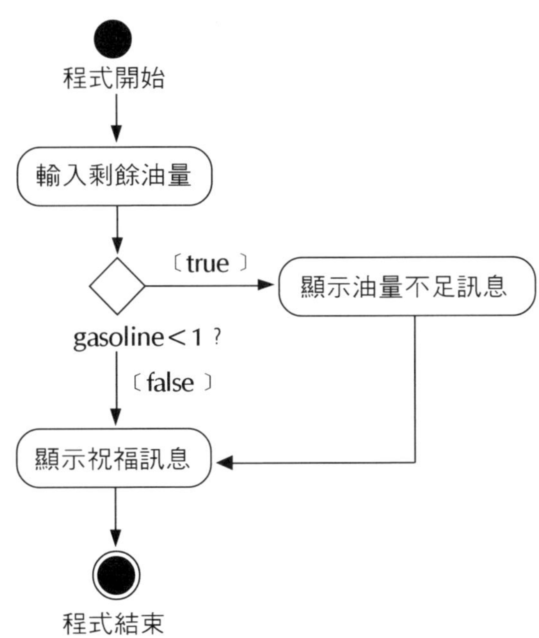

C++ 初學者 注意事項 if 的條件運算式也可以是結果為數字的運算式, 此時結果為 0 會被視為 false；結果為非 0 值時一律為 true。

要提醒的是, 如果符合條件時所要執行的敘述不只一個, 就必須使用一對大括號將這些敘述括起來成為一個區塊, 例如：

程式 Ch05-02.cpp 檢查油量的程式

```
#include<iostream>
using namespace std;

int main()
{
   float gasoline;
   cout << "請輸入目前所剩油量 (單位：公升)：";
   cin >> gasoline;

   if (gasoline < 1) {  // 如果 gasoline 小於 1
      cout << "快沒油了！\n";
      cout << "該加油囉！\n";
   }
   cout << "祝您行車愉快。";
}
```

執行結果

```
請輸入目前所剩油量 (單位：公升)：0.5
快沒油了！
該加油囉！
祝您行車愉快。
```

如果忘記加上大括號, 而將 if 敘述寫成這樣：

```
if (gasoline < 1)
   cout << "快沒油了！\n";
   cout << "該加油囉！\n";
```

那麼不管 if 條件式的結果為何, 都一定會執行『cout << "該加油囉！\n";』這行敘述。這是因為省略括號時, 對 if 敘述而言, 就只有緊接在條件式後面的敘述, 才是條件為 true 時要執行、false 時要跳過的敘述, 此後的敘述都不受 if 條件的影響, 一定都會執行。

5-2-2 多條件運算式與巢狀 if

由於 if 是藉由條件運算式的結果來決定是否繼續指定的敘述, 而條件運算式通常是由比較運算子以及邏輯運算子所構成。例如前面的例子就是用『<』比較運算子來判斷。如果要判斷的狀況比較複雜, 我們可用多個比較運算子或是邏輯運算子來組成條件運算式：

程式 Ch05-03.cpp 用多個比較運式組成條件運算式

```
#include<iostream>
using namespace std;

int main()
{
  float gasoline;
  cout << "請輸入目前所剩油量 (單位：公升)：";
  cin >> gasoline;

  if ((gasoline >= 1) && (gasoline < 5)) // 兩個條件
      cout << "油量尚足, 但需注意油表！\n";

  cout << "祝您行車愉快。";
}
```

執行結果

```
請輸入目前所剩油量 (單位：公升)：4
油量尚足,  但需注意油表！
祝您行車愉快。
```

其中第 10 行的『if ((gasoline >= 1) && (gasoline < 5))』就是使用邏輯運算子 && 將兩個比較運算式結合成條件運算式, 只有在 (gasoline 的值大於或等於 1 而且小於 5 的時候運算結果才是 true。

使用位元運算子 (&、|) 或是用邏輯運算子 (&&、||) 來結合兩個條件運算式, 有時會得到相同的結果, 讓人誤以爲它們的作用相同。但其實兩者有個很大的差異：使用邏輯運算子 && 及 || 時, 只要左邊的運算元可以決定運算結果, 就不再去執行右邊的運算元。請參考第 4-1-3 節。

巢狀 if

上例是將兩個比較運算式用 && 結合在一起, 我們也可以把兩個比較運算式分開, 放在連續的 if 敘述, 也具有相同的作用：

程式 Ch05-04.cpp 用巢狀 if 設計檢查油量的程式

```
#include<iostream>
using namespace std;

int main()
{
  float gasoline;
  cout << "請輸入目前所剩油量 (單位：公升)：";
  cin >> gasoline;

  if (gasoline >= 1)     // 第 1 個 if
     if (gasoline < 5)    // 第 2 個 if
       cout << "油量尚足, 但需注意油表！\n";

  cout << "祝您行車愉快。";
}
```

執行結果

```
請輸入目前所剩油量 (單位：公升)：3.5
油量尚足, 但需注意油表！
祝您行車愉快。
```

第 10 、 11 行兩個 if 的寫法, 又稱為巢狀 if (nested if), 也就是說將 if 敘述包在另一個 if 敘述中執行。如果加上大括號, 就可以看出巢狀 if 敘述的結構：

```
if (...) {
  if (...) // 這個 if 敘述是放在另一個 if 敘述的大括號下執行
    ...
}
```

雖然寫法不同, 但效果相同。第 1 個 if 敘述先檢查油量是否大於等於 1, 若為 true 才會繼續執行第 2 個 if 敘述, 並在滿足其條件 (油量小於 5) 時, 才會執行第 12 行的敘述。

5-2-3 以 else 處理另一種狀況

if 敘述就像『如果...就...』的處理方式, 但平常我們也常做另一種形式的選擇：『如果...就..., 要不然就...』。C++ 當然也提供這種『要不然就...』的處理方式, 其語法是在 if 敘述後加上 else **子句**, 如下：

```
if ( 條件運算式 )
   { 動作 1 }     // 條件式運算式為 true 時, 執行動作 1
else
   { 動作 2 }     // 條件式運算式為 false 時, 執行動作 2
```

這個敘述是說, 當條件運算式成立時, 則執行動作 1, 然後略過 else 的部份 (動作 2), 接著往下執行。當條件式不成立時, 則略過 if 的部份 (動作 1) 而執行 else 的動作 2, 然後再往下執行。也就是說, 動作 1 與動作 2 只會因條件式的真假由二者選一來執行。

程式 Ch05-05.cpp 用 if-else 處理不同狀況

```
01 #include<iostream>
02 using namespace std;
03
04 int main()
05 {
06   float height;
07   cout << "請輸入身高 (單位：公分)：";
08   cin >> height;
09
10   if (height > 110)
11     cout << "身高超過標準，請購票上車！\n";
12   else                    // 條件式不成立時才會執行此部份
13     cout << "身高低於標準，可免購票！\n";
14
15   cout << "祝旅途愉快。";
16 }
```

執行結果

```
請輸入身高 (單位：公分)：179.5
身高超過標準，請購票上車！
祝旅途愉快。
```

執行結果

```
請輸入身高 (單位：公分)：109
身高低於標準，可免購票！
祝旅途愉快。
```

第 12 、13 行就是 else 子句的部份, 當第 10 行的 if 條件運算式結果爲 false 時, 就會執行 else 的敘述。本例中 else 下僅有第 13 行的單一敘述。如果希望 else 的部份有多行敘述, 也是需要大括號括起來。

由下圖可看出 if 與 if-else 的差異所在：

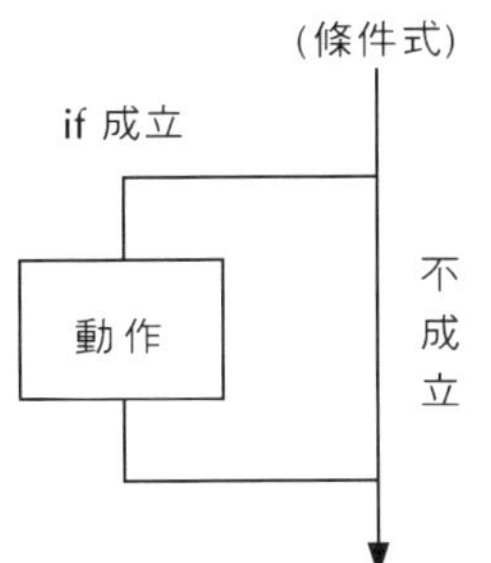

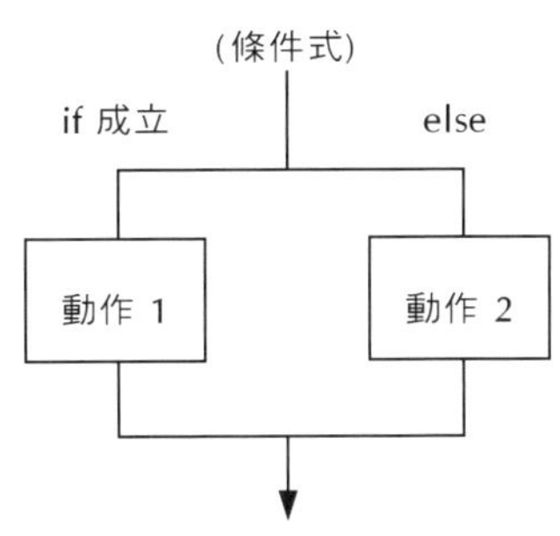

請注意, else 不能單獨存在, 必須和 if 關鍵字搭配使用。

利用 if-else 我們可以讓程式處理 2 種不同的狀況, 如果要處理的狀況有 2 種以上, 可使用巢狀的 if-else 來處理。

巢狀的 if-else

前面我們看過將 if 敘述放在另一個 if 中的用法, 而 if-else 當然也可以放在另一個 if 或 if-else 之中, 形成巢狀的 if-else。例如我們可以在 if 及 else 下分別再放另外一組 if-else, 如此共可處理 4 種不同的狀況, 例如：

```
if (a > 0)  // 這個 if 下有一對 if-else 敘述
  if (b > 0)
     cout << "a>0 and b>0";
  else
     cout << "a>0 and b<=0";
else         // 這個 else 下也有一對 if-else 敘述
  if (b > 0)
    cout << "a<=0 and b>0";
  else
    cout << "a<=0 and b<=0";
```

這種寫法是以 if-else 來當成 if 及 else 的動作部份, 但有時會讓看程式的人搞不清楚各 else 究竟是對應到哪一個 if 敘述。此時要掌握的閱讀原則是：『else 要與前面最接近它, 且尚未與別的 else 配對的 if 配成一對』。如果怕無法分辨清楚, 可在適當位置加上大括號幫助閱讀, 或改變配對的方式, 例如下面這段程式：

```
if (a > 0)
  if (b > 0)
    cout << "a>0 and b>0";
else     // 這個 else 其實是在 a>0 且 b<=0 時會被執行
  cout << "a<=0";
```

上述的寫法乍看之下, else 好像是與第一個 if 配對, 也就是當 a>0 為 false 時會被執行。其實不然, 這個 else 事實上是與第二個 if 配對 (與最接近且未配對的 if) 配對, 換言之, 它應是在 a>0 成立, 且 b>0 為 false 時才會被執行。因此, 如果希望這個 else 是在 "a<=0" (也就是 a>0 為 false) 時, 應在第 1 個 if 下加上一對大括號, 以使 else 和第一個 if 配對：

```
if (a > 0) {
  if (b > 0)
    cout << "a>0 and b>0";
}
else  // 與第 1 個 if 配對, 處理 "a<=0" 的狀況
   cout << "a<=0";
```

巢狀 if-else 還有另一種較常見的用法, 就是連續判斷式的 if-else, 也就是只在 else 的部份放進巢狀的 if-else, 而且視狀況的多寡, 可一直在巢狀的 if-else 下再加一個巢狀的 if-else。而通常我們會把它寫成 if....else if...else if..., 如下所示：

```
if (條件式1)
   { 動作 A }        // 條件式 1 成立時
else if (條件式2)
   { 動作 B }        // 條件式 2 成立時
else if (條件式3)
   { 動作 C }        // 條件式 3 成立時
else
   { 動作 D }        // 其它狀況
```

這種寫法是以 if-else 來取代原來的 else 動作部份，也可稱之爲過濾式或多重選擇式的 if-else 寫法。例如同樣以購買車票，若除了全票及免票外，又多一種半票，則程式可寫成：

程式 Ch05-06.cpp 用 if-else 處理不同狀況

```
#include<iostream>
using namespace std;

int main()
{
   float height;
   cout << "請輸入身高 (單位：公分)：";
   cin >> height;

   if (height < 110)
      cout << "身高低於標準，可免購票！\n";
   else if (height < 140) // 身高在 110 及 140 間的狀況
      cout << "身高超過 110，請買半票！\n";
   else                   // 身高超過 140 的狀況
      cout << "身高超過 140，請買全票！\n";

   cout << "祝旅途愉快。";
}
```

執行結果

```
請輸入身高 (單位：公分)：139.5
身高超過 110，請買半票！
祝旅途愉快。
```

1. 第 12 行的 else if 會在 height 大於等於 110、小於 140 的狀況下執行。
2. 第 14 行的 else 會在前面所有 if 都不成立的情況下, 也就是 height 大於等於 140 時執行。

這種 if...else if...else if... 的寫法可針對多種不同條件進行處理, 而如果所有的條件運算式要判斷的都是同一運算式 (變數) 是否爲某數值, 則可用 5-3 節介紹的 switch...case 敘述來處理。

5-2-4 條件運算子

除了用 if...else 敘述來處理 2 種不同的狀況外, C++ 也提供一個較特別的『條件運算子』, 適用於不同條件的處理動作, 都只是一簡單的運算式的情況。條件運算子是由問號及冒號 2 個符號所構成, 其語法如下：

```
(條件運算式) ? (運算式 1) : (運算式 2)
```

當條件運算式爲 true 時, 就會執行 (運算式 1)；反之若爲 false, 則執行 (運算式 2)。至於整個運算式的運算結果, 則爲 (運算式 1) 或 (運算式 2) 的結果。

舉例來說, 若某遊樂園入場券每人 100 元, 但 10 人及以上可享 8 折優惠, 則要依購票數計算總票價時, 即可應用條件運算子設計成如下的程式：

程式 Ch05-07.cpp 用條件運算子處理不同狀況

```
01 #include<iostream>
02 using namespace std;
03
04 int main()
05 {
06   double fee = 100;       // 票價 100 元
07   int ticket;
08   cout << "要買幾張票？";
09   cin >> ticket;
10
11   fee *= (ticket <10) ? (ticket) : (ticket*0.8);
12   cout << "您要購買 " << ticket << " 張票" << endl
13        << "共計 " << fee << " 元";
14 }
```

執行結果

```
要買幾張票？9
您要購買 9 張票
共計 900 元
```

執行結果

```
要買幾張票？18
您要購買 18 張票
共計 1440 元
```

1. 第 6 、7 行分別宣告票價變數 fee 及購票張數變數 ticket。由於稍後計算時會用到小數, 所以將 fee 宣告為 double 型別, 以免編譯時出現警告。

2. 第 11 行即使用條件運算子的運算式, 我們讓 fee 乘上由條件運算子構成的運算式。而條件運算子會在 ticket 小於 10 的情況, 傳回 ticket 的值；否則傳回 (ticket*0.8)。這 1 行若改用 if...else 語法, 則可寫成：

```
if (ticket < 10)   //購票數未滿十張
  fee *= ticket;
else               //購票數滿十張以上
  fee *= ticket * 0.8;
```

對本例而言, 使用條件運算子的確使程式精簡不少。但如果不同條件下要處理的動作較複雜, 就不適合使用條件運算子, 仍是使用 if/else 爲宜。

5-3 switch 多條件分支

switch 是一種多選一的敘述。舉個例子來說, 在本年度初, 我們對自己訂了幾個目標, 如果年度考績拿到優, 就出國去玩；如果拿到甲, 就買台電腦犒賞自己；拿到乙, 就去逛個街放鬆一下；如果考績是丙, 就要罰自己吃兩個月饅頭：

如果**年度考績**爲
- 優 ⟶ 出國去玩
- 甲 ⟶ 買電腦犒賞自己
- 乙 ⟶ 去逛街放鬆心情
- 丙 ⟶ 吃兩個月饅頭

switch 多條件分支的用法與上述的情況十分類似, 是由一個條件運算式的值來決定應執行的對應敘述, 語法如下：

```
switch (條件運算式) {
  case 條件值 1:
    敘述 1
    //其他敘述...
    break;
  case 條件值 2:
    敘述 2
    //其他敘述...
    break;
    .
    .
    .
  case 條件值 N:
    敘述 N
    //其他敘述...
    break;
}
```

- **switch**：『選擇..』的意思, 表示要根據條件運算式的結果, 選擇接下來要執行哪一個 case 內的動作。switch 後的條件運算式其運算結果必須是整數或字元 (也算是整數), 否則編譯時會出現錯誤。

- **case**：列出個別的條件值, case 之後的條件值必須是**常數**或是**由常數所構成的運算式**, 且不同 case 的條件值運算結果不能相同。switch 會根據條件運算式的運算結果, 從各個 case 中挑選相同的條件值, 並執行其下所列的敘述。

- **break**：結束這一段 case 的處理動作。

雖然 switch 表面上看起來跟使用判斷式的 if 條件運算式完全不同, 但是 switch 私底下仍然是使用判斷式的眞假來作爲其控制流程的機制。如下圖：

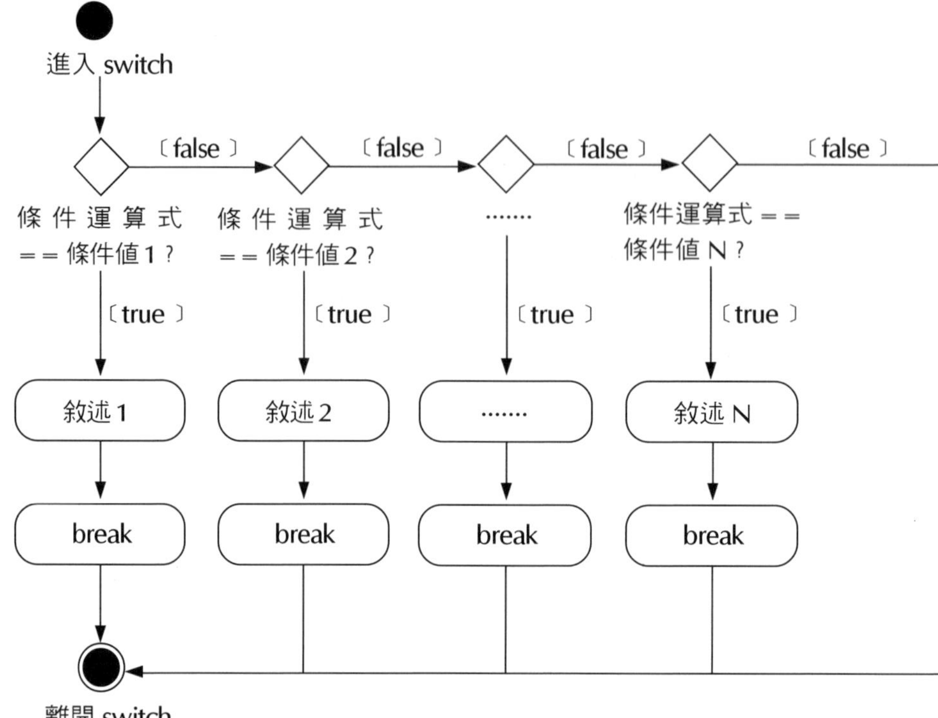

根據上述 switch 語法，年度考績的例子就可以寫成以下的 switch 程式片段：

```
switch (年度考績) {
        case 'A': // 代表 '優'
                出國去玩
                break;
        case 'B': // 代表 '甲'
                買台電腦犒賞自己
                break;
        case 'C': // 代表 '乙'
                去逛街放鬆心情
                break;
        case 'D': // 代表 '丙'
                吃兩個月饅頭
                break;
}
```

以下的程式範例，會根據使用者輸入數字的不同，顯示不同的訊息：

程式 Ch05-08.cpp 可依輸入顯示不同季節應穿著的服裝

```
#include<iostream>
using namespace std;

int main()
{
   int season;
   cout << "請選擇季節：1.春 2.夏 3.秋 4.冬：";
   cin >> season;

  switch (season)
   {
     case 1:  // 當 season 的數值爲 1
       cout << "請穿著長袖出門";
       break; // 結束此 case
     case 2:  // 當 season 的數值爲 2
       cout << "請穿著短袖出門";
       break; // 結束此 case
     case 3:  // 當 season 的數值爲 3
       cout << "請加件長袖輕薄外套出門";
       break; // 結束此 case
     case 4:  // 當 season 的數值爲 4
       cout << "請穿著毛衣或大衣出門";
       break; // 結束此 case
   }
}
```

執行結果

```
請選擇季節：1.春 2.夏 3.秋 4.冬：1
請穿著長袖出門
```

執行結果

```
請選擇季節：1.春 2.夏 3.秋 4.冬：3
請加件長袖輕薄外套出門
```

1. 第 6 ~ 8 行先顯示訊息請使用者選擇季節, 並且將使用者輸入代表季節的數字指定給 season 變數。

2. 第 10 ~ 24 行即是 switch 敘述的區塊, 在第 10 行中的 switch 括號內放的是 season 變數, 也就表示此 switch 敘述是依 season 的值, 去執行對應 case 內的敘述, 也就是顯示適合該季節穿著的訊息。

3. 第 12 行的 "case 1", 即表示 season 的值爲 1 時, 要執行以下的敘述, 此時將會先執行第 13 行的 cout 敘述輸出訊息, 接著執行第 14 行的 break 敘述, 表示結束此 case 的處理, 也就是結束此 switch 區塊。如果程式在 switch 後面還有其它敘述, 程式就會跳到該處 (第 24 行後) 繼續執行。

每一個 case 之下可以有多行敘述, 且不用大括號括起來, 因爲每個 case 下的敘述會自動執行到 break 敘述爲止。

5-3-1 break 敘述的重要性

前面提過 break 是用來結束單一個 case, 如果不加上 break, 程式也能執行, 但此時程式的執行方式是接著往下一個 case 對應的敘述繼續執行。例如我們把前一個範例程式的第 1 個 break 拿掉：

程式 Ch05-09.cpp 遺漏 break 會影響執行結果

```
01 #include<iostream>
02 using namespace std;
03
04 int main()
05 {
06   int season;
07   cout << "請選擇季節：1.春 2.夏 3.秋 4.冬：";
08   cin >> season;
09
```

```
10    switch (season) {
11      case 1:  // 當 season 的數值為 1
12        cout << "請穿著長袖出門";
13        // break; 故意把這行標示成註解, 觀察沒有 break 的情況
14      case 2:  // 當 season 的數值為 2
15        cout << "請穿著短袖出門";
16        break; // 結束此 case
17      case 3:  // 當 season 的數值為 3
18        cout << "請加件長袖輕薄外套出門";
19        break; // 結束此 case
20      case 4:  // 當 season 的數值為 4
21        cout << "請穿著毛衣或大衣出門";
22        break; // 結束此 case
23    }
24  }
```

執行結果

```
請選擇季節：1.春 2.夏 3.秋 4.冬：1
請穿著長袖出門請穿著短袖出門
```

執行結果

```
請選擇季節：1.春 2.夏 3.秋 4.冬：2
請穿著短袖出門
```

由於 case 1 的敘述中沒有 break, 因此, 當使用者輸入 1 時, 程式就會進入第 11 行開始執行, 但因為沒有 break 敘述, 所以又會繼續執行第 15 行的程式, 也就是執行到 "case 2" 的部份, 直到遇到第 16 行的 break 才跳出, 造成選擇春天時程式輸出錯亂的情況。

雖然遺漏 break 可能會讓程式執行的結果不正確, 但有些情況下, 我們會故意讓不同的 case 執行相同的敘述, 此時就需故意省掉 break 以精簡程式碼。請看以下這個範例：

程式 Ch05-10.cpp 移除 break 敘述，讓 case 共用程式碼

```
#include<iostream>
using namespace std;

int main()
{
  int choice;
   cout << "我們有四種餐， 請選擇：\n";
   cout << "1.炸雞餐 2.漢堡餐 3.起司堡餐 4.薯條餐：";
  cin >> choice;

  switch (choice) {
     case 1: // 炸雞餐價錢 109 元
        cout << "您點的餐點價錢為 109 元";
        break;
     case 2: // 漢堡餐和起司堡餐同價
     case 3: // 起司堡餐價錢為 99 元
        cout << "您點的餐點價錢為 99 元";
        break;
     case 4: // 薯條餐價錢為 69 元
        cout << "您點的餐點價錢為 69 元";
        break;
  }
}
```

執行結果

```
我們有四種餐， 請選擇：
1.炸雞餐 2.漢堡餐 3.起司堡餐 4.薯條餐：2
您點的餐點價錢為 99 元
```

執行結果

```
我們有四種餐， 請選擇：
1.炸雞餐 2.漢堡餐 3.起司堡餐 4.薯條餐：3
您點的餐點價錢為 99 元
```

由於漢堡餐及起司堡餐的價錢一樣, 因此我們故意將 "case 2" 及 "case 3" 放在一起, 使用者輸入 2 號餐及 3 號餐時, switch 都會執行到第 17 行的敘述。如果不這樣寫, 就得在第 15 行之下, 也插入和 17 、 18 行一樣的敘述, 程式才會有相同的效果。

5-3-2 捕捉其餘狀況的 default

在 switch 內還可以加上一個 default 項目, 用來捕捉條件運算式與所有 case 條件值都不相符的狀況, 就像是當 if 條件不成立時會進入 else 的部份執行一樣。語法如下：

```
switch (條件運算式) {
  case 條件值 1:
    ...
    break;
  case 條件值 2:
    ...
    break;
  .
  .
  .
  case 條件值 N:
    ...
    break;
  default:
    ...
   // 因為後面已沒有 case 了, 所以不用加 break 敘述
}
```

以之前的點餐程式為例, 如果使用者輸入了非 1 ~ 4 的數值, switch 敘述找不到相符的 case, 只會簡單的跳出 switch 敘述, 因此我們可加上 default 來處理這樣的狀況：

程式 Ch05-11.cpp 使用 default 處理未點餐選項的情況

```
01 #include<iostream>
02 using namespace std;
03
04 int main()
05 {
06   int choice;
07   cout << "我們有四種餐, 請選擇：\n";
08   cout << "1.炸雞餐 2.漢堡餐 3.起司堡餐 4.薯條餐：";
09   cin >> choice;
10
11   switch (choice) {
12     case 1: // 炸雞餐價錢 109 元
13       cout << "您點的餐點價錢爲 109 元";
14       break;
15     case 2: // 漢堡餐和起司堡餐同價
16     case 3: // 起司堡餐價錢爲 99 元
17       cout << "您點的餐點價錢爲 99 元";
18       break;
19     case 4: // 薯條餐價錢爲 69 元
20       cout << "您點的餐點價錢爲 69 元";
21       break;
22     default:
23       cout << "您並未輸入正確的號碼！";
24   }
25 }
```

執行結果

```
我們有四種餐, 請選擇：
1.炸雞餐 2.漢堡餐 3.起司堡餐 4.薯條餐：5  ←─ 輸入 1～4 以外的值
您並未輸入正確的號碼！
```

第 22 行加入 default 的項目, 這樣一來, 當使用者輸入的數值不符合所有 case 的條件值 (1 ~ 4), switch 就會選擇執行 default 的部份, 在本範例就是顯示訊息告知使用者輸入不正確。

通常我們會把 default 寫在 switch 的最後面, 但 default 也可以寫在 switch 敘述的前面, 此時請記得在 default 項目下的敘述最後加上 break, 以終止 default 狀況的處理動作。

5-4 迴圈

迴圈是一種能快速解決重複性工作 (重複的執行動作) 的敘述。在日常生活中, 我們都會遇到一些例行性 (routine) 的工作：辦公人員每天重複的收發表格、操作員重複地把原料放到機器上等。這種重複性的工作即使是在寫程式時也很容易發生, 此時我們就需要利用迴圈來解決此類程式問題。

簡單的說, 迴圈就是用來執行需要重複執行的敘述。例如我們要用程式計算從 1 加到 100, 而且每次加完都要顯示目前的累加成果。此時我們不必寫 100 行做加法運算的敘述、100 行 cout 敘述, 只需將 2 行敘述放在迴圈中, 讓迴圈執行 100 次即可。

C++ 的迴圈敘述共有 3 種, 以下我們先介紹 for 迴圈。

5-4-1 for 迴圈

for 迴圈就是適用在我們已明確知道迴圈要執行幾次的場合, 例如剛才提到要將 1 到 100 的數字相加, 顯然就是要加 100 次, 所以就適合用 for 迴圈。for 迴圈的語法如下：

```
for (初始運算式; 條件運算式; 控制運算式) {
   迴圈動作敘述;
}
```

- **初始運算式**：在第一次進入迴圈時，會先執行此處的運算式。在一般的情況下，我們都是在此設定**條件運算式**中會用到的變數之初始值。

- **條件運算式**：用來判斷是否應執行迴圈中的動作敘述，傳回值需為布林值。此條件運算式會在**每次迴圈開始時**執行，以重新檢查讓迴圈執行的條件是否仍成立。比方說，若條件運算式為 "i < 10"，那麼只有在 i 小於 10 的情形下，才會執行迴圈內的動作敘述；一旦 i 大於或等於 10，迴圈便結束。

- **控制運算式**：每次執行完 for 迴圈中的動作後，就會先執行此運算式，我們通常都是用它來調整條件運算式中會用到的變數值。以上例來說，在條件運算式為 i < 10 的情況下，要想讓此迴圈可以執行十次，就會利用控制運算式來改變 i 值，例如 i++，讓 i 以每次加 1 的方式不斷累加，等到 i 的值加到 10 的時候，條件運算式 i < 10 的結果即為 false，此時迴圈結束，也完成我們想要迴圈執行 10 次的目標。

- **迴圈動作敘述**：將您希望利用迴圈重複執行的敘述放在此處，如果要執行的敘述只有一個，也可省略前後的大括號 {}。

整個 for 迴圈的執行流程圖如右：

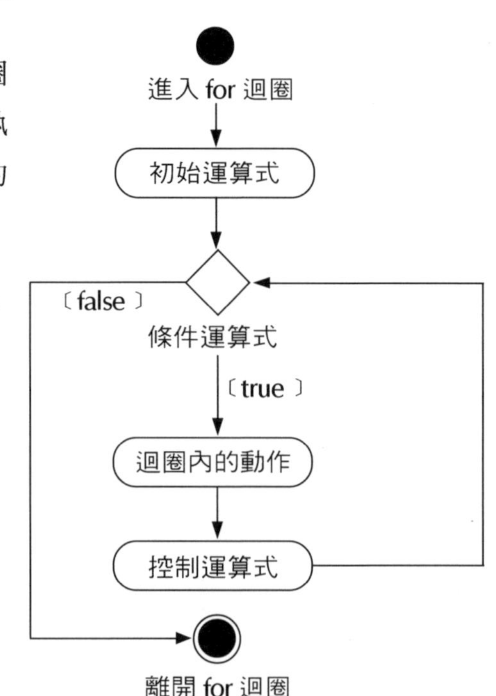

前面提到一個計算 1 到 100 相加並輸出過程中所有計算結果的例子，我們就來看如何用迴圈解決這個問題：

程式 Ch05-12.cpp 用迴圈計算 1 加到 100

```
01 #include<iostream>
02 using namespace std;
03
04 int main()
05 {
06   int sum = 0;         // 儲存總和的變數
07
08   for (int i=1; i<=100; i++) {
09     sum += i;          // 將 sum 加上目前的 i 值
10     cout << "1 加到 " << i << " 的總和爲 " << sum << endl;
11   }
12 }
```

執行結果

```
1 加到 1 的總和等於 1
1 加到 2 的總和等於 3
1 加到 3 的總和等於 6
...
1 加到 99 的總和等於 4950
1 加到 100 的總和等於 5050
```

1. 第 6 行宣告的變數 sum，稍後即用它來計算及儲存 1 到 100 相加的總和。

2. 第 8 行即爲 for 迴圈敘述。在初始運算式中宣告了整數變數 i，並設定初始值爲 1 ；條件運算式則是設定當 i 的值小於等於 100 時才會執行迴圈；控制運算式則設定每次執行完迴圈的動作時，就將 i 的值遞增。

3. 第 9 ~ 10 行大括號中的敘述，就是每一輪迴圈要執行的動作。第 9 行就是將 sum 的值加上目前變數 i 的值，第 10 行則是輸出目前的累加結果。

請注意, 在第 8 行 for 敘述中宣告的變數 i, 因爲是在 for 敘述開始時才宣告的, 所以只能用在 for 迴圈之中 (大括號內), 若離開 for 迴圈後, 程式仍使用這個變數, 將會出現編譯錯誤。因此若想在迴圈後仍使用變數 i, 則需在 for 敘述之前就先宣告該變數。

我們就以 for (int i=1;i<=100;i++) 這個迴圈爲例, 來看看 for 迴圈的執行步驟：

```
第  1  次：i 值爲 1 ──► i<=100 成立 ──►  執行迴圈內動作 ──► i++ (i 變成 2)
第  2  次：i 值爲 2 ──► i<=100 成立 ──►  執行迴圈內動作 ──► i++ (i 變成 3)
.
.
.
第 100 次：i 值爲 100──►i<=100 成立  ──► 執行迴圈內動作 ──► i++ (i 變成 101)
第 101 次：i 值爲 101──►i=<100 不成立 ──► 跳出迴圈
```

由上述例子可知, 我們只要善用迴圈的條件運算式及控制運算式, 就可以控制迴圈的執行次數。由此亦可得知, 如果迴圈執行的次數可以預先判斷出來, 使用 for 迴圈將是最好的選擇。

5-4-2 while 迴圈

while 迴圈的結構和前面介紹的 if 條件判斷式看起來很類似, 兩者都有個用括號括住的條件判斷式, 加上一組由大括號括住的的動作敘述。

while 迴圈有別於 for 迴圈的地方在於, while 迴圈不需要初始運算式及控制運算式, 只需要條件運算式即可。如下述：

```
while (條件運算式) {
    迴圈動作敘述
}
```

- **while**：『當..』的意思。會根據條件運算式的眞假, 來決定是否執行迴圈內的動作。也就是說當條件運算式結果爲眞 (true), 就執行迴圈內的動作；若爲假, 則不執行括號內的敘述 (跳出迴圈)。
- **條件運算式**：可以爲任何運算式、變數或數值。如果結果爲眞或非 0 的數值, 則表示爲 true, 反之則爲 false 。
- **迴圈動作敘述**：要用迴圈重複執行的敘述, 如果要重複執行的敘述只有一個, 則可省略大括號。

while 迴圈的執行流程如右圖所示, 由於只有條件運算式, 因此執行流程較 for 迴圈簡潔：

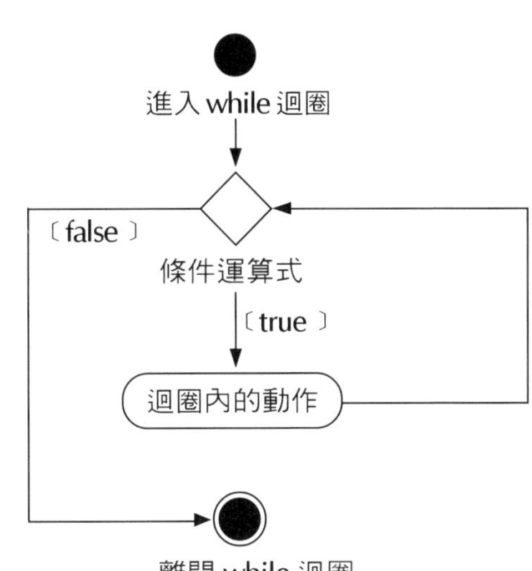

雖然 while 敘述中只有條件運算式, 但只要經過設計, 它仍能適用於會執行特定次數的迴圈, 但它更適合用於執行次數不定的狀況。舉例來說, 如果我們要讓程式持續執行某項動作, 直到使用者說不再執行才停止, 由於我們無法預期使用者想執行該動作幾次, 所以屬於執行次數不定的情況。

例如以下就是用 while 迴圈所設計的程式, 程式會根據使用者輸入的身高、體重計算體脂率, 且可一再重複請使用者輸入另一組數據來計算, 直到使用者不想再輸入爲止：

程式 Ch05-13.cpp 利用 while 迴圈讓使用者可重複計算體脂率

```
#include<iostream>
using namespace std;

int main()
{
  char go_again = 'Y';
  float height, weight;

  while (go_again == 'Y' || go_again == 'y') { // 大小寫 Y 都會
   cout << "請輸入身高 (公分)：";               // 繼續迴圈
   cin >> height;
   cout << "請輸入體重 (公斤)：";
   cin >> weight;
   cout << "您的體脂率爲：" << weight / (height * height) * 10000
        << '%' << endl;       // 體脂率爲體重除以身高 (公尺) 平方
   cout << "要繼續計算另一位嗎？(要請輸入 Y 或 y )：";
   cin >> go_again;
  }
}
```

執行結果

```
請輸入身高 (公分)：170
請輸入體重 (公斤)：80
您的體脂率爲：27.6817%
要繼續計算另一位嗎？(要請輸入 Y 或 y )：y
請輸入身高 (公分)：160
請輸入體重 (公斤)：50
您的體脂率爲：19.5313%
要繼續計算另一位嗎？(要請輸入 Y 或 y )：n
```

第 9 行的 while 敘述中用以判斷是否執行迴圈的條件運算式, 是判斷字元變數 go_again 是否爲大寫或小寫的 'Y'。此變數的初始値設爲 'Y', 所以第 1 次一定會進入迴圈執行。但執行到第 17 行時則是由使用者輸入新的 go_again 值, 若使用者輸入大寫或小寫的 'Y', 迴圈才會繼續執行；否則將跳出迴圈並結束程式 (因爲迴圈後已無其它程式)。

除了這類由使用者控制執行次數的情況外, 我們也常會遇到另一種執行次數不確定的狀況, 像是許多特定的計算, 都是依參與計算的數字來決定重複計算次數。舉例來說, 我們在小時候求最大公因數所用的輾轉相除法, 輾轉相除的次數並非一定, 而是由用來算最大公因數的 2 個數值所決定。以 while 迴圈設計輾轉相除法的程式, 可以寫成下面這個樣子：

程式 Ch05-14.cpp 使用 while 迴圈處理輾轉相除法求最大公因數

```
#include<iostream>
using namespace std;

int main()
{
  int num1,num2;
  cout << "計算兩整數的最大公因數\n";
  cout << "請輸入第1個數字：";
  cin >> num1;
  cout << "請輸入第2個數字：";
  cin >> num2;

  int a, b = num2, c=num1%num2;  // c 的值就是第 1 次相除的餘數

  while (c!=0) {                 // 當餘數爲 0 時,
    a=b;                         // b 就是最大公因數
    b=c;
    c=a%b;                       // 輾轉相『除』, 取餘數
  }

  cout << num1 << " 和 " << num2 << " 的最大公因數是：" << b;
}
```

執行結果

```
計算兩整數的最大公因數
請輸入第 1 個數字：246
請輸入第 2 個數字：135
246 和 135 的最大公因數是：3
```

輾轉相除法的計算方式，就是將要求最大公因數的數值相除，然後再用餘數繼續參與相除的計算，當餘數爲 0 時，則最後一次計算的除數就是最大公因數。程式中第 13 行即是先做第 1 次除法計算，若餘數不爲 0, while 迴圈就會繼續進行計算。迴圈內的第 16、 17 行是在做下次除法運算前，先將前次計算的除數設爲被除數、餘數設定爲除數；18 行才是做取餘數的運算。

5-4-3 do/while 迴圈

do/while 迴圈和 while 迴圈相似。前面介紹的 for、 while 迴圈有時被稱爲『預先條件迴圈』，也就是說在進入迴圈前就要先檢查條件是否成立；至於 do/while 迴圈則被稱爲『後設判斷式迴圈』，它會先執行一次迴圈的動作，然後才檢查條件式是否成立，以決定是否再執行一次迴圈。所以 do/while 迴圈的條件運算式是放在迴圈的大括號後面，如下所示：

```
do {
   敘述...                  // 先執行一次迴圈動作
} while (條件運算式);      // 再檢查條件運算式是否成立
```

C++ 初學者注意事項 do/while 迴圈的 while 之後要加上分號，這是和 while 迴圈不同之處，初學者有時會遺漏這個分號，造成程式編譯錯誤。

換句話說，不論條件式的結果爲何，大括號內的敘述至少會執行一次，這是 do/while 迴圈的特性，其執行流程如圖所示：

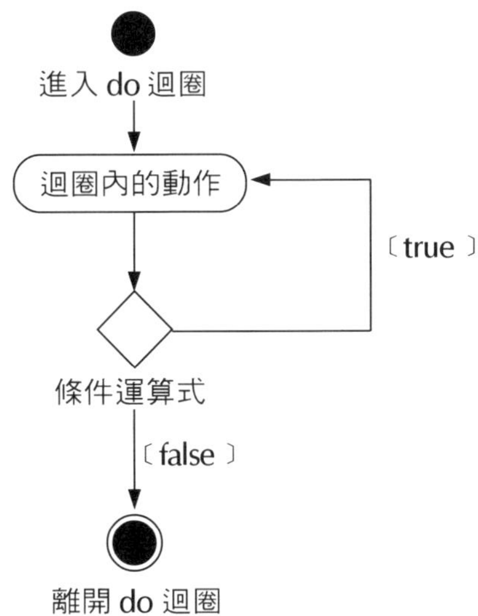

由於 do/while 迴圈是不論如何都會執行 1 次, 所以像剛剛用輾轉相除法求最大公因數的計算, 就很適合用 do/while 迴圈來處理。前面以 while 設計的程式, 改用 do/while 重新設計的結果如下：

程式 Ch05-15.cpp 使用 do/ while 迴圈以輾轉相除法求最大公因數

```
#include<iostream>
using namespace std;

int main()
{
  int num1,num2;
  cout << "計算兩整數的最大公因數\n";
  cout << "請輸入第 1 個數字：";
  cin >> num1;
  cout << "請輸入第 2 個數字：";
  cin >> num2;

  int a, b = num1, c=num2;  // c 的值就是第 1 次相除的餘數
  do {
```

```
    a=b;
    b=c;
    c=a%b;              // 輾轉相除, 取餘數
  } while (c!=0);       // 當餘數爲 0 時, b 就是最大公因數

  cout << num1 << " 和 " << num2 << " 的最大公因數是:"
       << b;
}
```

執行結果

```
計算兩整數的最大公因數
請輸入第 1 個數字:147
請輸入第 2 個數字:258
147 和 258 的最大公因數是:3
```

5-4-4 巢狀迴圈

在上述的迴圈範例中, 我們都是以一維的方式去思考, 比如說 1 加到 100 這種只需一個累加變數就能解決的問題。但是如果我們想要解決一個像九九乘法表這種二維的問題 (x,y 兩累加變數相乘的情況)。就必須將使用迴圈的方式做一些變化, 也就是在迴圈中放入另一個迴圈, 這種迴圈就稱爲**巢狀迴圈 (nested loops)**。

巢狀迴圈就是迴圈的大括號之中, 還有其它迴圈, 而且這些迴圈不一定要是同一種, 例如 for 迴圈中可以是 while 迴圈等。以下就是用巢狀的 for 迴圈來設計可輸出九九乘法表的範例程式:

程式 Ch05-16.cpp 利用巢狀迴圈輸出九九乘法表

```
01 #include<iostream>
02 using namespace std;
03
04 int main()
05 {
06   for (int x=1; x < 10; x++) {   // 外迴圈, x 的值由 1 到 9
07     for (int y=1; y < 10; y++)   // 內迴圈, y 的值由 1 到 9
08       cout << x << '*' << y << '=' << x*y << '\t';
09     cout << endl;                 // 外迴圈每執行一次就換行
10   }
11 }
```

執行結果

```
1*1=1   1*2=2   1*3=3   1*4=4   1*5=5   1*6=6   1*7=7   1*8=8   1*9=9
2*1=2   2*2=4   2*3=6   2*4=8   2*5=10  2*6=12  2*7=14  2*8=16  2*9=18
3*1=3   3*2=6   3*3=9   3*4=12  3*5=15  3*6=18  3*7=21  3*8=24  3*9=27
4*1=4   4*2=8   4*3=12  4*4=16  4*5=20  4*6=24  4*7=28  4*8=32  4*9=36
5*1=5   5*2=10  5*3=15  5*4=20  5*5=25  5*6=30  5*7=35  5*8=40  5*9=45
6*1=6   6*2=12  6*3=18  6*4=24  6*5=30  6*6=36  6*7=42  6*8=48  6*9=54
7*1=7   7*2=14  7*3=21  7*4=28  7*5=35  7*6=42  7*7=49  7*8=56  7*9=63
8*1=8   8*2=16  8*3=24  8*4=32  8*5=40  8*6=48  8*7=56  8*8=64  8*9=72
9*1=9   9*2=18  9*3=27  9*4=36  9*5=45  9*6=54  9*7=63  9*8=72  9*9=81
```

在上述的例子中, 我們利用兩個迴圈分別來處理九九乘法表的 (x, y) 變數的累加相乘動作。第 6 行的 for 迴圈宣告整數變數由 x 等於 1 開始, 必須分別乘內迴圈從 1 到 9 的 y；當 x 等於 2 時, 又是分別乘上 1 到 9 的 y..., 也就是在外部的 for 迴圈每執行一輪時, 內迴圈就會執行 9 次, 以此類推。執行流程如下圖：

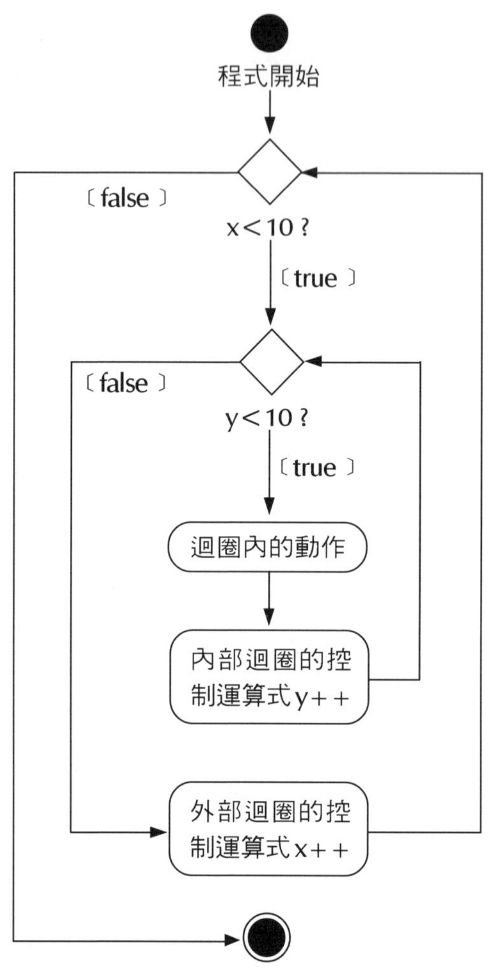

內迴圈控制橫向的數字增加 →

外迴圈控制縱向的數字變化 ↓

1*1=1	1*2=2	1*3=3	1*4=4	1*5=5	1*6=6	1*7=7	1*8=8	1*9=9
2*1=2	2*2=4	2*3=6	2*4=8	2*5=10	2*6=12	2*7=14	2*8=16	2*9=18
3*1=3	3*2=6	3*3=9	3*4=12	3*5=15	3*6=18	3*7=21	3*8=24	3*9=27
4*1=4	4*2=8	4*3=12	4*4=16	4*5=20	4*6=24	4*7=28	4*8=32	4*9=36
5*1=5	5*2=10	5*3=15	5*4=20	5*5=25	5*6=30	5*7=35	5*8=40	5*9=45
6*1=6	6*2=12	6*3=18	6*4=24	6*5=30	6*6=36	6*7=42	6*8=48	6*9=54
7*1=7	7*2=14	7*3=21	7*4=28	7*5=35	7*6=42	7*7=49	7*8=56	7*9=63
8*1=8	8*2=16	8*3=24	8*4=32	8*5=40	8*6=48	8*7=56	8*8=64	8*9=72
9*1=9	9*2=18	9*3=27	9*4=36	9*5=45	9*6=54	9*7=63	9*8=72	9*9=81

5-4-5 無窮迴圈

在設計迴圈程式時，要注意一點：一定要讓迴圈的條件運算式有可能爲 false，以使迴圈有機會結束執行。否則迴圈無止盡的執行，將形成所謂的『無窮迴圈』，如此程式將不會停止執行，因此一直耗用系統資源，此時只好以其它方式強迫程式中止。

以下程式示範無窮迴圈的執行情況，及可能的中止方式：

程式 Ch05-17.cpp 無窮迴圈

```
#include<iostream>
using namespace std;

int main()
{
  while (true) // 條件永遠爲真，程式不會結束
    cout << "無窮迴圈執行中...\n";
}
```

執行結果

```
無窮迴圈執行中..
無窮迴圈執行中..
無窮迴圈執行中..
無窮迴圈執行中..
無窮迴圈執行中..
```

←按 Ctrl + C 可強迫程式停止執行

如範例所示，若不予以理會，程式將會不斷執行迴圈中的動作，造成程式耗用大量 CPU 資源的狀況，必須以強制的方式才能將程式中止。因此在設計程式時，一定要讓迴圈的條件運算式有機會爲 false，否則就會造成無窮迴圈的情況。

5-5 變更迴圈流程的 break 與 continue

原則上程式流程在進入迴圈後，都會把迴圈大括號內的所有敘述執行完，之後才檢查條件式是否成立，以決定是否繼續執行迴圈。但某些情況下，我們可打斷這個標準的執行流程，立即跳出整個迴圈 (中止執行迴圈)，或是跳出該輪迴圈。

5-5-1 用 break 敘述跳出一層迴圈

前面介紹 switch 敘述時，提到要用 break 敘述放在每個 case 後面，讓程式執行流程會跳出該 switch 敘述外。同理，break 敘述也能放在迴圈之中，此時它將會中斷目前的迴圈執行，或者說是『跳出』迴圈。

當程式中遇到某種狀況，而不要繼續執行迴圈時，即可用 break 來中斷迴圈。方法如下：

程式 Ch05-18.cpp 使用 break 跳脫無窮迴圈

```
#include<iostream>
using namespace std;

int main()
{
  int i=1;

  while (i>0) { // 無窮迴圈
    cout << "無窮迴圈執行中...\n";
    if (i == 5) // 當 i 為 5 時,
      break;     // 就跳出迴圈
    i++;
  }
  cout << "成功的跳出迴圈了！";
}
```

執行結果

```
無窮迴圈執行中...
無窮迴圈執行中...
無窮迴圈執行中...
無窮迴圈執行中...
無窮迴圈執行中...      ← 這行訊息僅出現 5 次, 表示迴圈只執行 5 次
成功的跳出迴圈了!
```

由於在第 8 行的條件運算式 "i > 0" 恆爲眞, 所以程式中的 while 迴圈是個無窮迴圈。不過由於程式在實際執行時, i 變數會持續累加, 等累加到 i 的值等於 5 時, 第 10 行的 if 條件運算式其值爲 true, 所以會執行第 11 行的 break 來跳出此層迴圈。

請注意, break 敘述只能跳出一**層**迴圈, 換句話說, 如果程式是巢狀迴圈, 而 break 敘述是在最內層的迴圈中, 則 break 的功用只能跳出最內層的迴圈, 外層的迴圈則不受影響。

5-5-2 結束這一輪迴圈的 continue

除了 break 敘述外, 迴圈還有一個 continue 敘述, continue 的功能與 break 相似, 不同之處在於 break 會跳脫整個迴圈, continue 僅跳出『這一輪』的迴圈。換言之, continue 的功能是立即跳到迴圈的條件運算式 (若是 for 迴圈則是跳到控制運算式), 而不管迴圈中其它尚未執行的敘述。請看以下的程式示範:

程式 Ch05-19.cpp 使用 continue 來跳脫此輪迴圈

```
01 #include<iostream>
02 using namespace std;
03
04 int main()
05 {
06   for (int i=1;i<=10;i++) { // 由 1 到 10 跑 10 次的迴圈
07     if (i == 5)    // 迴圈執行到第 5 輪時, if 條件運算式成立
08       continue;    // 跳出第 5 輪的迴圈, 繼續第 6 輪的迴圈
09     cout << i << '_';
10   }
11 }
```

執行結果

```
1_2_3_4_6_7_8_9_10_
```

執行結果獨缺了 5, 是因爲迴圈執行第 5 次時, 第 7 行的 if 條件運算式爲 true, 因此程式會執行第 8 行的 continue, 該輪迴圈就被結束掉了, 導致第 9 行敘述未被執行, 而直接進行第 6 圈的迴圈。

強制性的流程控制: goto

C++還有個承襲自C的流程控制敘述：goto, 如其英文字面意思所示, 它的功用是讓程式流程直接跳到指定的位置繼續執行, 不需有任何的條件運算式來判斷真假。goto 敘述的語法如下:

```
goto 標籤名稱;
```

標籤名稱的寫法和變數一樣, 我們可在程式另一處放置標籤名稱並加上一個冒號, 如此一來 goto 就會讓程式就會跳到該處繼續執行, 例如：

```
void main()
{
  .....
  if(err) goto pgm_err;

  ...

  pgm_err: cout << " system error:\n";

}
```

立即跳到 pgm_err 這個標籤名稱的地方

不當的使用goto敘述將造成程式閱讀上的諸多困難並難以理解，因此目前一般都不會使用這個敘述。理論上，我們可完全不使用goto敘述，也能達到相同的控制程式流程功效。因此本書將不特別介紹goto敘述。

5-6 綜合演練

5-6-1 判斷是否可爲三角形三邊長

在學數學時曾學過，三角形的兩邊長加起來一定大於第三邊，我們可以應用這個定理寫一個測試使用者輸入的 3 個值，是否能爲三角形三邊長的程式。判斷的方式當然是用 if 敘述，由於需反複比較 3 邊的邊長，所以需用到巢狀 if 的架構。程式如下：

程式 Ch05-20.cpp 判斷是否可爲三角形三邊長

```
#include<iostream>
using namespace std;

int main()
{
  float i,j,k;        // 用來儲存 3 邊的邊長

  cout << "請依序輸入三角形的三邊長：\n";
  cout << "邊長 1 →";
  cin >> i;            // 輸入第 1 邊邊長
  cout << "邊長 2 →";
  cin >> j;            // 輸入第 2 邊邊長
  cout << "邊長 3 →";
  cin >> k;            // 輸入第 3 邊邊長

  if ((i+j) > k)      // 判斷第 1, 2 邊的和是否大於第 3 邊
    if ((i+k) > j)    // 判斷第 1, 3 邊的和是否大於第 2 邊
      if ((j+k) > i)  // 判斷第 2, 3 邊的和是否大於第 1 邊
        cout << "可以爲三角形的三邊長。";
      else
        cout << "第 2、3 邊的和小於或等於第 1 邊";
    else
      cout << "第 1、3 邊的和小於或等於第 2 邊";
  else
    cout << "第 1、2 邊的和小於或等於第 3 邊";
}
```

執行結果

```
請依序輸入三角形的三邊長：
邊長 1 →3.6
邊長 2 →8.9
邊長 3 →6
可以爲三角形的三邊長。
```

執行結果

```
請輸入三角形的三邊長：
邊長 1 →3
邊長 2 →2
邊長 3 →1
第 2、3 邊的和小於或等於第 1 邊
```

程式一開始使用了之前提過的方式，讓使用者依序輸入三角形三個邊的邊長，接著在第 16 ~ 25 行以三層的巢狀 if 敘述判斷是否任兩邊的和都大於第三邊，並且顯示適當的訊息。

5-6-2 各種迴圈的混合應用：計算階乘

在前面的範例中，應該不難發現一個程式中是可以同時使用各種迴圈的。比方說，我們要設計一個可以處理階乘問題的程式，讓使用者可以輸入任意整數，程式會計算該數字的階乘並詢問是否要繼續輸入數字做計算。階乘的算法就是將數字從 1 開始依序相乘：

```
N! = 1*2*3*...*(N-2)*(N-1)*N
```

換言之，我們只要用迴圈持續將 1 到 N 的數字相乘，或反過來從 N 乘到 1 即可。以從 N 乘到 1 為例，流程如下：

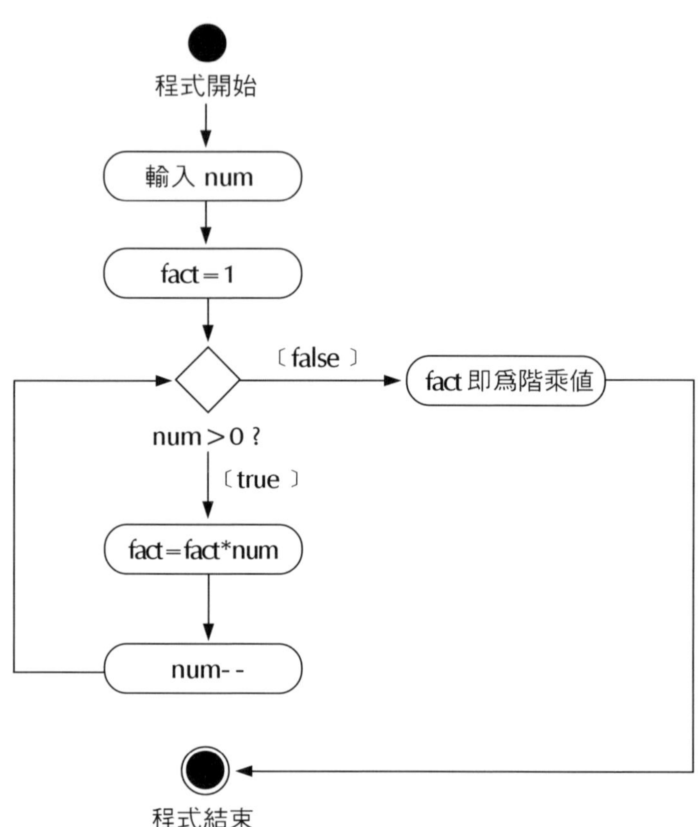

依上述流程設計的程式如下：

程式　Ch05-21.cpp　計算使用者輸入數字的階乘值

```
#include<iostream>
using namespace std;

int main()
{
  while(true) {
     cout << "請輸入 1-170 間的整數(輸入 0 即結束程式)：";
     int num = 0;
     cin >> num;

```

```
11     if (num == 0)
12       break;            // 若使用者輸入 0, 就跳出迴圈
13
14     cout << num << "! 等於 ";
15
16     double fact;              // 用來儲存、計算階乘值的變數
17     for(fact=1;num>0;num--) // 計算階乘的迴圈
18       fact = fact * num;     // 每輪皆將 fact 乘上目前的 num
19
20     cout << fact << "\n\n"; // 輸出計算所得的階乘值
21   }
22   cout << "謝謝您使用階乘計算程式。";
23 }
```

執行結果

```
請輸入 1-170 間的整數(輸入 0 即結束程式)：5
5! 等於 120

請輸入 1-170 間的整數(輸入 0 即結束程式)：15
15! 等於 1.30767e+012

請輸入 1-170 間的整數(輸入 0 即結束程式)：0
謝謝您使用階乘計算程式。
```

1. 第 6 到 21 行的 while 迴圈內含主要的階乘計算程式, 迴圈讓程式可重複請使用者輸入新的值來計算。迴圈條件運算式故意直接寫成 true, 表示恆為真的無窮迴圈, 但迴圈內部 (第 11 行) 則有跳出迴圈的機制。

2. 第 11 行用 if 判斷使用者是否輸入 0, 若是即跳出迴圈, 結束程式。

3. 第 16 行用 double 型別來宣告存放階乘值的 fact, 以便程式能計算較大的階乘值。但即使使用了 double 型別, 也只能計算到 170! 的值。

4. 第 17、18 行才是真正在計算階乘值的 for 迴圈, 計算方式如前面的流程圖所示。

5-6-3 迴圈與 if 條件式判斷式混合應用：取出 1 到指定數值之間的質數

在國中的數學課程裡，我們有時會爲了一個數值是不是質數而花時間去計算。質數就是只能被 1 和自己整除的整數，所以要自己用手計算的話，數字越大往往就越難辨別。但是現在我們可以利用巢狀迴圈來解決這類的問題。原理很簡單，將數字除以每一個比它小的數值 (從 2 開始)，只要能被任 1 比它小的數值整除者就不是質數，反之則爲質數。

假設 i 是要判斷是否爲質數的正整數 (且大於等於 2)，則我們可用如右的流程來判斷 i 是不是質數。

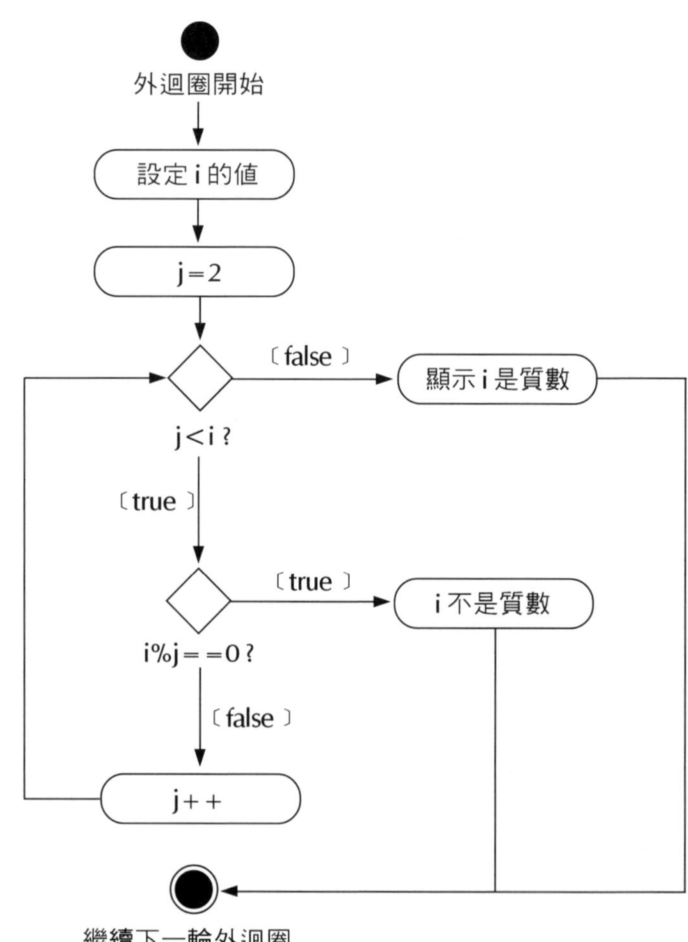

以上述的流程爲基礎，我們設計一個可計算出 2 到指定數值間所有質數的程式。此程式使用巢狀迴圈，外迴圈從 2 到指定數值，內迴圈則實作上述的流程，檢查目前的 i 值是否爲質數。

程式 Ch05-22.cpp 計算 2 到指定數值間的所有質數

```
#include<iostream>
using namespace std;

int main()
{
  int range;
  cout << "請輸入要尋找的範圍：";
  cin >> range;

  int count = 0;                // 用來計算共有幾個質數

  for (int i=2;i<=range;i++) {
    bool isPrime = true;        // 表示目前的 i 是否爲質數的布林值

    for (int j=2;j<i;j++) {   // 做除法運算的內迴圈
      if ((i%j) == 0) {        // 餘數爲 0 表示可以整除，
        isPrime = false;       // 所以不是質數，
        break;                 // 也不用繼續除了
      }

    if (isPrime) {              // 若是質數，即輸出該數值
       cout << i << '\t';
       count++;
       if ((count%5) == 0)     // 設定每輸出五個質數就換行
         cout << endl;
    }
  }

  cout << "\n小於等於 " << range << " 的質數共有 "
       << count << " 個";
}
```

執行結果

```
請輸入要尋找的範圍：110
2         3         5         7         11
13        17        19        23        29
31        37        41        43        47
53        59        61        67        71
73        79        83        89        97
101       103       107       109
小於等於 110 的質數共有 29 個
```

1. 第 12 ~ 27 行的外迴圈, 是用來重複計算 2 到指定數值間的所有整數是否爲質數。

2. 第 15 ~ 19 行爲內迴圈, 功能是將目前的 i 值, 依序除以所有小於它的整數。若無法除盡, 則不變動 isPrime 的值；若可以除盡, 則將 isPrime 設爲 false, 表示此數爲非質數, 並跳出此迴圈 (因爲已經確定它不是質數, 就不用再繼續做除法運算)。

3. 第 21 ~ 26 行的程式會先檢查 isPrime 的值是否爲 true, 是就將目前的 i (質數) 輸出到螢幕上, 同時將 count 的值加 1 。在第 25 行則用 count 除以 5, 檢查目前是否爲 5 的倍數, 是就輸出一個換行字元, 達到每行只呈現 5 個質數的效果。

4. 第 29 、30 行是在外迴圈執行完後, 輸出 count 值, 以顯示在指定的範圍內共有幾個質數。

學習評量

1. 下列敘述何者錯誤？

   a. if 後面一定要有 else。

   b. if 後面只能有一個 else。

   c. else 前面一定要有 if。

   d. if 跟 else 是互補的關係。

2. 下列有關 switch 的用法, 何者正確？

   a. switch 內不可出現 if 敘述。

   b. case 一定要使用 break 敘述作爲結束。

   c. case 'A': 可以接受 'a' 和 'A' 的條件值。

   d. default 這一項是可有可無的。

3. 請用 C++ 程式語言將以下的文字敘述, 寫成完整的 if 條件判斷式。

   a. 如果 x 大於 y, 就將 x 設定爲 y 的值, 否則就將 y 設定爲 x 的值。

   b. 如果 x 大於 y 且小於 z , 就將 x 設定爲 (y + z) , 否則就將 z 設定爲 (x - y)。

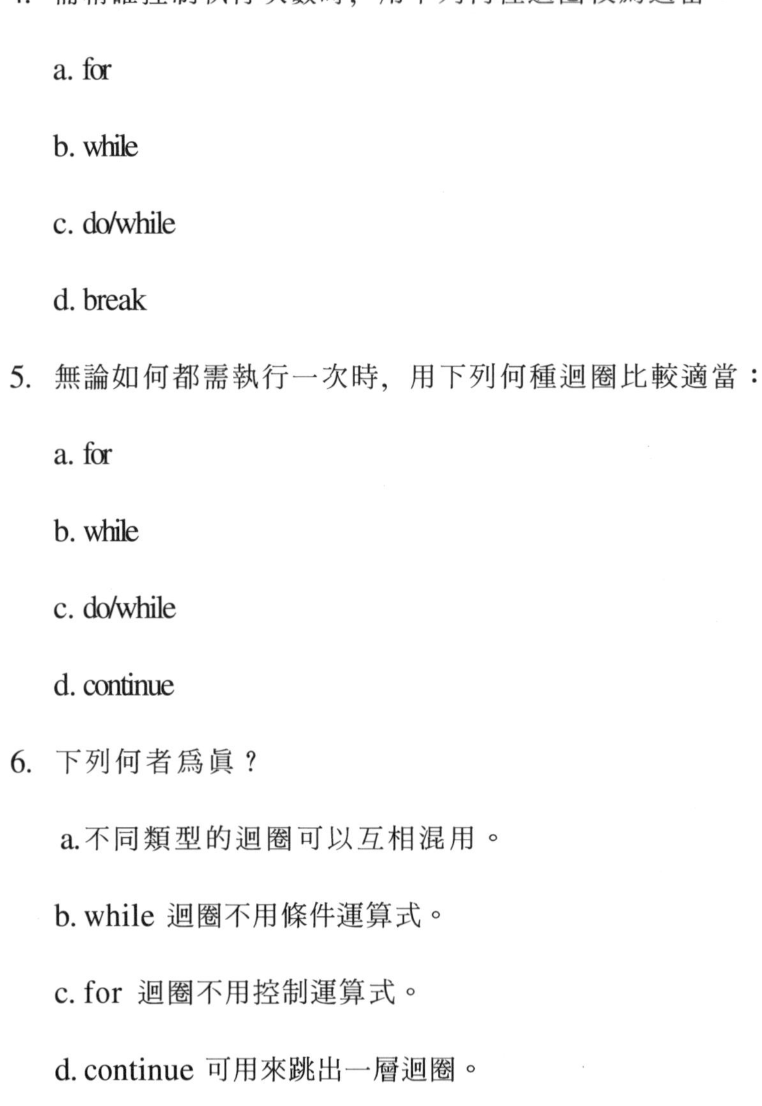

4. 需精確控制執行次數時，用下列何種迴圈較爲適當：

   a. for

   b. while

   c. do/while

   d. break

5. 無論如何都需執行一次時，用下列何種迴圈比較適當：

   a. for

   b. while

   c. do/while

   d. continue

6. 下列何者爲眞？

   a. 不同類型的迴圈可以互相混用。

   b. while 迴圈不用條件運算式。

   c. for 迴圈不用控制運算式。

   d. continue 可用來跳出一層迴圈。

7. 下面各程式片段是否有語法或邏輯錯誤？若有錯請寫出其問題爲何，沒有錯誤的請打勾：

   a. do {...} while (a>0) ________

   b. for (x<10) {...} ________

   c. while (a>0 || a<5) {...} ________

   d. for (;;) {...} ________

   e. if (a>0) { } elseif (a==0) { } ________

8. 已知 sum 的初始值爲 0, 試寫出下列迴圈運算後, sum 的最後值：

   a.

```
for (sum=0;sum<10;sum++)
   sum = sum + 1;
```

   b.

```
for (sum=0;sum<10;sum++)  {
   sum= sum + 1;
   break;
}
```

   c.

```
for (i=0;i<10;i++)
   sum = sum + i;
   break;
```

   d.

```
for (i=0;i<10;i++)   {
   continue;
   sum = sum + i;
}
```

9. 已知 X = 10 、 Y = 20, 以下何者會造成無窮迴圈？

a.

```
while (X < Y)   {
   X = X - Y;
   Y = Y - X;
}
```

b.

```
for (X=0;X<Y;X+=2)
   Y++;
```

c.

```
do   {
   Y = Y - X;
} while (X == Y);
```

10. 請修正以下程式的錯誤：

```
#include<iostream>
using namespace std;

int main()
{
   char grade = 'B';
   switch(grade) {
      case A:
         cout << "等級A";
      case B
         cout << "等級B";
      default:
         cout << "等級C";
   }
}
```

程式練習

1. 試寫一個程式, 使用 if 比較運算式, 判斷使用者輸入的數值爲奇數或是偶數。

2. 試寫一個程式, 輸入學生的成績, 成績在 90 ~ 100 分之間爲 A；成績在 80 ~ 89 分爲 B；範圍在 70 ~ 79 分爲 C；而範圍落在 60 ~ 69 分爲 D；未滿 60 分爲 E。請依據輸入的成績輸出等第。

3. 試寫一個程式, 用來計算三角型面積、矩形面積及梯形面積。選擇三角形時, 會要求輸入底及高, 選擇矩形時會要求使用者輸入長與寬, 選擇梯形時, 則要求使用者輸入上底、下底、高。

4. 有一家電信公司的計費方式：每個月打 800 分鐘以下, 每分鐘 0.9 元；打 800 ~ 1500 分鐘時, 所有電話費以 9 折計算；若是打 1500 分鐘以上, 則通話費以 8 折計算。試寫一個程式, 可由使用者輸入通話分鐘, 程式即輸出其費用。

5. 已知男生標準體重 = (身高 - 80)*0.7；女生標準體重 = (身高 - 70)*0.6。試寫一程式讓使用者輸入其性別及身高, 即輸出其標準體重。

6. 試寫一程式, 可計算出 1 到指定數值 (由使用者輸入) 間, 所有可被 3 整除的數值之總和。並請加上可讓使用者決定是否再算一次的功能。

7. 試寫一程式, 請使用者輸入一整數, 即以 '*' 繪出指定高度的等腰三角形。例如輸入 4 時會繪出如下的圖形：

```
   *
  ***
 *****
*******
```

8. 試寫一程式, 請使用者輸入一奇數, 即以 '*' 繪出指定高度的菱形。例如輸入 7 時會繪出如下的圖形：

```
   *
  ***
 *****
*******
 *****
  ***
   *
```

9. 試寫一程式, 讓使用者輸入兩次密碼 (四位整數), 並驗證使用者兩次輸入的密碼是否符合。

10. 試寫一程式, 讓使用者可輸入四個數字 (1 ~ 9), 並依序檢查此四個數字是否與程式中預設的四個數字全部符合, 相同即顯示中獎的訊息。

函式

學習目標

- 學習將重複以及常用程式碼, 寫成函式的方法
- 瞭解宣告函式與定義函式的方法
- 運用各種呼叫函式的方法
- 了解變數生命期與視野
- 認識行內函式及巨集的用法與差異

隨著程式越寫越大, main() 函式的內容也越來越複雜, 當我們在寫較長的程式時, 可能會發現程式中有許多段功能相同的敘述會重複出現, 而且由於程式的需求, 這些程式碼無法被省略, 只好重複一寫再寫。本章所要介紹的函式, 讓我們能以更簡便的方式, 取代會重複用到的一段程式碼, 提昇寫作程式的效率, 也讓程式的功能模組化。

6-1 認識函式

6-1-1 使用函式的好處

所謂**函式**(function)就是『一組敘述的集合』, 並且以一個函式名稱來代表此敘述集合。如果這一組敘述代表一項經常用到的功能, 我們每次要用到這組敘述時, 只要寫下函式的名稱, 就是告訴編譯器我們要執行這項功能。

舉例來說, 如果程式前前後後要計算階乘多次, 且不是連續計算, 因此不適合用迴圈, 這時就變成要讓計算階乘的敘述在 main() 函式中出現多次:

```
int main()
{
  for()... // 計算階乘的迴圈
  ...      // 其它敘述
  for()... // 計算階乘的迴圈
  ...      // 其它敘述
  for()... // 計算階乘的迴圈
  ...      // 其它敘述
}
```

但如果我們將『計算階乘』的敘述獨立出來寫成一個函式，以後程式中計算階乘時，只要『呼叫』這個函式來進行計算即可，不必每次都要重寫計算階乘的一整段迴圈敘述：

```
int fact() {...}          // 將計算階乘的敘述放在一個函式中

int main()
{
  fact();   // 呼叫函式計算階乘
  ...       // 其它敘述
  fact();   // 呼叫函式計算階乘
  ...       // 其它敘述
  fact();   // 呼叫函式計算階乘
  ...       // 其它敘述
}
```

如此一來，計算階乘的動作在 main() 函式中只需以一行簡單的敘述代替即可，大幅省下撰寫重複程式的時間。如果函式的內容愈複雜，也代表節省下來的時間更多。簡單的說，使用函式的好處包括：

- 將具有特定功能的敘述獨立成函式，可提高程式的可讀性。
- 將程式模組化，讓程式碼可重複使用，提升寫程式的效率。
- 將程式分解成函式，發生錯誤時，可以很容易找出問題在哪一個函式，提高除錯的效率。

6-1-2 函式的定義

函式和變數一樣，在使用前必須先定義。定義函式就是定義函式的資料型別、呼叫 (call) 函式 (程式中『使用』函式的動作就稱爲『呼叫』函式) 時所需的參數、以及函式所要執行的動作 (敘述)：

```
型別  函式名稱  (型別 參數1,  型別 參數2, ...)
{
  敘述的集合...    // 函式內容
}
```

- **型別**：函式和變數一樣都有型別，不過函式的型別並不是函式儲存的資料類型，而是函式**傳回值**的資料類型。函式處理完工作後，可以將處理的結果以**傳回值**的方式傳回給呼叫它的敘述，讓程式可據以做進一步的處理。要將資料傳回，需使用 return 敘述，例如第 2 章看過的 "return 0;" 表示傳回 0，若在 return 敘述後放變數或運算式，就表示傳回變數值或運算式的結果。函式也可以沒有傳回值，此時需將函式的型別宣告為 **void**。

- **函式名稱**：函式的命名規則和變數相同，且不可與變數名稱重複。

- **參數**：參數就像數學公式中的變數一樣，同一個公式以不同變數值代入計算，即可得到不同的結果。參數就是函式的變數，每次以不同的參數值呼叫函式，即可得到不同的結果。當然我們也可設計沒有參數的函式。此處所列的參數名稱，是在函式中用來代表參數的變數名稱，呼叫函式時，可使用變數、運算式、常數來呼叫。

- **函式本體**：大括號的部份就稱為函式本體 (function body)，在大括號中可放入任何要執行的敘述。

6-1-3 函式本體

在函式本體中我們可放入希望該函式執行的任何動作，在此先舉個簡單的例子：若程式每處理一段事情，就要用嗶聲提醒使用者，我們可將發出嗶聲的動作獨立成一個函式：

```
void beep()          // 此函式不需有傳回値, 故型別爲 void
{                    // 函式也沒有參數
  cout << "工作完成\a\n";    // 函式本體只有一行
}
```

1. 這個函式只是單純發出嗶聲, 所以不需有傳回値, 因此函式的型別爲 void。
2. 函式沒有任何參數, 在函式名稱後的括號保持空白。
3. 函式本體只有一行敘述, 就是由 cout 輸出『工作完成』的訊息, 並以字元 '\a' 使電腦發出嗶聲 (參見第 3 章)。

將這個函式加到程式中, 我們就可在 main() 函式中每處理某件工作告一段落時, 呼叫 beep() 函式使電腦發出嗶聲, 呼叫的方式就是『函式名稱();』, 請見以下的範例。

程式 Ch06-01.cpp 呼叫函式以顯示訊息及發出嗶聲

```
#include <iostream>
using namespace std;

void beep()          // 定義一個 beep() 函式
{
  cout << "工作完成\a\n";    // 讓電腦發出嗶聲
}

int main()
{
  cout << "現在開始處理工作" << endl;

  for (int i=0; i < 50000000; i++)
     ; // 用執行五千萬次加法及比較的迴圈模擬電腦在做一件事
  beep();           // 處理完畢, 呼叫 beep() 函式

```

```
17   for (int i=0; i < 80000000; i++)
18       ; // 用執行八千萬次加法及比較的迴圈模擬電腦在做另一件事
19   beep();          // 處理完畢, 呼叫 beep() 函式
20 }
```

執行結果

```
現在開始處理工作
工作完成
工作完成
```

依電腦速度快慢, 這兩行訊息會『稍後』才顯示, 同時電腦也會發出嗶聲

1. 第 4 ~ 7 行就是先定義自訂函式的內容, 以免稍後在 main() 函式中呼叫函式的敘述, 會讓編譯器發出找不到識別字的錯誤訊息。

2. 第 13 、 17 行的 for 迴圈都緊跟著一個沒有任何運算式的空敘述 (也就是只有一個分號的敘述), 但 for 迴圈本身的條件運算式及控制運算式仍要執行, 所以這兩個迴圈等於讓電腦做了數千萬次的加法運算 (i++) 及比較運算 (i<...), 我們用此方式來模擬程式正在執行某項工作。

3. 第 15 、 19 行的敘述就是呼叫 beep() 函式。此時執行流程會先跳進 beep() 函式中, 待 beep() 函式的工作執行完畢, 才返回 main() 函式中的下一行敘述繼續執行。

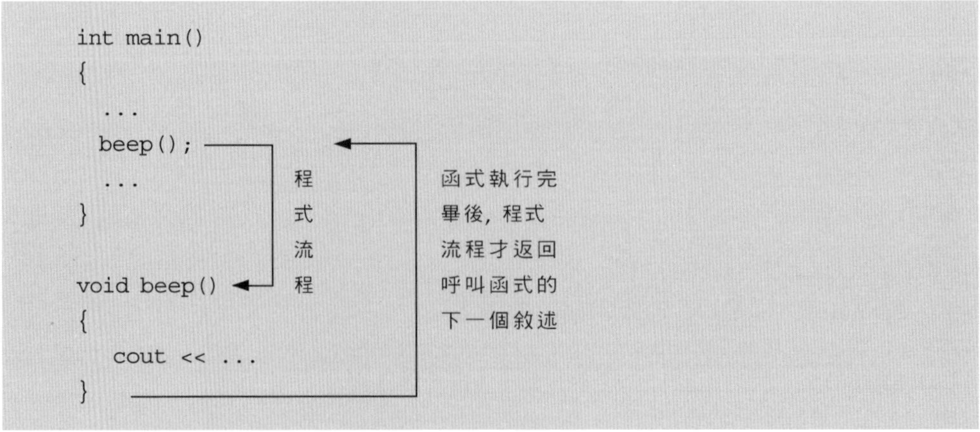

```
int main()
{
  ...
  beep();
  ...
}

void beep()
{
  cout << ...
}
```

程式流程

函式執行完畢後, 程式流程才返回呼叫函式的下一個敘述

程式每次執行完指定的工作後，就會呼叫 beep() 函式，所以我們會在螢幕上看到『工作完成』的訊息，同時也會聽到電腦發出的嗶聲。透過函式呼叫的方式，我們可用較簡單的 "beep()" 取代一串 "cout <<..." 敘述，而且 main() 函式的內容也更簡捷，閱讀起來更容易瞭解其意思。

函式的宣告

如果不想將函式的定義寫在 main() 函式之前，或是函式是定義在其它的程式檔等狀況，則在呼叫函式之前必須先宣告函式。函式宣告又稱爲函式的原型 (prototype)，函式宣告通常會放在整個程式的最前面、所有前置處理指令之後。宣告函式時只需列出函式的傳回值型別、函式名稱、及各參數的型別即可：

```
型別  函式名稱  (參數 1 的型別,  參數 2 的型別, ...);
```

函式宣告的最後要加上分號，定義函式本體時則不用分號。

例如前述的範例程式可改成：

程式 Ch06-02.cpp 呼叫比較整數大小的函式

```
#include <iostream>
using namespace std;

void beep();            // 宣告函式
                        // 沒有函式本體
int main()
{
  cout << "現在開始處理工作" << endl;
```

```

  for (int i=0; i < 50000000; i++)
      ; // 用執行五千萬次加法及比較的迴圈模擬電腦在做一件事
  beep();          // 處理完畢, 呼叫 beep() 函式

  for (int i=0; i < 80000000; i++)
      ; // 用執行八千萬次加法及比較的迴圈模擬電腦在做另一件事
  beep();          // 處理完畢, 呼叫 beep() 函式
}

void beep()          // 函式定義在 main() 之後
{
  cout << "工作完成\a\n";    // 讓電腦發出嗶聲
}
```

6-2 傳遞參數

6-2-1 參數型別

沒有參數的函式功能有限, 因爲它的形式固定, 能做的事情就少有變化。而透過參數的設計, 每次呼叫函式時, 就能將不同的變數傳遞給函式, 讓函式能針對不同的數值、狀況進行處理, 如此函式的執行結果就能有所變化。

舉例來說, 我們要計算華氏溫度轉換成攝氏溫度, 若 f 爲攝氏溫度, 則轉換公式可寫成：

```
攝氏溫度 = (f - 32) * 5 / 9
```

若將它設計成一個函式, 我們可讓 f 爲函式參數, 這樣每次用不同數值呼叫函式, 就能計算不同華氏溫度轉換成攝氏溫度的情形：

```
void FtoC (double f)  // 參數 f 爲 double 型別
{
  cout << "換算成攝氏溫度爲 "
       << ((f - 32) * 5 / 9) << " 度";
}                // 每次呼叫函式用的 f 值不同, 函式計算結果就不一樣
```

以下就是這個溫度換算函式的應用方式：

程式 Ch06-03.cpp 將華氏溫度轉成攝氏溫度

```
01 #include <iostream>
02 using namespace std;
03
04 void FtoC (double f)          // 將華氏溫度轉成攝氏的函式
05 {
06   cout << "換算成攝氏溫度爲 "
07        << ((f - 32) * 5 / 9) << " 度";   // 溫度轉換公式的算式
08 }
09
10 int main()
11 {
12   double x;
13   cout << "請輸入華氏的溫度：";
14   cin >> x;
15   FtoC(x);                    // 用 x 爲參數呼叫 FtoC()
16 }
```

執行結果

```
請輸入華氏的溫度：59
換算成攝氏溫度爲 15 度
```

第 15 行用 x 呼叫 FtoC() 函式時, 編譯器會將 x 的數值傳遞給 FtoC() 函式的參數 f, 以此處爲例, 就是將 59 傳遞給 FtoC(), 而此時 FtoC() 中的 f 參數值即爲 59：

```
void FtoC (double f)
{
 ...
}

int main()
{
  ...
  FtoC(x);
}
```

呼叫函式時, x 的值會『傳遞給』 f,
若 x 為 59, f 就會是 59;
若 x 為 68, f 就會是 68

因此 f=59 代入第 7 行的運算式時, 即算出攝氏溫度為 15, 所以執行結果會輸出 15 度。若在執行程式時輸入不同的數值, main() 也會將該數值傳遞給 FtoC() 函式, 讓它計算出不同的結果。

在函式的定義中, 參數列內的參數是用來接收傳入資料的, 又稱為『形式參數』(Formal arguments), 而在呼叫函式時實際傳過去的參數, 則稱為『實際參數』(Actual arguments)。

原則上函式宣告的參數型別為何, 我們呼叫函式時也需使用相同型別的變數或常數。不過函式參數也適用第 4 章介紹過的自動轉型功能, 例如在上例中用 int 變數呼叫 FtoC() 函式, 則編譯器會將自動將變數轉型為 double 型別。若是無法轉型成功, 則編譯程式時會出現錯誤。

6-2-2 參數的預設值

函式的參數可以有預設值, 當呼叫函式時, 若省略於定義中有設定預設值的參數, 則該參數將自動設為預設之值：

```
funct(int a, int b, int c=5);   // 宣告函式時即設定預設值
...
int main()
{
  ...
  funct( 1, 2);
  ...
}                               c 自動設爲 5

funct(int a,  int b,  int c)
{ ... }
```

具有預設值的參數可以有多個，但都必須集中在參數列的**最右邊**，例如以上面的 funct() 函式而言，不可以 a、b 有設預設值，而 c 沒有設；或是 a、c 有預設值，而 b 沒有。此外要注意，如果在程式檔內同時有函式的宣告與定義，每個參數的預設值設定只能出現在一個地方，不可重複設定：

```
funct(int a=5);    // 宣告時指定預設值
...
...
funct(int a=5)     // 錯誤：在定義函式時又設定一次
{...}
```

程式 Ch06-04.cpp 參數有預設值的函式

```
#include <iostream>
using namespace std;

double newV(double t, double a=9.8, double v0 = 0)
{                              // 兩個參數有預設值
  return v0 + a*t;
}

int main()
```

```
{
  cout << "速度與加速度的計算示範：V=V0+at" << endl;

  cout << "若 V0 = 100, a = 2.8, t =15, 則 "
       << "V = " << newV(15,2.8,100) << endl;

  cout << "若 V0 = 0  , a = 9.8, t =15, 則 "
       << "V = " << newV(15);  // 只傳一個參數
}
```

執行結果

```
速度與加速度的計算示範：V=V0+at
若 V0 = 100, a = 2.8, t =15, 則 V = 142
若 V0 = 0  , a = 9.8, t =15, 則 V = 147
```

6-2-3 變數的作用範圍與生命週期

為什麼呼叫函式時要傳參數給它？最主要的原因，就是函式不能直接存取我們在 main() 中所宣告的變數，同理，main() 也不能存取在其它自訂函式中所宣告的變數。在 C++ 中，所有的變數依宣告方式的不同，而有不同的作用範圍 (scope) 及生命週期 (life time)：

- **作用範圍**：或稱為視野，就是個體的活動範圍，也就是我們可接觸到該個體的區間。在程式執行時，有些變數在任何地方都可以存取到，有些則只能在固定的檔案內、函式內、或由 { } 括起來的區塊內才能存取。

- **生命期**：就是個體存在的時間。在程式執行時，有些變數會持續存在，直到程式結束為止；另一些變數則在執行到某段程式才被建立，離開該段程式後就自動消失；還有一些變數則可以只在需要時才建立，直到不需要時再將其釋回。

這兩個特性合稱為變數的儲存等級 (Storage class)，以下我們就來看各種變數的宣告方式，及其與函式的關係。

局部變數

到目前爲止, 我們所學的變數宣告方式, 就稱爲局部變數 (local variable), 意思是指這些變數只能用在程式中的某個區域, 在函式內部定義的變數就是局部變數, 它們只能用在函式的大括號所括起來的範圍內。局部變數也稱爲自動 (auto) 變數, 在宣告時前面可加上關鍵字 auto 註明, 不過一般都省略掉, 因爲只要宣告變數時未加上儲存等級關鍵字, 編譯器都會視爲局部 (自動) 變數：

```
auto int a;    // 兩種寫法都是局部變數
int b;
```

函式的參數也是屬於該函式的局部變數, 因此當我們要在函式中再宣告 / 定義其它變數時, 不可與參數的名稱相同：

```
funct(int a, char b)
{
   int a;  // 錯誤：名稱重複
   ...
}
```

局部變數的作用範圍只及於所在的函式內部, 所以其它函式無法使用這些變數。

局部變數的生命期是由所屬函式被呼叫開始, 至函式結束執行而消失。局部變數是以堆疊 (stack) 來存放的。當函式被呼叫時, 函式的堆疊才會被配置, 因此局部變數才有存放的空間並開始啓用。而在函式結束時, 函式的堆疊會被取消, 因此局部變數也同時被消滅, 不但其數值不保存,並且其所佔空間 (堆疊) 也不被保留。請參考以下的範例：

程式 Ch06-05.cpp 在函式中累加局部變數

```
01 #include <iostream>
02 using namespace std;
03 void adding();                    //沒有傳回值, 需註明為 void
04
05 int main()
06 {
07   for (int i=0;i<3;i++)           // 呼叫 adding() 三次
08     adding();
09 }
10
11 void adding(void)
12 {
13   int number=100;                 // 局部變數, 有初始值
14   cout << "number = " << number++ << endl;
15 }
```

執行結果

```
number = 100
number = 100
number = 100
```

雖然在第 14 行用 number++ 改變了 number 的值, 但第 2 、 3 次呼叫函式時仍顯示 number 的值為 100 而非 101 或 102 。這是因為在前 1 次呼叫函式輸出 number 並遞增後, 函式就結束了, 變數 number 的生命期也跟著結束, 所以累加的結果並未保存下來。下次呼叫函式時, number 又重新被建立並設為初始值 100, 所以每次呼叫函式時都只會看到 number 等於 100 。

此外, 在 for 、 while 等迴圈中所定義的變數也是局部變數, 且其作用範圍僅及於迴圈的大括號中。

函式的宣告和定義也一樣可放在別的函式的大括號內, 如此一來函式的視野就變小, 變得和局部變數一樣無法供整個檔案使用。例如：

```
int func1(int);

int main()
{
  int func2(int);    // 宣告在 main() 函式內
}

int func1(int x) {...}  // 看不到 func2() 的宣告，所以無法呼叫 func2()

int func2(int x) {...}
```

靜態局部變數

如果要讓局部變數的生命期變長，使變數的值到下一次函式呼叫時仍能保存下來，不會因為函式結束，變數的值就消失不見，則可在宣告局部變數時，加上 **static** 關鍵字，讓變數成為『靜態局部變數』。

靜態局部變數的作用範圍與一般局部變數無異，但生命期則不同。指定為 static 後的局部變數不再存放於堆疊，而是在程式一開始執行時就存於固定的記憶體位址，因此並不隨函式的結束而消逝，而函式再次執行時，上次保留下來的變數值也可以繼續使用。

程式 Ch06-06.cpp 在函式中累加靜態局部變數

```
#include <iostream>
using namespace std;
void adding(void);        //沒有傳回值及參數

int main()
{
  for (int i=0;i<3;i++)       // 呼叫 adding() 三次
    adding();
}

void adding(void)
```

```
12 {
13   static int number=100;   // 靜態局部變數
14   cout << "number = " << number++ << endl;
15 }
```

執行結果

```
number = 100
number = 101
number = 102
```

在第 13 行加上 static 關鍵字後, number 變數的生命期就不再受限於單次的函式呼叫, 變數的值也會保存下來, 所以每次呼叫都會輸出前一次 ++ 運算的結果。

請注意! static 變數只會在第一次建立時做初值設定, 下次函式再呼叫時便不會再做初值設定了, 所以其值得以持續保留, 這也是和一般局部變數不同之處。

全域變數

與局部變數相對應的變數類型稱爲全域變數 (Global variable)。全域變數是定義在函式大括號以外的變數, 也和靜態局部變數一樣, 是自程式開始就存在的, 但其視野則是自定義開始, 一直到程式最後, 所以定義在程式開頭的全域變數, 程式中所有的函式都能存取之：

```
#include <iostream>
...
int a;   // 全域變數, 以下所有函式都可存取

int main()
{
  ...    // 可存取變數 a
}
```

```
int b;  // 全域變數, func() 可存取

int func()
{
  ...   // 可存取變數 a 和 b

}
```

由於全域變數生命期是自程式開始一直到程式結束，所以其值也可一直保存下來。利用這項特性，我們可將所有函式都會用到的變數宣告成全域變數，如此可減少宣告變數的次數。例如前面的溫度轉換函式，利用全域變數的方法，可改寫成：

程式　Ch06-07.cpp　利用全域變數存放共用的數值

```
#include <iostream>
using namespace std;
double f;          // 用來儲存華氏溫度的全域變數

double FtoC (void)              // 不需傳遞參數
{
  return (f - 32) * 5 / 9;   // 存取全域變數
}

int main()
{
  cout << "請輸入華氏的溫度：";
  cin >> f;                          // 將輸入的值存入全域變數

  cout << "換算成攝氏溫度爲 " << FtoC() << " 度";
}
```

執行結果

```
請輸入華氏的溫度：14
換算成攝氏溫度爲 -10 度
```

第 3 行宣告的全域變數 f 可供全部的函式存取, 所以 main() 函式不用再宣告存放華氏溫度的局部變數, 也不用傳參數給轉換函式 FtoC(), 後者也可直接從變數 f 取得計算所需的華氏溫度值。

外部變數

如果變數定義在程式後面, 或甚至是定義在其它的程式檔中, 則可以經由特別的宣告來拓展該變數的作用範圍, 讓程式可順利存取該變數, 此種變數稱爲外部 (external) 變數。外部變數的宣告方法是在資料型別前加上 extern 關鍵字：

```
extern   int   exta;      // 因爲只是宣告, 所以不可設定初始值
```

這樣外部變數的宣告便可以和定義有所區別了 (因宣告的前頭有加 extern)。注意, 若以 extern 宣告時有設定初值, 則會被視爲『定義』而非宣告。

全域變數與局部變數

第 2 章曾提過變數名稱不可重複, 不過這其實是指同一視野內的變數而言, 例如同一函式內的局部變數名稱彼此不能重複, 全域變數名稱彼此不能重複。但是不同函式的局部變數, 以及全域變數與局部變數之間, 則可以有同名的變數。

不同函式間的同名局部變數並沒有什麼特別, 因爲這些變數的視野都只在所宣告的函式內, 所以不會互相影響。但是如果全域變數與局部變數名稱相同, 那麼我們在函式中存取該名稱的變數時, 究竟是存取全域變數或局部變數？

當局部變數與全域變數同名時，會產生遮蔽效應，也就是說函式只能『看到』局部變數，所以存取時也是存取到局部變數。如果需要使用同名的全域變數，則必須使用**範圍解析運算子 ::** 來標示變數名稱，表示要存取同名的全域變數：

程式 Ch06-08.cpp 局部變數與全域變數同名

```
01 #include <iostream>
02 using namespace std;
03 int x=10;    // 全域變數
04
05 int main()
06 {
07   int x=100;
08   cout << "局部變數 x = " << x << '\t'
09        << "全域變數 x = " << ::x << endl;  // 用 :: 存取全域變數
10
11   x += ::x++;
12
13   cout << "局部變數 x = " << x << '\t'
14        << "全域變數 x = " << ::x << endl;
15 }
```

執行結果

```
局部變數 x = 100        全域變數 x = 10
局部變數 x = 110        全域變數 x = 11
```

程式第 9 、 11 、 14 行存取 x 時，都在變數名稱前加上範圍解析運算子，表示存取的是全域變數，就不會像只寫 x 時只會存取到局部變數。

不過這種寫法容易造成程式除錯困難，且會降低程式可讀性，因此應避免使用。

6-3 函式傳回值

我們可利用傳回值將函式處理的結果傳回呼叫者，本節就來介紹一些有關傳回值的函式設計方式。

無傳回值

如果函式做好處理工作後，不需將結果傳回呼叫者，此時可將函式宣告爲沒有傳回值，也就是將函式的型別宣告爲 void。宣告爲 void 的函式，因爲不必傳回任何數值給呼叫者，所以不必用到 return 敘述，而且如果眞的用 return 傳回某個數值，編譯器還會視爲錯誤。以下就是一個沒有傳回值的函式應用範例：

程式 Ch06-09.cpp 無傳回值的函式

```
#include <iostream>
using namespace std;
void showresult(double);        //  沒有傳回值的函式
                                // 要宣告爲 void
int main()
{
  int sex;                      // 代表性別選項
  double height, weight;        // 身高與體重

  do {   // 利用迴圈要求使用者一定要選擇 1 或 2
    cout << "性別:(1)男(2)女：";
    cin >> sex;
  } while (sex!=1 && sex!=2);

  cout << "請輸入身高(公分)：";
  cin >> height;

  if (sex == 1)
```

```
    weight = (height - 80)*0.7; // 男性的標準體重公式
  else
    weight = (height - 70)*0.6; // 女性的標準體重公式

  showresult(weight);           // 呼叫顯示結果的函式
}

void showresult(double result)  // 定義輸出結果的函式
{
  cout << "您的標準體重範圍是 " << endl << result * 0.9
       << " 公斤至 " << result * 1.1 << " 公斤之間";
}
```

執行結果

```
性別(1)男(2)女：1
請輸入身高(公分)：199
您的標準體重範圍是
74.97 公斤至 91.63 公斤之間
```

範例程式中的 showresult() 函式的工作只是單純顯示標準體重資訊，無需傳回任何資料給呼叫者，所以一開始的原型宣告就將之宣告為 void，且函式中沒有 return 敘述。

多個 return 敘述

雖然函式只能有 1 個傳回值，但不表示函式中只能有 1 個 return 敘述，我們可利用條件分支的方式，在不同狀況下傳回不同的計算結果，如此就可設計出具有多個 return 敘述的函式。當然，函式在執行時，仍只會執行到 1 個 return 敘述是無庸置疑的。我們將計算標準體重的程式略做修改，示範多個 return 敘述的應用：

程式 Ch06-10.cpp 計算標準體重的函式

```
#include <iostream>
using namespace std;

double stdWeight(int sex, double height)  // 體重計算函式
{
  if (sex == 1)      // 男
    return (height - 80) * 0.7;
  else               // 女
    return (height - 70) * 0.6;
}

int main()
{
  int sex;                   // 代表性別選項
  double height, weight; // 身高及體重

  do {  // 一定要選擇 1 或 2
    cout << "性別(1)男(2)女：";
    cin >> sex;
  } while (sex!=1 && sex!=2);

  cout << "請輸入身高(公分)：";
  cin >> height;

  weight = stdWeight(sex, height);
  cout << "您的標準體重範圍是 " << endl << weight * 0.9
       << " 公斤至 " << weight * 1.1 << " 公斤之間";
}
```

執行結果

```
性別(1)男(2)女：2
請輸入身高(公分)：170
您的標準體重範圍是
54 公斤至 66 公斤之間
```

如果需要傳回多個處理結果，則需透過傳回陣列、指位器、物件等技巧，這些在後續章節將會陸續介紹。

6-4 行內函式

6-4-1 定義行內函式

行內函式 (inline function) 是一種特殊的函式，從外觀看，它和一般的函式無異，只是在定義時，函式傳回值型別前要加上一個 inline 關鍵字。但編譯器對行內函式的處理則是迥異於一般的函式，因爲當編譯器看到函式被定義爲 inline 時，就會對函式做『行內擴展』(inline expand) 的動作，也就是將程式中每一個呼叫函式的敘述，都代換成對應的行內函式本體內容：

```
inline getmax(int a, int b)
  { return (a>b ? a : b); }
....
a = getmax(i, j);    //  編譯器會將此行代換成
                     //  a = (i>j ? i : j);
```

編譯器在處理行內函式的呼叫時，會試圖以最經濟的方式來將函式內的動作直接展開在程式中。如果有參數，當然也會做型別的檢查和自動轉換。

程式 **Ch06-11.cpp** **將華氏溫度轉成攝氏溫度的行內函式**

```
#include <iostream>
using namespace std;

inline double FtoC (double f)    // 定義爲行內函式
{
  return (f - 32) * 5 / 9;
```

```
}

int main()
{
  double F;
  cout << "請輸入華氏的溫度：";
  cin >> F;

   cout << "換算成攝氏溫度為 " << FtoC(F) << " 度";
}
```

這個範例程式基本上與之前的範例沒什麼不同，主要的差異是在此範例中我們將 FtoC() 定義為行內函式，因此編譯器會試著做行內擴展，以提高程式執行效率。

請特別注意，並非加上 inline 關鍵字，函式就一定會變成行內函式。基本上 inline 對編譯器是『參考用』，編譯器仍會自行判斷該函式是否合適做為行內函式。舉例來說，如果函式的內容很複雜，例如是計算最大公因數的函式，即使加上 inline 關鍵字，編譯器仍不會將該函式設為行內函式，自然也不會做行內擴展的處理。

6-4-2 行內函式對程式的影響

行內函式由於會被代換成函式本體的敘述，所以實際執行時並沒有像使用一般函式時，程式執行流程會在呼叫函式時跳到函式中、執行完畢後返回呼叫者的切換動作，所以程式的執行效率會因此而提升。

但執行速度加快的代價，則是編譯後產生的執行檔會因為行內擴展而使程式檔變大，所以一般只有內容很少的函式我們才會考慮使用行內函式。

此外，若專案中有數個程式檔都要使用同一個行內函式，此時每個檔案中都要有該行內函式的定義，而且定義內容必須一致。因此在這種情況下，通常會將行內函式的定義放入自訂的表頭檔，然後讓每個程式檔都去含括這個表頭檔。

6-5 巨集

6-5-1 定義及使用巨集

巨集 (macro, 或稱巨集函式) 是另一類似行內函式機制的程式寫法。它的功能和第 3 章介紹的巨集常數類似，我們可將一簡單的運算式定義成巨集，當前置處理器在處理程式檔時，就會將巨集的名稱代換成指定的運算式，就和代換巨集常數的動作一樣。

例如程式中可能要計算變數 i 的三次方多次, 每次都要寫 "x*x*x" 實在有點累，就可將它寫成如下的巨集：

```
#define  x-cube   x * x * x
...
int main()
{
  int x;
  ...
  int y = x-cube;        // 會被換成 "int y = x * x * x;"
  ...
}
```

但這種寫法實用性不高, 因此巨集也可像函式一樣用括號指定參數, 但不用指定參數型別。例如：

```
#define  cube(x)   x * x * x   // 計算立方的巨集
```

使用此巨集時就像使用函式一樣, 將要計算立方的變數代入 cube(x) 中的 x 即可：

```
int i = 3;
cout << cube(i);  // 相當於 cout << i * i * i;
```

在上例中, 我們以 #define 前置處理指令把 cube(x) 定義成 "x * x * x", 所以程式中的 cube(x) 在編譯之前就會被前置處裡器代換成 "i * i * i"。請參考以下的範例：

程式 Ch06-12.cpp 利用巨集計算立方

```
#include <iostream>
using namespace std;
#define  cube(x)   x * x * x   // 計算立方的巨集

int main()
{
 for(int i=1;i<10;i+=2)
   cout << i << " 的三次方等於 "
        << cube(i) << endl;
}
```

執行結果

```
1 的三次方等於 1
3 的三次方等於 27
5 的三次方等於 125
7 的三次方等於 343
9 的三次方等於 729
```

在呼叫巨集函式時, 其名稱和左括弧 '(' 之間不得有空格, 否則前置處理器會認定是 "cube (i)" 而非 cube(i), 因而不會做代換的動作。若是呼叫一般函式, 則函式名稱與左括弧 '(' 之間要空多少格都可以。

巨集函式的好處和行內函式一樣, 就是以展開後的程式碼取代巨集, 因此不像使用函式要浪費函式呼叫 / 返回的時間, 因而加快程式執行的速度。而使用巨集取代特定的運算式, 也有助於提高程式的可讀性。

6-5-2 使用巨集的注意事項

使用巨集和函式相比, 有一項不方便之處, 就是巨集參數若是代入運算式, 可能會造成運算結果錯誤。以參數呼叫函式時, 不管參數是變數或運算式, 編譯器都是將其值 (運算式的執行結果) 傳遞給函式的參數；但巨集的運作則只是由前置處理器將參數『代換』到巨集中參數出現的位置, 若參數是運算式, 前置處理器也不會處理 (也無法處理, 因爲前置處理器不懂 C++ 敘述), 而只是單純做文字的替換而已。

所以前述的求立方巨集, 如果使用 cube(i+1) 這樣的呼叫, 則會出現錯誤的結果。因爲此時巨集會被展開成：

```
#define  cube(x)   x * x * x   // 計算立方的巨集
...
cube(i+1) ──────────► i+1 * i+1 * i+1
              替換成
```

由於運算子 * 的優先性較高, 此式相當於 i+i+i+1, 根本不是計算 (i+1) 的立方。

解決的方法之一是在 #define 時, 就將每個參數都加 () 括號包圍起來, 由於 () 的優先性最高, 這就能保證巨集的運算不致因運算子優先性的問題而導致結果錯誤。比如：

```
#define  cube(x)   (x)*(x)*(x)   // 計算立方的巨集
```

不過這樣也只能解決部份的問題。如果巨集的參數中有遞增或遞減運算, 仍是會造成結果不正確, 例如：

```
int i = 3;
...
cout << cube(i++);
```

此程式片段要計算的應是 3 的立方, 並在算完後將 i 遞增。然而實際上會被替換成：

```
(i++)*(i++)*(i++)
```

雖然計算結果仍是 3 的立方, 但 i 最後卻遞增了 3 次變成 6。如果是用前置遞增 / 遞減運算子, 則連立方的計算結果都不正確, 因為會變成計算 (++i)*(++i)*(++i), 依 Visual C++ 2005 編譯器的處理方式, 最後計算立方的 3 個 i 都會用 6 代入, 所以變成計算 6 的立方。

由於使用巨集有這些潛在的問題, 且使用巨集時, 編譯器不會替我們做參數型別的檢查及自動轉換, 這些問題都嚴重侵害到程式本身的安全性。因此, 建議儘量使用行內函式來代替巨集。

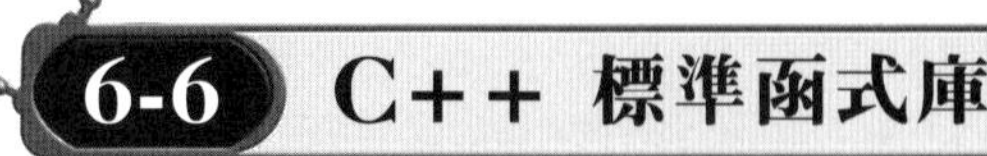

6-6 C++ 標準函式庫

認識了函式的使用方式後，大家一定會想如果有人預先設計好具有特定功能的函式，那寫程式就輕鬆多了。其實程式語言的設計者早就想到這個問題，每種程式語言都或多或少提供了各種工具函式，讓程式設計人員可直接取用，而不必再重複設計這些常用的函式。

C++ 語言也提供相當多的工具函式，它們都分類放在不同的標準函式庫 (function library)，就像萬用的工具箱一樣。使用這些函式時，只要在程式開頭含括該函式宣告所在的含括檔，接著就可在程式中呼叫這些函式，就像我們使用 cin/cout 要先含括 <iostream> 一樣。

限於篇幅，本節只摘要介紹幾個 C++ 工具函式，示範函式庫的用法。若想進一步瞭解 C++ 中到底有哪些函式庫使用，可參考編譯器所附的線上說明。

除了 C++ 語言標準所訂的標準函式庫外，各編譯器廠商也會增加與作業系統、或與某些應用有關的非標準函式庫。例如開發 Windows 應用程式就要用到微軟的 Win32 函式庫。

6-6-1 數學運算

幾乎所有的程式都要進行或簡或繁的數學運算，因此標準函式庫就提供一些基本的數學計算函式。

次方、平方根、指數、對數

次方、平方根、指數、對數常見於各式各樣的科學、金融、統計等計算中，當我們需要用到這些基本的運算時，即可含括 <cmath> 含括檔，使用下列函式進行計算：

```
double exp  (double x)      // 傳回自然對數 e 的 x 次方值
double log  (double x)      // 傳回 x 的對數值 (以自然對數 e 爲基底)
double log10(double x)      // 傳回 x 的對數值 (以 10 爲基底)
double pow  (double x, double y)   // 傳回 x 的 y 次方
double sqrt (double x)      // 傳回 x 的平方根 (√x)
```

使用這些函式時請注意一些數學及 C++ 語言資料型別的限制。舉例來說, 如果 x 爲負數, 則 sqrt(x) 將會傳回錯誤的結果, 因爲負數開根號會出現虛數, 這不是 double 可表現的資料範圍。同理, 若 x 爲負數且 y 有小數點, 則 pow (x,y) 也會傳回錯誤。

例如以下就是利用求平方根的函式來計算直角三角形的斜邊長度：

程式 Ch06-13.cpp 計算直角三角型的斜邊

```
#include <iostream>
#include <cmath>
using namespace std;

int main()
{
  double a, b;

  cout << "本程式可計算直角三角形的斜邊長" << endl;
  cout << "請輸入直角三角型第 1 個短邊的邊長：";
  cin >> a;
  cout << "請輸入直角三角型第 2 個短邊的邊長：";
  cin >> b;
  cout << "斜邊長爲：" << sqrt(a*a + b*b);
}
```

執行結果

```
本程式可計算直角三角形的斜邊長
請輸入直角三角型第 1 個短邊的邊長：100
請輸入直角三角型第 2 個短邊的邊長：105
斜邊長爲：145
```

當然您也可進一步將這些函式加以組合，做更複雜的計算。

三角函數

<cmath> 含括檔中宣告的數學函式中另一類在各種計算也常用到的就是三角函數的函式，這些函數包括：

```
double sin(double x) // 傳回 x 的正弦函數值
double cos(double x) // 傳回 x 的餘弦函數值
double tan(double x) // 傳回 x 的正切函數值

double asin(double x) // 傳回 x 的反正弦函數值
double acos(double x) // 傳回 x 的反餘弦函數值
double atan(double x) // 傳回 x 的反正切函數值
double atan2(double y,double x) // 傳回 y/x 的反正切函數值

double sinh(double x) // 傳回 x 的雙曲正弦函數值
double cosh(double x) // 傳回 x 的雙曲餘弦函數值
double tanh(double x) // 傳回 x 的雙曲正切函數值
```

使用這類函式時要注意兩點，首先是前面提過的參數範圍，以反三角函數爲例，必需以 -1 ~ 1 之間的參數值，才會傳回合理的角度值；此外這些標準函式所使用的角度單位並非一般習慣使用的角度，而是使用『弳度』爲單位，也就是以 π (=180 度) 的角度單位來計算。因此爲了方便計算，建議要用到這些函式時，先在程式中定義代表 π 或角度 / 弳度換算用的巨集常數，請參考以下範例：

程式 Ch06-14.cpp 測試三角函數的計算結果

```
01 #include <iostream>
02 #include <cmath>
03 using namespace std;
04 #define PI   3.141592653589793      // 定義常數 π
05
06 int main()
07 {
08   cout << "角度\tsin()" << endl;
09
10   for(int i=30;i<=180;i+=30) { // 計算 30、60、90...度的正弦函數值
11     cout << i << '\t';
12     cout << sin(i *PI / 180) << endl;
13   }
14 }
```

執行結果

```
角度    sin()
30      0.5
60      0.866025
90      1
120     0.866025
150     0.5
180     1.22461e-016
```

1. 第 10 ~ 13 行以迴圈的方式輸出 30 、 60 、 90 、...至 180 度的 sin() 正弦函數值。

2. 第 12 行使用 PI 常數以便將角度轉成弳度再呼叫 sin() 方法。

讀者可發現, 當角度為 180 度 (π) 時, sin 函數的值應該為 0, 但範例程式算出來的結果只是『非常小』的數值, 但仍不是 0 。這是電腦浮點數處理方式的先天限制, 並非 C++ 的算術不好, 讀者若在進行較精密的計算時, 需注意這個問題。

6-6-2 時間函式

時間類型的函式也是寫作程式常會用到的, C++ 提供了幾個與時間有關的函式, 例如有一個是由中央處理器的時脈 (clock) 數傳回目前時間的函式：

```
clock_t  clock ( void ); // 傳回以時脈數表示的目前時間
```

其中 clock_t 爲使用 typedef 定義的型別, 通常就是 long 型別。此外有個巨集常數 CLK_TCK, 表示每秒的時脈數, 因此我們可利用它們來計算程式執行的時間, 或是控制程式等待的時間。

程式 Ch06-15.cpp 計算程式執行時間

```
01 #include <iostream>
02 #include <ctime>
03 using namespace std;
04
05 int main()
06 {
07   cout << " 執行加法及比較運算一億次需要 ";
08   clock_t starttime = clock();
09   for(int i=0;i<100000000;i++) ;   // 沒有做事的迴圈
10   clock_t endtime = clock();
11
12   cout << (double)(endtime - starttime) / CLK_TCK << " 秒" ;
13 }
```

執行結果

```
執行加法及比較運算一億次需要 0.831 秒
```

1. 第 9 行的迴圈雖然沒做什麼事, 但運算式每次都會將 i 遞增並做比較, 所以等於做加法及比較運算一億次。

2. 第 12 行將執行迴圈前後的系統時間 (以時脈爲單位) 相減, 再除以 CLK_TCK 常數即可得到執行的秒數。由於參與計算的數値都是整數型別, 所以用強迫轉型的方式, 以取得商數的小數點。

6-7 函式多載 (Overloading)

函式的參數列中各參數的型別也稱爲函式的『簽名』(Signature)。因爲在 C++ 的程式中, 函式名稱可以重複, 但同名的函式其簽名必須彼此不同, 每個名稱及簽名的組合必須是唯一而不可重複的。使用相同的名稱來定義不同的函式就稱爲『多載』(Overload), 當程式中有多載的函式時, C++ 的編譯器就會依呼叫函式時的參數型別, 來判斷程式到底是呼叫哪一個函式。

舉例來說, 剛剛介紹的數學函式, 其實就有 3 種版本:

```
      float sqrt (float x)
     double sqrt (double x)
long double sqrt (long double x)
```

以上三個函式的宣告均爲合法, 因爲它們的參數列不同; 因此編譯時編器會替函式名稱加上不同的簽名以茲分辨。當我們呼叫函式時, 編譯器也會依照呼叫函式時的參數型別, 來決定要使用哪一個函式。除了參數型別不同外, 『參數數量不同』也可以是簽名的依據:

程式 Ch06-16.cpp 多載函式的應用

```
#include <iostream>
using namespace std;

void volume (double r) // 計算球體體積
{
  cout << "半徑 " << r << " 的球體體積爲 "
       << 4 / 3 * 3.14159 * r * r * r << endl;
}
                          // 計算長方體體積
void volume (double l, double w, double h)
{
```

```
12   cout << "長 " << l << " 寬 " << w << " 高 " << h
13        << " 的長方體體積為 "<< l * w * h << endl;
14 }
15
16 int main()
17 {
18   volume(15);
19   volume(5,15,25);
20 }
```

執行結果

```
半徑 15 的球體體積為 10602.9
長 5 寬 15 高 25 的長方體體積為 1875
```

1. 第 4 ~ 8 行為計算並顯示球體體積的函式 volume(), 呼叫時需傳遞球體的半徑為參數。

2. 第 10 ~ 14 行為計算並顯示長方體體積的函式 volume(), 呼叫時需傳遞長、寬、高為參數。

3. 第 18 、 19 行分別以不同數量的參數呼叫 volume() 函式, 結果分別會執行到不同的計算體積函式, 如**執行結果**所示。

在設計多載函式時請注意, 函式的簽名是依據參數的型別, 所以只有傳回值型別不同是無法成為多載函式:

```
long   calc(int);
double calc(int);    // 重複宣告函式, 只有傳回值不同不能當多載函式
```

多載函式的應用是物件導向程式設計三項特性中**多面性**(Polymorphism)的一環, 在後面章節進入物件導向的主題後, 將會介紹更多的複載函式應用。

6-8 綜合演練

6-8-1 遞迴函式

在函式的應用中，有一種特殊的設計方式稱爲遞迴 (Recursive)，意思是指在函式本體中的敘述，會再呼叫函式本身，如此一直循環呼叫下去，因此稱爲遞迴。當然爲了要避免像無窮迴圈這種程式停不下來的狀況，遞迴函式也必須設計一個可停止再呼叫自己的狀況，讓函式能一層層地返回。以下就是一個無法停下來的遞迴函式：

程式 Ch06-17.cpp 無窮的遞迴函式

```
#include <iostream>

int main()
{
    void func();     // 宣告函式
    func();          // 呼叫函式
}

void  func()         // 遞迴函式
{
   std::cout << "This is a endless program\n";
    func();     // 呼叫自己
}
```

執行結果

```
This is a endless program
This is a endless program
This is a endless program
This is a endless program
This is a endless pr^C    ←── 要按 Ctrl + C 才停止
```

如果不按 Ctrl + C 讓程式一直執行下去，幾分鐘後電腦竟然當機了！這是因爲程式呼叫函式的層數太深了，而使得堆疊的容量不夠所致。所以在遞迴函式中，必須設定一個條件式來控制呼叫的層數，而非隨心所欲地去呼叫。底下是以遞迴方式設計的求階乘的程式：

程式 Ch06-18.cpp 計算階乘的遞迴函式

```
#include <iostream>
using namespace std;

long double fact(int n)  // 遞迴式函式
{
   if(n == 1)              // 在 n==1 時停止往下遞迴
     return 1;             // 傳回 1
   else
     return ( n * fact(n-1));    // 將參數減 1 再呼叫自己
}

int main()
{
   int x;
   while (true) {
      cout << "請輸入一小於170的整數(輸入0結束程式)：";
      cin >> x;
      if(x == 0) break;     // 輸入 0 時跳出迴圈、結束程式
      cout << x << "! = " << fact(x) << endl;
   }
}
```

執行結果

```
請輸入一小於170的整數(輸入0結束程式)：5
5! = 120
請輸入一小於170的整數(輸入0結束程式)：55
55! = 1.26964e+073
請輸入一小於170的整數(輸入0結束程式)：0
```

1. 第 4 ~ 10 行爲以遞迴方式計算階乘的函式, 當參數 n 的值爲 1 時即直接傳回 1；其它狀況則將參數值減 1 再呼叫自己。

2. 第 9 行呼叫自己的動作其實不難理解, 因爲 n! 的值就相當於是 (n* (n-1)!), 所以函式就再呼叫自己來計算 (n-1)! 的值；而 (n-1)! 又可看成是 (n-1) 乘上 (n-2)!..., 如此一直呼叫下去, 當呼叫函式的參數值爲 1 時, 就會傳回 1, 如此層層傳回, 程式就會得到 n * (n-1) * (n-2) * ... * 2 * 1 的計算結果, 也就是 n! 的值。

3. 第 15 ~ 20 行以 while 迴圈重複執行計算階乘的動作, 只有當使用者輸入 0 時, 才會跳出迴圈結束程式。

4. 第 17 行取得輸入資料後, 即在第 18 行檢查是否爲 0, 不是就在第 20 行呼叫 fact() 函式, 並顯示其傳回的階乘值。

6-8-2 數學函式的應用：求任意次方根

<cmath> 中只有一個 sqrt() 函式讓我們求平方根, 那要求其它次方根怎麼辦？其實不難, 只要換個方式來思考, 開 n 次方根, 就相當於計算該數值的 (1/n) 次方, 所以我們只要倒過來用 pow() 來求 (1/n) 次方即可。我們可以把這個簡單的計算設計成行內函式來使用：

程式 Ch06-19.cpp 求任意數的 N 次方根

```
#include <iostream>
#include <cmath>
using namespace std;

inline double root(double x, int n) { return pow(x,1.0/n); }

int main()
{
```

```
09  int n;
10  double x;
11  while (true)
12  {
13    cout << "請輸入要求 n 次方根的正實數(輸入 0 則結束程式)：";
14    cin >> x;
15    cout << "要求幾次方根(限輸入整數)：";
16    cin >> n;
17
18    if(x == 0 || n==0)      // 輸入 0 時跳出迴圈、結束程式
19      break;
20    else if (x < 0)         // 若 x 為負值, 將其變成正值
21      x *= -1;              // 也可呼叫 <cmath> 的絕對值函式 abs()
22    cout << x << " 的 " << n << " 次方根為 " << root(x,n) << endl;
23  }
24 }
```

執行結果

```
請輸入要算開 n 次方根的正實數(輸入 0 則結束程式)：243
要求幾次方根(限輸入整數)：5
243 的 5 次方根為 3
請輸入要求 n 次方根的正實數(輸入 0 則結束程式)：128
要求幾次方根(限輸入整數)：7
128 的 7 次方根為 2
請輸入要求 n 次方根的正實數(輸入 0 則結束程式)：0
要求幾次方根(限輸入整數)：0
```

第 5 行就是用 pow() 計算開 n 次方根的行內函式。另外為了避免負數開 n 次方可能出現虛數的情況, 程式特別在第 20 行檢查 x 是否為負值, 是就將之轉成正數。

6-8-3 解二元一次聯立方程式的巨集

在數學中，二元一次聯立方程式是對兩個具有相同的兩個未知數 (x,y) 的多項式求 x 、 y 的值，例如：

```
ax + by = c
dx + ey = f
```

其中 a、b、c、d、e、f 是方程式的係數，爲已知的常數值，未知數爲 x 、 y 。而我們可將此聯立方程式的解寫成如下的公式：

```
x=(c*e- f*b)/(a*e- d*b)
y=(a*f- d*c)/(a*e- d*b)
```

我們將這兩個公式定義成巨集便可以求出各種聯立方程式的解，程式如下：

程式 Ch06-20.cpp 解二元一次聯立方程式

```
#include <iostream>
using namespace std;
#define XX (c*e- f*b)/(a*e- d*b)   // 定義解 x 的巨集
#define YY (a*f- d*c)/(a*e- d*b)   // 定義解 y 的巨集

int main()
{
  float a,b,c,d,e,f;                    // 二元一次方程式的係數
  char go = 'y';

  cout << "解聯立方程式" << endl
       << "ax + by = c" << endl
       << "dx + ey = f" << endl;

```

```
  while (go == 'y' || go =='Y') {
    cout << "請輸入a的值：";  cin >> a;
    cout << "請輸入b的值：";  cin >> b;
    cout << "請輸入c的值：";  cin >> c;
    cout << "請輸入d的值：";  cin >> d;
    cout << "請輸入e的值：";  cin >> e;
    cout << "請輸入f的值：";  cin >> f;

    if ((a*e- d*b)== 0)      // 避免分母為 0
      continue;

    cout << a << "x + " << b << "y = " << c << endl;
    cout << d << "x + " << e << "y = " << f << endl;
    cout << "的解為 x = " << XX << endl
         << "       y = " << YY << endl;

    cout << "還要再算嗎？(y/n)：";
    cin >> go;
  }
}
```

執行結果

```
解聯立方程式
ax + by = c
dx + ey = f
請輸入 a 的值：15
請輸入 b 的值：30
請輸入 c 的值：0
請輸入 d 的值：2
請輸入 e 的值：8
請輸入 f 的值：20
15x + 30y = 0
2x + 8y = 20
的解為 x = -10
       y = 5
還要再算嗎？(y/n)：n
```

學習評量

1. 一個程式中最少有幾個函式? ________ 。

2. 函式宣告時須具備哪些組成?________ 、 _________ 、 _________ 。

3. 多載函式必須符合以下哪一項條件？

   a.不同版本的函式之間傳回值必須不同。

   b.不同版本的函式之間參數個數必須相同。

   c.不同版本的函式之間傳回值必須相同。

   d.不同版本的函式之間必須至少有一個參數不同。

4. 有關局部變數，以下敘述何者錯誤？

   a.內層區塊可以使用外層區塊的局部變數。

   b.內層區塊可以宣告和外層區塊同名的變數。

   c.宣告成 static 的局部變數可以在函式外存取。

   d.函式中的局部變數不能和參數同名。

5. 有關遞迴，以下何者正確？

   a.遞迴是使用迴圈解決問題。

   b.遞迴函式一定要有結束條件。

   c.遞迴函式不能使用外部變數。

   d.遞迴函式不能呼叫其它函式。

6. 以下有關呼叫函式的述何者錯誤？

   a.傳入的參數個數必須和宣告時一致。

   b.傳入的參數名稱要和宣告時一致。

   c.可以使用字面常數當作參數。

   d.參數是以傳值的方式傳入。

7. 在函式中執行 ______ 敘述可以返回呼叫者。

8. 無傳回值的函式要宣告成哪一種型別? ________

9. 請寫出下列程式需求的原型宣告：

   (1) 傳入 3 個整數, 傳回平均值後, 在 main() 中列印。

   (2) 傳入 2 個整數, 在函式中顯示 2 個數的和。

   (3) 不傳入任何引數, 在函式中輸入 2 個數, 計算並顯示兩者的和。

10 有關行內函式與巨集的描述, 何者正確？

   a.編譯器看到呼叫行內函式的敘述, 不一定會做行內擴展的動作。
   b.定義巨集時, 需標明參數型別。
   c.編譯器在代換巨集時, 會檢查參數型別是否與定義相符。
   d.行內函式的執行效率比巨集佳。

程式練習

1. 試寫出一個函式, 可印出指定行數的 "HELLO C++!" 訊息。

2. 試寫一個比較大小的函式, 在 main() 中由鍵盤取得輸入兩個數後, 當作參數呼叫該函式。函式最後會傳回較大值給 main(), 然後在 main() 中輸出較大值。

3. 試寫出一個遞迴函式來計算 1+2+3+...+100 的總和。

4. 請撰寫一個函式, 可計算 1/1+1/2+1/3+....1/n 的值。

5. 請撰寫一個函式, 可計算 1+2+3+....n 的值。

6. 請撰寫一個函式, 可找出 1 到指定的參數 n 之間, 所有可以被 13 整除的數值。

7. 請撰寫一個模擬 pow() 行爲的函式, 以遞迴方式計算任意數的任意整數次方。並利用標準函式庫的 clock() 檢查程式計算時間, 與同學比較誰設計的函式計算得比較快。

8. 請設計一多載函式, 函式有 2 個參數： (1) 當 2 個參數都是字元時, 則顯示該字元。 (2) 當參數爲字元和整數 x 時, 則顯示該字元 x 次。 (3) 當 2 個參數都是整數時, 則顯示兩個數相乘的結果。

9. 試寫出一個求最大公因數的函式。

10. 試利用函式寫出一個換零錢機程式： (1) 只接受紙鈔 (100 、 200 、 500 、 1000 元)。 (2) 可選擇零錢面額 (壹元、伍元、拾元、伍拾元) 以及個數。 (3) 剩下金額以最少的零錢數找出 (假設要以 100 元換 10 個壹元、結果會出來 10 個壹元以及 9 個拾元)。

陣列與指標

學習目標

- 宣告與使用陣列來代替多個變數
- 認識參考型別
- 學習使用指標
- 如何以指標操作陣列
- 認識函式的參數傳遞方式

7-1 甚麼是陣列？

由於一個變數只能存放一個數值，而針對有些用來處理大批資料 (如學生、員工資料等) 的程式，就必須宣告許多的變數來存放這些資料。此時爲了方便，我們便可利用陣列來代替多個變數。

使用陣列來代替變數的好處是可以讓程式碼容易撰寫。因爲一個陣列可取代多個變數。比如說，我們要用 10 個變數來儲存 10 個學號，以之前所學的方法可能要寫成：

```
int student1_ID=1001, student2_ID=1002,
    student3_ID=1003, student4_ID=1004,
    student5_ID=1005, student6_ID=1006,
    student7_ID=1007, student8_ID=1008,
    student9_ID=1009, student10_ID=1010;
```

如果改用陣列來儲存 10 個學號，會方便許多，如下：

```
int student_ID[10]={1001,1002,1003,1004,1005,
                ↑     1006,1007,1008,1009,1010};
      //  代表可存放十個學號的陣列
```

陣列可說是一群同型別與同性質變數的集合，就等於一次宣告了多個變數的儲存空間。在本章中，我們將針對陣列的宣告與各種使用方法一一做介紹。

7-1-1 宣告與定義陣列

陣列的宣告方式和宣告一般變數一樣, 都要指明資料型別和變數名稱, 此外需在變數名稱後加上一對中括號 [ ] (稱爲足標標算子, subscript operator), 表示這是個『陣列』變數。並需在中括號內填入陣列的容量, 表示可以容納多少個同型別的變數：

```
資料型別  陣列名稱  [陣列容量];
```

例如以下就是陣列宣告的例子：

```
int   car[10];        // 可容納 10 個整數的 car 陣列

float score[20];      // 可容納 20 個浮點數的 score 陣列
```

請注意, 宣告陣列時所指定的陣列大小, 必須是常數 (含 const 變數) 或由常數組成的運算式, 不可以是在編譯時期不能確定其值的變數或運算式。換言之, 陣列大小是在宣告或定義時就固定的, 之後即無法改變其大小。

陣列中每個可用來存放資料的空間稱爲**元素**, 例如上例中的 car[], 我們就可稱它爲是十個元素的整數陣列, 每個元素就像一個整數變數一樣, 可存放一筆整數資料。要使用元素時, 需以陣列名稱及足標運算子, 並在足標運算子中指定元素的編號 (或稱爲元素的**索引**)。請注意, 元素的編號是從 0 開始, 所以上列中的 car 陣列, 可使用的索引值是 0 ~ 9, 例如：

```
car[0] = 10;      // 將第 1 個元素的值設爲 10
car[3] = 15;      // 將第 4 個元素的值設爲 15
car[9] = car[3];// 將第 10 個元素的值設爲與第 4 個元素相同
car[10] = 1000; // 錯誤, 索引超出範圍
```

初學者經常會忘記陣列元素的索引是由 0 開始,造成寫出的程式不是會有編譯錯誤就是執行結果不正確。

以下程式簡單示範陣列宣告及存取陣列元素的語法：

程式 Ch07-01.cpp 宣告陣列變數及存取陣列元素

```
01 #include <iostream>
02 using namespace std;
03 
04 int main()
05 {
06   int iArray[5];           // 宣告陣列
07 
08   for(int i=0;i<5;i++)     // 用迴圈設定各元素值
09     iArray[i] = i * 5;
10 
11   cout << "iArray 陣列的大小為 " << sizeof(iArray)
12        << " 個位元組" << endl;
13   for(int i=0;i<5;i++)     // 用迴圈輸出各元素值
14     cout << "iArray[" << i << "] =" << iArray[i] << endl;
15 }
```

執行結果

```
iArray 陣列的大小為 20 個位元組
iArray[0] =0
iArray[1] =5
iArray[2] =10
iArray[3] =15
iArray[4] =20
```

1. 第 6 行宣告可存放 5 個元素的整數陣列 iArray。

2. 第 8 ~ 9 行利用 for 迴圈依序設定 iArray 各元素的值。請注意用來當元素索引值的變數 i 是從 0 開始, 而不是從 1 開始。

3. 第 11 ~ 12 行輸出以 sizeof() 運算子取得的 iArray 陣列大小。由於整數資料型別佔用 4 個位元組, 因此 5 個整數陣列元素即佔用 5x4=20 個位元組的記憶體空間。

4. 第 13 ~ 14 行再次以 for 迴圈依序輸出 iArray 各元素的值。

使用迴圈來操作陣列是很常見的處理方法, 而爲了避免在操作時不小心超出陣列元素的索引範圍, 通常會先在程式開頭定義一個代表陣列大小的唯讀變數或常數, 之後在程式中都使用這個唯讀變數或常數來表示陣列大小及索引範圍, 以減少程式碼出錯的情形, 例如前面的範例可寫成：

```
const int asize = 5;         // 或用 #define 定義成巨集常數
...
int iArray[asize];           // 改用唯讀變數設定大小

for(int i=0;i<asize;i++)     // 用唯讀變數設定迴圈執行次數
...
```

7-1-2 設定陣列初值

我們可在定義變數時用指定運算子設定變數初始值, 而陣列由於有許多元素, 所以設定初始值的方式略有不同。要設定陣列元素初始值時, 需用大括號括住各初始值, 並從第 0 個元素依序開始設定, 語法如下：

```
int iArray[x]={元素 0 的值, 元素 1 的值,...};
```

例如：

```
int iArray[5]={2,4,12,6,18}; // 相當於指定 iArray[0]=2、
                             // iArray[1]=4、iArray[2]=12、
                             // iArray[3]=6、iArray[4]=18
```

定義陣列及元素初始值時，有幾點注意事項：

1. 有設定初始值時，可不指定陣列大小。此時元素個數就是大括號中的初始值個數，例如 "int a[ ]={1,2,3};" 表示 a[ ] 的大小爲 3 個元素。

2. 若有指定陣列大小時，則初始值的數量需小於或等於元素個數。只指定部份元素的初始值時，未指定到初始值的元素其初始值一律爲 0 (若是字元型別的陣列，則爲 '\0')；初始值的數量若超過元素個數，則編譯時會出現錯誤。

以下就是定義陣列及元素初始值的範例：

程式 Ch07-02.cpp 定義陣列初始值

```
#include <iostream>
using namespace std;

int main()
{
  int iArray[] = {1,2,3,4,5};  // 未指定陣列大小
  int nArray[5] = {6,7,8};     // 未設定全部元素的初始值

  cout << "iArray 陣列的大小爲 " << sizeof(iArray)
       << " 個位元組" << endl;
  cout << "nArray 陣列的大小爲 " << sizeof(nArray)
       << " 個位元組" << endl;

  for(int i=0;i<5;i++)     // 用迴圈輸出各元素值
    cout << "iArray[" << i << "] =" << iArray[i] << '\t'
         << "nArray[" << i << "] =" << nArray[i] << endl;
  }
}
```

執行結果

```
iArray 陣列的大小爲 20 個位元組
nArray 陣列的大小爲 20 個位元組
iArray[0] = 1   nArray[0] = 6
iArray[1] = 2   nArray[1] = 7
iArray[2] = 3   nArray[2] = 8
iArray[3] = 4   nArray[3] = 0
iArray[4] = 5   nArray[4] = 0
```

1. 第 6 行定義的 iArray 未指定陣列大小, 因此其元素個數依初始值個數定爲 5。
2. 第 7 行定義的 nArray 陣列大小爲 5, 但只指定 3 個元素值, 因此後 2 個元素的值爲 0, 由執行結果可驗證之。
3. 第 9 ~ 12 行輸出以 sizeof() 運算子分別取得的 iArray 與 nArray 陣列大小。由於整數資料型別佔用 4 個位元組, 因此 5 個整數陣列元素即佔用 5x4=20 個位元組的記憶體空間。
4. 第 14 ~ 17 行再次以 for 迴圈分別依序輸出 iArray 與 nArray 中各元素的值。

至此我們已介紹了陣列的基本使用方法, 讀者可將陣列當成一般的變數來使用即可, 只不過要記得以下幾點差異：

- 陣列相當於多個同型變數的集合, 集合中的每個元素就是一個變數。
- 陣列大小一經設定後就不能改變, 但元素值則和變數一樣是隨時可更改的。
- 陣列變數不可以指定給另一個陣列變數, 例如：

```
int a[] = {1,2,3};
int b[] = a[];  // 語法錯誤
```

7-1-3 陣列應用

認識陣列的基礎後，我們要進一步介紹幾項陣列的基本應用。由於陣列是一群資料的集合，所以常被用於需處理多筆同類型資料的情況，而在這種場合下有幾種應用是很常見的，例如搜尋某一筆特定的資料、尋找最大或最小的元素、將所有元素依指定的順序排列等等。以下簡介兩種陣列的應用，至於其它的應用方式也都很類似，讀者可自行舉一反三。

尋找陣列中的最大或最小值

在處理多筆資料時，時常需要找出其中的最大或最小值。最簡單的方法就是用迴圈將所有元素一一比較，全部都比對過後，即可找出最大或最小的元素。例如在下面的範例中，將在使用者輸入的 5 個數值中找出最大值：

程式 Ch07-03.cpp 請使用者輸入 5 個數值，找出其中最大值

```
#include <iostream>
#define SIZE 5                    // 陣列大小常數
using namespace std;

int main()
{
  int numbers[SIZE];              // 儲存數值的陣列

  cout << "請輸入 5 個數字，程式將找出最大值" << endl;

  for (int i=0;i<SIZE;i++) { // 用迴圈取得每個元素值
    cout << "請輸入第 " << (i+1) << " 個數字：";
    cin >> numbers[i];
  }

  int MAX = numbers[0];           // 用來儲存最大值的變數
                                  // 先設為第 1 個元素的值

```

```
19   for (int i=1;i<SIZE;i++)     //  比對陣列中所有元素的迴圈
20     if (numbers[i]>MAX)        // 若 numbers[i] 大於 MAX
21       MAX = numbers[i];        // 則將最大值設為 numbers[i]
22
23    cout << "在輸入的數字中, 數值最大的是 " << MAX;
24 }
```

執行結果

```
請輸入 5 個數字, 程式將找出最大值
請輸入第 1 個數字:57
請輸入第 2 個數字:46
請輸入第 3 個數字:99
請輸入第 4 個數字:12
請輸入第 5 個數字:75
在輸入的數字中, 數值最大的是 99
```

1. 第 11~14 行的迴圈是用來控制請使用者輸入 5 個數字, 並依序存入 numbers[0]、 numbers[1]、...、numbers[4] 之中。
2. 第 16 行定義代表最大值的變數, 並先將其值設為 numbers[0] 的值。
3. 第 19~21 行的迴圈是用來挑出最大值, 此迴圈會依序將 MAX 與陣列中 numbers[0] 以外的所有元素做比較, 若其值比 MAX 大, 就將它的值指定給 MAX。

將陣列內所有元素排序

所謂排序, 就是將一串隨意排列的同類型資料, 利用迴圈與條件式比較大小後, 將它重新依由小到大的昇冪或者由大到小的降冪方式排列。這個處理方式比前面單純找出最大 / 最小值更為實用, 因為排序後也可以很容易找出最大 / 最小值 (第 1 個或最後 1 個元素), 進一步延伸, 就能馬上變成找最大或最小的前數筆資料。

在排序方法中，最普通的排序法稱爲汽泡排序法 (Bubble Sort)。因爲在排序過程中，數值較大的元素其位置會漸漸的往前面移動，就好像一個氣泡由水底浮到水面，因爲壓力減小，氣泡的體積會慢慢變大一般，這就是其名稱的由來。

以下程式是由一個包含 5 個元素的字元陣列，利用氣泡排序法，將 5 個字母由大到小排列，程式如下：

程式　Ch07-04.cpp　將陣列中的資料降冪排序後，從螢幕輸出

```
#include <iostream>
#define SIZE 5                   // 陣列大小常數
using namespace std;

int main()
{
  char array[SIZE]={'s','c','i','o','n'};

   cout << "排序前：";
   for (int i=0;i<SIZE;i++)      // 輸出排序前的陣列內容
     cout << array[i];

  for (int i=0;i<SIZE;i++)
    for (int j=i+1;j<SIZE;j++)
      if (array[i]<array[j])   // 若 array[i] 的值小於 array[j]
       {                        // 就將 2 個元素的值對調
         char temp = array[i]; // temp 是對調時用到的暫存變數
         array[i] = array[j];
         array[j] = temp;
       }

   cout << endl << "排序後：";
   for (int i=0;i<SIZE;i++)      // 輸出排序後的陣列內容
     cout << array[i];
}
```

執行結果

```
排序前: s c i o n
排序後: s o n i c
```

氣泡排序法會先取第 1 個陣列元素，與所有陣列元素比較後，如果第 1 個陣列元素比第 2 個小，則交換位置，反之則不換。i 爲 0 時，如右圖 (字元大小的比較，就是在比較其 ASCII 碼，s、c、i、o、n 的 ASCII 碼分別爲 115、 99、105、111、110)：

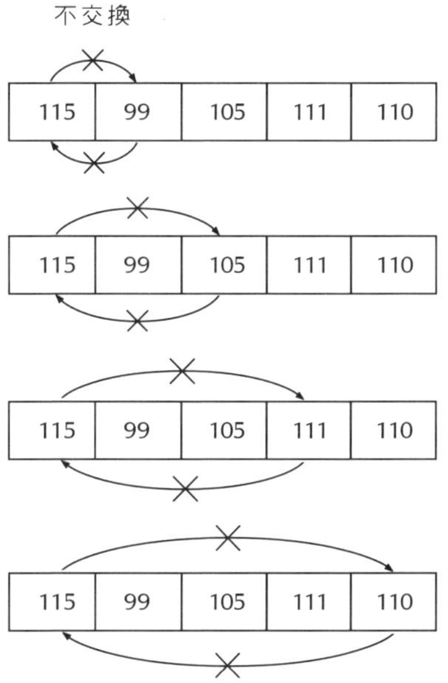

接著 i 爲 1 時，取第 2 個陣列元素與其後的所有元素比較，如右圖：

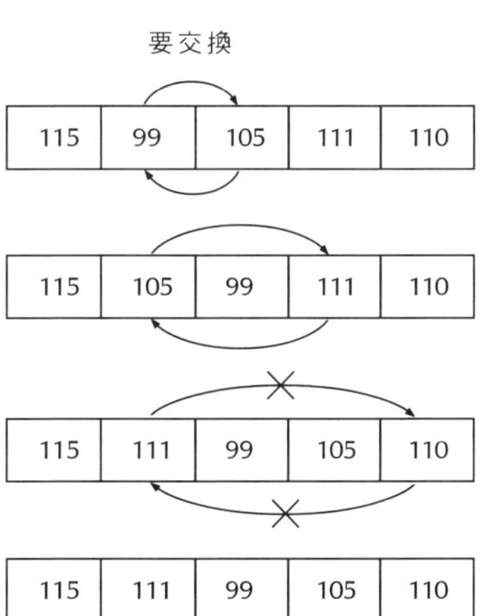

以此類推，排序直到全部元素都比較過爲止，如右圖：

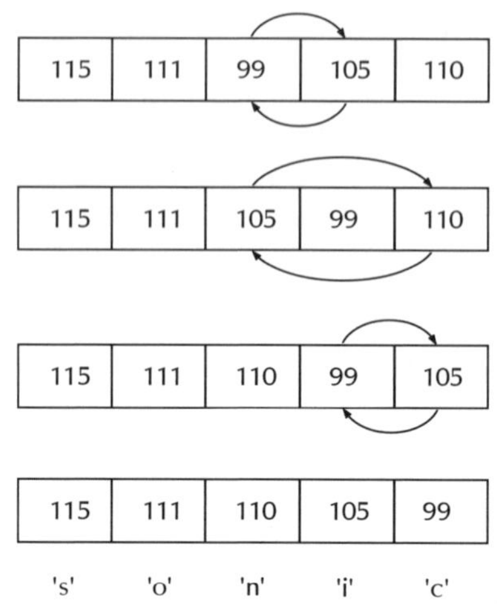

如果要將陣列改成由小到大的排列方式，只需將第 13 行的條件運算子改成大於即可。

7-2 字元陣列

前面的例子使用到了字元陣列，其實字元陣列還有個特殊的用途，就是當成字串 (String) 來使用。雖然這個用法是承襲自 C 語言，而 C++ 本身也已專爲字串的應用提供了專用的類別，但將字元陣列當成字串使用仍相當常見，因此本節就來簡介字元陣列的相關應用。

7-2-1 可當成字串的字元陣列

由於字串和字元陣列一樣都是一組字元的集合，所以我們可把字元陣列當成字串使用。但首先必須要認識的是，對 C++ 而言，到底什麼是字串？

我們已經學過, 用雙引號括起來的文字就是一個常數字串, 例如 "I Love You", 用如下的敘述就能將這 10 個字元 (含空白字元) 輸出到螢幕上：

```
cout << "I Love You";
```

但如果我們執行如下的敘述：

```
cout << sizeof("I Love You");   // 輸出字串 "I Love You" 的大小
```

這時候所得到的結果是 11 而非 10。這是因爲對 C++ 編譯器而言, 它在儲存 "I Love You" 這個字串時, 除了儲存十個字元外, 還在字串結尾加上一個代表字串結尾的 '\0' 字元 (ASCII 字碼 0, 而非數字 '0'), 所以 "I Love You" 在記憶體中所佔的空間是 11 個位元組而非 10 個位元組。

有了這個認識後, 我們就知道字元陣列若要用來儲存字串也是一樣, 必須在陣列中多出一個元素來儲存代表字串結尾的結束字元, 否則就不能稱其爲『字串』。在定義字元陣列時, 可直接將字串內容當成初始值設定給陣列, 此時就不必再用大括號將字串括起來, 請參考以下範例。

程式 Ch07-05.cpp 輸出字串內容以及陣列大小

```
#include <iostream>
using namespace std;

int main()
{
  char name1[]="John Smith";  // 以字串爲初始值
  char name2[]={'M','a','r','y',' ','W','h','i','t','e'};
                                // 設定個別字元爲初始值
  cout << "name1[]大小爲：" << sizeof(name1) << endl;
  cout << "name2[]大小爲：" << sizeof(name2) << endl;
```

```
11
12   cout << "name1[]：" << name1 << endl;
13   cout << "name2[]：" << name2 << endl;
14 }
```

執行結果

```
name1[]大小為：11
name2[]大小為：10
name1[]：John Smith
name2[]：Mary White@
```

1. 第 6 、 7 行分別定義 2 個字元陣列, 但 name1[ ] 是直接以字串為其初始值； name2[ ] 則以分別指定各元素字元的方式設定初始值。
2. 第 9 、 10 行分別輸出兩個陣列的 sizeof( ) 運算結果, 雖然兩者的字數相同, 但 name1[ ] 最後還有個空白字元, 所以輸出結果為 11 。
3. 第 12 、 13 行則是以陣列名稱直接輸出, 對 cout 而言, 若是字元陣列, 就會輸出其中所存放的字串內容。

在輸出結果中, 比較奇怪的是用 cout 輸出 name2 的結果："Mary White@", 最後面的字元 '@' 是從何而來的呢？其實以 "cout << 字元陣列名稱 " 的方式輸出字元陣列的內容時, 原則上 cout 是把它當成字串來處理, 所以會輸出在結束字元 '\0' 之前的所有字元, 也就是整個字串的內容。

但本例中 name2 陣列並沒有結束字元, 所以程式會以為字串還沒結束, 就接著輸出記憶體中放在 "Mary White" 之後的內容, 直到遇到結束字元為止。在本例中, "Mary White" 之後先出現的是字元 '@' 、隨後就是字元 '\0', 所以很幸運地程式只輸出 "Mary White@" 就沒有再輸出其它奇怪的文字了。這是使用字元陣列時可能會遇到的問題, 必須小心處理, 否則會讓程式輸出一堆奇怪的內容。

7-2-2 標準函式庫對字元陣列的支援

前面提過陣列變數的一些限制, 例如陣列不能直接指定給另一個陣列, 所以若要把一個陣列的內容複製到另一個陣列, 就需將來源陣列中的元素, 用迴圈一個個指定給目的陣列的元素。

但使用字串時常會遇到需搬移、複製字串或其它類型的應用, 若都要自己用迴圈來一一處理, 實在很不方便, 因此在標準函式庫中就提供了許多字串相關的函式, 這些函式的宣告都放在 <cstring> 含括檔中, 因此含括 <cstring> 後即可在程式中呼叫它們。以下簡介 <cstring> 中幾個函式的用法, 讓讀者有初步的認識, 至於其它函式的用法, 讀者可自行參考整合開發環境的線上說明。

字串長度

所謂字串長度就是字串中所含的字元數 (不含結束字元), 有時候程式要讓使用者輸入一些資料, 接著要檢查使用者輸入的字元數, 就會用到可計算字串長度的 strlen() 函式。呼叫此函式時需以字串 (字元陣列) 爲參數, 函式會傳回 unsigned int 型別的字元數 (中文字會被視爲 2 個字), 如範例所示：

程式 Ch07-06.cpp 檢查字串長度

```
#include <iostream>
#include <cstring>    // 因爲用到 strlen(), 故含括此檔案
using namespace std;

int main()
{
  char name[80];

   cout << "請輸入一字串：";
   cin.getline(name,80);        // 讓 cin 可取得一整行的輸入內容
```

```
11
12    cout << "sizeof(name) = " << sizeof(name) << endl;
13    cout << "strlen(name) = " << strlen(name) << endl;
14  }
```

執行結果

```
請輸入一字串：Taipei City
sizeof(name) = 80
strlen(name) = 11
```

1. 第 10 行用 cin 物件呼叫 getline() 函式 (這種使用 '.' 符號的呼叫語法會在下一章介紹), 此函式的功能是讓 cin 能取得一整行的輸入內容, 便於我們輸入**中間含空白字元**的字串。因爲依 cin 預設的運作方式, 在讀取輸入時, 若遇到空白就會停止讀取, 所以若輸入如上例中的 "Taipei City" 時, cin 只會讀到前半的 "Taipei" 。

2. 第 12 、 13 行分別輸出陣列的 sizeof() 運算結果及呼叫 strlen() 查看字串長度的結果。

由輸出結果即可查覺 sizeof() 和 strlen() 傳回值意義的不同, sizeof() 傳回的是變數的大小, 由於宣告 name 陣列時即宣告其可存放 80 個字元, 因此傳回 80 (位元組)；但 strlen() 則是計算『字串』的長度, 也就是結束字元 '\0' 之前有多少個字元, 所以即使 name 陣列足以容納 80 個字元, 但呼叫 strlen() 函式時, 它所存放的字串 "Taipei City" 連空白只有 11 個字元, 所以 strlen() 傳回的數值爲 11 。

字串複製

在處理變數時, 我們可以用指定運算子 (=), 把變數 A 的值直接指定給變數 B, 如 B=A。但陣列不能做這樣的操作, 所以我們也不能透過把 A 字串指定給 B 字串的方式來作字串的複製。因此標準函式庫提供 2 個字串複製函式：

```
char* strcpy(目的字串,來源字串);
char* strncpy(目的字串,來源字串,要複製的字元數);
```

這 2 個函式都會傳回指向目的字串的指標, 其間的差別在於 strncpy() 可做『局部』的複製, 因此可用第 3 個參數指定要複製的字元數。其實參數中的目的字串、來源字串指的都是字元陣列, 由於來源與目的陣列的大小可能不同、來源陣列中的字串長度不確定等因素, 在使用上述函式時要注意幾點：

1. 如果複製的字元數大於目的陣列的長度時, 可能會使超出的部份覆蓋到已被使用的記憶體, 而使程式出錯。

2. 如果複製的字元數小於目的陣列的長度, 則目的陣列中超出字串長度的部份不會受影響。

3. 用 strncpy() 複製含中文的字串時, 要注意每個中文字要視爲 2 個字元, 因爲中文字存放在字元陣列時, 每個字的編碼會佔 2 個元素的空間。因此要注意指定第 3 個參數時, 若恰好是某個中文字的後半所在的位置, 將使該字元只複製一半的編碼, 導致目的字串出現奇怪的內容。

所以, 如果要讓字串內容正確地複製, 無論目的陣列內是否已經存有其它內容, 其容量一定要足夠容納來源陣列中的字串。如以下程式中, 我們要將第 1 個字串內容複製到第 2 個字串時, 第 2 個字串的容量就比第 1 個字串大, 程式如下：

程式 Ch07-07.cpp 複製全部或局部字串

```
#include <iostream>
#include <cstring>
using namespace std;

int main()
{
  char str1[]="Lazy Boy";
  char str2[]="Cute Girl";
  char str3[]="Pink Panther";
  cout << "第 1 個字串：" << str1 << '\n'
       << "第 2 個字串：" << str2 << '\n'
       << "第 3 個字串：" << str3 << endl;

  strcpy(str2,str1);     // 將字串1 複製到字串 2
  cout << "將第 1 個字串全部複製到第 2 個字串：" << '\n'
       << "第 2 個字串：" << str2 << endl;

  int n;
  cout << "要複製第 1 個字串的前幾個字元到第 3 個字串：";
  cin >> n;
  strncpy(str3,str1,n); // 將字串 1 的前 n 個字元複製到字串 3
  cout << "將第 1 個字串前 " << n << " 個字複製到第 3 個字串："
       << "\n第 3 個字串：" << str3;
}
```

執行結果

```
第 1 個字串：Lazy Boy
第 2 個字串：Cute Girl
第 3 個字串：Pink Panther
將第 1 個字串全部複製到第 2 個字串：
第 2 個字串：Lazy Boy
要複製第 1 個字串的前幾個字元到第 3 個字串：4
將第 1 個字串前 4 個字複製到第 3 個字串：
第 3 個字串：Lazy Panther
```

程式共定義了三個含不同字串的字元陣列, 然後將第 1 個字串分別用 strcpy() 及 strncpy() 複製給另 2 個字串, 並請使用者輸入複製局部字串時, 要複製的字元數。

字串的比對

陣列不僅無法用指定運算子指定其值, 也無法使用比較運算字來比較其內容：

```
char str1[],str2[];
...
str1 == str2   //  這三個比較運算式
str1 >  str2   //  都不是在比較陣列
str1 <  str2   //  元素所存放的內容
```

上列的比較運算式雖然合法, 但它們都不是在比較陣列的內容, 而是在比較 2 個變數的位址 (參見下一節), 因此這種比較基本上是沒什麼意義的。然而在字串應用上免不了要做字串的比對及比較, 此時可使用下列 2 個函式：

```
int strcmp(字串1, 字串2);
int strncmp(字串1, 字串2, n);    // 比較前 n 個字元
```

兩個函式都是傳回參數字串『相減』的數值, 也就是說, 函式會取兩字串的第一個字元相減, 如果差為 0 則繼續比較下一個字元, 直到差不為 0 時, 便傳回差值。所以, 傳回值可能有 3 個結果：

```
strcmp(a,b) == 0 // 傳回值為 0, 字串 a 與字串 b 內容相同
strcmp(a,b) > 0  // 傳回值大於 0, 字串 a 大於字串 b
strcmp(a,b) < 0  // 傳回值小於 0, 字串 a 小於字串 b
```

strncmp() 的功能及用法也相似, 不過 strncmp() 只會比較第 3 個參數所指定的前 n 個字元 (中文字同樣是視爲 2 個字), 而不會比較到字串結束。這兩個函式的使用方式請參見以下範例：

程式 Ch07-08.cpp 比對兩字串的內容是否相同

```
#include <iostream>
#include <cstring>
using namespace std;

int main()
{
  char str1[60];    // 先宣告兩個用以存放
  char str2[60];    // 使用者輸入字串的陣列

  cout << "請輸入第 1 個字串：";
  cin.getline(str1,80);       // 讓 cin 可取得一整行的輸入內容
  cout << "請輸入第 2 個字串：";
  cin.getline(str2,80);       // 讓 cin 可取得一整行的輸入內容

  if(strcmp(str1,str2) == 0) // 比對 str1、str2 的內容是否相同
    cout << "兩次輸入的字串的內容相同";
  else
    cout << "兩次輸入的字串內容不同";
}
```

執行結果

```
請輸入第 1 個字串：百尺竿頭   更進一步
請輸入第 2 個字串：百尺竿頭   更近一步
兩次輸入的字串的內容不同
```

執行結果

```
請輸入第 1 個字串：全台首學
請輸入第 2 個字串：全台首學
兩次輸入的字串的內容相同
```

程式請使用者輸入 2 個字串後, 即在第 15 行呼叫 strcmp() 函式比較兩個字串, 並比對傳回值是否爲 0 (表示兩個字串相等), 輸出對應的訊息。

strncmp() 的用法也大致相同, 只不過需在第 3 個參數指定要比對的是前幾個字元, 在此就不多做介紹。

7-3 多維陣列

7-3-1 由多個陣列組成的多維陣列

如果把教室的一排座位看成是陣列, 每個位子上可坐一位同學, 就好像每個元素可容納一筆資料, 若一排可坐 6 個人, 就是有 6 個元素的陣列。如果教室有多排座位, 譬如說總共有 7 排, 這時我們可將它視爲是有 7 個元素的陣列, 且這個陣列中的元素本身又是有 6 個元素的陣列, 此時我們稱這個陣列爲二**維**陣列。

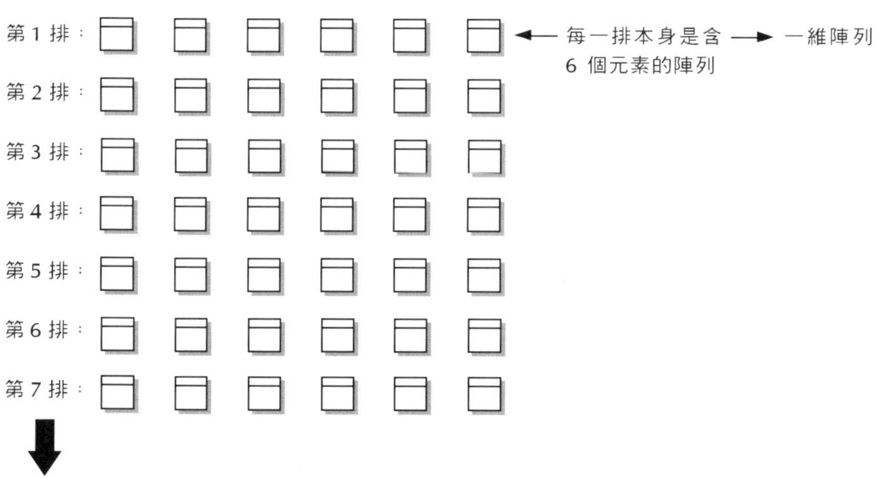

二維陣列就是指元素的索引是有兩個維度。對一排座位 (一維陣列) 我們只需說是第幾個位子, 即可指出座位 (元素) 的位置；對一整間教室 (二維陣列), 就必須指明是第幾列、第幾行 (兩個維度), 才能明確指出座位 (元素) 的位置。若用 C++ 的語法來看, 就是在陣列名稱後要用 2 個中括號來表示：

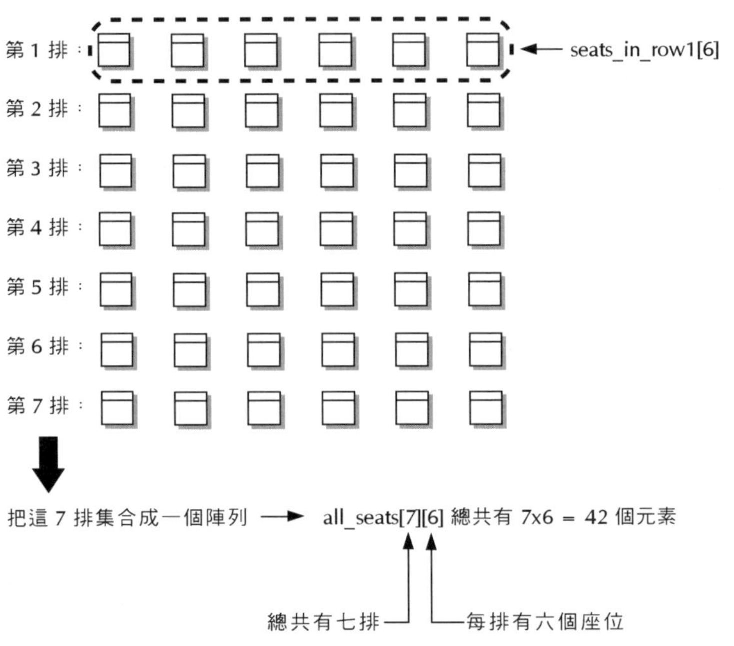


```
資料型別  陣列名稱[n][m];          //  二維陣列的宣告語法
                                   // 可看成是有 n 列、m 行
```

以上就是宣告二維陣列的語法, 在這個陣列中總共有 n*m 個元素。二維陣列的其它性質都和一維陣列類似, 例如元素索引都是從 0 開始、指定元素時需指明 2 個中括號中的索引值等等。

同理, 若一層樓有 8 間教室, 我們又可將這 8 間教室視爲一有 8 個元素的陣列, 其中每個元素又是一個有 7 個元素 (每間教室有 7 排座位) 的陣列, 而這個代表一層樓座位的陣列則稱爲三**維**陣列；再進一步推演, 若教學大樓有 4 層樓, 則每一樓又可以視爲一個陣列元素, 組成另一個**四維**陣列。凡是維度超過 1 的陣列, 都通稱爲多維陣列。

```
int floor[8][7][6];      // 共有 8x7x6 = 336 個元素 int building[4][8][7][6];
                         // 共有 4x8x7x6 = 1344 個元素
```

不過一般實用上很少使用超過二維的陣列, 因爲一來操作不方便, 二來在寫程式時也容易因混淆而出錯, 因此本節也只以二維陣列的應用爲主。其它多維陣列的應用, 都可類推。

7-3-2 二維陣列的初始值設定

二維陣列的宣告方式只是在變數名稱後多一組中括號, 並不困難。但如果要定義其初始值, 由於二維陣列具有二個維度, 那初始值的設定順序是如何呢 ?

```
                     ┌─────────── a[0][0] 的初始值
                     ▼
int a[2][3] = {1, 2, 3, 4, 5, 6}; // 共有 6 個元素
                  ▲
                  └─────────── 是 a[0][1] 還是 a[1][0] ?
```

以陣列之陣列的形式設定初始值

回顧一下前面提到的, 我們可將多維陣列看成是由陣列組成的陣列, 所以在寫初始值時, 就可以用『大括號中有大括號』的方式將初始值分隔開來, 這樣就很容易分辨了。例如 a[2][3] 是『兩個子陣列, 每個子陣列有 3 個元素』, 所以可寫成 :

```
int a[2][3] = {{1, 2, 3},       // a[0][0]、a[0][1]、a[0][2]
               {4, 5, 6}};      // a[1][0]、a[1][1]、a[1][2]
```

這樣寫就很清楚了，也不會弄混。當然把內層的大括號拿掉，對程式也不會有任何影響，C++ 編譯器會依序先將初始值指定給 a[0][x] 的元素，再指定給 a[1][x] 的元素，依此類推。同樣的，若初始值數量不夠時，未指定的元素其初始值一律為 0。

程式 Ch07-09.cpp 定義二維陣列

```
#include <iostream>
using namespace std;

int main()
{
  int iArray[3][4] = {1,2,3,4,5,6};

  cout << "iArray 陣列的大小為 " << sizeof(iArray)
       << " 個位元組" << endl;

  for(int i=0;i<3;i++) {   // 用巢狀迴圈遊歷所有的元素
    for(int j=0;j<4;j++)
      cout << "iArray[" << i << "][" << j << "]= "
           << iArray[i][j] << '\t';

    cout << endl;          // 每輸出完一列元素就換行
  }
}
```

執行結果

```
iArray 陣列的大小為 48 個位元組
iArray[0][0]= 1 iArray[0][1]= 2 iArray[0][2]= 3 iArray[0][3]= 4
iArray[1][0]= 5 iArray[1][1]= 6 iArray[1][2]= 0 iArray[1][3]= 0
iArray[2][0]= 0 iArray[2][1]= 0 iArray[2][2]= 0 iArray[2][3]= 0
```

1. 第 6 行定義可存放 3 列、4 行的二維陣列 iArray, 但只給了 6 個初始值。

2. 第 8 行輸出以 sizeof() 運算子取得的 iArray 陣列大小。由於整數資料型別佔用 4 個位元組, 因此 4x3=12 個整數陣列元素即佔用 48 個位元組的記憶體空間。

3. 第 11 ~ 17 行利用巢狀的 for 迴圈依序輸出 iArray 各元素的值。第 11 行的 for 迴圈調整『列』的變化；第 12 行的迴圈則是做『行』的變化。

4. 第 16 行的敘述會在每輸出一列元素值後, 即換行輸出。

讀者可看到, 二維陣列也可使用迴圈來操作、存取陣列元素, 只不過需使用巢狀迴圈才能遊歷整個陣列中的所有元素。若維數愈大, 所需的巢狀迴圈也要愈多層。同樣的要在處理時, 注意迴圈的條件運算式內容, 避免在操作時不小心超出陣列元素的索引範圍。

定義時省略維度值

在定義一維陣列時, 可以省略方括號中的維度大小, 讓編譯器自動依大括號內的初始值數量來決定有幾個元素。定義二維陣列時, 基本上也可以使用相同技巧, 但要注意的是, 為避免編譯器無法判斷各維度的大小, 所以只能省略最左邊的維度大小數值：

```
int a[][3] = {1, 2, 3, 4, 5, 6};
int b[][ ] = {1, 2, 3, 4, 5, 6};        // 編譯器無法判斷是幾列幾行
                                        // b[2][3]、b[3][2]？
int c[3][] = {1, 2, 3, 4, 5, 6};        // 編譯器無法判斷是每列有幾行
                                        // c[3][2]、c[3][3]...？
```

7-4 指標與參照

除了陣列以外, C++ 還有兩種特別的資料類型, 稱為指標 (pointer) 與參照 (reference)。本節先來認識指標與參照, 及其與陣列的關係, 下一節則要介紹這兩種資料型別在函式參數上的應用。

7-4-1 宣告與使用指標變數

指標 (pointer) 也是一種變數, 但是它所儲存的並非是變數的值, 而是記憶體中的一個位址, 例如某個變數實際存放在記憶體中的位址。當指標儲存一個位址時, 我們稱此指標**指向**該位址所表示的記憶體空間。

何謂位址？我們可以把記憶體的儲存空間, 想像是一個一個排列整齊可用來裝填資料的小格子, 每個小格子的大小都相等 (1 位元組)。而位址就是用來區別這些小格子, 也就是這些格子的代號。就好像車站中公用的儲物櫃, 每個小格子都有一個編號一樣, 由於這些編號有次序性, 所以透過編號就能找到櫃子的位置, 進而取出放在櫃中的物件。

因此在 C++ 中的變數, 就像是用來代替櫃子編號的名稱, 變數中存放的是我們要用到的資料；而指標變數則是用來記錄櫃子號碼的變數, 它所存放的是某筆資料所在的櫃子編號, 而非資料本身。例如以下的示意圖：

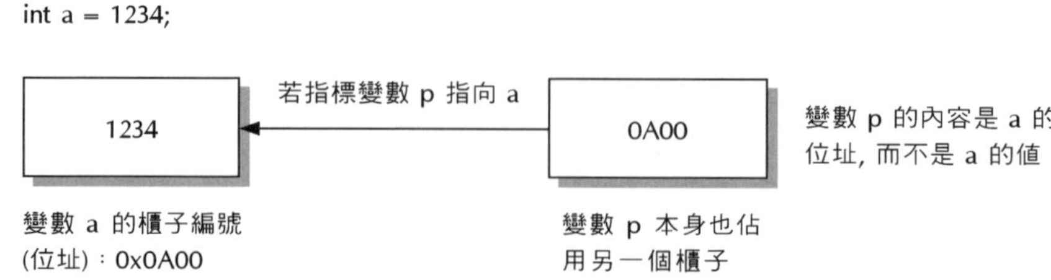
int a = 1234;
1234
若指標變數 p 指向 a
0A00
變數 p 的內容是 a 的位址, 而不是 a 的值
變數 a 的櫃子編號 (位址)：0x0A00
變數 p 本身也佔用另一個櫃子

宣告指標變數的方式很簡單, 只需在變數名稱前加上一個 * 符號：

```
資料型別  * 指標變數名稱;
```

1. **資料型別**：指標『所指變數』的型別, 必須與該指標所指向的變數型別相同。

2. *：稱為指位運算子 (dereference operator), 而非乘法運算子。在宣告變數時, 用來表示變數為指標變數；若用在一般敘述中, 則表示要傳回指標所指的變數值。

3. **指標變數名稱**：這個變數的名稱。

宣告指標變數後, 但要如何將其它變數的位址設給指標變數？我們要如何知道變數存放在記憶體中的位址？很簡單, 只要在變數名稱前加上**取址運算子 &**, 就會傳回該變數的位址。比如說：

```
int *ptr,number;    // 宣告指標 ptr 與變數 number
ptr = &number;      // 讓指標 ptr 指向變數 number 的位址
```

如此一來, ptr 便是指向 number 的指標了。

指標是用來存取變數空間的位址, 所以不管指標宣告成指向何種型別的變數, 編譯器都是配置相同大小的空間給指標變數, 在目前一般個人電腦上, 指標變數通常都是佔用 4 個位元組的空間 (在 64 位元系統並搭配 64 位元編譯器, 則指標將佔 8 個位元組)。以下就是查看指標變數各項資訊的範例：

程式 Ch07-10.cpp 指標變數的內容及大小

```
01 #include <iostream>
02 using namespace std;
03
04 int main()
05 {
06   int    i;             // 宣告整數及變數
07   double d;             // 宣告倍精度浮點數變數
08   int    *iptr = &i; // 定義指標變數, 並將初始值設爲 i 的位址
09   double *dptr = &d; // 定義指標變數, 並將初始值設爲 d 的位址
10
11   cout << "iptr 的大小爲：" << sizeof(iptr) << endl;
12   cout << "iptr 存的值爲：" << iptr << endl;
13
14   cout << "dptr 的大小爲：" << sizeof(dptr) << endl;
15   cout << "dptr 存的值爲：" << dptr << endl;
16 }
```

執行結果

```
iptr 的大小爲：4
iptr 存的值爲：0012FF70
dptr 的大小爲：4
dptr 存的值爲：0012FF64
```

讀者執行範例時所得的位值址不一定和書上相同。

1. 第 6、7 行分別宣告整數變數 i 及倍精度浮點數變數 d。

2. 第 8 行定義指向整數變數的指標 iptr, 並用取址運算子將 i 的『位址』設爲其初始值。

2. 第 9 行定義指向倍精度浮點數變數的指標 dptr, 並用取址運算子將 d 的『位址』設爲其初始值。

4. 第 11、14 行分別用 sizeof() 運算子顯示指標變數的大小, 結果顯示一律爲 4 位元組。

5. 第 12 、 15 行直接輸出指標變數的值, 也就是它們所指的位址值。cout 在輸出指標變數時, 預設會用 16 進位的方式顯示。

請注意, 設定指標變數的值時需使用同型別的變數位址, 例如以下的指定方式是錯誤的：

```
double *dptr = &i; // 編譯錯誤, 不能將整數變數的位址指定給 double 指標
```

存取指標變數所指的值

指標變數存的是記憶體位址, 那我們要如何透過指標來存取該位址的變數值？要透過指標來存取變數值, 需使用指位運算子 *, * 也稱爲間接 (indirection) 運算子, 意指透過指標存取變數值時, 是『間接』的存取, 不像用變數可『直接』存取到變數值。* 的用法是放在指標變數名稱之前, 此時它就代表『指標所指位址中的資料』, 例如：

```
int i = 3;
int *ptr = &i; // 讓 ptr 指向變數 i
cout << *ptr;  // *ptr 就是 i 的值
               // 因此爲輸出 3
*ptr = 9;      // 將 ptr 所指的變數值改爲 9
               // 也就是 i 變成 9
```

將指標變數套上間接運算子, 就相當於存取指標所指的變數一樣, 此時我們可以取得變數的值, 也可以更改其值。以下範例示範透過指標存取變數值的情形：

程式 Ch07-11.cpp 透過指標變數『間接』存取變數值

```
#include <iostream>
using namespace std;

int main()
{
  int   *iptr,age=18;           // 宣告整數型別指標與變數
  float *fptr,weight=65.05f;    // 宣告浮點數型別指標與變數
  char  *cptr,bloodtype='O';    // 宣告字元型別指標與變數
  iptr=&age;                   // iptr 指向 age 的位址
  fptr=&weight;                // fptr 指向 weight 的位址
  cptr=&bloodtype;             // cptr 指向 bloodtype 的位址

  cout << "年齡：" << *iptr <<  "歲" << endl;
  cout << "體重：" << *fptr <<  "公斤" << endl;
  cout << "血型：" << *cptr <<  "型" << endl;
}
```

執行結果

```
年齡：18 歲
體重：65.05 公斤
血型：O 型
```

在宣告指標變數時用的 '*' 是表示讓變數為指標變數，而不是『間接』取指標變數的值。所以定義指標變數時不應寫成 "int *ptr = 3;"，這個敘述並非將 ptr 所指的變數值設為 3，而是將 ptr 設為指向位址 3。由於位址 3 是存放什麼資料我們不清楚，所以很容易造成錯誤。

使用指標存取變數值時，也可以做轉型，例如用整數指標參與運算，但需得到含小數點的結果，就可用以下方式：

```
int i = 100;
int *ptr = &i;
cout << ((float) *ptr /7); // 計算 100 除以 7
```

7-4-2 指標與陣列

陣列與指標有著密不可分的關係, 而陣列的 [ ] 符號和指標的 * 符號也有異曲同工之妙。指標變數記錄著所指變數的記憶體位址, 而在程式中, 單寫陣列名稱時, 它也代表著陣列中**第一個元素的位址**。因此：

```
char a[] = "data";
char *p = a;     // a 代表陣列的起始位址
                // 相當於 *p = &a[0]
cout << a[0];   // 輸出 'd'
cout << *p ;    // 輸出 'd'
```

由於陣列名稱本身所代表的意義, 就是該陣列的起始位址 (即第一個元素的位址), 所以在上例中我們可以將 a 指定給 p, 然後 p 便指向了 a 陣列中的第一個元素。當然, 我們也可以用 &a[0] 來求得第一個陣列元素的位址, 而這個位址值和 a 的值是一樣的 (均為陣列的起始位址)。

更進一步, 我們可以把指標的值加上元素的索引值, 這時就等於由指標存取陣列元素了：

```
char a[] = "data";
char *p = a;     // a 代表陣列的起始位址
                // 相當於 *p = &a[0]

cout << *p ;    // 輸出 a[0], 也就是 'd'
cout << *(p+1); // 輸出 a[1], 也就是 'a'
cout << *(p+2); // 輸出 a[2], 也就是 't'
cout << *(p+3); // 輸出 a[3], 也就是 'a'
```

由這個例子可發現, * 和 [ ] 都是 " 依址取值 " 的意思, 而 [ ] 中的編號就是依『陣列位址 + 索引』取值之意, 所以對應到指標, 就變成『指標 + 索引』。我們甚至可以張冠李戴, 將 [ ] 用於指標之上, 而將 * 用於陣列名稱之上, 請參考以下的範例：

程式 Ch07-12.cpp 陣列與指標的互換

```
01 #include <iostream>
02 #include <cstring>
03 using namespace std;
04
05 int main()
06 {
07   char str[]="How are you?";
08   char *ptr = str;
09
10   for (unsigned i=0;i<strlen(str);i++)
11      cout << *(str+i); // 將陣列名稱 str 當成指標
12   cout << endl;
13
14   for (unsigned i=0;i<strlen(ptr);i++)
15      cout << ptr[i];    // 將指標 ptr 當成陣列名稱使用
16 }
```

執行結果

```
How are you?
How are you?
```

1. 第 8 行定義 ptr 字元指標並將它指向 str 字元陣列。

2. 第 10 、 11 行的迴圈將 str 當成字元指標使用, 並每次輸出 (str+i) 位址所存放的字元, 因此會輸出整個 "How are you?" 字串的內容。

3. 第 14、15 行的迴圈則反其道而行，將指標變數 ptr 當成陣列名稱使用，並從第 0 個元素開始，每次輸出第 i 個元素，結果也是輸出整個 "How are you?" 字串的內容。

將指標的數值做加減時，就相當於在對位址值做加減。但要特別注意一點，將指標加減 1，並不代表位址值加減 1，而是『索引值加減 1』，至於位址值則是『加減 1 個指標所指型別的大小』。舉例來說，在上例中，指標定義為 char 型別，由於 char 的大小是 1 個位元組，所以對指標做加減，就是以 1 個位元組為單位做加減。然而若指標為 int 型別，則對指標做加減時，一次是以 4 個位元組為單位做加減。其實只要將指標加減法想成是陣列索引值增減就很容易瞭解，我們再用以下範例驗證：

程式 Ch07-13.cpp 指標的加減

```
#include <iostream>
using namespace std;

int main()
{
  int a[5] = { 1,22,333,4444,55555};
  int *ptr = a;

  for(int i=0;i<5;i++)
    cout << "指標 ptr+" << i << " 的位址：" << (ptr+i)
         << "\t所指的記憶體存放的資料為：" << *(ptr+i) << endl;
}
```

執行結果

```
指標 ptr+0 的位址：0012FF60      所指的記憶體存放的資料為：1
指標 ptr+1 的位址：0012FF64      所指的記憶體存放的資料為：22
指標 ptr+2 的位址：0012FF68      所指的記憶體存放的資料為：333
指標 ptr+3 的位址：0012FF6C      所指的記憶體存放的資料為：4444
指標 ptr+4 的位址：0012FF70      所指的記憶體存放的資料為：55555
```

如執行結果所示, 將 int 指位器的值加 1 時, 位址增加的值爲 4, 符合 int 型別的大小, 如此才能指到下一個元素的位址並取得其值。因此程式中對指位器的運算式 ptr + i, 實際上會變成如下的形式：

```
ptr + ( i * sizeof(*ptr) )  // 加上『i 乘上 ptr 所指型別的大小』
```

雖然此處我們將指標的位址做數值運算, 但並不表示指標可做所有類型的數值運算, 例如位址乘位址、位址乘索引等都是無意義的計算。基本上只有下列三種指標 (位址) 的數值運算是有意義的：

操作	功能	運算結果
位址 ± N	將位址往後或往前移 N 個元素	位址
位址 - 位址	求出二個位址之間相距多少元素	整數
位址 op 位址 (op 爲比較運算子)	求出二位址值的大小關係	假或眞

字元陣列與指標

當我們要定義一個二維的字元陣列來存放多個字串時, 也可用一個指標來指向它, 並透過指標做相關的操作, 例如下個這個簡單的例子：

```
char a[3][4] = { "abc", "def", "ghi" };
```

上例的 a 是一個二維陣列, 其內部包含 3 個一維陣列： a[0]、a[1] 和 a[2], 而每個一維陣列又包含 4 個元素。如果我們直接操作 a[0]、 a[1] 或 a[2], 那麼它們就代表其個別一維陣列的起始位址：

程式 Ch07-14.cpp 以指標加減存取二維字元陣列中的字串

```
#include <iostream>
using namespace std;

int main()
{
  char a[3][4] = { "abc", "def", "ghi" };
  char (*str)[4] = a;         // 將二維陣列轉型為陣列指標

  for(int i=0;i<3;i++)
    cout << "指標 str+" << i << " 的位址：" << (str+i)
         << "\ta[" << i << "]的位址：" << &a[i] << endl;
  cout << endl;

  for(int i=0;i<3;i++)        // 將三個字串接續輸出
    cout << str[i];
}
```

執行結果

```
指標 str+0 的位址：0012FF64      a[0]的位址：0012FF64
指標 str+1 的位址：0012FF68      a[1]的位址：0012FF68
指標 str+2 的位址：0012FF6C      a[2]的位址：0012FF6C

abcdefghi
```

程式先宣告一個含 3 個字串的二維陣列，接著將定義一個指向陣列的指標，隨後操作該指標輸出位址值做驗證並顯示 3 個字串。

請注意第 7 行的敘述, 我們定義的是 "char (*str)[4]" 而非 "char *str[4]", 這兩者的意義是不同的。由於 [] 的運算子的優先順序高於 *, 所以第 2 種寫法是**宣告一個含 4 個元素的陣列, 每個元素是個字元指標**, 所以可稱爲指標陣列 (指標組成的陣列)。至於我們在程式中的寫法, 因爲將 * 與變數名稱用括號括起來, 而 [4] 的優先順序在後, 所以 str 代表的是一個**指標變數, 而它所指的則是一個含 4 個字元的陣列**, 因此我們稱之爲陣列指標 (指向陣列的指標)。

由於 str 所指的是含 4 個字元的陣列, 表示它所指的型別大小爲 4 個位元組, 所以我們將它加上索引值時, 位址值每次都會加 4, 由執行結果中即可驗證。

 可節省儲存空間的指標陣列

指標陣列是指構成陣列的元素都是指標, 其定義或宣告的方式如下例：

```
char *p[3];          // 也可以寫成  char *(p[3]);
                     //         或  (char *) p[3];

p[0] = "abc";        // 陣列元素 p[0], p[1], p[2]
p[1] = "12345";      // 的值可任意更改, 使其指
p[2] = "xy";         // 向別的地方
```

我們將每個陣列元素圖解如下：

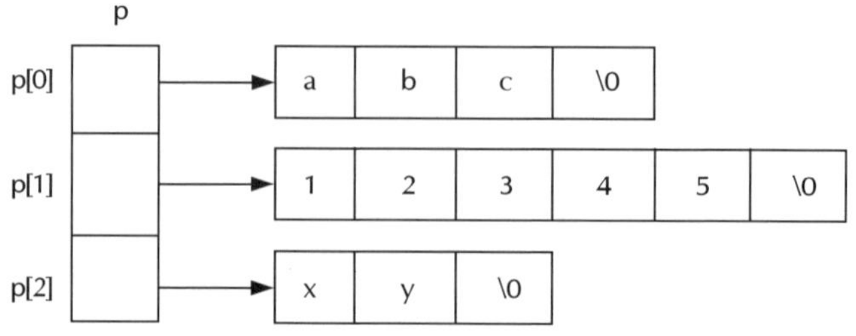

上面所定義的指標陣列內有 3 個元素, 每個元素都是指標, 然後我們便可將各指標指向不同的字串。由於 p 是一個陣列名稱, 所以 p 本身的值不可更改, 但其內各元素的值則可以更改 (如 p[0], p[1], p[2])。

在定義指標陣列時也可以給定初值, 而且 [] 中的數目可以省略而交由編譯器去計算。例如：

```
char *ptr[]={"happy","friday","fun"};
```

7-4-3 動態記憶體配置

使用指標時, 並不是只能將指標指向已宣告或定義的變數, 我們也可用**動態記憶體配置**(dynamic memory allocation) 的方式, 取得一塊記憶體空間給指標使用, 讓指標所指的是自己專用的空間。

前面所學的變數及陣列, 經過編譯器編譯後, 它們所能使用的記憶體空間就已固定, 不能變更。例如宣告了 10 個元素的整數陣列, 我們就只能用它來儲存 10 個整數資料, 不能儲存超過陣列容量的資料。

而動態記憶體配置則不同, 它是由程式在執行過程中, 依當時的實際需要臨時向作業系統要求一塊沒有被其他程式使用的記憶體空間, 而且要求的空間大小, 可以在執行時才由程式決定。在程式執行過程中, 若取得的記憶體已用不到了, 也可以隨時將之釋放 (release), 還給作業系統, 讓作業系統可將記憶體空間提供給其它有需要的程式使用, 如此可大幅的提高記憶體的使用效率。

new 運算子

要在程式中動態配置一塊記憶體可使用 new 運算子, 其語法如下：

```
new 資料型別 (初始值);
```

1. **資料型別**：新配置空間的資料型別, 同時也決定配置空間的大小。例如指定為 int, 則會配置 4 個位元組的空間。
2. **初始值**：要設定的初始值, 可省略。

new 運算子會傳回該新配置空間的記憶體位址, 因此我們可以把這個位址指定給指標變數, 讓指標指向新配置的空間：

```
int *ip = new int(100);      // ip 指向一個新的記憶體空間
                             // 且其初始值為 100
```

如果記憶體空間不夠分配時, 此 new 運算子會引發例外 (exception), 關於如何處理例外, 留待第 15 章再介紹。

delete 運算子

由於可供程式使用的記憶體空間是有限的資源, 為免不必要的浪費, 我們應在不再需要該空間時, 將它釋放。要釋放由 new 運算子配置的空間, 可使用 delete 運算子, 其語法就是在 delete 關鍵字後面接著指向該空間的指標即可, 例如：

```
int *ip = new int(100);          // 配置新的記憶體空間
...
delete ip;                       // 釋放所配置的記憶體空間
```

上面的範例，是初始化動態記憶體配置的寫法，也就是在宣告指標的同時，便配置記憶體空間。配置成功後，我們就取得了一個可存放整數型別的記憶體空間，並可透過 ip 指標來存取這個空間。空間使用完畢，就用 delete 將配置的記憶體釋放。

需要記憶體時，再配置

我們也可以在宣告指標時不做配置記憶體空間，而是等到程式需要使用之前再配置空間。例如：

```
int *num;
...
num = new int;   // 進行一些處理後再配置空間
...
delete num;
```

不管是哪種配置方式，記憶體空間使用完畢後，一定要以 delete 將配置的記憶體空間釋放，這是一個很重要的習慣，可以讓記憶體的使用更具效率。

動態配置陣列空間

使用 new 運算子也可以配置陣列的空間，只要在型別的後面使用 [ ] 並註明數量即可；而且以 delete 運算子釋放陣列空間時，必須在 delete 後加上 [ ] 符號 (但不必註明數量)：

```
int *array_ptr = new int[100];   // 配置 100 個整數的記憶體空間
...
delete [] array_ptr;             // 釋放全部的空間
```

以上第 1 行的 new 敘述就是配置 100 個整數的記憶體空間, 並將空間的起始位址指定給 array_ptr, 就相當於建立一個 100 個 int 的陣列, 並將陣列起始位址指定給指標。較特別的是, 在動態配置陣列空間時, 由於是在程式執行到該敘述時, 才配置所要的空間, 因此**可用變數來指定陣列大小**, 而不像以非動態的方式建立陣列只能使用常數或唯讀變數指定大小。

舉個例子來說, 要寫一個程式來做不定個數值的計算。可用動態記憶體配置的方式, 在程式執行時才決定要配置多少記憶體空間來使用, 如以下範例所示：

程式 Ch07-15.cpp 計算不定數量數值的算術平均及幾何平均值

```
#include <iostream>
#include <cmath>
using namespace std;

int main()
{
  int how_many;
  cout << "請問要計算多少個數字的算術及幾和平均：";
  cin >> how_many;

  double *dptr  = new double[how_many]; // 配置指定數量的記憶體

  for(int i=0;i<how_many;i++) {
    cout << "請輸入第 " << (i+1) << " 個數值：";
    cin >> *(dptr+i);
  }

  double sum = 0;
  for(int i=0;i<how_many;i++)         // 計算所有數值的總和
    sum += *(dptr+i);
  cout << "算數平均為：" << (sum / how_many) << endl;

  sum = 1;
```

```
24   for(int i=0;i<how_many;i++)          // 計算所有數值的乘積
25     sum *= *(dptr+i);
26   cout << "幾何平均爲：" << pow(sum,1.0/how_many);
27
28   delete [] dptr;
29 }
```

執行結果

```
請問要計算多少個數字的總和：3
請輸入第 1 個數值：15
請輸入第 2 個數值：38
請輸入第 3 個數值：46
算數平均爲：33
幾何平均爲：29.7083
```

1. 第 11 行, 動態配置記憶體空間, 配置空間型別爲 double, 配置空間爲 sizeof (double)*how_many, how_many 爲第 9 行中, 由鍵盤輸入的數值個數。
2. 第 13 ~ 16 行, 以 for 迴圈請使用者依序輸入所有數值。
3. 第 19 ~ 21 行則計算並顯示所有數值的算數平均。
4. 第 24 ~ 26 行則計算並顯示所有數值的幾何平均。
5. 第 28 行以 "delete [ ] ..." 的語法釋放動態配置的陣列空間。

動態記憶體配置函式

由於C++沿用了所有的C語言標準函式庫,因此也可使用宣告於<cstdlib>的動態記憶體管理函式：

接下頁▶

```
(資料型別 *) malloc(sizeof(資料型別) * 個數);
free(指標變數);      // 釋放指標變數所指的動態記憶體空間
```

有興趣者可參考編譯器線上說明對上述函式的介紹。

7-4-4 一定要指定初始值的參考型別

除了指標變數外, 還有一種特殊型別的變數稱爲參考型別 (Reference Type) 變數, 參考型別變數的用處是讓我們爲變數或常數建立『別名』(Alias), 然後便可用不同的識別字來參考到同一個資料或物件。參考型別的定義方式和指標有點像, 但需改用取址運算子 & 來定義或宣告, 例如：

```
int i = 5;
int &j = i;      // 參考型別變數 j, j 和 i 代表同一變數 (同一個櫃子)
```

在定義『參考型別』的變數時一定要設定初值, 所以 "int &j;" 這樣的宣告是不合法的, 因爲如此編譯器就不能判斷它要作爲誰的別名。同一個變數可有多個別名, 這些別名的使用就和原來的變數完全一樣, 而且我們再也不能更改它們之間的參考關係了：

```
int i, j;
int &a = i, &b = i;      // a, b 均和 i 同義
...
&a = j;                  // 錯誤: 無此用法
```

以下範例驗證參考型別的行爲：

程式 Ch07-16.cpp 參考型別的變數行爲

```
#include <iostream>
using namespace std;

int main()
{
  int age=18;
  int &old=age;   // 定義參考型別變數

  cout << "age的值：" << age << "\told的值：" << old << endl;
  cout << endl << "請輸入 age 的新數值：";
  cin >> age;;
  cout << "age的值：" << age << "\told的值：" << old << endl;
  cout << endl << "請輸入 old 的新數值：";
  cin >> old;;
  cout << "age的值：" << age << "\told的值：" << old << endl;
}
```

執行結果

```
age的值：18       old的值：18

請輸入 age 的新數值：99
age的值：99       old的值：99

請輸入 old 的新數值：110
age的值：110      old的值：110
```

這個程式很簡單，只是將參考型別變數 old 設爲整數變數 age 的別名，之後則分別修改 age 及 old 的值，並可由執行結果發現，只要修改其中之一，兩個變數的值都會一起更改，因爲它們都是代表同一個記憶體空間 (同一個置物櫃)。

參考型別主要是用在函式的參數傳遞和傳回值上，在下一節就會介紹。在其他情形下則應避免使用，因爲在一般情況下，參考型別並不會帶來任何好處，只是徒增困擾而已。

7-5 指標與參考在函式上的應用

前面介紹了許多有關指標與參考型別的基本用法，但其實在一般的程式中會用到這些資料型別的情況，有大半是因應呼叫函式時要以特殊的方式傳遞參數時使用。

那什麼是『以特殊的方式傳遞參數』呢？其實當我們呼叫函式時，呼叫者 (例如 main() 函式) 傳遞參數給函式的方法共有 3 種：

- **傳值呼叫**(Call by Value)：呼叫者會將參數的值傳給函式中的參數(局部變數)，也就是只將數值複製過去。呼叫者呼叫函式時所用的參數，和函式中的參數是不同的變數，兩邊互不相干。當函式修改參數值時，對呼叫者的變數並無影響，這也是我們在第 6 章所學的參數傳遞方式。
- **傳址呼叫**(Call by Address)：函式宣告的參數型別爲指標型別，所以呼叫時需以變數的位址爲參數，因此函式中的指標參數會指向呼叫時所用的參數。
- **傳參考呼叫**(Call by Reference)：函式宣告的參數型別爲參考型別，所以函式中的參數會變成呼叫者呼叫時所用參數的『別名』。

以下就先來介紹後面這兩種參數傳遞方式。

7-5-1 傳址呼叫

以一般的傳值呼叫，函式無法修改視野只在呼叫者中的變數。如果我們希望函式能直接存取呼叫者中的變數，就像存取自己視野中的變數一樣，則可用傳址呼叫的方式來設計函式，此時必須將函式的參數型別宣告成指標型別：

```
void func(int *i,int *j); // 宣告使用傳址呼叫的函式
...
int main()
{
  int x,y;
  ...
  funct (&x,&y);             // 呼叫函式時需傳遞變數位址
}
```

這樣一來，變數 x 的位址會設給 func() 函式中的指標 i，y 變數的位址則會設給 j，所以函式中可透這兩個指標，直接存取到 main() 函式中的變數 x 、y，甚至直接修改其值。例如要設計一個將 2 個變數值對調的函式，就可用傳址呼叫的方式來設計：

程式 Ch07-17.cpp 交換變數值

```
#include <iostream>
using namespace std;
void swap(int*,int*);

int main()
{
  int a=5,b=10;
  cout << "在 main()中..." << endl;
  cout << "交換前 a = " << a << "  b = " << b << endl;
  cout << "變數 a 的位址爲 " << &a << endl;
```

```
  cout << "變數 b 的位址為 " << &b << endl;

  swap(&a,&b); // 呼叫函式, 並將變數 a,b 的位址當成參數
  cout << "在 main()中..." << endl;
  cout << "交換後 a = " << a << "  b = " << b << endl;
}

void swap(int *a,int *b)     // 將兩參數值對調的函式
{
  int temp;          // 暫存變數
  temp = *a;
  *a = *b;
  *b = temp;
  cout << "在 swap() 函式中..." << endl;
  cout << "交換中 a = " << *a << "  b = " << *b << endl;
  cout << "變數 a 的位址為 " << a << endl;
  cout << "變數 b 的位址為 " << b << endl;
}
```

執行結果

```
在 main()中...
交換前 a = 5   b = 10
變數 a 的位址為 0012FF88
變數 b 的位址為 0012FF84
在 swap() 函式中...
交換中 a = 10   b = 5
變數 a 的位址為 0012FF88
變數 b 的位址為 0012FF84
在 main()中...
交換後 a = 10   b = 5
```

如執行結果所示, 在 main() 函式中將變數的位址傳遞到 swap() 函式中, 所以 swap() 函式中的 a 、 b 分別指向 main() 中的 a 、 b, 經過函式交換數值的處理, 也相當於將 main() 的局部變數 a 、 b 的數值交換過來。

除了像上述需修改呼叫者數值的應用，還有一種情況也會用到傳址呼叫，就是需傳遞整個陣列的情況。由於陣列名稱也可看成是指標，所以要傳遞陣列時，可在函式中用陣列變數來接受參數，也可以用指標變數來接受陣列的位址。例如以下程式片段就是將函式參數型別宣告為陣列，呼叫函式時也以陣列為參數的用法：

```
void func(int[]);     // 函式參數中不必指定陣列大小

int main()
{
  int i[10];
  func(i);            // 以陣列名稱 (指標) 為參數呼叫函式
...
```

在本章後面的綜合演練就會看到傳遞陣列給參數的實例。

但要特別注意一點，由於傳遞陣列位址時，被呼叫的函式無法得知陣列的大小，為避免函式操作指標時超出陣列範圍，通常在設計這類函式時，會加上另一個參數來傳遞陣列大小。

7-5-2 傳參考呼叫

傳參考呼叫其實和傳址呼叫有些類似，都是讓函式能直接存取呼叫者中的變數。要設計傳參考呼叫的函式，須將函式的參數型別宣告成參考型別：

```
void func(int &i,int &j); // 宣告使用傳參考呼叫的函式
...
int main()
{
  int x,y;
  ...
  funct (x,y);              // 呼叫函式時, 和傳值呼叫的方式相同
}
```

傳參考呼叫的方式和傳值呼叫相同, 只需以變數直接呼叫即可。但因為函式的參數爲參考型別, 所以此時參數傳遞的方式就彷彿執行以下敘述：

```
int &i = x;
int &j = y;
```

這樣一來, 函式中的 i 、j 就變成 main() 函式中變數 x 、 y 的別名了, 所以在函式中存取 i 、j, 就等於存取到 main() 函式中的變數 x 、 y 。例如前面的數值對調的函式, 可改用傳參考呼叫的方式設計成如下的形式：

程式 Ch07-18.cpp 以傳參考的方式交換變數值

```
#include <iostream>
using namespace std;
void swap(int&,int&);

int main()
{
  int a=5,b=10;
  cout << "在 main()中..." << endl;
  cout << "交換前 a = " << a << "  b = " << b << endl;
  cout << "變數 a 的位址爲 " << &a << endl;
  cout << "變數 b 的位址爲 " << &b << endl;

  swap(a,b); // 呼叫函式, 並將變數 a,b 當成參數
```

```
  cout << "\n在 main()中..." << endl;
  cout << "交換後 a = " << a << "  b = " << b << endl;
}

void swap(int &i,int &j)     // 將兩參數值對調的函式
{
  int temp;          // 暫存變數
  temp = i;
  i = j;
  j = temp;
  cout << "\n在 swap() 函式中..." << endl;
  cout << "交換中 i = " << i << "  j = " << j << endl;
  cout << "變數 i 的位址為 " << &i << endl;
  cout << "變數 j 的位址為 " << &j << endl;
}
```

執行結果

```
在 main()中...
交換前 a = 5  b = 10
變數 a 的位址為 0012FF70
變數 b 的位址為 0012FF6C

在 swap() 函式中...
交換中 i = 10  j = 5
變數 i 的位址為 0012FF70
變數 j 的位址為 0012FF6C

在 main()中...
交換後 a = 10  b = 5
```

如執行結果所示，傳參考函式和傳址呼叫的函式有異曲同工之妙。那何時要採用傳參考函式？何時又要用傳址呼叫呢？我們可由參考型別和指標的性質來看：參考型別的變數一定要初始化，也就是說若要用傳參考呼叫，參數必須是已經存在的變數 (或物件)；但指標可以是未指向任何空間的空指標 (null pointer)，所以只要函式能接受，則傳遞空指標給函式也無不可。

7-5-3 以指標或參考型別爲傳回值

函式的傳回值型別也可以是指標或參考型別，以下先介紹傳回指標的用法。

傳回指標

由於 return 敘述只能傳回單一變數，若想傳回字串或陣列(多個變數)時，就需傳回這個字串或陣列的起始位址，讓呼叫者能以指標變數來取得傳回的位址值。要傳回一個位址，我們要將函式宣告成指標型別，例如：

```
int *func(int); // 傳回值爲整數指標
```

如此一來，傳回值便爲位址。舉個例子，在標準函式庫中的字串處理函式，有很多都是直接以指標傳回處理過的字串，讓呼叫者可直接使用，這樣的設計有個好處，就是若程式中要馬上用到該傳回結果，可直接以函式表示之；不需再用一個變數去接受傳回值，然後使用該變數。舉例來說，要讓函式將某個字串中的小寫全部轉成大寫，然後將結果以另一個字串傳回，這時就可用傳回指標的方式處理：

程式 Ch07-19.cpp 字串大小寫轉換

```
#include <iostream>
#include <cstring>
#include <cctype>        // 使用 toupper() 需含括此檔
using namespace std;

char *toUpper(const char *);    // 宣告函式傳回值爲字元指標

int main(void)
{
  cout << toUpper("happy Birthday");
```

```
11 }
12
13 char *toUpper(const char* ptr)         // 將字串所有小寫字母
14 {                                      // 轉成大寫的函式
15   unsigned len = strlen(ptr);
16   char *newStr = new char[len];        // 建立一新字串
17   for(unsigned i=0;i<len;i++)
18     *(newStr+i) = toupper(*(ptr+i));   // 將字元轉成大寫
19
20   return newStr;          // 傳回轉換後的字串
21 }
```

執行結果

```
HAPPY BIRTHDAY
```

1. 第 3 行含括標準函式庫中的 <cctype>, 因爲稍後會用到其中的 toupper() 函式。
2. 第 6 行將自訂函式的傳回值宣告爲字元指標, 另外將參數型別宣告爲 const 的意思, 是指函式中不會修改傳入的字串參數本身。
3. 第 10 行即呼叫函式並立即用 cout 輸出傳回的字串內容。
4. 第 13 ~ 21 行即爲自訂的字串轉大寫函式, 第 15 行先用 strlen() 取得字串長度, 再用 new 配置新的字串空間, 用以存放轉成大寫的新字串。
5. 第 17 行的 for 迴圈逐字將 ptr 所指字串中的每個字元, 用標準函式庫的 toupper() 函式 (其功能就是傳回參數字元的大寫) 轉成大寫, 最後在第 20 行用 return 傳回轉換結果。

傳回參考型別

傳回參考型別的函式設計方式和傳回指標的方式類似，在此不多做介紹。但要提醒讀者，要傳回參考型別或指標時，要記得不要傳回局部變數的參考或指標，否則函式結束時局部變數的生命期也結束，呼叫者根本無法取得傳回值。

其實我們已使用這一類型的函式很多次而不自知，也就是標準輸出的 cout 物件的 << 運算子。當我們將一串字串和變數用 << 運算子串在 cout 後面輸出時其實 "cout << 變數" 就是傳回 cout 物件的參考，所以傳回值可繼續與下一個 << 運算子參與運算。這樣的應用實例，會在第 10 章詳細說明。

7-6 綜合演練

7-6-1 main() 函式的參數

到目前為止，我們所寫的程式其 main() 函式都是沒有任何參數的，但其實 main() 函式也可以加上參數。main() 函式的參數是讓程式可由作業系統取得『命令列參數』，也就是在**命令提示字元**中執行程式時，於程式名稱後加上的參數。例如執行 "ping xxx.yyy.zzz" 命令時，其中 "xxx.yyy.zzz" 就是 ping 程式的參數。要讓 main() 函式取得這些參數，需以如下形式定義函式：

```
int main(int argc, char *argv[])
{
  ...
}
```

1. **argc**：是 argument count 的縮寫, 表示 main() 取得的參數數量。
2. **argv**：由作業系統傳進來的命令參數，都以字串的形式存於此字元指標陣列中。

main() 函式的參數名稱並非固定的, 但一般都習慣使用 argc、argv 的名稱。

在傳入參數時，程式本身的路徑及檔名將會是陣列中的第 1 個元素。舉例子來說, 假設程式的檔名爲 prog.exe, 執行 "prog 12 3.4 five" 時, main() 函式取得的參數將是：

```
argc = 4              // 連程式名稱在內, 共有 4 個參數
argv[0]="prog"        // 程式名稱 (若執行時有加上路徑, 字串中也會包含路徑)
argv[1]="12"          // 第 1 個參數
argv[2]="3.4"         // 第 2 個參數
argv[3]="five"        // 第 3 個參數
```

請特別注意, argv[] 爲 char* 型別, 因此即使命令列參數是數字, 也是以字串的形式儲存。若程式需要以數字的形式來處理該參數，可用以下幾個宣告於 <cstdlib> 中的函式做轉換：

```
double atof(const char* str)  // 將參數 str 字串轉成 double 傳回
   int atoi(const char* str)  // 將參數 str 字串轉成 int 傳回
  long atol(const char* str)  // 將參數 str 字串轉成 long 傳回
```

例如我們想將第 6 章計算階乘的程式改成可讓使用者在命令列參數指定要計算階乘的數字，可將程式改成：

程式 Ch07-20.cpp 用有參數的 main() 函式取得命令列參數

```
01 #include <iostream>
02 #include <cstdlib>
03 using namespace std;
04
05 long double fact(int n) // 遞迴式函式
06 {
07    if(n == 1)             // 在 n==1 時停止往下遞迴
08      return 1;            // 傳回 1
09    else
10      return ( n * fact(n-1));    // 將參數減 1 再呼叫自己
11 }
12
13 int main(int argc, char *argv[])
14 {
15    if (argc > 1)          // 若有命令列參數
16      for(int i=1;i<argc;i++) {
17        int f = atoi(argv[i]);
18        cout << f << "! = " << fact(f) << endl;
19      }
20    else                         // 若沒有加參數就輸出使用說明
21      cout << "用法：\"程式名稱 數字\"" << endl;
22 }
```

執行結果

```
C:\F5700\Ch07>Ch07-22 5 7 9      ←在程式名稱後加上數字
5! = 120                         ←程式會算出 5、7、9 的階乘值
7! = 5040
9! = 362880
```

1. 第 5 ~ 11 行爲計算階乘的遞迴函式, 詳細說明請參見第 6 章。

2. 第 13 行用有參數的形式定義 main() 函式。

3. 第 15 行先判斷除了程式名稱外是否還有參數, 若有就執行第 16 ~ 19 行的 for 迴圈；若無則執行第 21 行的敘述輸出簡短的使用說明訊息。

4. 第 16 ~ 19 行的 for 迴圈會從第 2 個元素開始, 逐一將 argv[] 陣列中的參數用 atoi() 轉成整數, 再用該數值呼叫 fact() 函式計算其階乘並輸出結果。

7-6-2 以陣列爲參數的應用：在陣列中搜尋資料

以一維陣列爲函式參數基本上和以基本資料型別爲參數差不多, 將參數宣告爲陣列型別, 即可在函式中透過參數存取到整個陣列的內容。

```
void func(int[]);

int main()
{
  int i[10];
  func(i);        // 以陣列爲參數呼叫函式
...
```

不過除非我們寫的函式都只給自己用, 而且每次使用的陣列大小都相同, 否則就會面對在函式中無法得知陣列大小的問題。因爲 C++ 在傳遞陣列時, 都是使用傳址呼叫, 也就是傳遞陣列指標, 從函式的觀點, 它是無法得知陣列有幾個元素。因此最好爲函式加上另一個代表陣列大小的參數, 以方便函式處理。

以下就是利用函式在預存的營業額陣列中, 找出營業額最高與最低的月份。程式如下：

程式 Ch07-21.cpp 列出營業額最高與最低的月份

```
#include <iostream>
using namespace std;
int findmax(int[],int);
int findmin(int[],int);

int main()
{
    // 儲存各月份營業額的陣列
  int income[]={156548, 152074, 176325, 120159, 94876, 163584,
                179541, 146587, 156472, 135587, 95443, 169994};

  int i = findmax(income,12);
   cout << "營業額最高的是 " << (i+1) << " 月:"
        << income[i] << " 元" << endl;
  i = findmin(income,12);
   cout << "營業額最低的是 " << (i+1) << " 月:"
        << income[i] << " 元" << endl;
}

int findmax(int in[], int size)
{
  int max = 0;
  for (int i=1;i<size;i++)      // 找最大值的迴圈
    if(in[max] < in[i])
      max = i;

  return max;
}

int findmin(int in[], int size)
{
  int min = 0;
```

```
33   for (int i=1;i<size;i++)       // 找最小值的迴圈
34     if(in[min] > in[i])
35       min = i;
36
37   return min;
38 }
```

執行結果

```
營業額最高的是 7 月：179541 元
營業額最低的是 5 月：94876 元
```

1. 第 20 ~ 28 行爲尋找陣列中最大值的 findmax() 函式, 其中用 for 迴圈逐一比對陣列中各元素, 以找出最大值。
2. 第 30 ~ 38 行爲尋找陣列中最小值的 findmin() 函式, 同樣是用 for 迴圈逐一比對陣列中各元素, 以找出最小值。

7-6-3 傳遞二維陣列的應用：字串排序

字串的排序與數列的排序原理相同。首先, 我們要宣告一個字串陣列, 來儲存由鍵盤輸入的所有字串, 然後再將這些字串依字母由小而大的順序重新排序。程式如下：

程式 Ch07-22.cpp 用函式將字串陣列排序

```
#include <iostream>
#include <cstring>
using namespace std;
 #define LEN 80        // 定義字元陣列長度
void sort(char [][LEN], int);

int main()
{
  char str[][LEN] = {"Taipei", "Taoyuan", "Hsinchu",
                     "Miaoli", "Ilan", "Chiayi"};

   sort(str,6);       // 將 str 排序, 共有 6 個字串

   for (int i=0;i<6;i++)   // 輸出排序後的結果
     cout << str[i] <<endl;
}

void sort (char str[][LEN], int count)
{
   char temp[LEN];                  // 對調字串時的暫存陣列
   for(int i=0;i<count-1;i++)       // 用迴圈來比較字串的大小
     for(int j=i+1;j<count;j++)
       if(strcmp(str[i],str[j])>0) {     // 比較字串
         strcpy(temp,str[j]);            //
         strcpy(str[j],str[i]);          // 對調字串
         strcpy(str[i],temp);            //
     }
}
```

執行結果

```
Chiayi
Hsinchu
Ilan
Miaoli
Taipei
Taoyuan
```

1. 第 5 行宣告函式原型時，二維陣列的參數必須指定最後一個維度的大小。

2. 第 12 呼叫 sort() 函式將陣列排序，同時也傳入字串個數爲參數。由於是傳址呼叫，所以排序後，陣列中的字串次序也會變動。

3. 第 20 行宣告的是暫存用的字串陣列，當稍後比較字串要調換字串的次序時，即需用到這個字串陣列。

4. 第 21 ~ 28 行以氣泡排序法對字串排序，其中在比較及對調字串時，都是使用 <ctsring> 中宣告的 strcmp()、 strcpy() 函式。

這種程式寫法其實並不方便，必須注意許多字元陣列的細節，因此 C++ 提供了一個更好用的字串類別 string 來取代以字元陣列儲存字串的方法，在認識類別的基本用法後，我們就會在第 11 章介紹 string 類別的用法。

學習評量

1. 下列敘述何者為非？

   a.一個陣列只能儲存一個變數。

   b.陣列可以被設定容量。

   c.陣列可以被指定初始值。

2. 下列敘述何者為非？

   a.陣列宣告時必須加上資料型別。

   b.陣列在宣告時不可指定初始值。

   c.陣列宣告之後, 即不可更動其大小。

3. 陣列適合用於存放

   a.一組不同型別的變數。

   b.一組相同型別但是不同性質的變數。

   c.一組相同型別而且相同性質的變數。

4. 字元陣列中用來代表字串結尾的字元是 __________ 。

5. 陣列元素的索引編碼是從 _____ 開始。

6. 下列敘述何者正確？

   a.指標是用來儲存變數值。

   b.指標變數只能用來儲存位址。

   c.指標可以用來儲存變數值與位址。

7. 下列敘述何者正確？

   a.位址運算子 & 是用來取指標的值。

   b.間接運算子 * 是用來取指標所指的變數值。

   c.位址運算子 & 是用來取變數的值。

8. 下列敘述何者正確？

   a.陣列名稱加 1 就是陣列第 1 個元素的值。

   b.陣列名稱加 1 就是陣列第 1 個元素的位址。

   c.兩個陣列名稱相加，結果相當於陣列的大小總和。

9. 每個指標佔用 _______ 位元組的記憶體空間。

10. 函式傳參數的方式有 ________ 、 ________ 、 ________ 等三種。

程式練習

1. 將一維陣列中放入十個整數, 並計算每個陣列元素的平方和。

2. 在字元陣列中放入未按順序排列的 26 個英文字母, 然後將字母依 a ~ z 順序從螢幕輸出。

3. 請宣告 2 個整數型別的一維陣列, 其中一個設定初始值。然後將此陣列的值, 複製到另一個陣列。

4. 試寫一程式, 在一陣列中存入 6 個字元密碼 (字母或數字), 使用者從鍵盤輸入密碼, 檢查使用者輸入是否正確, 只能有 3 次的輸入機會。

5. 試寫一程式, 利用指標把變數 i=5 的值從螢幕輸出。

6. 試寫一程式, 從螢幕輸出變數 a,b,c,d 的位址。

7. 承上題, 將 a,b,c,d 的位址指定給指標 *e,*f,*g,*h, 並從螢幕輸出 *e,*f,*g,*h 的內容以及位址。

8. 利用指標從螢幕輸出陣列 array[5]={2,3,4,5,6} 的內容。

9. 已知一陣列 array[10]={45,65,24,49,68,78,45,12,32,40}, 試寫一程式, 包含了三個函式, 功能爲排序、求總和以及求最大值。

10. 試寫一程式, 用陣列存放十名學生的國、英、數三科成績, 並計算出每位學生的總分及平均。

    a.學生三科的成績在 main() 中輸入。

    b.成績的總和與平均需使用自訂函式計算。

物件導向程式設計入門
—類別與物件

學習目標

- 瞭解甚麼是物件？
- 學習用物件導向的方式思考問題
- 定義類別
- 產生物件
- 設計資料成員與成員函式

在前面幾章，我們已將 C++ 語言與物件導向程式設計無關的基本語法做了詳細的介紹。到目前爲止，所有的範例都很簡單，大部分的程式只要在 main() 函式中循序執行，就可以完成所需的工作。但是在開發比較複雜或是大型的程式專案，這樣的設計方法就有些難以應付複雜的程式架構，此時就可改用另一種比較好的程式設計模式，讓軟體開發人員能以更有效率的方式開發出完善的程式，這種程式設計模式就是從這一章開始要介紹的**物件導向程式設計**(OOP, Object Oriented Programming)。

8-1 物件導向與類別

寫程式的最終目的是爲了解決人們的問題，而當電腦的應用愈來愈廣泛時，所需設計的程式也變得愈來愈複雜，而以傳統程序導向的程式設計方式，要解決眞實世界中各種問題也就顯得捉襟見肘。

此時就有人提出一種新的觀念，亦即程式本身要能模擬眞實世界的運作方式，設計程式時的思考方式便是以眞實世界的運作方式來思考如何解決問題，這種新的計計理念就稱爲物件導向程式設計，其中模擬眞實世界的方式就是使用**物件**(object)。

8-1-1 物件：C++ 舞台劇的演員

如果將 C++ 程式比擬爲一齣舞台劇的話，那麼要說明甚麼是物件導向程式語言就不難了。要上演一齣舞台劇，首先必須要有導演，先將自己想要表達的理念構思好。然後再由編劇將劇裡所需要的角色、道具描繪出來，並且將這些元素搭配劇情撰寫出劇本。最後，再由演員以及道具在舞台上依據劇本實際的演出。

每一個 C++ 程式也一樣可以分解爲這些要素，導演就是撰寫程式的您，要先設想程式想要完成甚麼事情。接下來的編劇當然還是您，必須先規劃出如何完成工作。以下就說明 C++ 程式中相對於一齣舞台劇的各個元素，讓讀者瞭解如何運用這樣的觀念設計程式。

8-1-2 類別 (Class) 與物件

一齣舞台劇有了基本的構思之後，接下來就要想像應該有哪些角色來展現這齣劇，每一種角色都會有它的特性以及要做的動作。

舞台劇的角色與演員

舉例來說，如果演出西遊記，不可缺少的當然是美猴王這位主角，它有多種表情、還能夠進行 72 變。除了美猴王以外，當猴子猴孫的小猴子也少不了，這些小猴子可能有 3 種表情，而且可以跑步、爬樹等等。想好了角色、編好劇本後，還得找演員來演出這些角色，否則只是空有劇本，觀眾根本看不到。有些角色，像是美猴王，在整個劇中只有一個；但有些角色，像是小猴子，可能就會有好幾個，就得找多個演員來演出這些角色，只是每一個猴子站的位置、表情不一樣。

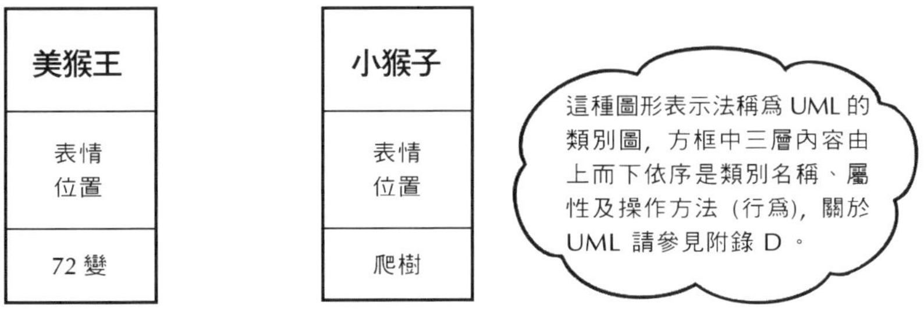

美猴王
表情 位置
72 變

小猴子
表情 位置
爬樹

這種圖形表示法稱爲 UML 的類別圖，方框中三層內容由上而下依序是類別名稱、屬性及操作方法 (行爲)，關於 UML 請參見附錄 D。

同樣的道理，舞台上除了演員外，可能還需要一些布景或道具，每一種布景也有它的特性與可能的動作。舉例來說，西遊記中美猴王騰雲駕霧，舞台上可少不了雲。雲可能有不同顏色、形狀，也可以飄來飄去，而且同時間舞台上可能還需要很多朵雲。

雲
形狀 顏色
72 變

這些不論是要演員演的、還是要道具來表現的，都可以通稱爲『角色』。在劇本中就以文字來描述這些角色的特性以及行爲，並且描述整個劇的進行，然後再找演員或是製作道具來實際演出。

C++ 的類別與物件

每種角色都有其自我的屬性和行爲，這些角色在 C++ 中就稱爲**類別**(Class)，例如小猴子這個角色，應該都具有相似的屬性及行爲 (例如都會爬樹)。而實際演出的演員則稱爲**物件**(Object)，每個物件都是獨立的個體，可以表現出與衆不同的行爲。例如在一場戲中，有的小猴子在玩水、有的小猴子在爬樹等等。

當我們在設計程式時，首先就是規劃出參與演出的有哪些類型的角色，並定義出相對應的類別。接著劇本就是寫在 main() 函式中，在 main() 函式中各演出者要一一上場或放置在特定的位置上，這些演出者就是所謂的物件，它們是根據事先定義好的類別所產生的。例如需要有 5 個小猴子上場，要由小猴子的類別產生 5 個小猴子物件上場演出。

當我們構思好故事大綱後，就需擬定參與角色的特性，此時就是要宣告類別，因此以下就先看如何宣告及定義類別。

8-2 定義類別

類別又稱爲**使用者自訂資料型別** (User Defined Data Type), 表示它是由程式設計人員自訂出的資料型別，而編譯器也會把類別當成一種資料型別來處理。

類別的另一個名稱則是抽象資料型別 (Abstract Data Type, ADT)。

8-2-1 定義類別的語法

我們可以用 class 或 struct 關鍵字來定義類別, 但最常用到的則是 class。定義類別時的語法如下：

```
class 類別名稱 {
   ...;   // 描述類別屬性及其行爲的宣告或定義
  ...;  // (後詳)
};
或
struct 類別名稱 {
  ...
};
```

以上就是定義類別的敘述架構，例如以下就是定義一個空白的類別，其名稱爲 Car：

```
class Car {
};
```

完成類別的定義，就等於告訴編譯器我們已定義了一個新資料型別，接著就能用它來建立物件了，宣告的方式和使用內建資料型別宣告變數一樣：

```
Car mycar, yourcar; // mycar 及 yourcar 都是屬於 Car 類別的物件
Car manycar[10];     // 含十個元素的陣列，每個元素都是一個物件
Car *car_ptr;        // 指向 Car 類別物件的指標
```

在此類別名稱就像是一個新的型別名稱，並可用來定義出各個性質相同的物件，這些物件就稱爲該類別的『個體』(Instance)，例如上例中的 mycar、yourcar 就稱爲 Car 類別的個體。

此外我們也可在定義類別時，即建立物件，不過這種用法目前較少使用：

```
class Car {          // 定義 Car 類別
...
} mycar, yourcar; // 建立 mycar, yourcar 物件
```

以上雖完成一個自訂資料型別的定義，不過這樣的空白類別不能做什麼事，所以我們要在裏面加入一些內容來描述類別的屬性及行爲。類別的屬性是透過**資料成員**(Data Member) 來模擬，類別的行爲則是以**成員函式**(Member Function) 來模擬，以下就分別來看如何在類別中定義這 2 種成員。

8-2-2 資料成員

資料成員的宣告方式和一般的變數相同，只不過資料成員是被宣告在類別之內，例如描述汽車的類別可能需要記錄載油量、耗油量等屬性，此時可在類別中宣告 2 個資料成員來代表這些屬性：

```
class Car {
public:            //  此關鍵字表示以下的成員是對外公開的
  double gas;      // 載油量
  double eff;      // 耗油量 (燃油效率)
};
```

請注意，資料成員不能設定初始值，因為基本上每個物件彼此都不盡相同，若類別的資料成員可設定初始值，就變成每個物件的該項屬性都相同，並不合理，所以在定義類別時，不可將資料成員設定初始值。

物件導向程式設計的特性：封裝

物件導向程式設計具有三項特性：**封裝**(Encapsulation)、**繼承**(Inheritance)、**多面性**(Polymorphism)，本章我們先來認識什麼是封裝。『封裝』的意思是指將類別的屬性及操作屬性的方法都包裝在其中，而且只對外公開一些操作資料的方法，外人無法直接存取類別 (物件) 未公開的屬性。封裝的目的是讓使用類別的人，不需要理會、瞭解類別中包裝了什麼樣的內容，他只需透過公開的方法來操作物件即可達到使用類別的目的 (就像只要會操作搖控器就能看電視，而不需瞭解電視內部的設計)。這樣的理念讓設計好的類別有如軟體 IC，程式設計人員可將既有的 IC (類別) 組合起來，實作出程式的功能，如此不但讓程式碼可重複使用，更能提高工作效率。

封裝的另一個意義則是**資料隱藏** (Data Hiding)，類別中的成員預設都無法被外界任意存取。因為若能被外界任意存取、修改資料成員，又失去了物件導向程式設計的意義。

類別中不能被外部存取的成員，統稱為『私有』(private) 成員；相對於私有成員則是『公開』(public) 成員，它們可被類別外部的程式任意存取。

要初始化各物件資料成員的初始值，需使用特殊的方式，請參見第 9 章的介紹。

爲了方便說明, 我們暫時先將範例類別的資料成員設爲『公開』的成員, 設定的方式就是在定義資料成員之前, 加上 **public** 關鍵字及冒號：

```
class Car {
  int private_member; // 類別中的成員預設爲不公開的
public:               // 以下的成員是對外公開的
  double gas;
  double eff;
};
```

public 稱爲存取修飾字 (Access Specifier), 存取修飾字共有 3 個, 分別是：

- **public**：在此段落中的成員都是公開的成員。若是用 struct 定義類別, 則類別中的成員預設是公開的成員。
- **private**：在此段落中的成員都是私有的成員。用 class 定義類別時, 則成員預設都是私有的成員。
- **protected**：在此段落中的成員對外部程式而言屬於私有的成員, 但對繼承的類別而言, 則是公開的成員。關於繼承會在第 12 章進一步說明。

由於使用 struct 定義類別時, 預設所有的成員都是公開的成員, 所以上述的例子若改用 struct 定義需寫成：

```
struct Car {       // struct 中的成員預設爲公開的
  double gas;
  double eff;
private:           // 以下的成員是私有的
  int private_member;
};
```

struct 與 class 的差別

用struct與class定義類別只有兩個差異：

- struct的成員預設爲public；class的成員預設爲private。
- 繼承struct時，預設是以public的方式繼承；繼承class時，則是以private的方式繼承(細節請參見第12章)。

除了以上兩點外，用struct和class是沒有差別的。但由於struct是承襲自C語言而來的，只不過在C++中增強、擴充爲具有類別的功能；再加上struct成員預設可公開存取又失去『封裝』的意義，因此大部份的C++程式設計人員都習慣用class來定義類別，而較少使用struct。

在 C 中稱以 struct 定義的資料結構爲『結構體』(structure)。

存取資料成員

定義了公開的資料成員後，在類別以外的程式中 (例如 main() 函式中)，可透過『成員存取』(class member access) 運算子 '.' 來存取各物件中的公開資料成員：

```
物件名稱 . 資料成員名稱
```

例如：

```
Car mycar;       // 建立 Car 類別的物件 mycar
car.gas = 100;   // 將 mycar 的成員 gas 的值設爲 100
```

透過這種方式, 我們可以用 Car 類別寫一個模擬汽車行駛狀況的程式如下：

程式　Ch08-01.cpp 模擬汽車行駛及耗油狀況

```
#include<iostream>
using namespace std;

class Car {      // 定義類別
public:          // 以下的成員是對外公開的
  double gas;    // 載油量
  double eff;    // 每公升可行駛公里數
};

int main()
{
  Car superone;
  superone.eff = 30;
  superone.gas = 20;
  cout << "超級省油車1公升可跑 " << superone.eff
       << " 公里" << endl;
  cout << "現在油箱有 " << superone.gas << " 公升油" << endl;

  float kilo;
  while(superone.gas > 0) {    // 若還有油
    cout << "現在要開幾公里：";
    cin >> kilo;
    if (superone.gas >= (kilo/superone.eff)) { // 若油量夠
      superone.gas -= kilo/superone.eff;       // 減掉用掉的油量
      if (superone.gas == 0)                   // 若油用完了
        cout << "沒油了！";
      else
        cout << "油箱還有 " << superone.gas << " 公升油" << endl;
    } else {                                   // 若油量不夠
      cout << "油量不夠，目前的油只夠跑 "
```

```
31              << (superone.gas * superone.eff) << " 公里";
32          break;
33        }
34    }
35  }
```

執行結果

```
超級省油車1公升可跑 30 公里
現在油箱有 20 公升油
現在要開幾公里：360
油箱還有 8 公升油
現在要開幾公里：180
油箱還有 2 公升油
現在要開幾公里：90
油量不夠，目前的油只夠跑 60 公里
```

第 20 行的 while 迴圈會在油量大於 0 的狀況下持續執行, 當油量不足以走完指定里程時, 就會在第 31 行顯示相關資訊, 並於第 33 行跳出迴圈。

在此要提醒讀者, 類別的公開成員可由外界自由存取, 所以我們也可在建構物件時, 即以設定陣列元素、結構體成員初始值的相同方式來設定其公開成員的初始值, 所以上例中第 12 ~ 14 行可簡化成一行敘述：

```
Car superone ={30,20};  // 相當於將資料成員 eff 的初始值設為 30
                        //                gas 的初始值設為 20
```

我們用 gas 及 eff 兩個資料成員來表現汽車物件的屬性及狀態, 這樣的表示方式雖然不錯, 但上述程式的寫法, 也等於只是將變數放在類別之中, 完全沒有發揮類別的資料封裝功效, 因此我們必須再加入可操作物件的成員函式, 讓汽車類別更能模擬眞實汽車的行為。

const 資料成員

資料成員也可加上 const 關鍵字成為常數, 由於常數一經宣告即無法更改其值, 所以 const 資料成員可在類別定義中設定初值, 這是它們與一般資料成員不同之處。舉例來說, 若汽車類別代表的是同款式的車型, 其耗油量是固定的, 即可將之宣告為 const：

```
class Car {
  double gas;
  const double eff= 20.0;      // 常數資料成員
  ...
};
```

8-2-3 成員函式

成員函式的種類

成員函式 (member function) 乃是類別的靈魂所在, 也是設計類別時的成敗關鍵。它不僅要提供一個公開的類別操作界面, 有時還必須完成許多特殊的功能, 我們大致可以將成員函式依功能分成下列幾種：

- 用來操作物件的函式：例如我們定義了一種字串類別, 則複製字串、搜尋字串、替代字串等函式都是所謂『操作物件的方法』。
- 用來存取物件內資料成員的函式： 由於我們通常都將資料成員封裝在類別之內 (設為 private), 所以外界必須經由這類函式才能間接取得代表物件屬性或狀態的資料成員。

- 僅供類別內部使用的函式成員：第 6 章提過，有一項功能 (或說一段程式碼) 會重複用到時，即可將它寫成函式以提高程式撰寫效率。同理，如果有多個成員函式需要用到同一個功能，但又不希望公開給外界使用，那麼就可以將這個功能獨立成一個函式，並將之設為 private 而封裝在類別之內。

- 類別的自動管理函式： 當一個新物件被產生或生命期結束時，我們可能需要做一些特別的處理，例如新物件要做一些初始化或配置記憶體的工作；而物件的生命期結束時，可能也要釋放所配置的記憶體或是做一些其他的善後工作，這類函式會在下一章詳細介紹。

前兩類成員函式是初學者最常接觸到的，以下就來介紹如何定義成員函式，以設計操作物件及存取資料成員的成員函式。

定義成員函式

成員函式既然也是函式，所以定義的方式和一般函式沒什麼不同：都要有函式名稱、傳回值、參數等等。定義函式成員有兩種方式，第 1 種是直接將函式本體定義在類別的大括號中，此法適用在內容只有 1 、2 行敘述的函式：

```
class Car {
               // 讓資料為私有成員
  double gas;
  double eff;
public:          // 讓函式為公開成員
  double getEff()    { return eff;} // 傳回燃油效率
  double checkGas() { return gas;} // 檢查油量, 傳回剩餘油量
...
};
```

上例中的 getEff() 及 checkGas() 函式都只有一行敘述, 因此將函式本體定義在類別內即可。定義在類別內的函式有項特性：就是它們預設都是行內函式, 換言之, 上述的定義對編譯器來說, 就相當於我們有在函式前加上 inline 關鍵字：

```
class Car {
  ...
    inline double getEff()    { return eff;}
    inline double checkGas() { return gas;}
  ...
};
```

另一種定義函式的方式, 則是只在類別內宣告函式原型, 但將函式本體定義在類別的大括號之外, 此方法適用在函式內敘述較多的情況。由於類別的成員函式可與程式中的一般函式、甚至其它類別的成員函式使用相同的名稱, 因此在定義成員函式時, 需以類別名稱及『範圍解析運算子』:: 明確讓編譯器瞭解我們定義的是哪一個類別的成員函式。

```
class Car {
  ...
  void init(double,double);         // 只有原型宣告
  ...
};

void Car::init(double Gas,double Eff)
{...}             // 定義放在類別之外
```

請注意，成員函式與一般函式或其他類別中的函式同名並不算多載(overloading)，因為它們都分屬不同的視野，所以彼此互不相關，根本不會形成多載。只有同一個類別內的同名函式，才會型成多載：

```
int  max(int, int);        ┐
char max(char, char);      ┘─多載──────┐
                                       │
class T1                               │
{                                      ├─無關連
   ...                                 │
  public:                              │
   int max(int);           ┐           │
   char max(char);         ┘─多載══════┤
};                                     │
                                       │
class T2                               │
{                                      ├─無關連
   ...                                 │
  public:                              │
   int max(int);           ┐           │
   char max(char);         ┘─多載──────┘
};
```

呼叫成員函式

成員函式為類別的成員，在使用上和一般函式有個最大的差異，即成員函式必須透過類別的物件來呼叫，例如：

```
Car super;
super.init(...);  // 呼叫成員函式 init()
```

另外，大家應會注意到，在前述的成員函式定義中，都直接存取資料成員，而未透過『成員存取』運算子。其道理很簡單，當我們用物件呼叫成員函式時，函式所存取的資料成員，就是該物件自己的資料成員：

```
class Car {
    double gas;
    double eff;
  public:
    double getEff()    { return eff;}
    double checkGas() { return gas;}
};

...
Car car_one,car_two;
...
car_one.getEff();  // 函式中存取的是 car_one 物件的 eff 資料成員
car_two.checkGas();// 函式中存取的是 car_two 物件的 gas 資料成員
```

由於我們每次都必須以 " 物件.函式名稱 " 的方式來呼叫成員函式，所以成員函式自然不會與類別以外的其他函式混淆。

認識成員函式的定義與呼叫方式後，我們將前面的 Car 類別重新定義，將資料成員設爲私有，而外部則可透過公開的成員函式來操作物件，範例程式內容如下：

程式　Ch08-02.cpp 加上行走函式的 Car 類別

```
#include<iostream>
using namespace std;

class Car {     // 定義類別
public:         // 成員函式設爲公開
```

```
  void init(double,double);        // 初始化函式
  double getEff()    { return eff;} // 傳回燃油效率
  double checkGas() { return gas;} // 檢查油量, 傳回剩餘油量
  double go(double);  // 行走參數指定里程, 傳回實際行走里程
private:                    //  讓資料成員爲私有
  double gas;              // 載油量
  double eff;              //  每公升可行駛公里數
};

double Car::go(double kilo)
{
  if (gas >= (kilo/eff)) { // 若油量夠
    gas -= kilo/eff;         // 減掉所耗掉的油量
    cout << "油箱還有 " << checkGas() << " 公升油" << endl;
    if (gas == 0)            // 油用完了
      cout << "沒油了！";
  } else {
    cout << "油量不夠，目前的油只夠跑 "
         << (kilo = gas * eff) << " 公里";
    gas = 0;
  }
  return kilo;
}

void Car::init(double G,double E)
{
  gas = G;  // 初始化油量
  eff= E;   // 初始化燃油效率
}

int main()
{
  Car super;                // 宣告物件
  super.init(20,30);     // 初始化物件
  cout << "超級省油車1公升跑 " << super.getEff()
       << " 公里" << endl;
  cout << "現在油箱有 " << super.checkGas() << " 公升油" << endl;

  while (super.checkGas() > 0) {
    double kilo;
```

```
46     cout << "現在要開幾公里：";
47    cin >> kilo;
48    super.go(kilo);      // 行走指定里程
49  }
50 }
```

1. 第 15 ~ 28 行的 go() 函式即為模擬汽車行走的函式, 參數為要行走的公里數, 函式中會檢查油量是否足夠, 並將車子原本的油量減掉此趟耗掉的部份。

2. 第 30 ~ 34 行的 init() 函式則是用於初始化私有的資料成員, 因我們已將資料成員宣告於 private: 的段落中, 所以只能透過成員函式來設定其值。其實類別還有一種更佳的成員初始化方式, 此部分留待下一章介紹。

類別經過一番重新設計後, main() 函式的內容變得相對簡單, 而且 main() 函式的功能就很容易一目瞭然。或許有讀者覺得這樣設計, 似乎使整個程式變得複雜, 其實這是因為我們未讓類別發揮重複使用的效果, 如果目前是在開發中大型的專案, 則只要類別都妥善定義好, 則開發各部份的程式就相對簡單許多, 這也是物件導向程式設計的最大好處。

類別中成員的宣告慣例

在 Ch08-02.cpp 範例程式第 4～13 行 Car 類別的定義中, 將私有的成員也特地宣告在 private: 段落中。讀者或許會覺得奇怪, 為何不直接在類別定義的大括號一開始, 就先宣告私有的成員, 這樣不是可少寫一個 "private:" 嗎？

```
(Ch08-02.cpp 的寫法)
class Car {
public:
  void init(double,double);
  ...
```

```
(可以少寫一個 "private:" 的寫法)
class Car {
  double gas;
  double eff;
public:
```

接下頁▶

```
private:
  double gas;
  double eff;
};
```

```
  void init(double,double);
  ...
};
```

左邊的寫法看似要多寫一點字，但它卻是常見的C++程式的慣用寫法(convention)，其寫法是在類別定義中，依『最公開的成員先出現』的原則來宣告資料成員及成員函式，所以採這種寫法時，即是依public、protected、private三種成員的順序宣告。當然這只是一種寫作習慣，並非強制的語法規則。

8-2-4 靜態成員

靜態資料成員

我們也可將類別中的資料成員前面加上 static 關鍵字，使其成爲靜態的資料成員。一般的資料成員是每個物件都有自己的資料成員；但靜態資料成員則是所有同類別的物件共用的，換言之類別的靜態資料成員在記憶體中只有一份，每個同類別物件所存取到的靜態資料成員都是相同的，若有物件更改了靜態資料成員的值，則所有物件存取到的值也跟著改變。由於這項特性，靜態資料成員適用於存放類別的共通屬性。

舉例來說，前面範例的汽車類別，若是用來代表同型的車款，則基本的耗油量應該是相同的，此時即可將代表耗油量的資料成員，宣告爲靜態成員，讓每個物件都使用同一個資料：

```
class Car {
static double eff; // 將 eff 宣告爲靜態成員
...
};
```

靜態資料成員會被視為獨立的個體，並不專屬於哪一個物件，所以我們必須額外定義它 (初始化其值)，定義的形式如下：

```
class Car {
static double eff; // 將 eff 宣告為靜態成員
...
};

double Car::eff = 30.0; // 定義及初始化靜態資料成員的值
   |    |_|
   |      └─需加上類別名稱及範圍解析運算子
   |
需指定型別
```

雖然這樣的定義方式好像在定義全域變數，但靜態資料成員並非全域變數，這一點要分清楚。以下範例示範物件共用靜態資料成員的情形：

程式　Ch08-03.cpp 使用靜態資料成員

```
#include<iostream>
using namespace std;

class Car {
public:
  double getEff()         { return eff;} // 傳回燃油效率
  void setEff(double d) { eff = d;}      // 設定燃油效率
private:
  static double eff;          // 靜態成員
};

double Car::eff = 30.0;    // 定義及初始化靜態資料成員的值

int main()
{
  Car One,Two;
```

```
17
18   cout << "一號車1公升油可跑 " << One.getEff()
19        << " 公里" << endl;
20
21   One.setEff(10);     // 設定一號車1公升油可跑10公里
22   cout << "二號車1公升油可跑 " << Two.getEff()
23        << " 公里" << endl;
24 }
```

執行結果

```
一號車1公升油可跑 30 公里
二號車1公升油可跑 10 公里
```

第 9 行宣告的靜態資料成員於第 12 行定義, 因此在 main() 函式中建立物件後, 即可透過物件立即存取其值。

在第 21 行時以 One 物件呼叫成員函式設定靜態資料成員的值, 在第 22 行用 Two 物件取得靜態資料成員的值已經是更動後的新數值, 印證了各物件共用同一靜態資料成員的事實。

靜態成員函式

除了資料成員可加上 static 關鍵字變成靜態資料成員外, 成員函式也可用同樣的方法設定為靜態成員函式 (static member function)。靜態成員函式與一般成員函式最大的不同包括：

- 不需透過物件即可呼叫, 但為了與一般非成員函式區分, 在呼叫時需以『類別名稱:: 函式名稱() 』的方式呼叫。
- 在函式中**只能**存取靜態的資料成員, 不能存取非靜態的成員。

使用靜態成員函式的目的主有有兩種：首先就是設計成用來修改靜態資料的函式；此外基於不需物件即可呼叫的特性，靜態成員函式也適合用來設計通用性、工具性的類別。

舉例來說，在台灣加油時是以公升爲單位，在美國等地則是以加侖爲單位，我們就可替汽車類別設計換算這兩種單位的成員函式，並設爲 static，讓所有程式不建立物件，也能呼叫該函式來進行單位換算。請參考以下範例：

程式 Ch08-04.cpp 示範靜態成員函式

```
#include<iostream>
using namespace std;

class Car {
public:
  static void setEff(double e) { eff = e;} // 設定靜態資料成員
  double getEff() { return eff; }
  static double GtoL(double G) { return G*3.78533; }
                 // 將加侖換算爲公升, 1加侖爲 3.78533 公升
  static double LtoG(double L) { return L*0.26418; }
                 // 將公升換算爲加侖, 1公升爲 0.26418 加侖
private:
  static double eff;    // 靜態資料成員
};

double Car::eff = 0;    // 定義靜態資料成員

int main()
{
   // 未建立物件也可呼叫靜態成員函式
  cout << "10加侖等於 " << Car::GtoL(10) << " 公升" << endl;
                                  // 用物件呼叫成員函式
  cout << "10公升等於 " << Car::LtoG(10) << " 加侖" << endl;
                                  // 用類別呼叫成員函式

```

```
  Car super;              // 宣告物件
  super.setEff(30);       // 用物件也可呼叫靜態成員函式

  cout << "超級省油車1公升跑 " << super.getEff()
       << " 公里" << endl;
}
```

執行結果

```
10 加侖等於 37.8533 公升
10 公升等於 2.6418 加侖
超級省油車 1 公升跑 30 公里
```

8-3 類別與指標

指標在類別上的應用包括：建立指向物件的指標，以及在類別中使用指標型別的資料成員，其中包括一個所有類別都有的 this 指標。

8-3-1 指向物件的指標

建立指向基本資料型別的指標時，要存取變數值，需使用間接存取運算子 * 。但建立指向物件的指標時，要用物件指標存取公開的成員時，並不需使用間接存取運算子，但需使用另一個成員存取運算子 "->" (橫線加大於符號) 來存取成員，例如：

```
Car *super;               // 宣告物件指標
...
super->init(20,30);       // 呼叫初始化物件的成員函式
```

宣告類別指標變數時，可用 new 運算子建立新的物件，讓指標可指向該物件，請參考以下範例：

程式 Ch08-05.cpp 宣告指向物件的指標

```
#include<iostream>
using namespace std;

class Car {
public:
  double getEff()          { return eff;} // 傳回燃油效率
  void setEff(double d) { eff = d;}      // 設定燃油效率
private:
  static double eff;          // 靜態成員
};

double Car::eff = 30.0;   // 定義及初始化靜態資料成員的值

int main()
{
  Car *One = new Car;
  One->setEff(8);      // 設定一號車1公升油可跑8公里
  cout << "一號車1公升油可跑 " << One->getEff()
       << " 公里" << endl;
}
```

執行結果

```
一號車 1 公升油可跑  8  公里
```

8-3-2 指標型別的成員

我們知道，指標變數在宣告時並未設定要指向何處，所以若在類別中使用指標型別的資料成員時，必須記得在物件建立即初始化其指標成員所指的位址，例如我們可在初始化物件的成員函式中，動態配置記憶體給物件的資料成員，請參考以下的範例：

程式 Ch08-06.cpp 使用指標型別成員實作字串類別

```
#include<iostream>
#include<cstring>
using namespace std;

class Str {              // 陽春的字串類別
public:
  void show() { cout << data;}
  void set(char * ptr) { data = ptr; }
  void set()                      //  多載函式
  {
    data = new char[40];      //  配置新的記憶體空間
    strcpy(data,"Empty!");   // 將 "Empty!" 複製到新的空間
  }
private:
  char * data;                   // 指向字串的指標
};

int main()
{
  Str hello, world;
  hello.set("Hello World!");   // 呼叫有參數的版本
  world.set();                    // 呼叫無參數的版本
  hello.show(); world.show();
}
```

執行結果

```
Hello World!Empty!
```

Str 類別只是個很簡單的字串類別, 其唯一的資料成員就是指向字串的指標, 由於建立物件時不會讓指標指向任何字串, 所以設計了兩個多載的 set() 成員函式, 其中之一是傳入字串指標, 並將資料成員也指向相同的位址；另一個不需參數的版本, 則是直接配置新的記憶體空間, 然後將 "Empty!" 這個字串內容複製進入。

上述的 Str 類別設計方式仍不夠好，因為要初始化字串內容相當不便，且要具有實用功能的字串類別，必須設計相當多處理字串的成員函式。所幸 C++ 已經幫我們設計好一個實用的 string 類別，在第 11 章就會介紹如何使用 string 類別處理字串。

其實要在類別中使用指標型別的資料成員，還有一些相關設計要注意的，這部份留待下一章補充說明。

8-3-3 this 指標

當我們建立物件時，每個物件都會享有獨自的記憶體空間，以存放各自擁有的非靜態資料成員，所以每個物件的資料成員都是獨立互不干擾。但是類別的成員函式則是所有物件共用的，在記憶體中只會存一份成員函式的程式碼，每個物件呼叫成員函式時，都是執行到同一份程式碼。

這時候就出現一個問題，當我們透過各物件呼叫成員函式來存取資料成員時，成員函式是如何得知目前呼叫它的是哪一個物件？如何存取到正確物件的資料成員，而不會存取到別的物件的資料成員？

答案很簡單，C++ 編譯器在編譯成員函式時，偷偷做了幾個動作，以便讓成員函式能存取到正確物件的資料成員：

1. 編譯器會自動在成員函式的參數列最前面加上一個該類別的指標參數，並以 this 為參數名稱，然後再將函式定義內所有出現資料成員的部份，均改成『this->資料成員』的形式：

```
class Str {
public:
  void show() { cout << data;}───┐
  ...                        會被改成
};                               ↓
         void show(Str *this) { cout << this->data; }
```

2. 替程式中實際呼叫成員函式的敘述，偷偷加上呼叫者物件的位址做為第一個參數，例如：

```
Str s;
s.show();  // 會被改成 show(&s);
```

這樣一來，就等於讓成員函式都能從 this 指標取得呼叫物件的資料成員，所以就不會發生存取到錯誤的資料成員的情形。

為讓讀者體會這個隱含在程式中的 this 指標確實存在，我們用以下的範例程式透過 this 指標來取得物件的位址：

程式 Ch08-07.cpp 確認 this 指標的存在

```
#include<iostream>
using namespace std;

class Str {              // 陽春的字串類別
public:
  void show() { cout << str; }
  void set(char * ptr) { str = ptr; }
  void showthis() { cout << this; }  // 輸出 this 指標
private:
  char * str;          // 指向字串的指標
};

int main()
{
  Str hello, world;
  hello.set("Hello");  world.set("World!");
  cout << "hello 物件的位址：" << &hello << endl;
  cout << "world 物件的位址：";
  world.showthis();
}
```

執行結果

```
hello 物件的位址：0012FF6C
world 物件的位址：0012FF70
```

第 8 行的 showthis() 成員函式將程式未定義的 this 指標輸出到 cout, 也就是輸出指標所指的位址。結果程式仍可順利編譯、連結, 表示 this 指標確實存於程式之中。

使用 this 指標的時機

在某些狀況下會需要用到 this 指標, 例如當成員函式的參數名稱與資料成員的名稱相同、或是要做整個物件的複製, 請參見以下的例子：

程式 Ch08-08.cpp 在成員函式中使用 this 指標

```
#include<iostream>
using namespace std;

class Time {
public:
  void set(int, int, int);
  void copy(Time source) { *this = source; } // 複製資料成員
  void show() { cout << hour << ':' << min << ':' << sec; }
private:
  int hour, min, sec;    // 代表時分秒的成員
};

void Time::set(int hour, int min, int sec)    // 參數名稱與
{                                              // 資料成員相同
  this->hour = hour;     // 將參數 hour 的值指定給資料成員 hour
  this->min  = min;      // 將參數 min  的值指定給資料成員 min
  this->sec  = sec;      // 將參數 sec  的值指定給資料成員 sec
}

void main()
{
   Time t1, t2;
   t1.set(12,15,30);
   t2.copy(t1);  // 將 t1 的內容複製到 t2
   t2.show();
}
```

執行結果

```
12:15:30     ←t2 物件的時間和 t1 一樣了
```

在第 7 行的 copy 函式中, 將參數物件 source 直接用指定運算子設定給 this 指標所指的物件, 此敘述的功用就是讓兩個物件的資料成員值變得完全一樣, 也就是把 source 物件的資料成員值複製給 this 物件的資料成員。

關於指定運算子在物件上的應用, 會在下一章詳述。

第 13 行的 Time::set() 成員函式其參數名稱與類別資料成員的名稱相同, 此時成員函式預設只會存取到它自己的局部變數, 也就是函式的參數。因此在函式中, 可用 "this->資料成員 " 的語法來存取物件的資料成員, 在第 15 ~ 17 行就是透過此方式將各參數的值指定給同名的資料成員。

傳回物件的成員函式

另一種會應用到 this 指位器的情況, 就是希望類別的成員函式能以有如 cout 和 << 運算子的使用方式一樣, 可以串接在一起呼叫, 例如：

```
Time t;
t.set(12,10,45).show();
 ↑              ↑
 └──────────────┴── 連續呼叫二個成員函式
```

因為 . 和 -> 運算子的結合順序都是由左到右, 所以 t.set() 會先執行, 執行完後的傳回值需為 Time 類別的物件, 然後再以傳回的物件來呼叫 show()。那麼, 要如何來設計 set() 呢？很簡單, 就是把它的傳回值設為 Time 類別的參考型別, 並在函式本體中傳回 this 指標所指的物件：

```
Time& Time::set(int h, int m, int s)   //  傳回值型別爲物件的參考
{                                      //  (也就是物件本身)
  hour = h; min  = m; set  = s;
  return *this;      // 傳回原呼叫者物件
}
```

在執行 t.set(12,10,45).show(); 時, t.set(12,10,45) 會先執行並傳回 t (此時 t 的值已被更改), 然後再以傳回的 t 來執行 t.show()：

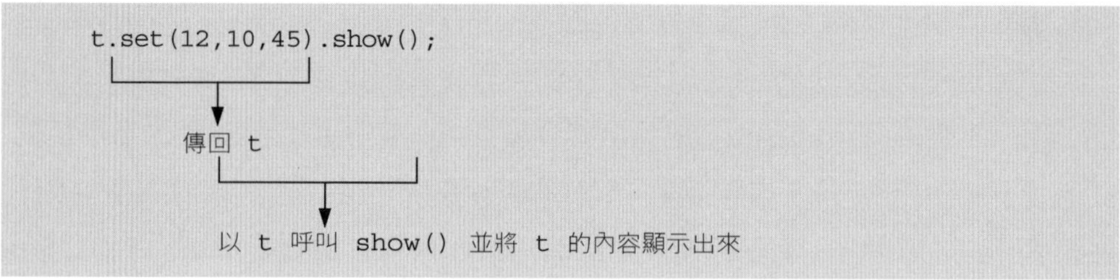

```
t.set(12,10,45).show();
 |__________|
      |
      v
    傳回 t
      |__________|
            |
            v
       以 t 呼叫 show() 並將 t 的內容顯示出來
```

請參見以下範例：

程式 Ch08-09.cpp 在成員函式中傳回 this 指標所指的物件

```
#include<iostream>
using namespace std;

class Time {
public:
  Time& set(int, int, int);    // 宣告爲傳回 Time 參考型別
  void copy(Time source) { *this = source; }    // 複製資料成員
  void show() { cout << hour << ':' << min << ':' << sec; }
private:
  int hour, min, sec;    // 代表時分秒的成員
};

Time& Time::set(int h, int m, int s)
{
  hour = h; min  = m; sec  = s;
  return *this;       // 傳回原呼叫者物件
}

```

```
void main()
{
   Time t;
   t.set(13,42,56).show();
}
```

執行結果

```
13:42:56     ←成功以串接呼叫方式輸出物件的時間
```

我們一直使用的 cout 及 << 運算子的串接輸出方式, 就是這種傳回物件本身的應用。因爲在 C++ 中運算子也算是一種函式, 所以也可以設計成具有這種『串接』的特性。

```
cout << a << b;       // cout 的 << 的串接
└──────┘              // 結合順序由左到右
   傳回 cout
        └──────┘
          傳回 cout
```

無論是運算子或成員函式均有串接的能力, 只要將其傳回值型別設爲物件的參考即可。至於如何替類別設計運算子成員函式, 會在第 10 章介紹。

8-4 friend：類別的夥伴

類別是一個封裝良好的機構, 可以將內部私有的資料與外界完全隔離, 但這有時卻反而會造成一些困擾, 尤其是當我們想要在類別以外的 (成員或非成員) 函式來存取已封裝好的資料時。以字串類別爲例, 我們知道在標準函式庫中有一個 strcmp() 函式可以做字串的比較, 如果我們想要另外寫一個 strcmp(Str, Str) 的多載函式, 使得二個 Str 物件也可以用 strcmp() 來做比較, 這時除了將字串的成員設爲公開成員外是否還有其它方法呢？

答案就是將自訂的 strcmp( ) 宣告爲 Str 類別的『夥伴』(Friend)。被宣告爲類別夥伴的函式具有存取私有成員的特權，所以這樣一來就不必將類別的資料成員設爲公開成員而破壞類別資料隱藏的特性。

要將函式宣告爲類別夥伴很簡單，只需在類別中加上該函式的原型宣告，並在宣告最前面加上 **friend** 關鍵字：

```
class Str {
friend int strcmp(Str&, Str&); // 宣告夥伴
...
};
```

用關鍵字 friend 宣告以後，在 strcmp(Str&, Str&) 的函式本體中，便可以直接存取 Str 類別中任何私有的成員。夥伴的宣告可以放在類別定義內的任何位置，不過我們一般都將它放在最前面，以方便閱讀。以下就是加入夥伴比較函式的 Str 類別：

程式 Ch08-10.cpp 替自訂的字串類別加上比較字串的夥伴函式

```
#include<iostream>
#include<cstring>
using namespace std;

class Str {              // 陽春的字串類別
  friend int strcmp(Str&, Str&); // 宣告夥伴函式
public:
  void show() { cout << data; }
  void set(char * ptr) { data = ptr; }
private:
  char * data;        // 指向字串的指標
};

```

```
int strcmp(Str& s1, Str& s2) // 定義夥伴函式
{
  return strcmp(s1.data, s2.data);
}        // 以標準函式庫中的 strcmp() 進行比較

int main()
{
  Str hello, world;
  hello.set("Hello World!");
  world.set("Hello world!");
  if (strcmp(hello,world) !=0)
     cout << "兩字串的內容不同";
  else
     cout << "兩字串的內容相同";
}
```

執行結果

```
兩字串的內容不同
```

誰可以做爲類別的夥伴

由於宣告爲夥伴的對象並非類別內的成員，所以沒有 private 、 protected 或 public 之分。可以做爲夥伴的對象有下列三種：

1. 一般函式： 例如前面提到的 strcmp() 函式。且同一個函式可以做爲多個類別的夥伴，例如：

```
class ex1 { friend funct();  ... };
class ex2 { friend funct();  ... };
class ex3 { friend funct();  ... };
```

2. 其他類別內的成員函式：但這個類別必須是已定義好的，例如：

```
class Str;      // 部分宣告，因在 MemBlock 中有用到

class MemBlock {
public:
  void copy(Str);          Str 必須已宣告過
private:
  char *memp;
  int len;
  ...
};

class Str {           夥伴函式，此時 MemBlock 必須已定義好了才行。
  friend void MemBlock::copy(Str);
...
  char *data;
}
                                              直接存取私有成員
void MemBlock::copy(Str& s)
   { memp = s.data; ...           }
```

注意, copy() 函式本身的定義必須放在 String 類別的定義之後, 這是因爲 copy() 要用到 Str 內的資料成員。所以如果我們想要將 copy() 的定義放在 MemBlock 類別之內的話, 必須用下面第三種方法。

3. 其他的類別： 這必須以 "friend class 夥伴類別的名稱 " (其中 class 可以省略) 來宣告。當甲類別被宣告爲乙類別的夥伴時, 所有甲類別中的成員函式均可任意存取乙類別內的非共用資料。例如：

```
class MemBlock; // 部分宣告

class Str {          夥伴類別 MemBlock 必須先宣告或定義好
friend class MemBlock;  // 或『friend MemBlock;』
public:
  .....
private:
   char *data;
   int len;
};
                                          直接存取私有成員
class MemBlock {
public:
  void copy(Str)
    { memp = s.data; len = s.len; }
private:
   char *memp;
   int len;
...
};
```

8-5 綜合演練

8-5-1 複數類別

複數是在進階的數學應用中經常用到的數值，但在內建資料型別中並沒有複數這樣的類別，因此在 C++ 發展初期，就有不少人都嘗試設計一個複數 (Complex) 類別來使用。不過到後來，C++ 標準組織就決定在標準類別庫中加入複數類別，讓有需要的程式設計人員省下不少工夫。

在此我們還是利用自訂複數類別來做練習，讓讀者能熟悉類別的定義及使用。複數的組成可分為實數的『實部』與虛數的『虛部』，所以複數類別至少需有 2 個資料成員來儲存這兩個值，而複數類別的四則運算也有些特別之處，以下程式示範一個含加減法成員函式的陽春複數類別：

程式　Ch08-11.cpp 陽春的複數類別

```
#include<iostream>
using namespace std;

class Complex {
public:
  void set(double r,double i) {real = r; image = i;}
  void show()
      { cout << '(' << real << ',' << image << "i)"; }
  Complex& add(Complex a)        // 加法
      {real += a.real; image += a.image; return *this;}
  Complex& minus(Complex a)      // 減法
      {real -= a.real; image -= a.image; return *this;}
private:
  double real;          // 實部
  double image;         // 虛部
};

int main()
{
  Complex c1,c2;
  c1.set(3, 9);
  c2.set(-1, 2.5);

  c1.show();  cout << " 加 "; c2.show();
  cout << " 等於 ";   c1.add(c2).show();
  cout << endl;
  c2.show();  cout << " 減 "; c1.show();
  cout << " 等於 ";   c2.minus(c1).show();
}
```

執行結果

```
(3,9i) 加 (-1,2.5i) 等於 (2,11.5i)
(-1,2.5i) 減 (2,11.5i) 等於 (-3,-9i)
```

這個陽春的類別共有 4 個成員函式, 分別是設定數值的 set() 及顯示數值的 show(), 以及加減法的函式。加減法函式分別依照複數『實部加實部、虛部加虛部』的計算規則設計, 並傳回物件本身。

由於我們還未學到一些實用的類別功能設計方式, 所以這幾個函式的設計方式都不太恰當, 例如加減法函式都改變呼叫物件的值, 當然我們也可修改成建立新複數物件, 並將計算結果設定給新物件, 最後再傳回新物件的方式。不過在下一章學過建構函式的設計方式後, 程式碼會比較簡潔, 所以下一章我們會再來改良這個複數類別。

8-5-2 堆疊類別

初學程式設計者, 免不了會接觸到一些基本的『資料結構』(Data Structure), 其中堆疊 (stack) 是初學者最常接觸到的。所謂堆疊是指一種後進先出 (LIFO, Last In First Out) 的資料結構, 也就是說, 放入此結構 (集合) 的物件 (變數) 要被取出時, 必須等比它後加入的物件**全部**被拿出來後, 才能將它拿出來。例如一端封閉的網球收納筒, 就是一種堆疊結構:

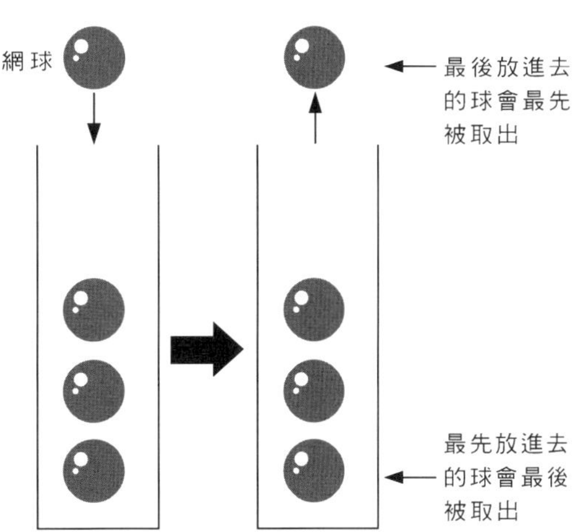
網球
最後放進去的球會最先被取出
最先放進去的球會最後被取出

關於資料結構的探討，在此不擬深入，有興趣者，可參照其它相關主題的書籍。不過我們可以發現這種簡單的資料結構，也很適合設計成類別，不但能以更直覺的方式操作，也能達到堆疊內資料不被外部任意存取 / 修改的目的。

舉一個整數堆疊的例子，它可用來存放整數的資料，我們可設計一個整數堆疊類別，其中可存放一定數量的整數，然後再設計用來將整數存入堆疊的成員函式 push()、將整數自堆疊取出的成員函式 pop()，就可以很方便地將整數存入堆疊或由堆疊取出了。請看下面的程式：

程式 Ch08-12.h 整數堆疊模組

```
#include <iostream>
#define MaxSize 20
using namespace std;

class Stack {
public:
  void init() { sp = 0; }       //  初始化的成員函式
  void push(int data);          //  宣告存入一個整數的函式
  int pop();                    //  宣告取出一個整數的函式
private:
  int sp;                       //  用來記錄目前堆疊中已存幾筆資料
  int buffer[MaxSize];          //  代表堆疊的陣列
  static void Error() { cout << "\nStack Error\n"; }
};

void Stack::push(int data)      //  將一個整數『推』入堆疊
{
   if(sp == MaxSize)            //  若已達最大值，  則不能再放資料進來
     Error();
   else
     buffer[sp++] = data;       // 將資料存入 sp 所指元素， 並將 sp 加 1
}                               //  表示所存的資料多了一筆

```

```
int Stack::pop()                     // 從堆疊中取出一個整數
{
    if(sp == 0) {                    // 若已經到底了表示堆疊中應無資料
      Error();
      return 0;
    }
    return buffer[--sp];            // 傳回 sp 所指的元素, 並將 sp 減 1
}                                    // 表示所存的資料少了一筆
```

以上是可存放整數資料的堆疊類別, 資料成員 buffer[] 陣列就是用來存放放入堆疊的整數, 而 sp 則記錄目前已存幾筆資料。push()、pop() 函式分別模擬將資料存入堆疊、及從堆疊中取出資料的動作, 其內容很簡單, 都是先檢查 sp 是否已達最大值 (表示堆疊已滿) 或是 0 (表示堆疊是空的), 不是就進行存入或取出的動作。

我們將程式存於 .h 檔中, 這樣子別的程式要使用時, 只需含括這個 .h 檔即可使用整數堆疊類別, 如以下範例所示：

程式　Ch08-12.cpp 使用堆疊類別的程式

```
#include <iostream>
#include "Ch08-12.h"

void main()
{
    Stack st1, st2;      // 定義二個堆疊物件
    st1.init();
    st2.init();

     // 將資料存入第一個堆疊中
    st1.push(1); st1.push(2); st1.push(3);

```

```
    // 將資料存入第二個堆疊中
    st2.push(7); st2.push(8); st2.push(9);

    cout << st1.pop();
    cout << st2.pop();
    cout << st1.pop();
    cout << st2.pop();
    cout << st1.pop();
    cout << st2.pop();    st2.pop(); // 故意多 pop 一次
}
```

執行結果

```
392817
Stack Error
```

在上例的 main() 函式中一共建立了二個堆疊物件, 並分別用它們來存放 3 個整數, 再取出之。程式最後故意要 st2 物件多 pop 一次資料, 結果就會執行到私有成員函式 Error(), 顯示堆疊出錯的訊息。

學習評量

1. 以下敘述何者正確？

   a.類別是物件的藍圖。

   b.物件是基本資料型別。

   c.陣列中不能存放物件。

   d.定義類別後, 必須使用 new 運算子產生物件。

2. 以下敘述何者正確？

   a.類別中的成員函式可與外部的一般函式同名, 因爲函式可以多載。

   b.同一類別中的成員函式可以是多載函式。

   c.不同類別間的同名函式, 也算是多載函式。

   d.多載函式不同版本的方法之間, 必須用到不同的類別。

3. 有關資料成員, 以下敘述何者錯誤？

   a.外界無法直接存取私有資料成員。

   b.成員函式可以存取物件的公開及私有資料成員。

   c.資料成員的變數名稱不能和全域變數同名。

   d.夥伴函式可以存取到私有的資料成員。

4. 有關堆疊, 以下何者正確？

   a.存入堆疊的資料可依我們指定的任意次序取出。

   b.堆疊空間放滿後就不能再放入資料了。

   c.堆疊中只能存放整數。

   d.堆疊是『先進先出』的資料結構。

5. 類別的特性是由 ______ 描述，而類別的行爲是由 ______ 描述。

6. 以下何者正確？

   a.同一個 C++ 程式檔中只能定義一個類別。

   b.main() 函式並不屬於任何類別。

   c.每個成員函式都要宣告爲 public 成員。

   d.任何資料成員都必需宣告爲 private 成員。

7. 以下何者錯誤？

   a.呼叫成員函式時, 需透過物件來呼叫。

   b.呼叫靜態成員函式時, 可不建立物件即可呼叫。

   c.靜態成員函式不能存取私有資料成員。

   d.定義在類別內的成員函式爲 inline 函式。

8. 以下何者正確？

   a.爲了讓成員函式可存取到物件的資料成員, 需在參數列加上宣告 this 指標。

   b.this 指標可設爲指向其它物件。

   c.夥伴函式也可透過 this 指標存取資料成員。

   d.編譯器會自動在類別中存取資料成員的敘述, 加上 "this->" 以便存取到物件的資料。

9. 在類別的大括號外定義成員函式的本體時, 需以 ______ 運算子表示函式所屬的類別。

10. 如果想讓成員函式可以串在一起呼叫, 就像 cout 的 << 運算子一樣, 則該成員函式的定義中應傳回？

   a.this

   b.*this

   c.&this

   d.this[]

程式練習

1. 請設計一個三角形類別, 其中有存放 3 個邊長的資料成員, 程式初始化物件的資料時, 要檢查邊長是否合理 (任兩邊長的和必大於第 3 邊)。

2. 請替 Ch08-02 的 Car 類別加入一模擬加油的成員函式。

3. 承上題, 將加油函式改成夥件函式。

4. 請試設計一學生資料類別, 需記錄學生姓名及學號。

5. 承上題, 加入學生成績資料, 例如可記錄英、數、 C++ 三科成績, 並提供計算平均分數的成員函式。

6. 承上題, 試用學生類別建立學生陣列, 並用上題的成員函式對陣列做排序。

7. 請修改 Ch08-10.cpp 中的 Str 字串類別, 加入記錄字串長度的資料成員

8. 承上題, 替 Str 字串類別加入可比對字串的成員函式。

9. 請替 Ch08-11.cpp 的複數類別加上計算乘法和除法的函式。

10. 承上題, 複數類別的成員函式只能做 2 個複數類別物件的計算, 請用多載的方式, 加上可做複數與 double 型別的計算。

建構函式與解構函式

學習目標

- 認識建構函式與解構函式的功用
- 設計多載建構函式
- 定義『複製建構函式』
- 用解構函式處理善後

上一章所介紹的類別, 在使用上有個極不方便之處, 就是所有的物件在建立之後, 因為無法直接存取私有資料成員, 都要另外呼叫初始化用的成員函式來設定私有資料成員的值。其實 C++ 提供一種專用於初始化物件的成員函式, 稱為**建構函式** (Constructor), 我們只要定義好建構函式, 在程式中就能以更直覺、更自然的方式來初始化物件。另外還有一種專用於物件生命期結束時, 用來做善後處理的**解構函式** (Destructor), 本章即要介紹如何使用這 2 種函式, 讓類別的功能更完善。

9-1 建構函式 (Constructor)

當我們建立好一個類別之後, 便希望能將它當成一般的基本型別來使用, 而要達到這個目的, 必須靠一些特殊的函式成員來實作某些功能。其中建構函式的功用, 就是讓我們能像定義基本資料型別的變數一樣, 可以在建立物件同時就初始化資料成員的內容。

9-1-1 物件的初始化

當我們以基本型別來宣告變數時, C++ 的編譯器會自動根據其型別配置好記憶空間, 同時若有必要, 也會為它設定初值。而且我們也可在宣告變數時即指定初值：

```
int i = 5;   // 自動配置 2 位元組的空間
             // 並將 5 存入其內
```

在宣告變數的同時指定初值, 又稱為定義 (definition)。

當我們用類別來定義物件時，編譯器也會依照類別的大小來配置記憶空間給這個物件。但用前一章所學的方法，我們無法對物件做類似的初始值設定：

```
class Time {
  int hour, min, sec;
  ...
};

main() {
    int i = 6;   // 可設定基本資料型別的初始值
    Time t = ?  // 無法存取私有資料成員
    ...
}
```

如果物件的資料成員是公開的成員，則雖可利用大括號的方式設定物件初始值，但這樣就失去『資料封裝』的意義了：

```
class Time {
public:
  int hour, min, sec;    // 公開的資料成員
  ...
};

main()
{
   Time t = {10,11,12}; // 設為 10 點 11 分 12 秒
   ...
}
```

如果希望使用私有資料成員的類別在建立物件時，也能像定義資本資料型別的變數時一樣方便的設定初始值，甚至要物件做其它額外的準備工作，只需在類別中定義必要的**建構函式**即可，首先要介紹的是『預設建構函式』。

預設建構函式

建構函式也是成員函式，但它和一般成員函式有兩點最大的不同：建構函式**必須與類別同名，而且不能有任何的傳回值**。即使我們未替類別設計任何的建構函式，編譯器仍會爲類別定義一個**預設建構函式** (Default Constructor)，也就是不需傳遞任何參數即可呼叫的建構函式，例如：

```
class Time {
   int hour, min, sec;  // 公開的資料成員
   ...
};

Time::Time()             // 預設建構函式
{                        // 編譯器會自動產生
}
```

當我們宣告新的物件時，這個預設建構函式就會被呼叫，只不過由於編譯器自動產生的預設建構函式中並沒有執行什麼特別的動作，所以感覺好像根本沒有預設建構函式一樣。我們可用以下的範例來檢視建構函式被呼叫的情形。爲了瞭解建構函式被呼叫的時點，我們故意將預設建構函式的內容重新定義成只輸出一段訊息：

程式 Ch09-01.cpp 呼叫建構函式的過程

```
01 #include<iostream>
02 using namespace std;
03
04 class Time {
05 public:                          // 建構函式只輸出一段訊息
06   Time() { cout << "...正在執行 Time 的建構函式" << endl; };
07 private:
08   int hour, min, sec;    // 代表時分秒的成員
09 };
10
11 void main()
12 {
13   cout << "宣告 t1、t2 物件" << endl;
14   Time t1, t2;
15   cout << "宣告物件指標 t3" << endl;
16   Time* t3;  // 編譯器會對這行敘述發出警告, 先不予理會
17   cout << "定義物件指標 t4" << endl;
18   Time* t4 = new Time;
19 }
```

執行結果

```
宣告 t1、t2 物件
...正在執行 Time 的建構函式
...正在執行 Time 的建構函式
宣告物件指標 t3
定義物件指標 t4
...正在執行 Time 的建構函式
```

在第 14 行先宣告 2 個 Time 物件, 接著在第 16 行宣告指向物件的指標、第 18 行宣告指標並用 new 運算子配置 1 個物件。由執行結果可以發現, 只有第 16 行宣告指標的動作未引發建構函式, 其它敘述由於都會建立實際的物件, 所以都會自動呼叫建構函式來做初始化的動作。因此我們可以瞭解, 系統會在建立物件時**自動呼叫建構函式**, 我們只需將需要初始化的敘述寫在建構函式中讓系統呼叫即可, 不需自行呼叫建構函式。

請注意第 6 行的 Time() 函式原型並未宣告傳回值型別, 連 void 也未指定, 這是因爲建構函式本來就規定不能有傳回值, 所以連 void 都可省了。如果在建構函式前面加上 void 關鍵字, 反而會造成編譯錯誤。

若類別中有其它類型的資料成員, 例如其它類別的物件, 則在呼叫預設建構函式之前, 會先呼叫成員物件的建構函式, 請參考以下的例子：

程式　Ch09-02.cpp 建構函式的呼叫順序

```
01 #include<iostream>
02 using namespace std;
03
04 class Time {
05 public:                          // 建構函式只輸出一段訊息
06   Time() { cout << "...正在執行 Time 的建構函式" << endl; };
07 private:
08   int hour, min, sec;    // 代表時分秒的成員
09 };
10
11 class Clock {
12 public:
13   Clock() { cout << "...正在執行 Clock 的建構函式" << endl; };
14 private:
15   Time clock_time;      // 時鐘時間
16   Time alarm_time;      // 鬧鐘時間
17 };
18
19 int main()
20 {
21   Clock old_clock;    // 建立 Clock 物件
22 }
```

執行結果

```
...正在執行 Time 的建構函式
...正在執行 Time 的建構函式
...正在執行 Clock 的建構函式
```

在 main( ) 函式並未建立 Time 物件, 但由執行結果可以發現, Time 的建構函式被呼叫了 2 次！這是因為 Clock 類別有 2 個資料成員都是 Time 類別的物件, 所以編譯器會『先』呼叫 Time 的建構函式來建構這 2 個成員物件, 接著才呼叫 Clock 自己的預設建構函式。因此當我們用 Clock 類別建立物件時, 就會引發 Time 的建構函式被執行 2 次, 接著才會執行 Clock( ) 預設建構函式。

由於預設建構函式一定會在建立物件時被呼叫 (除非我們呼叫其它版本的建構函式, 後詳), 所以最適合用來做最基本的初始化動作, 例如將資料成員都設定一個有意義的初始值等等。例如我們就可將前述 Time 類別的預設建構函式改寫成如下的樣子：

程式　Ch09-03.cpp 設定資料成員初值的預設建構函式

```
#include<iostream>
using namespace std;

class Time {
public:                        // 預設建構函式將時間設為 12 點整
  Time() { hour = 12; min = 0; sec = 0; };
  void show()
  {
    cout << hour << "點" << min << "分" << sec << "秒" << endl;
  }
private:
  int hour, min, sec;    // 代表時分秒的成員
};

void main()
```

```
{
  Time t[3];                  // 建立含 3 個 Time 物件的陣列
  for (int i =0;i<3;i++) // 用迴圈顯示每個物件的時間
    t[i].show();
}
```

執行結果

```
12 點 0 分 0 秒
12 點 0 分 0 秒
12 點 0 分 0 秒
```

三個物件的時間都被設為 12 點

除了用來初始化資料成員外，我們也可在建構函式中做其它的處理，舉例來說，如果類別需要隨時記錄共有幾個物件存在，此時可用一個靜態資料成員來記錄物件的總數，並在建構函式中每次都將這個數值加 1，以記錄目前存在的物件數量。

程式 Ch09-04.cpp 利用預設建構函式計算物件數量

```
#include<iostream>
using namespace std;

class Car {
public:
  Car() { gas = 10; counter++; } // 將油量設為 10, 計數器加 1
  static const int howmany() { return counter; } // 傳回計數器值
private:
  double gas;               // 油量
  static double eff;        // 靜態成員
  static int counter;       // 物件計數器
};

double Car::eff = 30.0;   // 燃油效率一律為每公升 30 公里
int Car::counter = 0;     // 一開始的物件數量是 0 個

int main()
```

```
18 {
19   Car goodcar[10];
20   cout << "執行 Car goodcar[10]; 後, "
21        << "現在有 " << Car::howmany() << " 輛車" << endl;
22
23   Car *badcar = new Car;
24   cout << "執行 Car *badcar = new Car; 後, "
25        << "現在有 " << Car::howmany() << " 輛車" << endl;
26 }
```

執行結果

```
執行 Car goodcar[10]; 後, 現在有 10 輛車
執行 Car *badcar = new Car; 後, 現在有 11 輛車
```

上列程式在第 7 行宣告靜態資料成員 counter 以記錄物件總數, 並在第 15 行定義初始值為 0, 第 6 行的預設建構函式中, 則是將 counter 的值遞增, 所以每建立一個物件, counter 的值就會加 1 。因此程式中建立含 10 個 Car 物件元素的陣列後, counter 的值就變成 10；再用 new 運算子建立一個物件, counter 的值就變成 11 了。

9-1-2 建構函式的多載

除了不含任何參數的預設建構函式外, 我們當然也能設計含參數的建構函式, 透過參數來指定資料成員的初始值, 這樣一來, 就能在建立物件時即設好各物件的屬性, 不必像前一章的範例, 還要在建立物件後, 用額外的函式呼叫來設定物件的屬性。這類建構函式的設計方式和一般成員函式沒有太大的不同, 只要記得建構函式與類別同名, 且無傳回值即可。而在建立物件時, 可用如下語法讓編譯器呼叫具有參數的建構函式：

```
類別名稱    物件名稱(...參數列...);
或
類別名稱    物件名稱 = 類別名稱(...參數列...);
```

請參見以下的例子：

程式 Ch09-05.cpp 有參數的建構函式

```
#include<iostream>
using namespace std;

class Time {
public:                        // 預設建構函式將時間設為 12 點整
  Time() { hour = 12; min = 0; sec = 0; };
  Time(int);                   // 一個參數的建構函式
  Time(int,int,int);           // 三個參數的建構函式
  void show()
  {
    cout << hour << "點" << min << "分" << sec << "秒" << endl;
  }
private:
  int hour, min, sec;          // 代表時分秒的成員
};

Time::Time(int h)
{
  hour = (h>=0 && h<=23) ? h:12;      // 檢查 h 是否在 0 至 23 間
  min = 0; sec = 0;
}

Time::Time(int h,int m, int s)
{
  hour = (h>=0 && h<=23) ? h:12;      // 檢查 h 是否在 0 至 23 間
  min  = (m>=0 && m<=59) ? m:0;       // 檢查 m 是否在 0 至 59 間
  sec  = (s>=0 && s<=59) ? s:0;       // 檢查 s 是否在 0 至 59 間
```

```
28 }
29
30 int main()
31 {
32   Time t1;            // 呼叫預設建構函式
33   Time t2(9);          // 呼叫只有一個參數的建構函式
34   Time t3(15,45,75); // 呼叫有三個參數的建構函式
35
36   t1.show();
37   t2.show();
38   t3.show();
39 }
```

執行結果

```
12 點 0 分 0 秒
9 點 0 分 0 秒
15 點 45 分 0 秒
```

1. 第 6 行定義預設建構函式, 將時間設爲 12 點整。第 7 、 8 行則宣告 2 種有參數列的建構函式。

2. 第 17 ~ 21 行定義只有 1 個參數的建構函式內容, 並以參數爲小時的初值, 所以要檢查其值是否超出小時的合理範圍 (本例採 24 小時制), 若超出範圍, 則仍是設爲 12 點。

3. 第 23 ~ 28 行定義有 3 個參數的建構函式內容, 同理, 分及秒的值都不能爲負值或超過 59, 若參數值超出此合理範圍, 則仍會將分或秒設爲 0 。

當類別中有自訂含參數的建構函式時, 編譯器就不會替我們產生空白的預設建構函式, 因此最好也記得定義沒有任何參數的預設建構函式, 即使預設建構函式的內容是空的也沒關係。其目的是避免在程式中不使用參數建立新物件時, 發生找不到預設建構函式可用的錯誤。

程式在第 32 ~ 34 行即以不同的方式建立新物件，編譯器會依我們建立物件時所指定的參數多寡，尋找參數數量相符的建構函式。第 33-34 行的程式也可寫成：

```
Time t2 = Time(9);
Time t3 = Time(15,45,75);
```

注意，程式中未定義 2 個參數的建構函式，因此若建立物件時寫 "Time t4 (3,12);"，則編譯時將會出現錯誤，因爲編譯器找不到簽名相符的建構函式可以呼叫。要解決這個問題，除了爲每一種可能狀況設計對應的建構函式版本外，還有另一種較彈性的作法，就是替建構函式的參數設定預設值。

爲建構函式的參數設定預設值

由於建構函式的基本用法和行爲也和一般函式相同，所以我們也可爲建構函式的參數加上預設值，這樣一來，我們在建立新物件時就可以比較有彈性，有時用比較少的參數也能建立物件，不必再另外定義參數較少的建構函式版本。

在爲建構函式設定預設值時要注意一點，如果所有的參數都有預設值，則類別中就不應再定義不含參數的預設建構函式，因爲此舉將會造成語意不明 (ambiguous) 的錯誤，也就是編譯器不知應呼叫哪一個建構函式，因而產生錯誤：

```
class Time {
public:
  Time() { hour = 12; min = 0; sec = 0; };
  Time(int h=12, int m=1, int s=1);
...
};
```

```
int main()
{
  Time t1;    // 兩個版本的建構函式都可使用， 要呼叫誰？
  ...
```

以下我們就利用參數預設值的技巧，讓 Time 類別的建構函式簡化成只有 1 個，但使用者仍是可依其需要，在建立新物件時，指定或多或少的初始值：

程式 Ch09-06.cpp 參數有預設值的建構函式

```
#include<iostream>
using namespace std;

class Time {
public:
  Time(int,int,int);     // 只有一個建構函式
  void show()
  {
    cout << hour << "點" << min << "分" << sec << "秒" << endl;
  }
private:
  int hour, min, sec;    // 代表時分秒的成員
};

Time::Time(int h =12, int m=1, int s=1)
{
  hour = (h>=0 && h<=23) ? h:12;      // 檢查 h 是否在 0 至 23 間
  min  = (m>=0 && m<=59) ? m:0;       // 檢查 m 是否在 0 至 59 間
  sec  = (s>=0 && s<=59) ? s:0;       // 檢查 s 是否在 0 至 59 間
}

int main()
{
  Time t1;            // 不加參數
  Time t2(10);        // 一個參數
```

```
26   Time t3(8,24);      // 二個參數
27   Time t4(10,20,30); // 三個參數
28
29   t1.show();   t2.show();
30   t3.show();   t4.show();
31 }
```

執行結果

```
12 點 1 分 1 秒
10 點 1 分 1 秒
8 點 24 分 1 秒
10 點 20 分 30 秒
```

第 15 行的建構函式 3 個參數都有預設值, 所以建構物件時可自由指定 0 ~ 3 個參數, 都會呼叫到這個建構函式替物件的資料成員設定初值。

9-2 複製建構函式

編譯器除了會自動產生預設建構函式外, 還會產生一個特殊的**複製建構函式** (Copy Constructor)。當程式中定義新物件, 並以同類別的其他物件來做初始值時, 編譯器會呼叫『複製建構函式』(Copy constructor) 來進行物件的複製。例如:

```
Time t1(9,15,40);
//  以下三個敘述都會呼叫『複製建構函式』來進行物件的初始化及複製
Time t2 = t1;
Time t3(t2);
Time t4 = Time(t3);
```

如果已經建好物件後, 再執行 "t2=t1;" 這樣的敘述, 則不會呼叫複製建構函式, 因為這是進行物件的『指定』(assign), 請參見下一章。

自動產生的複製建構函式

如果我們在類別中並沒有定義複製物件的複製建構函式，那麼編譯器會自動產生一個，其內容只是將來源物件的非靜態資料成員，逐一地複製給新物件的非靜態資料成員：

```
Time::Time(const Time &t) // 因為只會『讀取』來源物件，
{                          // 所以宣告為 const
  hour = t.hour;
  min  = t.min;            // 逐一複製各資料成員的值
  sec  = t.sec;
}
```

這種將來源物件的各資料成員逐一複製給新物件的方法，又稱為『逐成員初始化』(Memberwise Initialization)。在以下 3 種情況, 編譯器都會呼叫複製建構函式：

- 用已建立好的物件來定義新物件。
- 以物件為函式的參數來做傳值呼叫時。
- 將物件做為函式的傳回值傳遞時。

在上例的 2, 3 項中若所傳的是參考型別, 則不會呼叫複製建構函式, 這是因為所用的只是別名而已，所以並不會有任何新的物件產生。

對於資料成員都是基本資料的類別而言，除非是有特殊的需求，預設的複製建構函式就足以應付大多數的情況，我們也不需重新定義自訂的複製建構函式。但若資料成員的型別包含指標等，則可能需自訂複製建構函式才能使物件有正常的行為。舉例來說，字串類別 Str 的定義中有一個指標：

```
class Str {
...
  char *data;
  int len;
};
```

假設已建好一物件 a, 所存的字串是 "Happy", 此時用它來初始化物件 b, 則 b 物件的字元指標也會指向相同的記憶體空間：

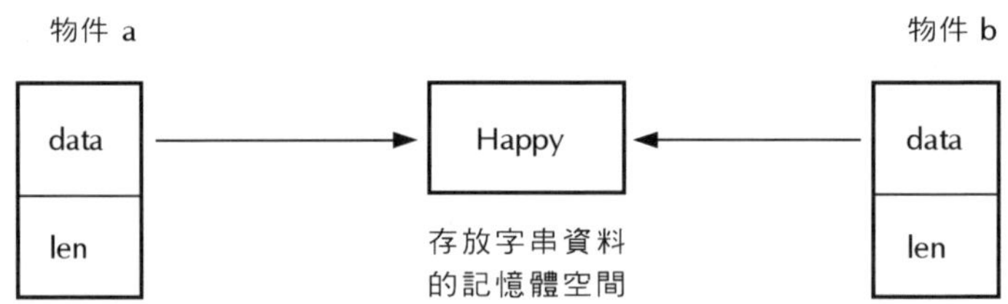

若稍後物件 a 先被刪除了, 將連帶使配置字串的空間也被釋放。此時物件 b 也將失去所指的字串資料：

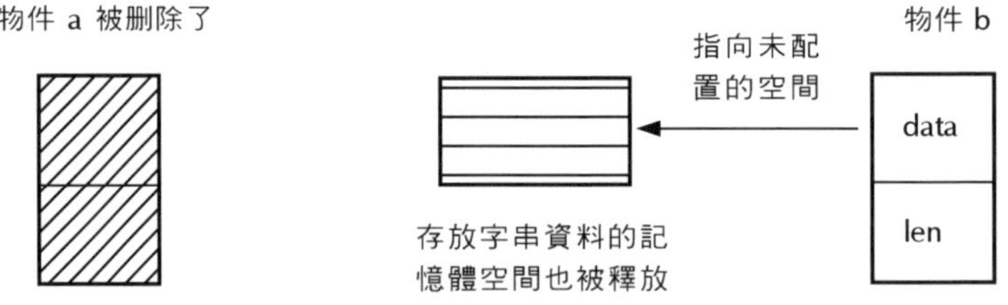

被釋放出的空間可能隨後又被程式用來存放其它的資料, 此時將導致物件 b 所存的字串資料變成其它奇怪的內容。爲避免這種情況, 對於有資料成員是指標型別的類別, 就必須定義複製建構函式, 以合理的方式『複製』指標的資料。以字串類別爲例, 我們可在複製建構函式中, 配置新的空間給新物件, 然後『複製字串內容』到新配置的空間, 請參考以下的範例：

程式 Ch09-07.h 在複製建構函式中配置新的空間

```
#include<iostream>
#include<cstring>
using namespace std;

class Str {             // 陽春的字串類別
public:
  void show() { cout << data; }
  Str(const Str&);
  Str(const char * ptr);
  Str(int);
private:
  char * data;       // 指向字串的指標
  int len;           // 字串長度
};

Str::Str(const char *s)
{
  len = strlen(s);
  data = new char[len+1];       //  配置新的記憶體空間
  strcpy(data, s);              //  將字串內容複製到新的空間
}

Str::Str(int n=10)              //  只有指定字串長度的建構函式
{
  if ( n <= 0);                 // 若參數值不大於 0
    n = 10;                     // 就一律將長度設為 10
  len = n;
  data = new char[len+1];
  for(int i=0; i<n; i++)        //  將新配置的空間填上空白
    data[i] = ' ';
  data[n] = 0;                  //  在字串最後面加上結束字元
}

Str::Str(const Str& s)
{
  len = s.len;                  // 複製字串長度
  data = new char[len+1];       // 先配置新空間
  strcpy(data, s.data);         // 再複製字串
}
```

第 34 ~ 39 行即為複製建構函式, 其中第 37 行用 new 配置新的空間, 再於第 38 行呼叫標準函式庫的字串複製函式 strcpy() 將參數物件 s 的字串內容複製過來。

定義好 Str 類別的內容後, 我們可在程式中含括這個 .h 檔, 然後在程式中以既有物件初始化新物件, 以測試複製建構函式：

程式 Ch09-07.cpp 建立字串物件及複製字串的範例

```
#include "Ch09-07.h"           // 含括自訂的含括檔

int main()
{
  Str hello("Hello World!"); // 呼叫有參數的版本
  Str world = hello;         // 用舊物件初始化新物件
  hello.show();
  world.show();
}
```

執行結果

```
Hello World!Hello World!
```

Visual C++ 2005 會對使用 strcpy() 的敘述發出警告, 請暫不予理會。

9-3 解構函式

和建構函式相對的成員函式稱為**解構函式** (Destructor), 建構函式是在物件建立時被呼叫, 而解構函式則是在物件的生命期結束時 (或是以 delete 來將 new 配置的物件釋放時), 會由編譯器自動呼叫以進行善後工作的成員函式。舉例來說, 如果在建構函式中曾配置新的記憶體空間, 那麼就必須利用解構函式來將之釋回給系統。

解構函式的名稱是在類別名稱前加上一個 ~ 符號。此外解構函式不但不可有傳回値，而且也不可以接收任何參數。換句話說，它是不能夠多載的，每一個類別只能有一個解構函式。例如：

```
class A {
public:
  A(int size = 1)          // 建構函式，有配置空間
    { p = new int[size]; }
  ~A()                      // 解構函式，釋回所配置的空間
    { delete [] p; }
private:
  int *p;
};

int main()
{
   A i(5);    ←─在 i 被建立後，由建構函式配置
                5 個 int 的空間給 i.p
   ...
}             ←─在 i 被釋回前，自動呼叫解構函式
                將 i.p 所指的空間釋放掉
```

請注意，物件本身的空間是由系統負責建立和釋回的，以上面的 main() 來說，在執行 "A i(5);" 時：

1. 系統先為 i 物件配置空間：　i 物件　成員 p

2. 呼叫建構函式，配置 5 個 int 空間，並將其位址存入資料成員 p 中：

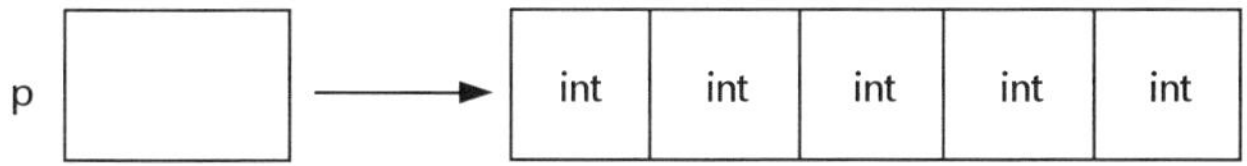

當 main() 執行到結尾的 }, 也就是 i 的生命期結束, 這時候會做下面 2 個動作：

1. 呼叫解構函式將 p 所指的空間釋回。
2. 系統將 i 本身的空間釋放掉。此項處理與解構函式無關。

如果是用 new/delete 配置 / 釋放物件的空間, 也會有類似的建構及解構過程, 例如：

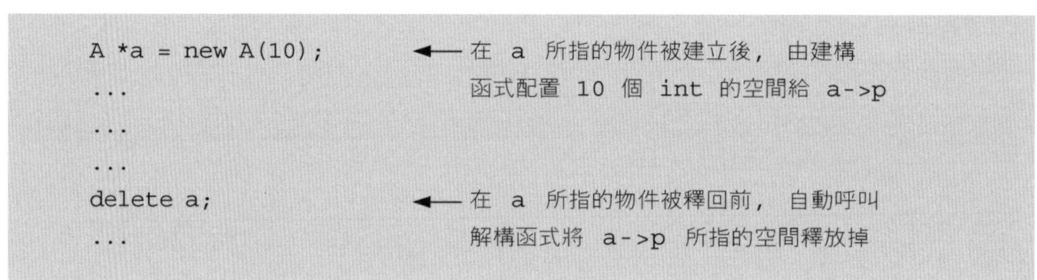

A *a = new A(10);
在 a 所指的物件被建立後, 由建構函式配置 10 個 int 的空間給 a->p
...
...
...
delete a;
在 a 所指的物件被釋回前, 自動呼叫解構函式將 a->p 所指的空間釋放掉
...

執行 "A *a = new A(10);" 敘述時, 會進行如下的初始化過程：

1. 系統配置指標變數 a 的空間：

2. 用 new 配置物件本身的空間, 並將其位址指定給 a 指標：

3. 呼叫建構函式, 配置 10 個 int 空間, 並將其位址存入資料成員 a->p 中：

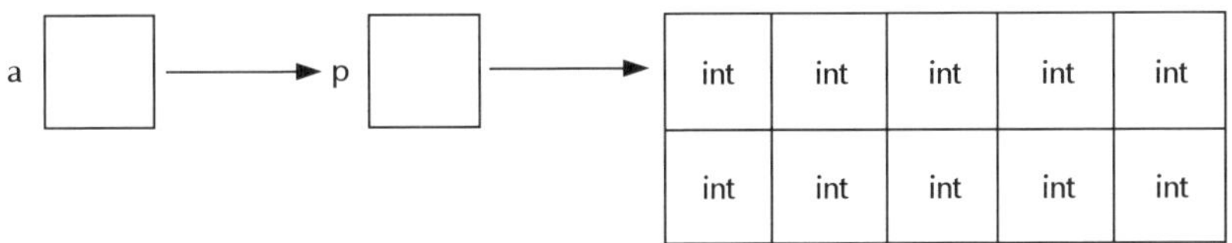

最後執行 "delete a;" 敘述時, 所做的善後工作包括：

1. 在將物件本身的空間釋回以前, 先呼叫解構函式將其資料成員 p 所指的空間釋回。
2. 系統將物件本身的空間釋回 (指位器 a 的空間要等到其生命期結束時, 才由系統將之釋放掉)。

然而, 對一個具有永久生命期的物件 (全域物件或靜態物件) 來說, 它的解構函式則是在程式結束時才被呼叫。以下範例簡單示範解構函式被呼叫的情形：

程式 Ch09-08.cpp 解構函式呼叫範例

```
#include <iostream>
using namespace std;

class Destruct {
public:
  Destruct(char ch = ' ')
  {
    c = ch;
    cout << "...呼叫了 " << c << " 的建構函式" << endl;
  }
  ~Destruct()              // 解構函式
  {
```

```
    cout << "...呼叫了 " << c << " 的解構函式" << endl;
  }
private:
  char c;
};

Destruct a = 'a';  // 全域物件

void funct()
{
   static Destruct b = 'b'; // 靜態物件
   Destruct c = 'c';         // 局部物件
}

int main()
{
   cout << "程式開始, 先呼叫 funct()" << endl;
   funct();
   cout << "程式結束了！" << endl;
}
```

執行結果

```
...呼叫了 a 的建構函式
程式開始, 先呼叫 funct()
...呼叫了 b 的建構函式
...呼叫了 c 的建構函式
...呼叫了 c 的解構函式
程式結束了！
...呼叫了 b 的解構函式
...呼叫了 a 的解構函式
```

程式中有 3 個物件分別是全域、局部靜態、局部物件，由執行結果可發現全域變數會在程式開始執行前就先建構，它們的建構順序為：

全域物件 (a) → 局部靜態物件 (b) → 局部物件 (c)

解構的順序則是倒過來：

局部物件 ──► 局部靜態物件 ──► 全域物件
(c) (b) (a)

局部物件會在函式結束時就結束其生命期，並引發解構函式執行；而全域及局部靜態物件，都是等程式結束後才結束其生命期，所以在上述執行結果中，是在程式執行第 31 行的敘述後，才會執行 a、b 物件的解構函式。

用解構函式釋放記憶體空間

前一章提到類別中有指標型別的成員時，有幾項工件必須自行處理，首先就是在建構函式及複製建構函式中處理指標成員的初始化 (例如配置新的記憶體空間)，另一項則是在物件生命期結束時，需用解構函式釋放原先所配置的記憶體空間。

以前面的自訂字串類別爲例，應在解構函式中釋放用來存放字串的動態配置記憶體空間，修改後的內容如下：

程式　Ch09-09.h　在解構函式中釋放記憶體空間

```
#include<iostream>
#include<cstring>
using namespace std;

class Str {              // 陽春的字串類別
public:
  void show() { cout << data; }
  Str(const Str&);
  Str(const char * ptr);
  Str(int);
  ~Str() { delete [] data; } // 解構函式
private:
```

```
13   char * data;        // 指向字串的指標
14   int len;            // 字串長度
15 };
     ...以下內容與 Ch09-07.h 相同, 故省略
```

第 11 行的解構函式 ~String() 中的 delete 的敘述寫成 "delete [ ] data;", 是第 7 章介紹過的釋放陣列空間的語法。因爲我們在 Str 類別的建構函式中, 是用 "new char[len+1]" 的方式配置記憶體, 所以釋放時就要用上述的語法。

定義好 Str 類別的內容後, 我們可在程式中含括這個 .h 檔, 然後在程式中測試解構函式：

程式 Ch09-09.cpp 測試新 Str 類別的主程式

```
#include "Ch09-09.h"            // 含括自訂的含括檔

int main()
{
  Str a=5;  // 相當於 a="     ";
  a.show(); cout << endl;
  Str b("abcde");
  b.show(); cout << endl;
  Str c = Str("C++");
  c.show(); cout << endl;
  Str *d = new Str("阿善師");
  d->show();
  delete d;
}
```

執行結果

```
                ← 第一個字串是 5 個空白
abcde
C++
阿善師
```

9-4 物件的陣列

定義好的類別就像是基本型別一樣，所以我們也可以用來定義物件的陣列。例如：

```
String a[10];
```

編譯器在建立每個元素時都會自動呼叫預設建構函式。在使用物件時，我們可以用中括弧 [] 來指明是哪一個元素，例如：

```
a[1].show;
```

在定義物件陣列時，也可爲每一個元素設定初值，其方法和一般的陣列相似：

```
Str a[2] = { "abcde", 22 }
Str b[3] = { 100, Str("aaa"), "bbb");
Str c[] = { 1, 2, 3 };    // [] 之中的數目可省略
```

編譯器會依大括號中的所列值，爲對應的元素呼叫格式相符的建構函式，若大括號內的初始值數目比指定的陣列元素少，則其它元素就用預設建構函式來初始化。請參見以下範例：

程式 Ch09-10.cpp 建立 Str 物件陣列

```
#include "Ch09-09.h"     // 直接用前一範例的含括檔

int main()
{
  Str array[4] = {10, Str("Apple "), "Pie"};
```

```
06
07   cout << "Str  物件佔用的位元組：" << sizeof(Str)    << endl
08        << "array陣列佔用的位元組：" << sizeof(array) << endl;
09   for(int i=0;i<4;i++)   // 用迴圈輸出各元素物件的字串
10     array[i].show();
11 }
```

執行結果

```
Str  物件佔用的位元組：8
array 陣列佔用的位元組：32
          Apple Pie
└────────┘
   └──── 前面空十個空白
```

我們在第 7 行輸出用 sizeof() 取得的類別及陣列大小, 分別是 8 和 32, 表示陣列恰好是 4 個 Str 物件的大小。因為物件中的資料成員只有記錄字串長度的 int 及指向字串的指標, 所以陣列大小為 (4+4)x4=32 。請注意, 這個大小並不包括建構函式所動態配置的記憶體空間, 所以即使我們存放含 100 個字元的字串, 物件本身的大小仍是固定的。

另外, 我們也可以用 new 來建立物件陣列, 不過這時就不能設定各物件的初值了, 例如：

```
String *p = new String[10];
```

在物件陣列的生命期結束時, 編譯器會為每一個元素分別呼叫解構函式, 如此才能保證所有由建構函式配置的記憶體都被釋放掉。再次提醒讀者, 如果使用：

```
delete p;
```

則將只有陣列的第一個元素會呼叫解構函式，這是因爲編譯器並不知道 p 所指的是一個陣列。我們必須在 delete 和指位器之間加上一個 [] 才行 (不必指明陣列的元素數目)：

```
delete [] p;
```

事實上，加上 [] 的目的只是要編譯器爲每一個元素都呼叫解構函式，所以如果類別內並沒有定義解構函式的話，在使用 delete 時加不加 [] 都無所謂。

9-5 成員初始化串列

我們可在定義物件時即指定資料成員初始值，讓建構函式可初始化資料成員。但如果資料成員是其它類別的物件，這時該如何初始化這種物件型的資料成員？

其實當我們用類別來定義物件時，系統會先爲類別內的資料成員配置好記憶空間，這個動作稱爲『初始化』，接著系統才會呼叫適當的建構函式來設定各資料成員的初值。換言之，建構函式中各敘述的功用只是將初始值『指定』給各資料成員。舉例來說，假設有個存款帳戶類別是以 Str 字串類別的物件記錄帳戶名稱：

```
class Account { // 帳戶類別
  ...
private:
    Str name;    // 帳戶名稱
    double balance;
};
```

這時要如何在 Account() 建構函式中初始化 name 的值呢？由本章開頭的介紹已知：在執行 Account() 建構函式前，編譯器會先呼叫 Str() 建構函式來建構 name 成員，所以我們最多只能用 Str 類別提供的設定字串成員函式(假設有) 來設定 name 的字串值，這樣一來又無法享受到建構函式所提供的便利性。其次，如果 Str 類別未提供無參數的預設建構函式，則 Account 類別將無法使用，因爲編譯器將找不到預設建構函式來建構 name 成員。

爲解決這個問題，C++ 提供另一種物件初始化的方法，稱爲**成員初始化串列**(Member initialization list)。成員初始化串列顧名思義，可指定各資料成員在初始化時所用的初始值，讓系統在初始化資料成員時，即可先設定好初始值，不必再於建構函式中用指定的方式設定其值。對物件成員而言，成員初始化串列中所設的初始值，就會成爲呼叫其建構函式的參數。成員初始化串列需放在建構函式**定義**的參數列後面，其格式如下：

```
class AA {
public:
  AA(...) : 資料成員名稱 (初始值或運算式), ...
          ↑
          冒號後即爲成員始化串列
```

初始值運算式可以是常數、變數，或是複雜的運算式。例如剛才的帳戶類別即可透過如下的成員初始化串列，呼叫資料成員的建構函式：

```
Account::Account(char *s, double d) : name(s)
{                                     └──┬──┘
  balance = d;                      成員初始化串列，以 s 爲 name 的
    ↑                               初始值呼叫其建構函式
}   │
  未列在成員初始化串列，所以是先初始
  化好 balance，再將 d 的值指定給它
```

基本資料型別的成員也可用成員初始化串列來初始化，不過這樣做不會有任何效能上的改進，例如：

```
class Time {
public:
  Time(int h, int m, int s):hour(h), min(m)
  {
    sec = s;
  }
private:
  int hour, min, sec;
}
```

成員初始化串列，以 h 爲 hour 的初始值
以 m 爲 min 的初始值

以下就是實作上述銀行存款帳類別的簡例：

程式 Ch09-11.cpp 從成員初始化串列設定成員的初值

```
#include<iostream>
#include "Ch09-09.h"     // 直接用前面範例的含括檔
using namespace std;

class Account {            // 存款帳戶類別
public:
  Account(char *, double);     //  宣告時不用加上成員初始化串列
  void show();
private:
  Str name;                // 帳戶名稱是 Str 類別的物件
  double balance;       // 帳戶餘額
};

Account::Account(char *s, double d) : name(s)
{                        // name 成員是在成員初始化串列中設定的
  balance = d;   // 在建構函式內只有指定帳戶餘額
}

```

```
void Account::show()
{
  name.show();
  cout << "的帳戶還有 " << balance << " 元";
}

int main()
{
  Account mary("馬力",5000); // 建構帳戶物件
  mary.show();               // 顯示帳戶資訊
}
```

執行結果

```
馬力的帳戶還有 5000 元
```

除了物件成員外，參考型別及 const 型別的資料成員也必須使用成員初始化串列來初始化其值。因為大家應還記得：參考型別及 const 變數都必須在定義時即設定其值，不能在宣告後才指定新的值，換言之這類資料成員都不能在建構函式中指定其值，而必須用成員初始化串列在配置空間時，即做好初始化其值的工作。

```
class Test {
public:
  Test(int a, int b, int c);
private:
  int i;
  int& ri;          // 參考型別的資料成員
  const int ci;     // 唯讀的資料成員
};
```

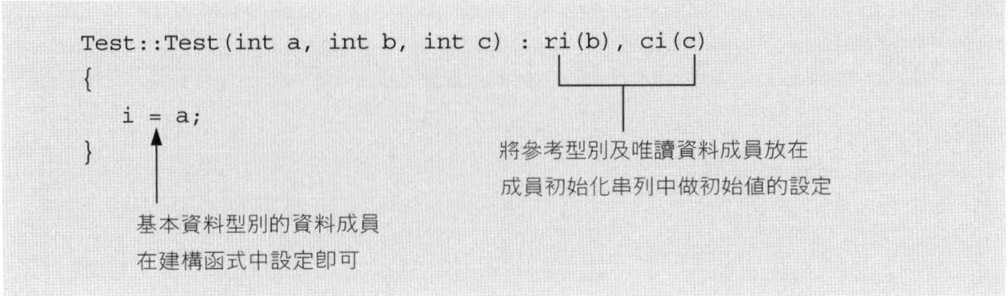
Test::Test(int a, int b, int c) : ri(b), ci(c)
{
i = a;
}
將參考型別及唯讀資料成員放在
成員初始化串列中做初始值的設定
基本資料型別的資料成員
在建構函式中設定即可

這樣一來, 用上列建構函式建立 Test 的物件時, 系統就會在建立 ri 資料成員的同時, 即將它參考到 b；在建立 ci 資料成員時, 就以 c 爲其初始值。

最後要提醒讀者, 每個資料成員在串列中只能出現一次, 而且各資料成員在成員初始化串列中的次序並不重要, 因爲系統在爲資料成員配置空間時, 乃是依照它們在類別定義中的出現順序來執行, 所以和串列中的排列順序完全無關。例如：

```
class AA {
public:
  AA(char* x, char* y, char* z) : c(z), b(y), a(x)
  { ... };
private:
  Str a, b, c;
};
```

初始化的順序是 a、b、c
而非在初始化串列中出現的
順序 c、b、a

9-6 綜合演練

9-6-1 複數類別的強化(建構函式)

在前一章我們建立了一個複數類別, 但其使用非常不便, 最主要的原因之一, 就是沒有設計建構函式, 所以現在我們就爲它加上適當的建構函式, 簡化物件的初始化：

程式 Ch09-12.cpp 加上建構函式的複數類別

```
#include<iostream>
using namespace std;

class Complex {
public:
  Complex(double r=0,double i=0) {real = r; image = i;}
  Complex add(Complex a)        // 加法
    {return Complex(real + a.real, image + a.image);}
  Complex minus(Complex a)      // 減法
    {return Complex(real - a.real, image - a.image);}
  void show()
    {cout << '(' << real << ',' << image << "i)"; }
private:
  double real;          // 實部
  double image;         // 虛部
};

int main()
{
  Complex c1,c2(3),c3(2,1);  // 建構 3 個複數物件

  c1.show();  cout << " 加 "; c3.show();
  cout << " 等於 ";   c1.add(c3).show();

  cout << endl;

  c2.show();  cout << " 減 "; c3.show();
  cout << " 等於 ";   c2.minus(c3).show();
}
```

執行結果

```
(0,0i) 加 (2,1i) 等於 (2,1i)
(3,0i) 減 (2,1i) 等於 (1,-1i)
```

第 6 行的建構函式同時為兩個參數都設定預設值, 所以建立物件時, 可以不加任何參數 (複數值為 0)、只指定實部 (虛部為 0)、或是自行指定實部與虛部的值。

在加減法的運算部分, 使用起來仍相當不便, 不能像使用基本資料型別一樣, 直接以內建的運算子進行基本的運算, 這些要留待下一章學會運算子的多載後, 再來提升 Complex 類別的功能。

9-6-2 圓形類別的建構函式

大家在國中學習幾何時, 決定圓的方式通常是用圓心座標 (x,y) 加上其半徑, 但在程式設計的繪圖世界中, 要在畫面上畫出圓形時 (或橢圓), 通常是以指定圓的『外切矩形』的座標來決定:

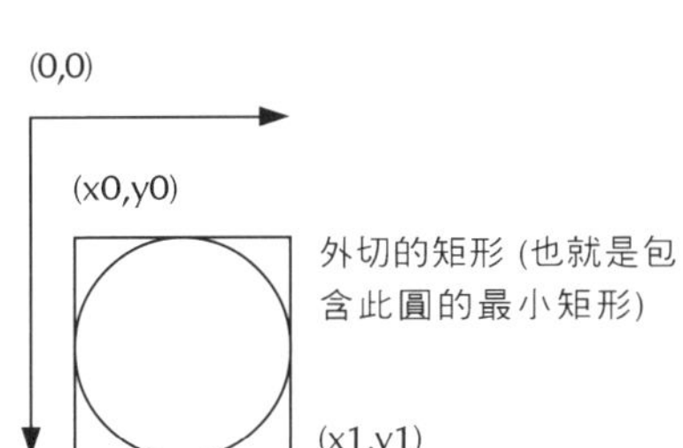

如圖所示, 這種指定方式需指定外切矩形的左上角及右下角座標, 然後程式會根據這個座標, 畫出在矩形內部的圓形 (若矩形不是正方形, 就會畫出橢圓形)。若我們要設計一代表圓的類別, 並讓使用者能以『指定圓心座標及半徑』或是『圓的外切正方形』的方式來建立其物件, 則需設計可應用於此兩種狀況的建構函式, 範例程式如下:

程式 Ch09-13.cpp 有兩種建構函式的圓形類別

```
#include<iostream>
using namespace std;

class Circle {
public:
  Circle(double,double,double);
  Circle(double,double,double,double);
```

```
  double area() { return 3.1415926 * r * r; }  // 計算圓面積
  double circum() { return 3.1415926 * 2 * r; }// 計算圓週長
private:
  double x,y;          // 圓心座標
  double r;            // 半徑
};

Circle::Circle(double x0,double y0,double r0 = 1)
{
  x = x0; y = y0; r = r0;
}

Circle::Circle(double x0,double y0,double x1, double y1)
{
  double w = min(  (x1>x0)? (x1-x0):(x0-x1),     // 計算正方形邊長
                   (y1>y0)? (y1-y0):(y0-y1) );
  r = w/2;        // 半徑爲寬或高的一半
  x = x0 + r;     // 算出圓心的 x 座標
  y = y0 + r;     // 算出圓心的 y 座標
}

int main()
{
  Circle c1(3,5),c2(10,10,30,30);
  cout << "c1 的面積爲 " << c1.area() << endl;
  cout << "c2 的圓周長爲 " << c2.circum() << endl;
}
```

執行結果

```
c1 的面積爲 3.14159
c2 的圓周長爲 62.8319
```

1. 第 11、12 行宣告 3 個資料成員：圓心座標 (x,y) 及半徑 r。

2. 第 8、9 行爲計算圓面積及圓周長的成員函式。

3. 第 15 行的建構函式是以傳入圓心座標及半徑的方式建構物件, 其中半徑可省略, 預設值爲 1。

4. 第 20 行的建構函式是以傳入外切矩形的兩個點座標來定義圓, 因爲怕使用者誤輸入的是『長方形』或非正方形的座標點, 所以建構函式會先取較小的一邊爲正方形的邊長 (min( )是 C++ 內建函式, 會傳回 2 參數中的較小值), 再用此值計算圓心座標及半徑。爲方便使用, 函式未限制一定要將較小的座標點當成第 1 對參數, 所以程式在計算時, 需先比較座標點的大小, 以免計算出來的半徑爲負值。

學習評量

1. 以下何者爲眞？

   a.定義類別時一定要定義建構函式, 否則無法產生物件。

   b.建構函式一定要傳入參數。

   c.同一類別中可以擁有多個建構函式。

   d.以上皆爲眞。

2. 有關建構函式, 以下何者爲眞？

   a.建構函式必須和類別同名。

   b.使用 new 產生物件時只會叫用不需參數的建構函式。

   c.建構函式可以傳回物件本身。

   d.以上皆爲眞。

3. 以下程式有何錯誤？應如何修正？

```
class Test {
    int x,y;
  public:
    Test(int x,int y)
     {
      this.x =x;
      this.y =y;
     }
};

int main()
{
  Test t = new Test();
  t.Test(3,3);
}
```

4. 下列何者為真？

a.物件建立時，會呼叫建構函式以配置記憶體空間並設定初始值。

b.建構函式的參數必須有預設值，以免新物件無初始值。

c.解構函式是負責物件生命期結束前的善後處理。

d.以上皆是。

5. 下列何者為真？

a.靜態資料成員必須用預設建構函式設定其初始值。

b.成員初始化串列中的預設值可以是運算式。

c.解構函式必須由系統自動呼叫，程式中不可自行呼叫解構函式。

d.以上皆是。

6. 下列何者為真？

a.編譯器會自動產生預設建構函式。

b.編譯器會自動產生複製建構函式。

c.建構函式沒有傳回值。

d.以上皆是。

7. 以下何者為真？

a.const 成員必須在建構函式中設定初值。

b.const 成員必須在成員初始化串列中設定初值。

c.參考型別成員不能設定初值。

d.以上皆是。

8. 以下何者為複製建構函式的使用時機？

a.程式中用 == 運算子比較物件的值。

b.函式傳回物件時。

c.函式傳回物件參考時。

d.以上皆是。

9. 以下何者正確？

a.成員初始化串列中的資料成員順序，與實際初始化順序無關。

b.若類別中有其它類別的物件成員，可用成員初始化串列初始化其值。

c.基本資料型別的成員也可以用成員初始化串列初始化其值。

d.以上皆是。

10. 下列何者爲眞？

a.this 是指標型別，所以要在建構函式中爲其配置記憶體空間。

b.建構函式與一般函式的差異之一是前者必須與類別同名。

c.解構函式可以多載，以應用於不同類型的物件。

d.以上皆是。

程式練習

1. 請設計一個 Car 類別, 其資料成員包括油箱目前油量及車重, 並設計必要的建構函式, 建構函式需檢查參數中的目前油量及車重是否超過指定的上限值 (例如油量不能超過油箱總容量)。

2. 續上題, 請在類別中加入一靜態資料成員記錄目前物件總數, 並在建構函式及解構函式中維護正確的物件總數值。

3. 請撰寫一個程式, 其中包含一個類別 Dates, 並在建構函式中初始化一個包含有 7 個元素的字串陣列, 各個元素對應到星期一到星期天的英文縮寫, 並提供一個成員函式 askDate(), 傳入 1~7 的數字, 傳回對應的英文縮寫。

4. 續上題, 再加入一個方法 toChinese(), 可用星期的英文縮寫爲參數呼叫之, 函式會傳回對應的中文星期名稱。

5. 請修改 Ch09-02.cpp 的 Clock 類別, 增加建構函式可設定目前的時間, 另有一 setAlarm() 成員函式可設定鬧鐘時間。

6. 請撰寫一個代表矩形的類別 Rectangle, 並提供多種建構方法, 例如可以指定左上角頂點座標及長寬值；或是左上角及右下角頂點座標。

7. 承上題, 請新增 1 個成員函式, 傳回 bool 型別, 表示該矩形是否爲正方形。

8. 繼續上一題, 請為 Ch09-13.cpp 的圓形類別增加一個建構函式, 可使用 Rectangle 物件為參數。

9. 試設計一學生類別, 內含學號、學生姓名及數學、英文成績, 並設計適當的建構函式。

10. 續上題, 若學生中可能有同名同姓, 但學號不能相同, 請撰寫合適的複製建構函式使用。

運算子多載

學習目標

- 認識何謂運算子多載
- 設計物件與基本資料型別的型別轉換
- 設計不同類別間的型別轉換方式
- 讓物件可與輸出入串流結合

當我們設計好類別時，會希望能以類似操作基本資料型別變數一樣來操作類別物件，例如變數可以做加法運算 "i+j"，我們可能也想讓兩個字串能用 '+' 運算子把它們連接成一個新的字串。要達到這個目的，就必須使用『運算子多載』，因爲在 C++ 中，運算子也被視爲函式的一種，所以只要定義多載的運算子行爲，就能讓這些運算子直接用在我們的類別上。

10-1 一般運算子的多載

在 C++ 中，運算子也是一種函式，我們可以用函式的形式來表示運算子，只要在運算子的符號前面加上一個關鍵字 operator 即可：

```
3 + 4;              // 二式代表相
operator+(3, 4); // 同的意義

6 * 7 / 8;                              // 二式代表相
operator/(operator*(6, 7), 8); // 同的意義
```

既然運算子也是函式，我們當然可以用多載的方式來爲它定義新的功能，如此一來，運算子運算也可成爲一種類別的操作方法了。當定義好一個類別之後，大部份的運算子均不能用於類別之上，除非我們另行定義這些運算子的多載函式，也就是定義該函式 (運算子) 可以接受該類別物件爲參數的版本。

編譯器會自動爲類別定義指定運算子 (=) 和取址運算子 (&) 的功能，因爲它們是最常會被用到的運算子，不過我們還是可以另外定義這兩個運算子的行爲。

在說明如何多載運算子前，我們要先看一下有哪些運算子是可以多載。以下就是我們可多載定義的運算子：

```
( )      [ ]      ->       !       ~        +       -
&        *        ++       --      (type)   new     delete
->*      /        %        >>      <<       <       <=
>        >=       ==       !=      &        ^       |
&&       ||       =        +=      -=       *=      /=
%=       >>=      <<=      &=      ^=       |=      ,
```

至於不可多載定義的運算子則只有以下 5 個：

```
::      .      sizeof    .*      ?:
```

符號也不可以多載，不過它是前置處理指令的符號而非 C++ 運算子。

另外要特別提醒大家，定義運算子的多載，只能重新定義其運算方式，並無法更改它們的運算優先順序和結合順序，例如乘除仍是優先於加減；此外我們也不能重新定義內建資料型別的運算方式，例如我們不能重新定義整數的加法：

```
int operator+(int, int); // 會產生編譯錯誤，因爲多載整數的加法
```

運算子多載不僅可應用於類別，也可以應用於第 3 章介紹過的列舉資料型別，不過只有部份運算子可在應用於列舉資料型別時做多載定義，本章將只介紹運算子多載在類別上的應用，在列舉資料型別的應用讀者可自行舉一反三。但需注意，列舉型別不可定義以下運算子的多載：

```
[ ]      =      ()      ->      ->*      (type)
```

換言之，只有類別才能多載上列運算子。

10-1-1 單元運算子

我們先介紹只會用到一個運算元參與運算的單元運算子之多載方式，從函式的角度來看，單元運算子就是只需要一個參數的函式。如果我們將運算子的多載函式宣告為類別的成員函式，此時因類別物件本身即為運算元，所以就不必再另外為成員函式宣告參數。

以簡單的邏輯運算子！為例，原本指的是 not 的意思，如果我們自訂的字串類別想提供一個方法判斷物件所含的字串是否為空字串，我們就可多載！運算子，讓它可在字串為空字串時傳回 true，函式原型如下：

```
class Str;
bool operator!(Str);   // 多載 ! 運算子
```

由於這類函式通常都要存取類別中的資料成員，因此我們必須將它宣告為類別的夥伴，或是讓它成為類別的成員函式。就本例而言，成為類別的成員函式較為方便，因為如此可省下函式的參數（因為有隱含的 this 指標），所以我們將 Str 類別設計如下：

程式 Ch10-01.h　加入多載！運算子的 Str 字串類別

```
#include<iostream>
#include<cstring>
using namespace std;

class Str {              // 陽春的字串類別
public:
  void show() { cout << data; }
  Str(const Str&);
  Str(const char * ptr);
  Str(int);
  ~Str() { delete [] data; }  // 解構函式
  bool operator!() { return len==0; }  // 若字串長度為 0 即傳回真
```

```
13 private:
14   char * data;       // 指向字串的指標
15   int len;           // 字串長度
16 };
17
18 Str::Str(const char *s)
19 {
20   len = strlen(s);
21   data = new char[len+1];      //  配置新的記憶體空間
22   strcpy(data, s);             //  將字串內容複製到新的空間
23 }
24
25 Str::Str(int n=0)              //  只有指定字串長度的建構函式
26 {
27   if ( n < 0)                  //  若參數爲負值
28     n = 0;                     //  就將長度設爲 0
29   len = n;
30   data = new char[len+1];
31   for(int i=0; i<n; i++)       // 將新配置的空間填上空白
32     data[i] = ' ';
33   data[n] = 0;                 // 在字串最後面加上結束字元
34 }
35
36 Str::Str(const Str& s)
37 {
38   len = s.len;                 //  複製字串長度
39   data = new char[len+1];      //  先配置新空間
40   strcpy(data, s.data);        //  再複製字串
41 }
```

再次提醒, Visual C++ 2005 會對呼叫 strcpy() 等函式的敘述發出警告, 請忽略之。

第 12 行的 operator!() 函式就是運算子的多載, 此函式的傳回值爲布林型別, 函式中則是傳回字串長度 (len) 是否爲 0 的結果, 若字串長度爲 0 即傳回眞 (true)。使用此多載運算子時就像使用原本的 ! 運算子一樣, 在運算子後面接上 Str 類別的物件即可, 例如以下的程式：

程式 Ch10-01.cpp 以 ! 運算子判斷 Str 物件

```
#include "Ch10-01.h"     // 含括類別定義

int main()
{
  Str array[2] = {0, Str("Apple Pie")}; // 含 2 個字串物件的陣列

   for(int i=0;i<2;i++)   // 用迴圈輸出各元素物件的字串
     cout << "array[" << i << "] 的長度"
          << (!array[i]? "爲 0" : "不爲 0") << endl;
}
```

執行結果

```
array[0]的長度爲 0
array[1]的長度不爲 0
```

重新定義運算子的行爲就是這麼簡單, 以下再介紹幾個運算子多載的例子, 讓大家對運算子多載的應用有更進一步的認識。

正負號運算子

+ 、 - 運算子除了可當成加減法雙元運算子外, 也可當成單元運算子, 也就是表示數值的正負。而用在非數字性的類別, 則可設計成改變物件狀態或改變資料成員的形式等等, 舉例來說, 我們可將正負號設計成將字串中的字元全部變成大寫或小寫：

程式 Ch10-02.h 多載 +/- 運算子的 Str 字串類別

(僅列出部份程式碼, 其餘未列出的部份與 Ch10-01.h 相同)

```
#include<iostream>
#include<cstring>
#include<cctype>     // 用到字元轉換函式
using namespace std;

```

```
06 class Str {           // 陽春的字串類別
07 public:
08   void show() { cout << data; }
09   Str(const Str&);
10   Str(const char * ptr);
11   Str(int);
12   ~Str() { delete [] data; }  // 解構函式
13   bool operator!() { return len==0; }  // 若字串長度為 0 即傳回真
14   Str operator+();      // 將字串變成大寫
15   Str operator-();      // 若字串變成小寫
     ...
46 Str Str::operator+()
47 {
48   char* temp = new char[len];
49   strcpy(temp,data);
50   for(int i=0; i<len; i++)  // 將字元變成大寫的迴圈
51     temp[i]=toupper(temp[i]);        // 呼叫函式將字元變成大寫
52   return Str(temp);
53 }
54
55 Str Str::operator-()
56 {
57   char* temp = new char[len];
58   strcpy(temp,data);
59   for(int i=0; i<len; i++)  // 將字元變成小寫的迴圈
60     temp[i]=tolower(temp[i]);        // 呼叫函式將字元變小寫
61   return Str(temp);
62 }
```

這兩個多載函式都是建立暫存的字元陣列，然後修改字元成大寫或小寫，最後以另外的 Str 物件傳回修改過的內容，函式並未更動物件本身的值，這也是模仿正負號原本的行為：我們在整數變數前加上正負號時，並不會更改『變數本身』的正負值。在替您的類別設計多載的運算子時，應盡量讓各運算子符合其原有的行為。第 51 、 60 行呼叫的 toupper() 、 tolower() 函式 (均宣告於 <cctype>) 分別會將參數字元轉成大寫或小寫。

以下的範例程式，則是測試新設計的多載運算子的功能：

程式 Ch10-02.cpp 測試字串類別的 +/- 運算子

```
#include "Ch10-02.h"

int main()
{
  Str test("Bjarne Stroustrup ");
   // 因 . 運算子較優先, 所以要加上括號
   (+test).show();     // 全部大寫
  test.show();
   (-test).show();     // 全部小寫
}
```

執行結果

```
BJARNE STROUSTRUP Bjarne Stroustrup bjarne stroustrup
```

遞增遞減運算子

遞增遞減運算子 (++/--) 可分爲前置及後置兩種，雖然它們都算是單元運算子，但爲了分辨其間的差異，在設計後置的遞增遞減運算子時，是把它們視爲還有一個整數變數的雙元運算子，因此本節只先介紹前置遞增遞減運算子的設計，稍後再另行說明後置操作時的多載方式。

前置操作時，多載的函式成員不接收任何參數。至於物件的遞增或遞減要代表什麼意思，可依類別的性質來設計，以一個表示時間的簡單類別爲例，我們可將這兩個運算子多載成讓物件的時間增加或減少一秒，程式設計如下：

程式 Ch10-03.cpp 可遞增遞減的時間類別

```
#include<iostream>
using namespace std;

class Time {
public:
  Time(int,int,int);     // 只有一個建構函式
  void show()
  {
    cout << hour << "點" << min << "分" << sec << "秒" << endl;
  }
  Time& operator++();
  Time& operator--();
private:
  int hour, min, sec;   // 代表時分秒的成員
};

Time::Time(int h =12 ,int m=0 , int s=0)
{
  hour = (h>=0 && h<=23) ? h:12;      // 檢查 h 是否在 0 至 23 間
  min  = (m>=0 && m<=59) ? m:0;       // 檢查 m 是否在 0 至 59 間
  sec  = (s>=0 && s<=59) ? s:0;       // 檢查 s 是否在 0 至 59 間
}

Time& Time::operator++()
{
  if (++sec == 60) {            // 若變成 60 秒
    sec = 0;                    // 則設為 0 秒並加 1 分
    if (++min == 60) {          // 若變成 60 分
      min = 0;                  // 則設為 0 分並加 1 小時
      if (++hour == 24)         // 若變成 24 時
        hour = 0;               // 則設為 0 時
    }
  }
  return *this;
}
```

```
36
37 Time& Time::operator--()
38 {
39   if (--sec == -1) {            // 若變成 -1 秒
40     sec = 59;                   // 則設爲 59 秒並減 1 分
41     if (--min == -1) {          // 若變成 -1 分
42       min = 59;                 // 則設爲 59 分並減 1 小時
43       if (--hour == -1)          // 若變成 -1 時
44         hour = 23;              // 則設爲 23 時
45     }
46   }
47   return *this;
48 }
49
50 int main()
51 {
52   Time t1(9,59,59);
53   Time t2(10);
54
55   (++t1).show();
56   (--t2).show();
57 }
```

執行結果

```
10點0分0秒
9點59分59秒
```

雖然只是單純的將秒數加一或減一，但在遇到 59 秒加到 60 秒及 0 秒減成 - 1 秒時，都要重新調整秒及分的數字；同理，分、時這 2 個資料成員加減時也要檢查是否超過合理的範圍，並做對應的調整。這兩個函式都設計成傳回物件本身的參考，所以在第 55 、 56 行可直接用傳回值呼叫成員函式，顯示所記錄的時間。

以夥伴函式設計多載運算子

多載的運算子不但可設計成函式成員外，我們也可將之設計為夥伴函式。以前述的單元運算子為例，要將它們設計成夥伴函式時，首先必須將函式改成接受一個類別物件為參數，而在函式中也必須透過這個參數來存取物件中的資料成員。

以前一個遞增遞減運算子多載為例，改成夥伴函式的設計方式時，只需將程式修改成：

程式　Ch10-04.cpp 以夥伴函式設計多載運算子

(以下僅列出與 Ch10-03.cpp 不同之處)

```
class Time {
  friend Time& operator++(Time&);
  friend Time& operator--(Time&);
   ...
Time& operator++(Time& t)                 // 夥伴函式
{
  if (++t.sec == 60) {
    t.sec = 0;
    if (++t.min == 60) {
       t.min = 0;
       if (++t.hour == 24)
         t.hour = 0;
    }
  }
  return t;                               // 傳回物件
}
   ...
```

雖然函式的設計方式不同，但使用的方式仍一樣，直接將運算子放在物件名稱之前即可。

10-1-2 雙元運算子

大部份的運算子都是雙元運算子，亦即需作用在兩個運算元上，因此在設計其多載函式時，需比多載單元運算子多一個參數，這個參數可能是同型物件、其它類別物件、或基本資料型別的變數等，所以如果有必要，我們也可為同一個運算子設計數個不同版本的多載函式。

在設計雙元運算子的多載函式時，要注意使用該運算子時，物件是否可放在運算子之前或之後。舉例來說，若要為複數類別設計可與一般數值變數或常數相加、減的多載函式，且希望程式可寫成：

```
Complex c;
...
c + 3;      // 可為成員函式
5 + c;      // 需設計成夥伴函式
```

就必須至少提供兩種版本的加法多載函式，例如其中之一是以整數為參數的成員函式 (或第 1 個參數是物件的夥伴函式)；另一個則是第 1 個參數為整數，第 2 個參數為物件的夥伴函式。

還有一種方法則是提供型別轉換的多載函式，如此可免去設計多種加法多載函式的麻煩，型別轉換的函式會在下一節介紹。

四則運算

加減乘除運算子是最常用到的多載運算子，當然在設計時，仍需考量各運算子之於類別的意義。例如對字串類別而言，『字串 * 字串』或『字串 / 字串』似乎沒有一般人共識的意思；但如果是『字串 + 字串』，很容易就能想成是將兩個字串連在一起。以下的範例就是替 Str 字串類別定義了多載的加法運算子，而且有與另一個 Str 物件相加，以及與字元指標相加兩種版本：

程式 Ch10-05.h 可做字串相加的 Str 字串類別

僅列出部份程式碼, 其餘未列出的部份與 Ch10-02.h 相同

```
class Str {            // 陽春的字串類別
public:
  ...
  Str operator+(Str);      // 與另一物件相加
  Str operator+(char *); // 與指標所指的字串相加
  ...
Str Str::operator+(Str s)
{
  Str tmp(len + s.len);        // 先建立暫存物件
                               // 設定長度爲兩字串的長度和
  strcpy(tmp.data, data);      // 複製前半字串
  strcat(tmp.data, s.data);    // 複製後半字串
  return tmp;   // 將串接的結果傳回, 以參與後續的運算
}

Str Str::operator+(char* ptr)
{
  Str tmp(len + strlen(ptr));// 先建立暫存物件
                               // 設定長度爲兩字串的長度和
  strcpy(tmp.data, data);      // 複製前半字串
  strcat(tmp.data, ptr);       // 複製後半字串
  return tmp;   // 將串接的結果傳回, 以參與後續的運算
}
```

這兩個函式都應用到另一個 <cstring> 中所宣告的公用函式 strcat(), 這個函式的功能就是將兩個字元陣列的內容接在一起, 其做法是將第 2 個參數陣列的內容複製到第 1 個參數陣列中的結束字元 ('\0') 開始的位置, 達到字串接字串的效果, 我們用以下的範例來實驗這 2 個函式的效果。

程式 Ch10-05.cpp 用 + 運算子連接兩個字串

```
#include "Ch10-05.h"     // 含括字串類別定義

int main()
{
  Str s1("Bjarne "), s2("Stroustrup");
  (s1 + s2).show(); // 將兩個字串物件加在一起
  cout << endl;
  (s1 + s2 + " designed C++").show(); // 將物件與字串常數加在一起
}
```

執行結果

```
Bjarne Stroustrup
Bjarne Stroustrup designed C++
```

由於 Ch10-05.h 中未設計複製建構函式, 所以在程式中不能將字串相加的結果指定給字串物件。如果想在程式中使用 "s1 = s1 + s2" 這樣的語法, 就必須在類別定義中設計可處理指標資料成員的複製建構函式。

足標運算子

足標運算子 [ ] 原本是用來存取陣列元素, 當我們的類別具有類似於陣列可存放多筆資料的性質時, 就可多載 [ ] 運算子, 讓它可存取指定的資料成員內容。

同樣以字串類別 Str 爲例, 我們可將 [ ] 定義爲取得字串中的第幾個字元, 如果要讓 [ ] 只能傳回該字元, 而不能用來改變指定位置的字元, 只需讓函式傳回字元即可：

```
char String::operator[](int i)
```

若要讓外部程式可透過 [ ] 運算子來指定字元值, 則需傳回字元參考：

```
char& String::operator[](int i)
```

我們將以下的內容插入先前的 Str 類別的宣告中 (僅列出部份程式碼)：

程式 Ch10-06.h 替字串類別加入 [ ] 運算子多載函式

```
#include<cassert>        // 使用 assert() 函式需含括的檔案
  ...
 char& Str::operator[](int i)
 {
    assert(i>-1 && i < len);  // 檢查是否超過範圍
    return data[i];           // 傳回字元的參考
 }
```

範例中的多載 [ ] 運算子會傳回物件中陣列元素的參考, 所以我們可以在程式中透過指定運算子指定新的字元給它, 就像使用一般字元陣列一樣：

程式 Ch10-06.cpp 以 [ ] 運算子取得字串中資料成員並指定新字元

```
#include "Ch10-06.h"     // 含括字串類別定義

int main()
{
  Str s1("moon "), s2("cake");
  s1[0] = 'n';    // 修改字串中第 1 個字元
  s2[2] = 'f';    // 修改字串中第 3 個字元
  (s1+s2).show();
}
```

執行結果

```
noon cafe
```

用 assert() 函式檢查變數是否合法

在上面實例中所用的assert(),是標準函式庫內的一個錯誤處理函式,使用前要含括<cassert>。assert() 的功能很簡單,當參數值為 true (或非 0 值),函式不會有任何動作,程式將繼續執行;但若傳入的參數其值為 false (或 0),則程式將會中止執行,並輸出如下的錯誤訊息:

```
Assertion failed: i>-1 && i < len, file d:\cpp\Ch10-06.h, line 20

This application has requested the Runtime to terminate it in an unusual way.
Please contact the application's support team for more information.
```

這個訊息提供了三種偵錯資料,包括傳入函式的參數 (或是條件運算式)、程式中止時所在的原始程式名稱和行號:

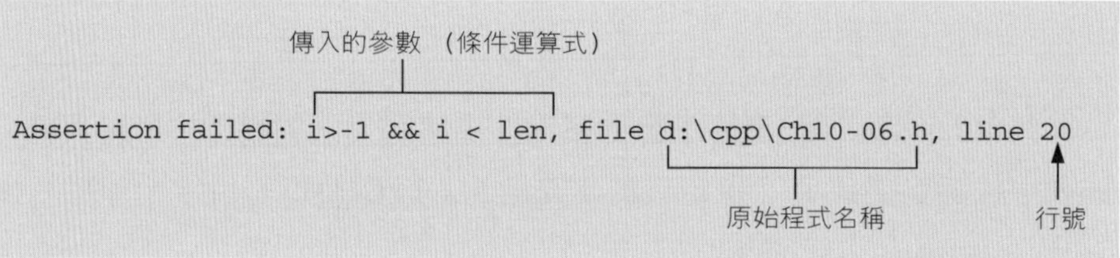

因此我們可以在程式中用assert() 函式來檢查特定變數的狀態,以免程式執行時發生問題。像上例中是檢查元素索引是否超出範圍,若讓程式隨意改變超出索引範圍的元素,可能就會動到不該動的變數或資料,如此將導致後續程式執行時發生錯誤或執行結果不正確。

後置遞增遞減運算子

為了區別前置與後置遞增遞減運算子, C++ 規定在多載後置的遞增遞減運算子時, 需在函式中加入一個額外的 int 參數:

```
X X::operator++(int);      // 以函式成員的形式定義

Y operator++(Y& y, int); // 以非函式成員的形式定義
```

不過由於遞增遞減運算子實際上不會用到這個額外的參數，因此可以只列出參數型別 int，不必有實際的變數名稱。當然在程式中使用後置的遞增遞減運算子時，也不必加上額外的 int 參數，不過編譯器在編譯時卻會自動多加一個參數 0，以對應到函式簽名相同的後置遞增遞減運算子：

```
X a;
a++;    // 沒有 int 參數，但編譯器會將之轉換成 a.operator++(0);
```

設計後置操作函式應該要符合 C++ 的原意：亦即先傳回原值再做加減。所以在設計後置操作函式時，可用一暫存物件保存物件的原值，等做完適當的遞增遞減處理後，再將所保存的原值傳回。例如：

```
X X::operator++(int)
{
   X tmp = *this;       // 先將原值保存起來
   // 進行遞增處理..
   return tmp;          // 將原值傳回
}
```

因為所傳回的是一個暫時的物件，所以此時傳回值的型別不可為物件的參考。舉例來說，我們現在想設計一個以 char 型別來儲存整數的類別，為此類別設計的前置及後置遞增運算子可寫成：

程式 Ch10-07.cpp 迷你整數類別 -- 示範前置與後置 ++ 的應用

```
#include <iostream>
using namespace std;

class ByteInt {
public:
  ByteInt(int i) { c = (char) i; }  // 建構函式
  void show()    { cout << (int) c << endl; }
  ByteInt &operator++();            // 前置遞增函式
```

```
  ByteInt operator++(int);        // 後置遞增函式
private:
  char c;          // 用來存放數值的資料成員
};

ByteInt& ByteInt::operator++()    // 前置遞增函式
{
  c++;
  cout << "前置 ++" << endl;      // 此行可刪除
  return *this;
}

ByteInt ByteInt::operator++(int) // 後置遞增函式
{
  ByteInt tmp = *this;              // 保存遞增前的值
  c++;
  cout << "後置 ++" << endl;      // 此行可刪除
  return tmp;                      // 傳回遞增前的值
}

void main()
{
  ByteInt b(5);
  (++b).show(); // 加 1 後顯示其值
  (b++).show(); // 再加 1, 但顯示加 1 之前的值
  b.show();      // 顯示最後結果
}
```

執行結果

```
前置 ++
6  ◄── 前置運算先遞增, 所以輸出值時已經加 1
後置 ++
6  ◄── 後置運算後遞增, 所以輸出值時還沒加 1
7  ◄── 之後再輸出一次才發現已加 1 了
```

第 21 ~ 27 行的後置遞增版本，先透過預設複製建構函式建立一暫存物件，再將物件本身的資料成員 c 遞增，並傳回成員函式中所建的暫存物件。第 17 、 25 行的敘述都只是顯示目前執行的是哪一個版本的遞增運算，實際上都可刪除。

在使用前置 / 後置遞增遞減運算子時要特別注意一點，在較舊的 C++ 規格中，對於遞增遞減運算子的多載，並無前置後置之分，在使用時無論前置或後置均呼叫同一個函式 (不加 int 參數的運算子函式)。所以新版的 C++ 爲了與舊版相容，如果我們只定義了前置操作函式，但在程式中卻使用到後置操作時，編譯器並不會產生錯誤，而只會提出警告，然後呼叫前置的版本。舉例來說，如果將上例中第 9 、 21 ~ 27 行的後置遞增版本刪除，則程式中呼叫後置遞增的敘述，將會變成執行前置遞增的動作。

10-2 指定運算子

前一章提過，當我們定義好一個類別後，編譯器會自動爲類別產生一個進行『逐成員複製』的複製建構函式，所以我們可以將同類別的物件指定給另一新物件。但如果物件已經建構好了，在使用中途才要將甲物件指定給乙物件：

```
X a,b;      // 宣告類別 X 的物件 a,b
X c = a;    // 建立新物件, 呼叫複製建構函式
...
b = a;      // 呼叫 operator=(X &)
```

和複製建構函式一樣，編譯器仍是會產生一個做『逐成員複製』的多載指定運算子，所以即使我們未多載指定運算子，也可用不同的物件互相指定新的值。

再次提醒，在定義新物件時雖然也是用 = 運算子來設定初始值，但此時呼叫的是建構函式；在物件建立後使用 = 運算子，才是呼叫多載的指定運算子：

但就像預設的複製建構函式不適用於資料成員有指標或其它不適合做逐成員複製的狀況一樣，預設的多載指定運算子也同樣不適用於上述的情況。因此這時候，我們就必須自訂多載指定運算子函式的內容，以進行必要的處理。

另一方面，指定運算子的應用面也比複製建構函式還要廣。指定運算子不僅能處理同型別物件之間的指定，我們也可以定義多個指定運算子多載函式的版本，將基本資料型別的變數或其它類型的資料指定給物件，如此一來，物件的指定方式更具彈性了：

```
Str s1("abc"), s2;
...
s2 = s1;      // 呼叫 operator=(Str&)  函式成員
s2 = "DEF"    // 呼叫 operator=(char*) 函式成員
```

以上列最後 1 個敘述為例，我們希望能將字串常數直接指定給字串物件，也就是讓字串所存的內容變得和常數字串相同，以成員函式的方法為例，就必須設計含一個常數字串參數的多載 operator=() 函式，如以下範例所示：

程式 Ch10-08.h 替字串類別加入 = 運算子多載函式

(僅列出部份程式碼，其餘未列出的部份與 Ch10-06.h 相同)

```
Str& Str::operator=(const Str&);    // 將同型物件指定給自己
Str& Str::operator=(const char*);   // 將字串常數指定給自己
...
```

```
92  Str& Str::operator=(const Str& s)
93  {
94    if(this != &s)                // 如果參數物件不是自己
95      return *this = s.data;   // 傳回呼叫另一版本的結果
96    return *this;               // 傳回物件本身
97  }
98
99  Str& Str::operator=(const char* s)
100 {
101   delete [] data;          // 釋放原指標所指記憶體
102   len = strlen(s);
103   data = new char[len+1];
104   strcpy(data, s);         // 複製字串
105   return *this;            // 傳回物件的參考
106 }
```

1. 第 92 ~ 97 行的指定運算子版本, 先進行一項檢查：參數是不是自己。這是爲了應付如下的狀況：

   ```
   Str a = "abc";
   a = a;
   ```

   在這種情況下, 根本不需做任何處理, 所以若 94 行的 if 敘述發現兩者相同, 就只要將物件本身傳回即可, 而不必做任何動作。若兩物件不是同一物件, 由於所要做的動作也是將參數物件中的字串指定給呼叫物件的字串, 所以爲簡化程式內容, 我們就直接取出參數物件的字串並指定給 *this, 如此將會呼叫另一版本的指定運算子。

2. 第 99 ~ 106 行的指定運算子版本, 會先將物件中指標資料成員所指的記憶體釋放, 然後將參數指標所指的字串長度指定給代表字串長度的資料成員。接著在第 104 行呼叫 strcpy() 函式將參數字串複製給物件中的資料成員, 最後並傳回物件參考。

由於我們多載的指定運算子都是傳回物件參考，所以我們可以將指定運算子與類別其它的成員函式串接使用。請參考以下的範例程式：

程式 Ch10-08.cpp 用 = 運算子指定物件所含的字串

```
01 #include "Ch10-08.h"     // 含括字串類別定義
02
03 int main()
04 {
05   char s1[] = "Mickey ";
06   Str s2 ="Mighty", s3 ="Magic ";
07   s2 = s1;               // 將字元陣列指定給物件
08   s2.show();
09   s3 = s2 = "Mouse";     // 將常數字串指定給物件
10   s3.show();
11 }
```

執行結果

```
Mickey Mouse
```

1. 第 7 行即是用多載的指定運算子將 s1 字元陣列中的字串內容指定給 s2 物件。

2. 第 9 行將指定運算子串接使用，因指定運算子的結合順序是由右開始，所以先執行右邊的指定運算，此時仍是呼叫多載的指定運算子將常數字串指定給 s2 物件，但左邊的指定運算子則是呼叫另一版本的指定運算子，將 s2 物件的字串指定給 s3 字串。

其實只要是有需要定義複製建構函式的類別，就一定要自訂指定運算子的多載函式，以免預設的逐成員複製行爲不適用。

當類別內有其它類別物件的資料成員時，那麼編譯器自動產生的指定運算子，也會呼叫物件成員的指定運算子進行資料成員的指定工作：

```
class Person {
  Str name;    // Str 類別的物件
  int age;
  ...
};

...
Person a("Ken", 30), b("John", 34);
a = b;
 ↑
 └─1. 將 b.name 指定給 a.name，此時會呼叫 Str 的指定運算子：
      a.name.operator=(b.name)
   2. 將 b.age 直接指定給 a.age
```

如果我們要為 Person 自訂指定運算子函式，那麼在函式內也要記得將 b.name 指定給 a.name 才行。

10-3 型別轉換

當我們在運算式中使用不同的型別時，編譯器就會自動先做標準型別轉換 (以不喪失精確度的方式優先)，將所有的資料均轉成同一型別再做運算。另外，在做指定運算時，編譯器也會自動將等號右邊的型別轉換成等號左邊相同的型別。

然而，如果我們從運算子是函式的角度來看，那麼所有的左、右運算元都成了各運算子函式的參數，所以我們可以把運算元的型別轉換和函式參數的型別轉換看成是相似的操作。事實上，所有物件的操作法都可以用函式來設計，而 C++ 也提供了二種工具來方便我們設計這些操作函式：

1. 函式多載： 使我們可以用一致的表達方式來操作不同的物件或不同的狀況。(即不同的參數型別或數目)

2. 型別轉換： 經由隱含式或強制的型別轉換，可以大大簡化多載函式的複雜度。

以基本型別的加法爲例，由於 C++ 已預先定義好了各基本型別間的轉換方式，所以只要針對二個相同型別的參數定義加法函式即可：

```
operator+(char, char);
operator+(int,  int);
operator+(long, long);
...
5 + 4L;    // 正確, 先將 5 轉換成 5L
           // 再呼叫 operator+(long, long)
```

當遇到二個參數的型別不同時，則編譯器可先將之轉換成相同的型別，然後再呼叫參數相符的加法函式來計算。因此，經由『複載函式』與『型別轉換』的靈活運用，讓我們能用較單純的程式碼來處理各種複雜型別組合的狀況。

對於我們自行撰寫的類別，編譯器也是一視同仁，不過，就和類別的操作法一樣，我們必須自行定義各種型別轉換函式。當我們用物件呼叫多載函式時，若找不到參數簽名完全匹配的函式，編譯器會先嚐試以標準的型別轉換來做匹配，如果仍找不到，才用我們自行定義的轉換函式來尋找出參數能符合的多載函式。例如：

```
void fun(int);       <--+
void fun(ByteInt);      |   優先選擇經標準型別轉換即能符合的多載函式
...                     |
fun(1.5);            ---+
```

即使我們已定義了可以將 double 轉爲 ByteInt 的轉換函式, 但編譯器仍會優先選擇經標準型別轉換即能符合的多載函式。以下即來說明如何定義類別的型別轉換。

10-3-1 將其它型別轉成類別物件

要將其它型別轉成類別物件, 不管是將基本資料型別轉成物件, 或是將甲類別的物件轉成乙類別的物件, 其方法我們早已學過了, 其實就是應用類別的建構函式。舉例來說, 我們的 Str 類別有定義將 char * 型別建構成字串物件的建構函式, 則當程式中有定義一個只接受 Str 物件的函式時, 我們仍可用 char * 型別的參數呼叫該函式。因爲編譯器會用建構函式建構出 Str 物件來呼叫函式, 所以也等於是將 char * 型別轉型成 Str 型別了：

```
class Str {
public:
  Str(const char*);   // 可將字串轉爲 Str 物件
...
};

void fun(Str); // 此函式只接受 Str 的物件爲參數
...
fun("123");     // 呼叫 Str(const char*) 將 "123" 轉
                // 換成 Str 物件, 再以此呼叫 fun(Str)
```

舉例來說, 前面的範例 Ch10-05.h 、 Ch10-08.h 中, 已定義了將 char* 型別建構成字串物件的建構函式, 但在設計 + 及 = 的多載函式時, 卻又分別設計了可接受 Str 型別及 char* 型別爲參數的兩種版本, 其實這是不必要的, 因爲我們已定義了必要的建構函式, 所以在設計後續的多載函式時, 可省略以 char* 爲參數的版本。以下我們就將 Ch10-05.h 的內容簡化：

程式 Ch10-09.h 只有一個 operator+() 版本的 Str 類別

```
  ...
class Str {              // 陽春的字串類別
public:
  void show() { cout << data; }
  Str(const Str&);
  Str(const char * ptr);
  Str(int);
  ~Str() { delete [] data; }  // 解構函式
  bool operator!() { return len==0; }  // 若字串長度為 0 即傳回真
  Str operator+();        // 將字串變成大寫
  Str operator-();        // 若字串變成小寫
  Str operator+(Str);     // 只定義一種版本
private:
```

因為編譯器會呼叫建構函式做型別轉換, 所以我們仍可將 Str 物件與 char* 字串相加：

程式 Ch10-09.cpp 驗證將字串指標轉型為 Str 物件的主程式

```
#include "Ch10-09.h"     // 含括字串類別定義

int main()
{
  Str s1("Bjarne "), s2("Stroustrup");
  (s1 + s2 + " designed C++").show(); // 將物件與字串常數加在一起
}
```

執行結果

```
Bjarne Stroustrup designed C++
```

第 6 行中的 " designed C++" 會先被轉型爲 Str 物件, 然後再當成參數呼叫 operator+() 多載函式, 以進行字串相加。

除了將基本資料型別轉成物件外, 同樣技巧也可用於將甲類別的物件轉型爲乙類別的物件, 只要在乙類別中有定義以甲類別物件爲參數的建構函式即可。

10-3-2 將物件轉成基本型別

如果是要將類別物件轉型爲基本資料型別, 就必須透過多載型別轉換運算子 (type) 來達成, 其中 type 可代換爲任何要轉換的型別名稱。例如：

```
class ByteInt {
public:
  operator int() { return (int) c; }  // 將物件轉型爲整數
  ...
private:
  char c;
};
```

型別轉換運算子函式必須爲函式成員, **它不接收任何參數, 而且也不必指定傳回値型別**, 因爲傳回値即是函式名稱所指出的型別。其函式原型如下：

```
operator 型別或類別名稱 ()
             ▲
             └──傳回値型別與此相同
```

至於轉換函式的用法也和普通的型別轉換運算子完全相同。例如：

```
class Test {
public:
  operator int();   // 轉成整數的多載函式
  operator char(); // 轉成字元的多載函式
   ...
};

Test a;
...
cout << (char) a;    // 將 a 強制轉換成 char 型別
```

除了我們自己呼叫做強制轉型外，在其它需先做轉型才能進行運算的情況下，編譯器在必要時也會自動呼叫多載的型別轉換運算子，然後再繼續做後續動作。因此多載型別轉換運算子的最大好處，就是讓我們不必再爲類別多載各種運算子，以前面用 char 儲存整數的 ByteInt 爲例，在定義好 ByteInt::operator int() 後，凡是可以出現整數的地方均可出現 ByteInt 的物件，因此類別中就不必再爲 ByteInt 定義各式的運算子多載函式了。請參考以下範例：

程式　Ch10-10.cpp　迷你整數類別 -- 定義轉型運算子後可自由使用類別物件

```
#include <iostream>
using namespace std;

class ByteInt {
public:
  ByteInt(int i) { c = (char) i; }  // 建構函式
  void show()     { cout << (int) c << endl; }
  operator int() { return (int) c; }  // 將物件轉型爲整數
  ByteInt &operator++();          // 前置遞增函式
  ByteInt operator++(int);        // 後置遞增函式
private:
  char c;          // 用來存放數值的資料成員
```

```
13 };
14
15 ByteInt& ByteInt::operator++()    // 前置遞增函式
16 {
17   c++;
18   return *this;
19 }
20
21 ByteInt ByteInt::operator++(int) // 後置遞增函式
22 {
23   ByteInt tmp = *this;           // 保存遞增前的值
24   c++;
25   return tmp;                    // 傳回遞增前的值
26 }
27
28 void main()
29 {
30   ByteInt b(0);
31   for(;b<5;b++)        // 比較及遞增物件
32     b.show();
33   cout << "半徑爲 " << b << " 的圓, 周長爲 "  // 直接輸出物件
34        << 2 * b * 3.14159;                    // 用物件參與乘法計算
35 }
```

執行結果

```
0
1
2
3
4
半徑爲 5 的圓, 周長爲 31.4159
```

在第 31 、 33 、 34 行的比較、輸出、及乘法運算, 我們都未定義相關的多載函式, 但因編譯器可將物件轉成整數型別, 所以程式仍能順利執行。

如果編譯器用我們定義的函式轉換後仍無法匹配，則還會嚐試將轉換的結果再用標準型別轉換去轉換一次，若是可行，則視爲轉換成功，否則將會出現錯誤訊息。例如：

```
void fun2(double);  // 只有以 double 爲參數的版本
...
ByteInt a(5);
fun2(a);    //  沒有對應的函式簽名
            // 1. 先做 (int) a  得到 5
            //  仍沒有對應的函式簽名
            // 2. 再做 (double) 5 得到 5.0
```

編譯器會先用 operator int() 將 a 轉成整數 5, 然後再看看 5 是否可用標準型別轉換來轉成 double, 結果可以, 所以轉換成功。不過, 在轉換過程中編譯器最多只會呼叫一次我們所定義的轉換函式，所以下面的例子是不可行的：

```
class X {
  ...;
  operator int();         // 可轉型爲 int
  X(Y);                   // 可將 y 轉型成 X
};

class Y {
  ...
};

void fun(int);            // 只能接受 int 爲參數
...
Y y;
fun(y);                   // 錯誤, 不會執行 int( X(y) ) 轉換,
                          //  因這二種轉換均由使用者所定義
```

另外, 轉換函式的型別也可設爲 const, 例如：

```
Str::operator const char*() { return data; }

Str a = "123";
char *p = a;              // 錯誤, 無法轉換
const char *p = a;        // 正確, a 會轉換爲唯讀的字串型別,
                          // 所以 p 也指向了 "123"
```

10-3-3 多載型別轉換運算子的注意事項

有時候我們所寫的程式, 雖然沒有語法錯誤, 但可能會有『語意不明』(ambiguity) 的狀況, 也就是說某個敘述有兩種或以上的意思, 使編譯器無法判斷應如何編譯程式, 而造成編譯錯誤。例如多載型別轉換運算子時, 可能就會有下列兩種語意不明的狀況：

建構函式及轉換運算子都可使用的狀況

對編譯器來說, 『建構函式』和『型別轉換運算子』兩者的優先順序是相同的, 所以有時會造成語意不明的編譯錯誤：

```
class Str {
public:
  Str(const char*);          // 建構函式可做爲轉換型別之用
  operator const char*(); // 定義型別轉換運算子
  operator>(Str&);         // 定義 Str 的比較運算子
  ...
};
...
Str a = "123";
if( a > "abc" )  // 語意不明, 編譯器無法判斷：
                 // 是將 "abc" 轉爲 Str 物件來比較呢？
                 // 還是將 a 轉爲 const char * 來比較？
```

解決方法之一，就是再定義一個函式簽名能完全符合以上用法的 > 多載函式：

```
Str::operator>(const char*);
```

那麼編譯器就會優先呼叫這個所有參數都不必經過轉換的版本。

有多個符合的轉換運算子可選擇的情況

另一種語意不明的狀況是當編譯器無從選擇適當的多載函式時：

```
class X {
  ...
  operator char();
  operator long();
};
void fun(char);
void fun(long);
...
X x;
fun(x);      // 語意不明： x 可轉爲 char 或 long,
             // 所以要呼叫哪一個 fun() 函式？
```

這個狀況我們應自行加上強制的型別轉換來避免編譯器無法判別：

```
fun( long(x) );  // 呼叫 void fun(long);
```

10-4 物件與輸出入串流

類別具有各種建構函式、多載運算子後，功能就更完備了，但仍有些不足之處，就是要輸出物件內容時，我們仍需設計特別的成員函式，而不能像使用基本資料型別一樣，直接將物件放在 "cout <<" 後面輸出；同樣的要輸入資料時，也不能用 "cin >>" 的方式直接將鍵盤輸入內容存到物件中。

根據我們學過的運算子多載，我們知道要達到此項功能必須：

- 多載 << 及 >> 運算子。雖然這兩個運算子原本是做位元的移位，但用在 cout/cin 物件上則是代表輸入輸出的方向。
- 多載函式需爲接受 cout/cin 及物件爲參數的夥伴函式，因爲串流物件的用法是 "cout << ..." 而不是 " 自訂類別物件 >> cout" 。
- 函式需傳回 cout/cin 物件的參考以便串接使用。

istream 及 ostream 類別

前面的章節說過，cout/cin 只是串流物件，那我們要將多載的 <<、>> 函式宣告爲何種傳回値呢？答案是代表輸入串流的 istream 及 ostream 類別，這兩個類別都宣告於 <iostream> 之中。

其實這兩個類別是定義在 <istream> 及 <ostream>，只不過在 <iostream> 中會含括 <istream>，而 <istream> 中又會含括 <ostream>，所以我們的程式只需含括 <iostream> 即可。

在這兩個類別中已事先定義了 << 和 >> 運算子的多載函式，可處理所有的基本資料型別，所以我們可用 cin/cout 輸入及輸出基本資料型別變數的資料：

```
class ostream {
  ...
public:
  ostream& operator<<(char);    // 定義各個 << 的多載
  ostream& operator<<(int);
  ostream& operator<<(const char*);
  ...
};
```

```
class istream {
  ...
public:
  istream& operator>>(char);    // 定義各個 >> 的多載
  istream& operator>>(int);
  istream& operator>>(const char*);
  ...
};
```

cout 和 cin 則分別是 ostream 和 istream 所定義的外部物件, 經由這樣的定義, 我們就可很方便地做如下的操作：

```
cout << 'a' << 23 << "abcde";

char ch='b'; int ival=2; char *str="123";
cin  >> ch  >> ival >> str;
```

定義夥伴函式

如前所述, 當我們要爲自定類別設計與輸出入串流搭配使用的 << 和 >> 多載函式時, 由於運算子的左運算元必須爲串流物件 (cout 或 cin), 所以我們應將之定義成非函式成員, 並將此函式宣告爲自定類別的夥伴。以 Str 類別爲例：

```
class Str {
  friend ostream& operator<<(ostream&, const Str&);
  friend istream& operator>>(istream&, const Str&);
  ...
};
```

以下即是加入這個兩夥伴函式定義的 Str 類別 (僅列出部份程式碼)：

程式 Ch10-11.h 在 Str 類別中加入輸出入串流的夥伴函式

```
06 class Str {            // 陽春的字串類別
07   friend ostream& operator<<(ostream&, const Str&);  // 輸出至 cout
08   friend istream& operator>>(istream&, const Str&);  // 由 cin 輸入
     ...
22 ostream& operator<<(ostream& o, const Str& s)
23 {
24    return o << s.data; // 傳回將字元指標輸出到 cout 的結果
25 }
26
27 istream& operator>>(istream& i, const Str& s)
28 {
29    return i.getline(s.data,80); // 傳回自 cin 輸入字元指標的結果
30 }
```

第 24 行直接傳回從輸出串流輸出字串的結果；而第 29 行則是用輸入串流呼叫 getline() 函式 (詳見第 14 章) 以便能讀取中間含空白的字串, 此行也可單單寫成 "return i >> s.data;", 但如此一來輸入中間含空白的字串時, 只能讀到空白字元之前的字串內容。定義好之後, 我們便可以用 << 和 >> 來操作 Str 物件的輸出入了, 例如：

程式 Ch10-11.cpp 以串流物件輸出入 Str 物件

```
#include "Ch10-11.h"     // 含括字串類別定義

int main()
{
  Str ss;
   cout << "請輸入一個字串：";
   cin >> ss;     // 由鍵盤取得字串內容
   cout << "您輸入的是 " << ss << endl;  // 輸出字串物件
}
```

執行結果

```
請輸入一個字串：Happy Birthday
您輸入的是 Happy Birthday
```

10-5 綜合演練

10-5-1 複數類別的運算子多載

回顧前兩章陸續改進的 Complex 複數類別，現在我們又能爲它設計各種多載函式，讓它用起來更加方便、更像在使用基本資料型別：

程式 Ch10-12.cpp 加入運算子多載的複數類別

```
#include<iostream>
using namespace std;

class Complex {
  friend ostream& operator<<(ostream&, const Complex&);
  friend istream& operator>>(istream&, Complex&);
public:
  Complex(double r=0,double i=0) {real = r; image = i;}
  Complex operator+(Complex a)        // 加法
    {return Complex(real+a.real, image+a.image);}
  Complex operator-(Complex a)        // 減法
    {return Complex(real-a.real, image-a.image);}
  bool operator==(const Complex a)   // 比較
  {
    if (real == a.real && image == a.image)
      return true;
    else
      return false;
  }
private:
```

```
21   double real;          // 實部
22   double image;         // 虛部
23 };
24
25 ostream& operator<<(ostream& o, const Complex& c)
26 {
27    return o << '(' << c.real << ',' << c.image << "i)";
28 }
29
30 istream& operator>>(istream& i, Complex& c)
31 {
32    cout << "請輸入複數的實部與虛部(中間用空白隔開、不用輸入 i)：";
33   return i >> c.real >> c.image;
34 }
35
36 int main()
37 {
38   Complex c1,c2;
39
40    cin >> c1 >> c2; // 由鍵盤輸入兩複數的值ss
41   cout << c1 << " 加 " << c2 << " 等於 " << (c1+c2) << endl;
42
43    if (c1 == c2)     // 檢查兩複數是否相等
44      cout << "您輸入的兩複數相等";
45   else
46      cout << "您輸入的兩複數不相等";
47 }
```

執行結果

```
請輸入複數的實部與虛部(中間用空白隔開、不用輸入 i)：3  2
請輸入複數的實部與虛部(中間用空白隔開、不用輸入 i)：3  2
(3,2i) 加 (3,2i) 等於 (6,4i)
您輸入的兩複數相等
```

第 13 ~ 19 行多載 == 運算子，當兩複數的實部與虛部均相等時即傳回 true；否則傳回 false。在第 43 行的 if 敘述即用它來判斷兩複數是否相等。

學習評量

1. 以下關於多載運算子的描述何者正確。

   a.多載運算子可以是成員函式或一般函式。

   b.應儘量符合各運算子原本的意義。

   c.條件運算子?:不能被多載。

   d.以上皆是。

2. 不可多載的運算子包括：___ 、 ___ 、 ___ 、 ___ 、 ___ 。

3. 多載運算子時, 寫在運算子符號前以構成函式名稱的關鍵字爲 _______ 。

4. 以下何者爲眞？

   a.多載的 + 運算子其優先順序大於基本資料型別的加法運算。

   b.在多載運算子時, 可指定運算子結合的順序。

   c.不能爲陣列定義多載運算子。

   d.以上皆非。

5. 後置遞增 (或遞減) 運算子的多載函式比前置遞增 (或遞減) 運算子多了一個 _______ 。

6. 要讓類別中的多載運算子成員函式可串接使用, 需傳回 _________ 。

7. 假設現有一代表矩形的類別 Rectangle, 其資料成員記錄矩形物件左上角及右下角的 x 、 y 座標, 則要多載 + 運算子, 使得兩矩形物件相加時, 取最左上角及最右下角座標爲新矩形, 並傳回該矩形物件, 則以下關於此多載函式的設計何者適用？

a. 宣告爲含一個矩形物件參數的成員函式。

b. 宣告爲含一個矩形物件參數的夥伴函式。

c. 函式中要建構新的矩形物件, 並傳回其參考。

d. 以上皆可。

8. 以下何者爲眞 ?

a. 多載運算子只能設計爲類別的成員函式。

b. 只有定義前置 ++ 運算子時, 不能使用後置 ++ 運算子。

c. 我們可以多載 ^ 運算子, 讓它可表示次方, 例如 "a^5" 表示計算 a 的 5 次方。

d. 以上皆非。

9. 要讓自訂類別物件可直接接在 "cout <<" 後面輸出, 需多載 operator <<( ), 且 :

a. 此函式爲自訂類別的夥伴函式。

b. 此函式需爲 ostream 類別的函式成員。

c. 函式傳回值需宣告爲 cout 資料型別。

d. 以上皆是。

10. 以下何者正確 ?

a. 類別物件要轉型爲基本資料型別, 必須設計成夥伴函式。

b. 要將甲類別物件轉型成乙類別物件可設計適當的建構函式來解決。

c. 基本資料型別不能轉型爲類別物件。

d. 以上皆是。

程式練習

1. 請撰寫一個日曆類別，內有記錄年、月、日的資料成員, 並多載 ++/-- 運算子, 用以遞增及遞減日期。(可不考慮閏年)

2. 承上題, 請多載減法運算子, 將兩物件相減, 可傳回兩個日期之間相差幾天。

3. 承上題, 試去除多載的減法運算子, 改成設計可將類別物件轉型爲 int 型別 (例如西元 1 年 1 月 1 日代表 1) 的型別轉換運算子, 再做減法運算。

4. 請設計一類別, 其中可存放 10 個整數。請多載 () 運算子, 可在括號中放入一整數參數, 若物件中已有該參數, 即傳回 true；沒有則傳回 false 。

5. 承上題, 請多載 <<、>> 運算子, 代表將物件中的數字做由小到大及由大到小的排序。

6. 請撰寫一個代表圓形的類別, 內有圓心座標及半徑的資料成員：並多載 ++/-- 運算子, 用以遞增及遞減半徑。

7. 承上題, 請多載 <<、>> 運算子, 代表將圓心的 x 座標向左及向右移動。

8. 請爲 Ch10-07.cpp 的迷你整數類別設計前置與後置遞減運算子。

9. 請修改第八章的範例程式 Stack 堆疊類別, 將 push()、 pop() 函式的功能改用 <<、>> 運算子實作。 (例如若 sk 爲 Stack 堆疊類別物件, 則 sk << 5; 表示將 5 放入堆疊中)

10. 承上題, 請設計可讓 Stack 堆疊類別物件直接用串流物件輸出及輸入的方法。

字串

學習目標

- 瞭解 string 類別
- 熟練 string 類別所提供的成員函式
- 熟悉字串的搜尋、插入、取代
- 認識 string 物件與字元陣列間的轉換方式

在第 7 章中，曾經介紹過使用字元陣列來存放文字字串的應用，在前幾章的範例中，我們也試著用類別來包裝字元陣列，讓原本是字元陣列型態的字串用起來更方便。不過就像前面曾提過的，在 C++ 標準類別庫中已定義了一個相當實用的 string 類別，我們只要在程式開頭含括 <string> 這個含括檔，即可在程式中以 string 類別物件來操作、處理字串。所以我們也不必辛苦地自行定義字串類別，只要含括 <string> 即可輕鬆地在程式中建立及使用字串物件。

本章將詳細介紹 string 類別的用法及其各項支援，一方面讓讀者能活用這個類別，另一方面則是讓大家瞭解在 C++ 語言中所內建的各種工具類別，本身都已具備相當的功能，對一般程式來說通常都已夠用。本書限於篇幅，只能點綴性介紹 1 、2 種類別，但希望讀者能自行查閱 C++ 編譯器的線上說明，或是各種參考資料，以認識這些內建類別的用法，善用這些已設計好的類別，將可節省大量的程式開發時間。

11-1 C++ 標準中的字串類別

在 C++ 標準中，已預先定義了兩個專用來存放字串的類別：string 、wstring，前者是以 char 為單位來存放字串中的字元，而 wstring 則是以 wchar_t 為單位來存放字元。要使用這兩個類別，只需在程式開頭含括 <string> 這個檔案即可。

為避免與使用字元陣列存放的字串混淆，有些人會以 string 專指使用 string 類別物件存放的字串，而以 C-string 指使用字元陣列存放的字串 (因為這種用法是從 C 語言沿續下來的)。

11-1-1 <string> 及字串類別

其實在 <string> 中定義的是一個稱爲 basic_string 的樣版 (template), 簡單的說, 樣版可讓我們能產生行爲相同、但資料成員型別不同的類別 (關於樣版會在第 16 章進一步介紹)。

在 <string> 中就是用 basic_string 樣版定義出兩個專用來存放字串的類別：

- string：以 char 爲單位來存放字串中的字元。
- wstring：以 wchar_t 爲單位來存放字串中的字元。

除了用以存放的字元的基本資料型別不同外, 這兩個類別都擁有功能相同的成員函式。但由於 wchar_t 的使用較不普遍, 所以 wstring 類別也較少人使用, 本章介紹仍以 string 類別爲主。

另外在 <string> 中也定義了幾個識別字, 主要是用於宣告函式的參數型別及代表特殊的數值, 其中有兩個是稍後介紹成員函式時會用到的：

- size_type：代表字串大小或索引值的數值型別, 通常等同於 unsigned int 型別。
- npos：靜態變數, 其值爲 -1。

11-1-2 定義字串

要用 string 類別物件存放字串, 當然要用到其建構函式來建構物件, string 類別已提供了相當多種的字串建構方式, 包括從字元陣列、另一個字串物件、字元等多種方法建構字串物件：

```
string();                                    // 建立一個空的字串
string(const basic_string& str);// 建立 str 物件的副本
string(const basic_string& str, size_type pos, size_type n = npos);
        // 取 str 中第 pos 個字開始的 n 個字建立新字串
string(const char* s, size_type n);  // 取字元陣列中的前 n 個字建立字串
string(const char* s);                 // 取字元陣列 s 的內容建立字串
string(size_type n, char c);           // 建立由 n 個字元 c 所組成的字串
```

其中第 3 個函式可取參數字串中的部份內容來建立新字串, 此時 pos 參數所指的起始字元, 其算法和陣列元素索引一樣, 都是從 0 開始算起。例如要取第 3 個字開始的子字串時, 參數 pos 需爲 2 而不是 3 。

如果您檢視 <string> 原始檔的內容, 會發現其中只有 basic_string 的建構函式, 這是因爲 string 類別是用 basic_string 爲藍本所產生的類別, 所以也具有相同型式的成員函式, 進一步說明請參見第 16 章。

以下我們就透過範例來熟悉這些建構函式的用法：

程式 Ch11-01.cpp 以各種方式建構字串物件

```
#include<iostream>
#include<string>
using namespace std;

int main()
{
  char array[] ="Happy new year!";
   string str[] = { string(),              // 空的字串物件
                    string(array),         // 從字元陣列建立字串
                    string(array,5),
                    string(array,6,3),
                    string(10, 'x')};      // 從字元建立字串
```

```
13
14   for(int i=0;i<5;i++) {
15     cout << "str[" << i << ']' << "的內容為：" << str[i] << endl
16          << "\tsizeof()：" << sizeof(str[i])      // 顯示物件大小
17          << "\tsize()：" << str[i].size()         // 顯示字串大小
18          << "\tlength()：" << str[i].length() << endl;//字串長度
19   }
20 }
```

執行結果

```
str[0]的內容為：
        sizeof()：28    size()：0       length()：0
str[1]的內容為：Happy new year!
        sizeof()：28    size()：15      length()：15
str[2]的內容為：Happy
        sizeof()：28    size()：5       length()：5
str[3]的內容為：new
        sizeof()：28    size()：3       length()：3
str[4]的內容為：xxxxxxxxxx
        sizeof()：28    size()：10      length()：10
```

1. 第 7 行定義字元陣列字串 array, 以下敘述會以此字元陣列的內容建構 string 物件。

2. 第 8 ~ 12 行定義含 5 個元素的 string 物件陣列。其中第 10 行為取 array 前 5 個字元；第 11 行則是取 array 中第 7 個字開始的 3 個字元；第 12 行是建立由 10 個 'x' 組成的字串。

3. 第 14 ~ 19 行的迴圈則是依序輸出各字串的內容及其大小資訊。

4. 第 15 行, 因 C++ 已替 string 多載 << 運算子的夥伴函式, 所以可直接用串流物件輸出字串內容。

5. 第 17 、 18 行呼叫的 size() 及 length() 成員函式都是傳回字串的大小。

從執行結果可發現, 用 sizeof() 運算子查看各物件的大小時, 都是得到 28 (位元組), 而非字串的實際大小, 因此 string 類別特別提供了 size() 及 length() 這兩個可傳回字串中字元總數的成員函式。請注意, 中文字會被視爲 2 個字元。

11-1-3 基本操作

認識如何建構 string 物件後, 接著介紹一些操作 string 物件的成員函式, 讓大家可更善用 string 類別。

控制字串大小

除了 size() 及 length() 成員函式外, string 類別還有幾個與字串大小 / 容量相關的成員函式：

```
size_type capacity()     //  傳回目前字串的容量 (字元數)
size_type empty()        //  傳回字串是否沒有內容 (true/flase)
size_type max_size()     //  傳回可存放的最大字串長度
```

請注意, max_size() 所傳回的容量是『理論值』, 並非系統實際可存放的大小, 由以下這個範例可體會此一現實：

程式 Ch11-02.cpp 查看字串的容量資訊

```
#include<iostream>
#include<string>
using namespace std;

int main()
{
  string s1 = "Object-oriented programming";
  cout << "s1 的容量：" << s1.capacity() << endl
       << "s1 最大可能容量：" << s1.max_size() << endl;

```

```
11   string s2 = string();
12   if (s2.empty())                        // 若 s2 是空字串
13     cout << "s2 是空字串" << endl;    // 則輸出訊息
14   cout << "s2 的容量：" << s2.capacity() << endl;
15 }
```

執行結果

```
s1 的容量：31
s1 最大可能容量：4294967294
s2 是空字串
s2 的容量：15
```

第 9 行 max_size() 傳回的數字相當於是 4G, 相信很少有人的電腦有配備這麼多的記憶體, 所以我們也不可能配置這麼大的字串物件。

另外由第 14 行的輸出結果也可發現一樣有趣的事實：雖然 s2 是沒有內容的空字串, 但建構函式仍預先爲它配置了可存放 15 個字元的空間。這是因爲 string 字串物件可隨時變更字串的內容及大小, 爲了避免在程式執行過程中, 不斷地變更字串, 導致程式需反覆重新配置空間來存放字串而降低程式效能, 所以 string 類別設計成一開始就配置一定的儲存空間, 以備不時之需。當然若新的字串大於預留的儲存空間, string 物件仍是要重新配置記憶體。

因此 string 類別提供了一個 reserve() 成員函式, 可預先保留存放字串的空間, 如此就不必在字串變大時又需臨時配置空間, 對於在程式執行過程中, 可能會不斷加大字串長度的程式, 善加應用此成員函式可改善程式的執行效率：

```
void reserve(size_type n = 0)      // 保留至少 n 字元數給物件
void resize(size_type n)           // 變更字串大小成 n 個字元
```

上面列出另一個 resize() 函式, 表面上看起來其功用和 reserve() 一樣, 但 reserve() 的目的是預先保留空間給物件, 所以它不會影響目前字串的內容 (長度)；而 resize() 則會強制變更字串大小 (長度)：若 resize() 成比現存字串長度還小, 將會使原字串後多出的部份被刪除；若是 resize() 成比現存字串長度還大, 則會在字串後面補上空白字元。請參考以下範例：

程式 Ch11-03.cpp 保留空間及調整字串大小

```
#include<iostream>
#include<string>
using namespace std;

int main()
{
  string s = string();
  cout << "s 的內容：" << s << endl;
  cout << "s 目前容量：" << s.capacity() << endl;

  s.reserve(30);          // 保留空間給 s
  cout << "s 新容量：" << s.capacity() << endl;
  s.reserve(40);          // 保留空間給 s
  cout << "s 新容量：" << s.capacity() << endl;
  cout << "s 的長度為 " << s.size() << '\n' << endl;

  s = "The Hunchback of Notre Dame";
  s.reserve(13);          // 保留小於字串長度的空間
  cout << "reserve(13) 後 s 的內容：" << s << endl;
  s.resize(13);           // 變更大小
  cout << "resize(13)  後 s 的內容：" << s << endl;
  s.resize(150);          // 再把字串變大
  cout << "resize(150) 後 s 的內容：" << s << endl;
  cout<< "s 的長度變成 " << s.size();
}
```

執行結果

```
s 的內容：
s 目前容量：15
s 新容量：31
s 新容量：47
s 的長度為 0

reserve(13) 後 s 的內容：The Hunchback of Notre Dame
resize(13)  後 s 的內容：The Hunchback
resize(150) 後 s 的內容：The Hunchback


s 的長度變成 150
```

跨三行的新字串

1. 在第 11 、 13 行呼叫 reserve() 函式保留更多空間給字串物件, 但由執行結果可發現, string 物件並不會完全照參數指定的大小來配置空間, 而是每次都以 16 個字元為單位來配置新的空間, 所以 reserve(30) 得到的大小是 31 (15+16)； reserve(40) 得到的則是 47 (31+16)。

2. 用 reserve() 保留額外空間後, s 的內容仍是空字串, 所以第 15 行呼叫 size() 傳回的字串大小仍為 0 。

3. 第 17 、 19 行呼叫 reserve()、 resize() 成員函式時所設的參數值都小於字串中的字數, 結果 reserve() 並未動到字串, 但 resize() 則讓字串只剩下指定的字元數。

4. 第 22 行將字串大小變成 150, 隨即輸出字串時, 看似字串沒有變動, 其實字串後面多出了一串空白字元, 使得整個輸出多達 3 行。且第 24 行呼叫 size() 傳回的字串大小也變成 150 。

變更字串

resize() 的主要功能是調整大小，使字串變短只是可能的附帶效果，若單純要變動字串內容，可使用其它的成員函式。其中一類是直接指定新字串內容給物件，包括：

```
assign()              // 將參數字串指定爲新字串
operator =()

append()              // 將參數字串附加到原字串後面
operator +=()
```

= 及 += 的用法應不必多說明，只要在等號右邊放另一個 string 物件、字元指標 (或陣列)、或字元，即可將其內容指定給字串物件，或是附加到原有的物件後面。至於 assign()、append() 成員函式的用途也和對應的多載運算子相同，只不過它們的用法更具彈性，其多載版本比較像 string 建構函式，例如可在參數中指定取來源字串的部份內容來建構新字串，例如：

```
//傳回值皆爲basic_string&, 也就是字串本身
assign(const basic_string& str);// 建立 str 物件的副本
assign(const basic_string& str, size_type pos, size_type n);
             // 取 str 中第 pos 個字開始的 n 個字爲字串
assign(const char* s, size_type n);     // 取字元陣列中的前 n 個字
assign(const char* s);                  // 取字元陣列 s 的內容
assign(size_type n, char c);            // 由 n 個字元 c 所組成的字串
```

append() 函式也具有相同的多載版本，此處就不一一列出，請參考以下應用實例：

程式 Ch11-04.cpp 以各種方式修改字串物件

```
01 #include<iostream>
02 #include<string>
03 using namespace std;
04
05 int main()
06 {
07   string s = string();        // 建立空的字串
08   s = "Ilha ";                // 指定新字串內容
09   cout << "s 字串:" << s << endl;
10   s += "Formosa";             // 附加字串
11   cout << "s 字串:" << s << endl;
12
13   s.assign("Life Is Beautiful",8,9);  // 從第 8 個字開始,
14   cout << "s 字串:" << s << endl;     // 取 9 個字元爲新字串
15   s.append(" Islander",7);            // 附加參數字串前 7 個字
16   cout << "s 字串:" << s << endl;
17 }
```

執行結果

```
s 字串:Ilha
s 字串:Ilha Formosa
s 字串:Beautiful
s 字串:Beautiful Island
```

此外上列的多載運算子及成員函式都有一項特點，就是它們都是傳回物件的參考，所以可以串接使用，舉例來說，第 13 、 15 行的敘述可以合在一起成爲：

```
s.assign("Life Is Beautiful",8,9).append(" Islander",7);
```

傳回內含 "Beautiful" 的字串物件

傳回內含 "Beautiful Island" 的字串物件

取得及修改字元

string 類別也提供類似字元陣列的方法, 可讓我們取得指定位置的字元並修改之：

```
operator [索引值];        // 兩者皆會
at(索引值);               // 傳回指定索引位置上的字元之參考
```

上列 3 個函式均傳回字元參考, 所以我們可以透過它們修改字串中的某個字元：

程式 Ch11-05.cpp 取得及修改字串中的字元

```
01 #include<iostream>
02 #include<string>
03 using namespace std;
04
05 int main()
06 {
07   string s = string(3,'+');  // 建立新字串 "+++"
08   s[0] = 'C';                // 修改第 1 個字元
09
10   for (int i=0;i<(int) s.size();i++) // 依序輸出字串中各字元
11     cout << s.at(i);
12 }
```

執行結果

```
C++
```

其中第 10 行 for 迴圈中的條件運算式, 因 size() 傳回值是 size_type (一般都定義為 unsigned int), 因此加上 (int) 轉型以免編譯時出現警告。

清除及刪除字串內容

有兩個函式可清除或刪除字串的內容：

```
void clear();          // 將字串內容清空
basic_string& erase(size_type pos = 0, size_type n = npos);
                       // 清除從第 pos 開始的 n 個字元
```

用 erase() 刪減字元或用 clear() 清除字串時，都不會影響 string 物件的存放空間 (容量)，如以下範例所示：

程式 Ch11-06.cpp 刪除部份字元及清除字串

```
#include<iostream>
#include<string>
using namespace std;

int main()
{
  string s = "longer";

   cout << s.erase(4) << endl;    // 刪除第 5、第 6 個字
   cout << s.erase(2,1) << endl; // 刪除第 3 個字
   cout << "呼叫 erase() 後 s 的容量為：" << s.capacity() << endl;

   s.clear();                     // 清除字串
   cout << "呼叫 clear() 後 s 的內容為：" << s << endl;
}
```

執行結果

```
long
log
呼叫 erase() 後 s 的容量為：15
呼叫 clear() 後 s 的內容為：        ←─沒有內容， 因為字串已被清空
```

只有指定一個參數時, erase() 會刪除參數索引之後的所有字元；若是指定 2 個參數時, 則第 1 個參數表示要從第幾個字開始刪, 第 2 個參數則表示要刪幾個字。

字串比較

string 類別也多載了 >、>=、<、<=、==、!= 運算子, 所以我們可以對字串物件比較其大小。如果是要從字串物件中取部份內容出來比對, 則可使用 compare() 成員函式, 其傳回值和前幾章用過的 strcmp() 一樣也是整數, 而且 compare() 有多個版本：

```
int compare(const string& str); // 將物件與 str 進行比對
int compare(size_type pos1, size_type n1, const string& str);
            // 將物件中第 pos1 個字開始的 n1 個字與 str 比對
int compare(size_type pos1, size_type n1,
           const string& str, size_type pos2, size_type n2);
            // 將物件中第 pos1 個字開始的 n1 個字
            // 與 str 第 pos2 個字開始的 n2 個字比對

// 以下為與字元指標 (陣列) 比對的版本
int compare(const char* s);
int compare(size_type pos1, size_type n1, const char* s);
int compare(size_type pos1, size_type n1,
           const char* s, size_type pos2, size_type n2);
```

以下為使用 compare() 成員函式進行字串比對的簡例：

程式 Ch11-07.cpp 比對字串

```
#include<iostream>
#include<string>
using namespace std;

int main()
```

```
{
  string s1 = "wonderful";
  string s2 = "wonder";
  cout << s1.compare("Wonderful") << endl;
  cout << s1.compare(3,4,"door") << endl;
  cout << s1.compare(0,6,s2) << endl;
}
```

執行結果

```
1    ←—wonderful 大於 Wonderful
-1   ←—derf 小於 door
0    ←—wonder 等於 wonder
```

由這個執行結果，我們也可發現：string 類別是有分辨大小寫的。

取子字串

取子字串也是字串應用最常見的操作之一，子字串 (substring) 即爲原字串的一部份，當我們需要分析字串的內容時，就會需要將字串分解成數個子字串，然後做進一步的處理。string 類別提供的取子字串函式爲 substr()，其語法如下：

```
string substr (size_type pos =0, size_type len=npos) const;
```

函式會從物件所存字串的 pos 位置開始，取 len 長度的子字串，請注意，此函式傳回的爲常數字串，所以若後續要修改子字串的內容，需將傳回值指定給另一字串物件。以下簡單示範 substr() 的用法：

程式 Ch11-08.cpp 取子字串

```
#include<iostream>
#include<string>
using namespace std;

int main()
{
  string s = "newspaper";

  cout << s.substr(0,4) << endl;
  cout << s.substr(4,5) << endl;
}
```

執行結果

```
news
paper
```

11-2 字串處理函式

前一節介紹了一些 string 類別的基本成員函式，本節要繼續介紹可操作字串的成員函式，包括搜尋、插入及取代的函式。

11-2-1 搜尋字串

搜尋是使用字串時最常見的操作之一，我們常常會想從字串中找一個子字串、一個字元或符號等等，string 類別提供的搜尋函式共有 6 個：

```
字串中搜尋子字串
size_type find()                  // 在字串中搜尋指定標的
size_type rfind()                 // 同上， 從字串結尾往前搜尋
size_type find_first_of()         // 在字串中搜尋指定的字元
size_type find_last_of()          // 同上， 由後往前搜尋
size_type find_first_not_of()     // 在字串中搜尋第 1 個不符合標的的字元
size_type find_last_not_of()      // 同上， 由後往前搜尋
```

上述函式的傳回值均為第 1 個符合搜尋標的字元索引值，若找不到則傳回 npos。每個函式又各有數種多載版本，以下僅列出 find() 成員函式為代表：

```
find(const string& str, size_type pos = 0);// 從第 pos 個開始搜尋
find(const char* str, size_type pos = 0);
find(const char c, size_type pos = 0);     // 從第 pos 個字開始搜尋字元 c
find(const char* str, size_type pos = 0, size_type n);
```

各成員函式的第 1 個參數都是要在字串物件中尋找的標的字串或字元，第 2 個參數表示要從字串物件中的第幾個字開始搜尋 (預設值 0 表示從頭開始)。上列最後一個函式的第 3 個參數，則是表示要搜尋字串物件中有無 str 中的前 n 個字。

以下我們先用一個簡單的範例讓大家瞭解這些函式的用法：

程式 Ch11-09.cpp 用 find( ) 成員函式搜尋字串

```
#include<iostream>
#include<string>
using namespace std;

int main()
{
  string s = "To be or not to be", target;
```

```
  cout << "請輸入一字串：";
  cin >> target;

  unsigned int i = s.find(target); // 在 s 中搜尋 target
  if (i == string::npos)    // 若傳回 npos
    cout << "找不到！";
  else                      // 若有找到
    cout << "在[" << s << "]中第一次出現[" << target
         << "]的位置是在第 " << i+1 << " 個字";
}
```

執行結果

```
請輸入一字串：no
在[To be or not to be]中第一次出現[no]的位置是在第 10 個字
```

雖然 find() 函式每次只能找到一個符合位置, 但只要善用迴圈配合有 2 個參數的 find() 函式, 即可找出字串中所有符合條件的位置：

程式 Ch11-10.cpp 重複進行搜尋

```
#include<iostream>
#include<string>
using namespace std;

int main()
{
  string s = "O Romeo, Romeo! wherefore art thou Romeo?", target;
  cout << "要在[" << s << "]中" << "找什麼字？";
  cin >> target;

  unsigned int i, count = 0, pos = 0;
  cout << endl << "在[" << s << "]中" << endl;
  while ((i = s.find(target,pos))!=string::npos) {
    count++;        // 計數器加 1
    cout << "第 " << count << " 次出現[" << target
```

```
            << "]的位置是在第 " << i+1 << " 個字" << endl;
      pos = i + 1;    // 從前次找到的位置之後繼續搜尋
   }

   if (count == 0)    // 若傳回 npos
     cout << "沒有符合[" << target << "]的字串！";
   else
     cout << "總共找到 " << count << " 次";
}
```

執行結果

```
要在[O Romeo, Romeo! wherefore art thou Romeo?]中找什麼字？Romeo

在[O Romeo, Romeo! wherefore art thou Romeo?]中
第 1 次出現[Romeo]的位置是在第 3 個字
第 2 次出現[Romeo]的位置是在第 10 個字
第 3 次出現[Romeo]的位置是在第 36 個字
總共找到 3 次
```

rfind() 函式的作用和 find() 相同, 只不過 rfind() 是由後往前搜尋, 舉例來說, 只要將上一個程式做一點修改, 就變成由後往前搜尋所有符合的字串：

程式 Ch11-11.cpp 使用 rfind( ) 重複進行搜尋

```
#include<iostream>
#include<string>
using namespace std;

int main()
{
  string s = "O Romeo, Romeo! wherefore art thou Romeo?", target;
  cout << "要在[" << s << "]中" << "找什麼字？";
  cin >> target;

  unsigned int i, count = 0, pos = string::npos;
  cout << endl << "在[" << s << "]中" << endl;
```

```
  while ((i = s.rfind(target,pos))!=string::npos) {
    count++;          // 計數器加 1
    cout << "第 " << count << " 次出現[" << target
         << "]的位置是在第 " << i+1 << " 個字" << endl;
    pos = i - 1;     // 從前次找到的位置之前繼續搜尋
  }

  if (count == 0)    // 若傳回 npos
    cout << "沒有符合[" << target << "]的字串!";
  else
    cout << "總共找到 " << count << " 次";
}
```

執行結果

```
要在[O Romeo, Romeo! wherefore art thou Romeo?]中找什麼字？me

在[O Romeo, Romeo! wherefore art thou Romeo?]中
第 1 次出現[me]的位置是在第 38 個字    ←— 最先找到在後面的字
第 2 次出現[me]的位置是在第 12 個字
第 3 次出現[me]的位置是在第 5 個字
總共找到 3 次
```

搜尋任何相符的字元

find_first_of() 及 find_last_of() 的搜尋方式是只要物件中, 有出現參數字串中的**任一個字元**, 就算符合, 而不是比對整個字串。舉例來說, 若呼叫 find_first_of("abc"), 則表示要找 a 或 b 或 c, 而非找 "abc", 請參考以下的範例：

程式 Ch11-12.cpp 使用 find_first_of() 尋找數字

```
01 #include<iostream>
02 #include<string>
03 using namespace std;
04
05 int main()
06 {
07   string s, target = "0123456789";
08   cout << "請輸入一個字串：";
09   getline(cin, s);
10
11   unsigned int i, count = 0, pos = 0;
12   while ((i = s.find_first_of(target,pos))!=string::npos) {
13     count++;          // 計數器加 1
14     pos = i + 1;      //  從前次找到的位置之後繼續搜尋
15   }
16
17   cout << endl << "在[" << s << "]中";
18   if (count == 0)    // 若傳回 npos
19     cout << "沒有數字字元！";
20   else
21     cout << "共有 " << count << " 個數字字元";
22 }
```

執行結果

```
請輸入一個字串：I have 100 dollars

在[I have 100 dollars]中共有 3 個數字字元
```

第 7 行定義要搜尋的字串 target 為 "0123456789", 也就是所有的數字字元, 所以只要輸入的字串中含有 0 ~ 9 的數字, 就會被視為符合者。

第 9 行呼叫的 getline() 函式為 <string> 中所定義的函式, 此函式可由第 1 個參數所指定的串流物件取得含空白字元的字串內容。若這一行改寫成 "cin >> s;", 則程式在執行結果中所讀到的字串會是 "I" 。因此若想取得中間含空白字元的字串, 就應使用 getline() 函式, 而不要使用 "cin >>..." 。

搜尋任一不符合的字元

find_first_not_of() 及 find_last_not_of() 的搜尋方式則和前一組成員函式相反, 凡是在指定字串中的任一個字元, 就算**不**符合。例如呼叫 find_first_not_of ("abc"), 表示只要不是 a 、 b 、 c 這 3 個字元, 都是符合者。請參考以下的範例：

程式 Ch11-13.cpp 使用 find_first_not_of() 計算非空白字元

```
#include<iostream>
#include<string>
using namespace std;

int main()
{
  string s, target = " \n\t";
  cout << "請輸入一個字串：";
  getline(cin, s);

  unsigned int i, count = 0, pos = 0;
  while ((i = s.find_first_not_of(target,pos))!=string::npos) {
    count++;          // 計數器加 1
    pos = i + 1;      //  從前次找到的位置之前繼續搜尋
  }

  cout << endl << "在[" << s << "]中";
  if (count == 0)    // 若傳回 npos
    cout << "只有空白字元！";
  else
    cout << "共有 " << count << " 個非空白字元";
}
```

執行結果

```
請輸入一個字串：Sun Earth         Moon

在[Sun Earth      Moon]中共有 12 個非空白字元
```

第 7 行定義的字串 " \n\t" 代表空白、換行、及定位 (tab) 字元, 我們將它們都視為空白字元, 然後用 find_first_not_of() 成員函式進行搜尋, 即可計算出字串中所有非空白字元的字數。

搜尋的功能經常配合編輯功能使用, 只是單純更換某個字元, 我們可用搜尋函式的傳回值配合 [ ] 運算子達成；若要做更複雜的操作, 則可使用插入及取代的成員函式。

11-2-2 插入字串

要在指定的位置插入另一個字串或字元, 可使用 insert() 成員函式：

```
// 插入 str 中從 pos2 開始的 n 個字至物件 pos1 的位置
string& insert (size_type pos1, const string& str, size_type pos2,
                size_type n = npos);

// 插入 chars 中的前 n 個字至物件 pos 的位置
string& insert (size_type pos, const char* chars, size_type n);
```

第 1 個參數都是代表要插入的位置, 第 2 個參數為要插入的字串。若要再指定更多參數, 則代表要取參數字串的某個部份。請參考以下的範例：

程式 Ch11-14.cpp 使用 insert() 插入字串

```
#include<iostream>
#include<string>
using namespace std;

int main()
{
  string s, target = "book", ins = "the ";
   cout << "請輸入一個字串：";
```

```
  getline(cin, s);

  unsigned int i, pos = 0;
  while ((i = s.find(target,pos))!=string::npos) {
    s.insert(i,ins);  // 在搜尋到 target 的位置插入 ins 字串
    pos = i + ins.size() + 1;     // 從原找到的位置之後繼續找
  }

  cout << "新字串：" << s;
}
```

執行結果

```
請輸入一個字串：open book and read book
新字串：open the book and read the book
```

insert() 成員函式還有多載版本可用來插入特定字元：

```
// 插入 n 個字元 c 至物件 pos 的位置
string& insert (size_type pos, size_type n, const char c);
```

程式 Ch11-15.cpp 使用 inser() 插入字元

```
#include<iostream>
#include<string>
using namespace std;

int main()
{
  string s, target = "top";
   cout << "請輸入一個字串：";
  getline(cin, s);

  unsigned int i, pos = 0;
  while ((i = s.find(target,pos))!=string::npos) {
    s.insert(i,1,'s');    // 在搜尋到 target 的位置插入 's'
    pos = i + 2;            // 從原找到的位置之後繼續找
```

```
  }

  cout << "新字串：" << s;
}
```

執行結果

```
請輸入一個字串：over the top
新字串：over the stop
```

11-2-3 取代字串

取代是另一種常見的編輯操作, replace() 成員函式的用法和 insert() 類似, 但參數略有不同：除了需指定取代的位置外, 還要指定要代換掉的長度, 接著才是指定要取代成什麼字串：

```
string& replace(size_type pos1, size_type len1, const string& s2,
                size_type pos2=0, size_type len2=0);
        // 在物件的 pos1 處, 將 len1 個字元代換成
        // str 中從 pos2 開始的 len2 個字元
```

其中第 4 、 5 個參數省略時, 表示將要代換的地方, 換成 str 字元。請參見以下的範例：

程式 Ch11-16.cpp 使用 replace() 取代字串

```
#include<iostream>
#include<string>
using namespace std;

int main()
{
  string s, s1, s2;
  cout << "請輸入一個字串：";
  getline(cin, s);
  cout << "請輸入要替換掉的字串：";
```

```
  getline(cin, s1);
  cout << "要將[" << s1 << "]換成？";
  getline(cin, s2);

  unsigned int i, pos = 0;
  unsigned len1 = s1.size(), len2 = s2.size();
  while ((i = s.find(s1,pos))!=string::npos) {
    s.replace(i,len1, s2);   // 將 s1 換成 s2
    pos = i + len2 + 1;      // 從原找到的位置之後繼續找
  }

  cout << "新字串：" << s;
}
```

執行結果

```
請輸入一個字串：To be or not to be
請輸入要替換掉的字串：be
要將[be]換成？C++
新字串：To C++ or not to C++
```

11-3 字串與字元陣列

雖然 C++ 已經提供 string 類別讓我們能以物件的方式操作字串，但有些情況，例如需用到早先為 C 設計的字串函式，或是需將字串提供給外部的程式使用，此時仍需將字串物件轉型成字元指標或字元陣列來使用。

如果是在需使用 string 物件的場合 (例如函式的參數)，也可直接使用有 '\0' 結尾的字元陣列，因為此時編譯器可呼叫 string 的建構函式將字元陣列或指標轉成 string 物件。

爲此 string 類別特別提供了幾個轉換用函式：

```
const char* c_str() const; // 傳回結尾爲 '\0' 的字元陣列
const char* data() const;  // 傳回字元陣列, 但不含結束字元
size_type copy(char* buf, size_type bufsize, size_type pos = 0) const;
                           // 複製從 pos 開始的字元至 buf 中
                           // 複製結果不含結束字元
```

有 2 點要特別注意：

- c_str()、data() 傳回的都是常數字元陣列, 換言之它們的內容不能被更改。而且取得此字元指標後, 若字串物件又做了配置新空間、插入內容等動作, 則先前取得的指標將失效, 必需重新呼叫成員函式再取得一次。
- data() 傳回的字元陣列及 copy() 的複製結果都不含結束字元 '\0', 所以不能當成『字串』使用, 只能當成字元陣列來操作。

以下是一個簡單的應用範例：

程式 Ch11-17.cpp 用 c_str() 取得字元陣列後做排序

```
#include<iostream>
#include<string>
#include<cstring>
using namespace std;

int main()
{
  string s;
  cout << "請輸入一個字串：";
  cin >> s;

  int len = s.size();
  char* cstr = new char(len+1);
```

```
14   strcpy(cstr,s.c_str());  // 複製字串
15
16   for (int i=0; i<len-2; i++) // 排序字元陣列內容
17     for (int j=i+1; j<len-1; j++)
18       if (cstr[i]>cstr[j]) {
19         char tmp = cstr[i];
20         cstr[i] = cstr[j];
21         cstr[j] = tmp;
22       }
23
24   cout << "將字串內容排序後：" << cstr;
25   delete [] cstr;
26 }
```

執行結果

```
請輸入一個字串：compile
將字串內容排序後：ceilmop
```

1. 第 13 行配置可存放 string 物件中字串的空間。
2. 第 14 行用 c_str() 成員函式取得字串內容, 並呼叫 <cstring> 中的 strcpy() 函式將之複製到新配置的空間。
3. 第 16 ~ 22 行為進行氣泡排序法的迴圈, 會將 cstr 字串中的每個字排序。排序後在第 24 行輸出結果。

11-4 綜合演練

在撰寫程式時, 字串是幾乎一定會用到的資料型別, 許多要求使用者輸入資料的程式, 所接收到的輸入資料也都是字串, 因此熟練字串的用法更是不可或缺的技能。

11-4-1 身份證字號檢查

許多要求使用者認證的程式都會需要輸入身份證字號，對於這類程式來說，第一步就是確認使用者所輸入的身份證格式沒有錯誤，確認無誤後才去驗證該身份證字號是否合法。在這一小節中，就要示範用字串查驗身份證字號的格式。

一個正確的身份證字號，必定是由一個英文字母以及 9 個數字所組成，因此檢查的程式可以這樣寫：

程式 Ch11-18.cpp 檢查身份證字號的格式

```
#include<iostream>
#include<string>
#include<cctype>
using namespace std;

int main()
{
  string idStr;       // 記錄使用者輸入資料
  bool isID = false; // 使用者輸入的格式是否正確
  string num = "0123456789";  // 用來檢證是否為數字的字串

  do {
    cout << "請輸入身份證字號：";
    cin >> idStr;
    if(idStr.size()!=10) {
       cout << "身份證字號共十個字元，請不要輸入空白！" << endl;
      continue;
     }
     if (isalpha(idStr[0]))  // 第 1 字是否為大寫或小寫英文字母
       if (idStr.substr(1,9).find_first_not_of("0123456789")
               == string::npos)  // 檢查後 9 字是否含數字以外的字元
         isID = true;
        else
          cout << "身份證字號後面9個字應是數字！" << endl;
    else
```

```
26         cout << "身份證字號第 1 個字應爲英文字母！" << endl;
27   } while (!isID);
28 }
```

執行結果

```
請輸入身份證字號：A123456
身份證字號共十個字元，請不要輸入空白！
請輸入身份證字號：AX12345678
身份證字號後面 9 個字應是數字！
請輸入身份證字號：1234567890
身份證字號第  1  個字應爲英文字母！
請輸入身份證字號：A123456789
```

這個程式的檢查分成 3 個部份：

1. 第 15 行檢查輸入是否恰好爲十個字元。
2. 第 19 行用原型宣告放在 <cctype> 中的 isalpha() 函式檢查字串第 1 個字是否爲英文字母。
3. 第 20 行則用 string 類別的 substr() 成員函式取出後 9 個字的子字串, 再用 find_first_not_of() 檢查子字串中是否含數字以外的字元。

11-4-2 檢核身份證字號

確認輸入的身份證字號符合格式之後, 接著就是要檢核輸入的身份證字號是否合法。檢核的規則是這樣的：

1. 首先將第一個字母依據下表代換成數字：

A	10	B	11	C	12	D	13	E	14
F	15	G	16	H	17	I	34	J	18
K	19	L	20	M	21	N	22	O	35
P	23	Q	24	R	25	S	26	T	27
U	28	V	29	W	32	X	30	Y	31
Z	33								

這樣身份證字號就成爲一個 11 個位數的數字。

2. 從第 2 個數字開始, 將第 2 個數字乘以 9 、第 3 個數字乘以 8 、..、第 9 個數字乘以 2 、第 10 及第 1 個數字都是乘以 1, 將這些相乘的結果加總起來。

3. 用 10 減去加總值的個位數。

4. 若上述減法的結果個位數和身份證字號的最後一個數字相同, 此身份字號即爲合法, 否則即爲不合法的身份字號。

我們將上述的規則轉換成程式放在一個函式中, 然後修改前一範例, 在基本的格式檢查通過後, 呼叫此函式以檢查輸入的身份證字號是否合法：

程式 Ch11-18.cpp 檢查身份證字號的格式

```
#include<iostream>
#include<string>
#include<cctype>
using namespace std;

bool checkID (string idStr)              // 查驗身份證字號的函式
{
```

```
  int letterNums[] = {10,11,12,13,14,15,16,17,34,18,
                      19,20,21,22,35,23,24,25,26,27,
                      28,29,32,30,31,33};

  if (islower(idStr[0]))          // 先將第一個英文字母轉爲大寫
    idStr[0] = toupper(idStr[0]);

  int total = (letterNums[idStr[0] - 'A'] / 10) +
              (letterNums[idStr[0] - 'A'] % 10) * 9;
  for(int i = 1;i < 9;i++)
    total += (idStr[i] - '0') * (9 - i); // 依序加總

  // 以10減去加總值之個位數後再取個位數
  int checkNum = (10 - total % 10) % 10;

  if(checkNum == (idStr[9] - '0'))  //與身份證字號最後一碼比
    return true;
  else
    return false;
}

int main()
{
  string idStr;       // 記錄使用者輸入資料
  bool isID = false; // 使用者輸入的格式是否正確
  string num = "0123456789";  // 用來檢證是否爲數字的字串

  do {
    cout << "請輸入身份證字號：";
    cin >> idStr;
    if(idStr.size()!=10) {
        cout << "身份證字號共十個字元，請不要輸入空白！" << endl;
        continue;
      }
      if (isalpha(idStr[0]))  // 第 1 字是否爲大寫或小寫英文字母
        if (idStr.substr(1,9).find_first_not_of("0123456789")
              == string::npos)     // 檢查後 9 字是否含數字以外的字元
            if (isID = checkID(idStr))   // 呼叫 checkID() 進行查驗
              cout << "查驗通過" << endl;
```

```
47             else
48                cout << "不是合法的身份證字號" << endl;
49           else
50              cout << "身份證字號後面9個字應是數字！" << endl;
51        else
52           cout << "身份證字號第 1 個字應爲英文字母！" << endl;
53     } while (!isID);
54  }
```

執行結果

```
請輸入身份證字號：A135724680
不是合法的身份證字號
請輸入身份證字號：A135724682
不是合法的身份證字號
請輸入身份證字號：A135724685
查驗通過
```

1. 第 6 ~ 27 行定義檢查身份證字號是否合法的函式，函式一開頭先用陣列定義字母 A ~ Z 所對應的數值。

2. 第 12 行呼叫 islower() 函式檢查將第 1 個英文字母是否爲小寫，是就用 toupper() 將它轉換成大寫，這兩個函式都是標準函式庫的函式，原型宣告於 <cctype> 中。

3. 第 15 行定義的 total 變數即是用來計算加總值，一開始即先處理將英文字母對應的 2 個數值，根據前述規則，第 1 個數字乘 1 、第 2 個數字則乘 9 。取數值的方式是將字母減掉 'A'，再用相減結果爲索引取得先前整數陣列中的值。

4. 第 17 行的迴圈則將後續的數字分別乘上 8 ~ 1 並加總起來。

5. 第 21 行即爲計算以 10 減去加總值個位數後，再取個位數的值。

6. 第 23 行就是將前一項所得的數值與身份證字號最後一碼比對，如果相符就是合法的身份證字號。

7. main() 函式的部份和前一範例幾乎相同，不同之處是加入 45 ~ 48 行的部份，也就是呼叫 checkID() 函式進行檢查，若傳回 true 即顯示通過檢查的訊息。

字元也是整數

前幾章提過，char 型別的資料其實是以儲存字元的 ASCII 碼，而恰好字元 '0'～'9'、'A'～'Z' 的字碼都是連續的，所以對數字來說，減去字元 '0' 就是對應的整數值，例如 '8'-'0'的結果就是 8；同理大寫英文字母減去 'A'，就可以得到該字母在 26 個英文字母中的序號（由 0 起算），所以可將它當成索引存取陣列中對應的數值，這也是常用的陣列查表技巧之一。

學習評量

1. 請問以下關於 string 類別的描述何者錯誤？

   a. 需使用 string 物件的場合, 也可置入 char* 型別的變數, 編譯器會將後者自動轉型爲 string 物件。

   b. 需使用 string 物件的場合, 也可置入 char 型別的變數, 編譯器會將後者自動轉型爲 string 物件。

   c. 需使用 char* 型別的場合, 可用 string 物件呼叫 substr() 成員函式傳回 char* 型別的字串。

   d. 以上皆非。

2. 請問以下關於 string 類別的描述何者正確？

   a. resize() 成員函式會傳回改變後的大小。

   b. reserve() 不會讓現有字串變短。

   c. max_size() 成員函式可將字串保留空間變大到系統允許的最大值。

   d. 以上皆是。

3. 如果 string 物件的內容爲 "character", 請問 "cout << str[3];" 會輸出？

   a. "cha"

   b. 'a'

   c. 'r'

   d. "ara"

4. 接續上題, "cout << str.find("a");" 會輸出？

   a.2

   b.3

   c.4

   d.5

5. 接續上題, "cout << str.find_first_of("pqr");" 會輸出？

   a.4

   b.3

   c.5

   d.-1

6. 接續上題, 呼叫 "str.replace(3,3,"p");" 後, 以下何者正確？

   a.str.length() 會傳回 7 。

   b.執行 " cout << str.find_first_of("pqr");" 會輸出 -1 。

   c.執行 "cout << str.find("ab");" 會輸出 -1 。

   d.以上皆非。

7. 如果字串物件 str 的內容為 "abbc12a", 請問以下何者傳回 3？

   a.str.find_last_not_of("12a");

   b.str.find("C");

   c.str.find_first_of("abc");

   d.以上皆是。

8. 接續上題, 請問 "str.replace(2,3,"cc");" 會傳回

   a."abcc123"

   b.空字串

   c."acbc12a"

   d."abcc2a"

9. 接續上題, 請問 str.substr(3,2) 會傳回

   a."c1"

   b."bc"

   c."cc"

   d."c2"

10. 接續上題, str.erase(3,3) 會傳回 ________

程式練習

1. 請寫一程式可將字串中的 'a' 都換成 'A'。

2. 請撰寫一個程式, 將字串中的每個英文單字 (word) 的首字變成大寫, 例如 "hello world" 會變成 "Hello World"。

3. 請撰寫一個程式, 讓使用者輸入 10 個字串, 並將此 10 個字串排序。

4. 請撰寫一個程式, 可檢查使用者輸入的是否爲合法的電話號碼格式。(例如只能含數字、'-'、及空格)

5. 請撰寫一個程式, 要求使用者輸入正確格式的電子郵件信箱。

6. 請撰寫一個程式, 讓使用者可以 YYYY/MM/DD 的格式輸入日期, 並以 "YYYY 年 MM 月 DD 日" 的格式顯示使用者所輸入的日期。

7. 使用者在輸入身份證字號之類無空白的資料時, 可能不小心在中間夾雜了空白, 請設計一函式可去掉字串物件中的空白字元。

8. 請設計一個函式, 可將 string 字串物件中的英文字母大小寫互換, 即大寫英文會變成小寫, 同時小寫會變成大寫, 例如 "Man" 會變成 "mAN"。

9. 請撰寫一個程式, 可將使用者輸入的檔案名稱分成主檔名及副檔名兩部份輸出。

10. 請撰寫一 string 物件比對程式, 程式會顯示兩字串從第幾個字開始是不同的。

繼承

學習目標

- 認識繼承關係
- 學習設計衍生類別
- 瞭解繼承關係下的物件建構
- 認識存取修飾子對繼承的影響

當我們在設計類別時常會發現很多類別之間彼此有許多共通的地方，比如代表學生的類別和教師的類別可能都要記錄姓名、性別、年齡或出生年月日等個人基本資訊，換言之，這兩種類別的定義中有些地方是相同或相似的，如果能有一種方式可以將這些相似的地方表達出來，而不需要在各個類別中重複描述，就可以讓程式設計的過程更方便，而整個程式也會更簡潔。

在這一章中所要介紹的就是解決這個問題的機制 -- **繼承** (Inheritance)，繼承是物件導向程式設計的第二個主要特性，也是 C++ 非常重要的一種功能。

12-1 不同物件之間的相似性

還記得在第 8 章時我們以舞台劇來比擬 C++ 程式，在設計系統時第一件事情就是要分析出系統中所需要的各種物件（也就是舞台劇的角色），而繼承相當於提供一種技巧讓我們能以系統化的方式描述這些五花八門的物件。簡言之，繼承就是讓我們可以將不同的類別依據其**相似程度**，整理成一個**體系**的方式。

就好比說，人與猩猩都是某種物件，但是因為人與猩猩的相似性，所以又可以將人與猩猩同樣歸屬成『人科』；而人、猩猩與猴子又有部份相似，所以又可一同歸屬於靈長目；再進一步，又可以和牛、羊等動物一同歸類為哺乳類一樣。而物件導向程式設計，就是要找出不同物件之間的相似性，然後設計出能代表這種『階層式』關係的類別架構，而『繼承』就是用來描述上下層類別間的關係。

若用較白話的方式來說，繼承就是『是一種...』(a kind of) 的關係，譬如說：矩形『是一種』圖形、三角形『是一種』圖形，所以我們如果已設計好圖形的類別，要再設計矩形、圓形的類別時，都可以繼承現有的圖形類別。

12-1-1 繼承：程式的重複使用

在 C++ 中, 繼承乃是經由『類別衍生』(Class derivation) 來達成的, 我們可以利用一些已設計好的類別來衍生出性質相近的新類別, 而且在衍生的同時可做一些修改, 以符合實際的需求。

以本章開頭學生 / 教師的例子來看, 當我們將兩者間相似的部份獨立出來定義成一個『人員』類別, 之後要再定義學生及教師類別時, 就可以讓學生及教師類別都**繼承**人員類別。這樣一來, 就不需重複在這兩個類別中都定義姓名、性別、年齡這些個人基本資訊：在學生類別就只需定義專屬於學生的部份、在教師類別也只需定義專屬教師的部份。

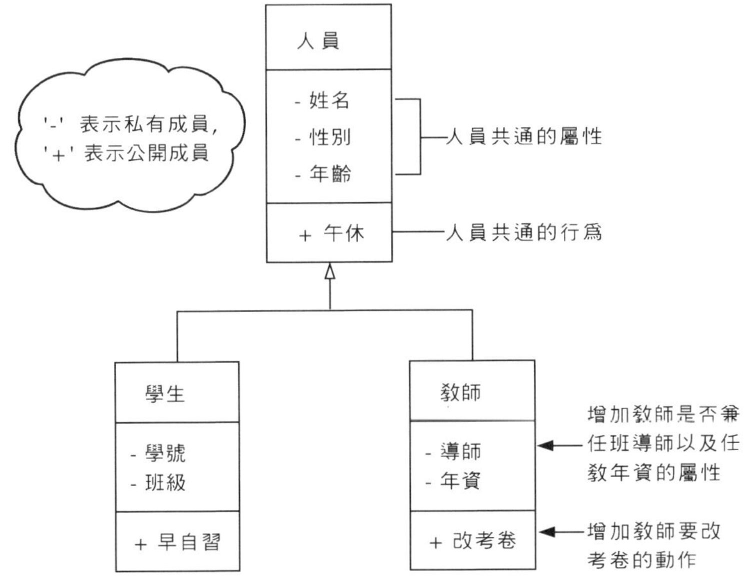

如果要進一步細分學生的種類, 也可再從學生類別『衍生』出小學生或中學生類別等, 並分別定義出屬於各類別特有的屬性及行為, 例如小學生會做體操、中學生可以打工等。

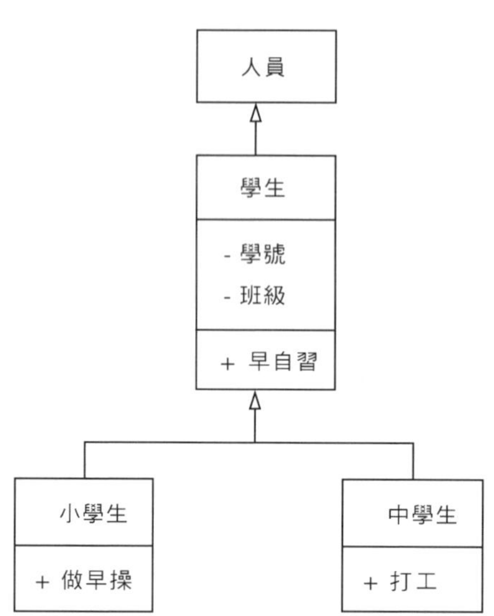

由於新的類別都只需定義自己所特有的屬性及行爲，其它共通的部份都直接沿用舊的類別，從寫程式的角度來看，此舉可大幅『提高程式的可重用性』。當我們想要發展新的模組或加強舊模組的功能時，便希望能儘量利用已開發好的模組來拼裝組合以節省時間精力，這時若能以繼承的方式來重用這些舊模組，將可加速開發的速度。

舉例來說，假設現在已有一個寫好的視窗類別，但當我們想要用它發展某個應用程式時，卻發現少了一個功能，於是便可以用繼承的方式來衍生出一個新的視窗類別，並加入所需的功能。

12-1-2 繼承的語法

在定義新類別時，我們可以用冒號來表示繼承的關係，其語法大致如下：

```
class 子類別 : 繼承方式 父類別 {
    // 定義子類別特有的部份
   ...
};
```

子類別 (sub class, 或稱 child) 就是新設計的類別, 它將繼承父類別 (parent) 的屬性及行爲, 有時我們也稱子類別爲父類別的『衍生類別』 (derived class), 而父類別則是子類別的『基礎類別』 (base class)。繼承方式可分爲 **public**、**protected** 或 **private** 三種, 其間的差異我們稍後再談。現在讓我們看看要如何來設計圖形類別間的繼承關係：

```
class Shape {
public:
  double x, y;            // 代表圖形的起點
  void draw();            // 將起點畫出
};

class Rectangle : public Shape   { // 繼承 Shape 的特性
public:
  double x2,y2;           // 代表矩形右下角成員
  void draw();            // 替換原來的 draw() 函式
};                        // 可畫出矩形

class Circle : public Shape   { // 繼承 Shape 的特性
public:
  daouble r;              // 代表圓半徑
  void draw();            // 替換原來的 draw() 函式
};                        // 可畫出圓形
```

以上是個簡單的類別繼承範例, 其中 Rectangle 及 Circle 類別都是衍生自 Shape 的類別。一旦建立好繼承關係後, 所有父類別的成員將自動成爲子類別的一部份, 換言之, 當我們建立 Circle 類別的物件時, 此物件也會擁有定義在 Shape 類別中的 x、y 成員, 如右圖所示：

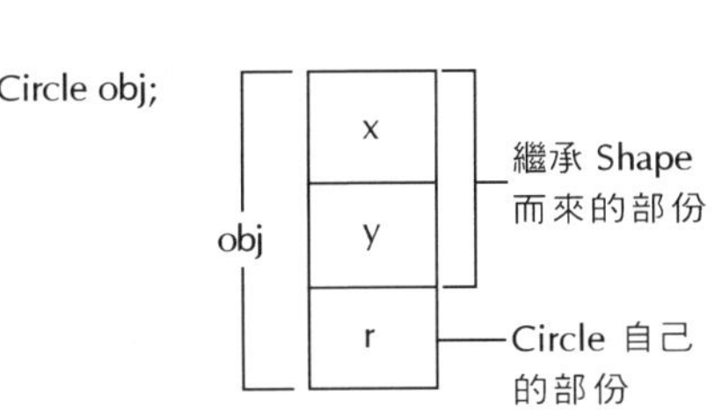

請參考以下的例子：

程式 Ch12-01.cpp 父類別與子類別物件的大小

```
#include<iostream>
using namespace std;

class Shape {
public:
  double x, y;          // 代表圖形的起點
};

class Rectangle : public Shape   { // 繼承自 Shape 類別
  double x2,y2;          // 代表矩形右下角成員
};

class Circle : public Shape   {     // 繼承自 Shape 類別
  double r;              // 代表圓半徑
};

int main()
{
  Shape s;
  Rectangle r;
  Circle c;
  cout << "s 的大小：" << sizeof(s) << endl;
  cout << "r 的大小：" << sizeof(r) << endl;
  cout << "c 的大小：" << sizeof(c) << endl;
}
```

執行結果

```
s 的大小：16
r 的大小：32
c 的大小：24
```

由執行結果即可發現, Rectangle 類別物件 r 的大小爲 32 位元組, 共計 4 個 double 型別的大小, 這是因爲它不只包含類別中所定義的 2 個 double 成員, 也包括繼承自 Shape 類別的 2 個 double 成員；同理 Circle 類別也是如此。

在上例中, 由於 Shape 類別的 2 個資料成員 x 、 y 都被宣告爲公開的成員, 所以在程式中都可直接透過衍生類別物件存取到這些繼承而來的成員：

```
r.x = 3;          // 將矩形物件 r 中的資料成員 x 設爲 3
c.y = 4;          // 將圓形物件 c 中的資料成員 y 設爲 4
```

子類別除了繼承父類別的資料成員外, 也會繼承成員函式, 但下列三者則不會繼承：

- 建構及解構函式：子類別雖然也繼承了父類別的資料成員, 但兩者畢竟是不同的東西, 因此無法共用建構及解構函式, 所以也不能繼承這兩類函式, 不過子類別建構時會『用到』父類別的建構函式, 請參見下一節的範例。

- operator= 函式：指定運算子的功用和建構函式有部份相似性, 所以也不會繼承。

- 夥伴關係：夥伴函式或類別夥伴的關係都不會被繼承。

12-1-3 繼承下的類別關係

建立繼承時, 編譯器並不會將父類別的內容複製一份給子類別, 而是建立一個繼承的關係, 將整個父類別的視野 (scope) 附屬在子類別之內。此時父類別雖然是附屬在子類別之中, 但仍維持了它自己的視野, 其間的關係如右圖所示：

父類別的視野
子類別的視野

就是因為這個緣故，所以在子類別內仍然無法存取到父類別的私有 (private) 成員。每當我們以子類別來定義物件時，編譯器就會先建立一個父類別的物件，然後將之附在子類別物件之中：

父類別的成員

子類別的成員

12-1-4 繼承下的物件建構

由於父類別物件是依附在子類別物件之中，所以當程式要建構子類別物件時，會先建立父類別的部份，然後再建構子類別本身的成員。我們可用如下的程式來觀察這個建構的行為：

程式 Ch12-02.cpp 子類別的建構

```
#include<iostream>
using namespace std;

class Shape {
public:
  Shape (int i=0, int j=0)
  {
     x = i;     y = j;
     cout << "正在執行 Shape 的建構函式" << endl;
  }
private:
  double x, y;          // 代表圖形的起點
};

class Circle : public Shape   { // 繼承 Shape 的特性
public:
  Circle() { cout << "正在執行 Circle 的建構函式" <<endl; }
private:
  double r;             // 代表圓半徑
};
```

```

int main()
{
  Circle c;  // 建立 Circle 物件
}
```

執行結果

```
正在執行 Shape 的建構函式
正在執行 Circle 的建構函式
```

在 main() 函式中只建立了一個 Circle 物件 c, 但由執行結果可以發現, 編譯器會自動在建構子類別物件時, 先呼叫 Shape 類別的建構函式來建構繼承自父類別的部份, 然後才呼叫 Circle 的建構函式。

不過編譯器自動呼叫的是父類別的預設建構函式, 若要呼叫有參數的建構函式版本, 就必須用第 9 章介紹過的成員初始化串列來呼叫父類別的建構函式, 例如：

```
class Circle : public Shape   { // 繼承 Shape 類別
public:
  Circle(...) : Shape(...)
  {...}
```

(Shape(...) ── 呼叫父類別的建構函式)

以下就是透過成員初始化串列呼叫父類別建構函式的範例：

程式 Ch12-03.cpp 呼叫父類別的建構函式

```
#include<iostream>
using namespace std;

class Shape {
public:
  Shape (int i=0, int j=0) { x = i;     y = j; }
  double getX() { return x;}
```

```
08   double getY() { return y;}
09 private:
10   double x, y;           // 代表圖形的起點
11 };
12
13 class Circle : public Shape   { // 繼承 Shape 的特性
14   friend ostream& operator<<(ostream& o, Circle& c);
15 public:
16   Circle(int i, int j, int radius): Shape(i,j), r(radius)
17    {  }                          // 在成員初始化串列呼叫父類別的建構函式
18 private:
19   double r;                      // 代表圓半徑
20 };
21
22 ostream& operator<<(ostream& o, Circle& c) // 輸出圓點座標及半徑
23 {
24   return o << '(' << c.getX() << ',' << c.getY() << ')' << endl
25             << "r = " << c.r;
26 }
27
28 int main()
29 {
30   Circle c(1,1,2);  // 建立 Circle 物件
31   cout << c;
32 }
```

執行結果

```
(1,1)
r = 2
```

1. 第 16 行的 Circle 建構函式在成員初始化串列中以 Shape(i,j) 的方式呼叫父類別的建構函式, 由它來設定繼承自父類別的 x 、 y 資料成員的初始值, 而在 Circle() 建構函式本體中則是只設定資料成員 r 的初始值。由輸出結果可看到此方法已成功設定 Circle 物件中繼承而來的 x 、 y 成員。

2. 第 22 行的多載 << 運算子是 Circle 的夥伴函式, 因此可存取 Circle 中的成員, 其中也包括 Circle 繼承而來的 getX()、 getY() 函式。

讀者或許會好奇, 爲何在多載 << 運算子中不直接以 c.x 、 c.y 的方式直接存取繼承自父類別的成員？這是因爲 Circle 物件不能直接存取其父類別的私有成員, 以下我們就來看父類別成員的存取限制, 對繼承的影響。

12-1-5 父類別成員的存取限制

雖然子類別會繼承所有父類別的成員, 但畢竟它們是二個不同的類別, 所以父類別內私有的成員仍然會被封裝著, 子類別無法去存取。換句話說, 類別內的 private 成員就是它私有的財產, 所以只有類別本身以及其夥伴可以存取, 其他任何程式均無法接觸到。

然而, 這樣的限制似乎太死了, 因爲在子類別中我們可能會希望能存取所繼承到的私有成員, 但又不想讓這些成員公開給大家使用, 這時候就可以用 protected 的存取限制來設定。

設爲 protected 的成員可以讓衍生類別直接存取, 但對其他的程式來說卻相當於 private 成員而參法存取。下表是類別內三種存取限制的比較：

存取限制	類別內或其夥伴	衍生出的類別	其他程式中
public	可存取	可存取	可存取
protected	可存取	可存取	不可存取
private	可存取	不可存取	不可存取

舉例來說：

```
class Base {
public:
  int i;
protected:
  int j;
private:
  int k;
};

//  在衍生類別的定義內可存取父類別
// 中 public 或 protected 的成員
class Derive : public Base {
   ...
   void fun()
    {
       i = 1;    // 正確: 可存取父類別內的 public 成員
       j = 1;    // 正確: 可存取父類別內的 protected 成員
       k = 1;    // 錯誤: 不可存取父類別內的 private 成員
    }
};

// 一般程式只能存取 public 成員
void test(Base b, Derive d)
{
   b.i = 1;    // 正確: 可存取 Base 內的 public 成員
   b.j = 1;    // 錯誤
   b.k = 1;    // 錯誤
   d.i = 1;    // 正確: 可存取 Derive 內的 public 成員
   d.j = 1;    // 錯誤
   d.k = 1;    // 錯誤
}
```

事實上, protected 是專門爲繼承而設的, 如果說 private 是指個人私有的物品, 那麼 protected 便是專供家族子孫所私用的物品。我們將前一節的範例程式 Ch12-03.cpp 中 Shape 類別的 private 成員改成 protected, 就可在子類別中存取這些成員：

程式 Ch12-04.cpp 存取父類別中的 protected 成員

```
#include<iostream>
using namespace std;

class Shape {
public:
   Shape (int i=0, int j=0) { x = i;     y = j; }
   double getX() { return x;}
   double getY() { return y;}
protected:
   double x, y;            // 代表圖形的起點
};

class Circle : public Shape   { // 繼承 Shape 的特性
   friend ostream& operator<<(ostream& o, Circle& c);
public:
   Circle(int i, int j, int radius)
   { x = i; y = j;  r = radius; } // 直接存取 protected 資料成員
private:
   double r;               // 代表圓半徑
};

ostream& operator<<(ostream& o, Circle& c) // 輸出圓點座標及半徑
{                             // 可直接存取 protected 資料成員
   return o << '(' << c.x << ',' << c.y << ')' << endl
            << "r = " << c.r;
}

int main()
{
   Circle c(1,3,5);  // 建立 Circle 物件
   cout << c;
}
```

執行結果

```
(1,3)
r = 5
```

在第 9 行我們將 Shape 類別的資料成員宣告爲 protected, 所以在子類別 Circle 中就可以直接存取這些資料成員, 在第 17 行的建構函式就改成直接設定這些成員的初始值；而在第 24 行也是直接輸出其值。

不過, 以上所指的保護等級及子類別的存取限制只適用於**公開**繼承的情況, 我們也可以用不同的繼承方式來做更多的管制, 在 12-2 節便會介紹三種不同繼承方式對衍生類別的影響。

12-1-6 父子類別的同名成員

如前所述, 父類別與子類別的資料成員及成員函式其實具有不同的視野, 因此在子類別中仍可定義與父類別成員『同名』的成員, 在這種情況下, 子類別中的成員將會覆蓋掉 (override) 父類別中的同名成員。請參考以下的範例：

程式 Ch12-05.cpp 存取父類別中的同名資料成員

```
#include<iostream>
using namespace std;

class Shape {
public:
  Shape (int i=0, int j=0) { x = i;     y = j; }
  double getX() { return x;}
  double getY() { return y;}
protected:
  double x, y;           // 代表圖形的起點
};

class Rectangle : public Shape   { // 繼承 Shape
public:
  Rectangle(int i, int j, int k, int l):Shape(i,j)
  { x = k; y = l; }
```

```
17   double getX() { return x;}  // 與父類別的
18   double getY() { return y;}  // 成員函式同名
19 private:
20   double x,y;             // 與父類別的資料成員同名
21 };
22
23 int main()
24 {
25   Rectangle r(0,0,3,5);
26   cout << '(' << r.getX() << ',' << r.getY() << ')';
27 }
```

執行結果

```
(3,5)
```

範例中的父子類別都有 getX()、getY() 成員函式, 而在第 26 行以子類別物件呼叫這兩個函式時, 都是呼叫到子類別的版本。

如果這時要呼叫父類別的同名成員函式, 就需以父類別名稱加上範圍解析運算子**::**來指定所要呼叫的是父類別視野中的函式, 如以下範例所示：

程式 Ch12-06.cpp 存取父類別中的同名成員函式

(前半段的程式碼與 Ch12-05.cpp 相同)

```
class Rectangle : public Shape   { // 繼承 Shape
public:
  Rectangle(int i, int j, int k, int l):Shape(i,j)
  { x = k; y = l; }
  double getX() { return x;}  // 與父類別的
  double getY() { return y;}  // 成員函式同名
  double area();              // 計算面積的函式
private:
  double x,y;             // 與父類別的資料成員同名
};

double Rectangle::area()
```

```
25 {
26   return (x - Shape::getX()) * (y - Shape::getY());
27 }            // 以範圍解析運算子標明要呼叫的版本
28
29 int main()
30 {
31   Rectangle r(0,0,3,5);
32    cout << "矩形的面積爲 " << r.area();
33 }
```

執行結果

```
矩形的面積爲  15
```

在第 26 行的程式中, 在函式名稱前加上 "Shape::", 表示要呼叫的是 Shape 類別中的成員函式, 而非 Rectangle 類別的同名函式。

12-2 存取修飾子對繼承的影響

當子類別繼承父類別的各成員時, 其存取限制會因不同的繼承方式而改變。不過有一個原則是固定的: 在子類別內永遠無法存取父類別的 private 成員 (除非將子類別宣告爲父類別的夥伴), 而其他非私有的成員則全部可以自由存取。至於這些繼承而來的成員在子類別內的存取限制如何變化, 則視繼承方式而定。

在子類別定義中指定其繼承關係時, 使用 public、private、protected 這三個關鍵字指定不同的繼承方式, 對繼承而來的成員之存取限制都有不同的影響, 以下就分別說明這三種不同繼承方式的差異。

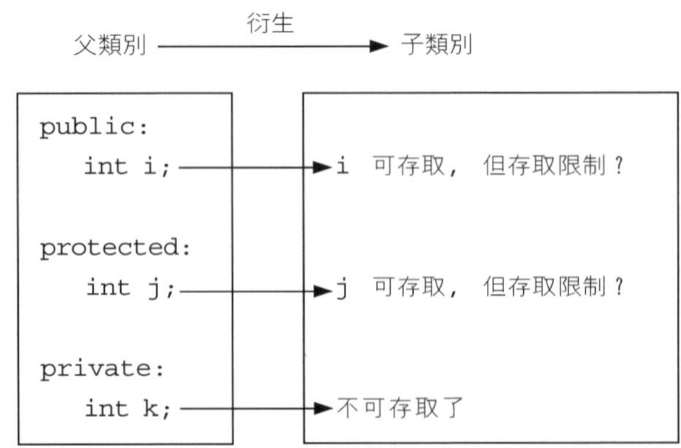

12-2-1 public 式的繼承

若是以 public 的方式繼承, 那麼原來在父類別內爲 public 或 protected 的成員, 繼承給子類別後其保護等級並不會改變; 如果再由子類別以 public 繼承給孫類別, 其 public 和 protected 等級仍然可以保存下來。所以這種繼承方式可以一直保存類別內成員的 public 和 protected 的屬性。下表爲 public 式的繼承方式：

	父類別	衍生類別	
		子類別內	孫類別內
類別內成員的存取限制	public	public	public
	protected	protected	protected
	private	不可存取	不可存取

當繼承是『是一種...』的關係時, 便應該用 public 式的繼承。因爲既然子類別是父類別的一種, 那麼就應具有大部份父類別的特性, 而其他外在程式也應該可以經由子類別來操作父、子類別所共有的公開界面。例如軟碟爲磁碟的一種：

```
class Disk { // 磁碟類別
public:
  int get_size() { return size; }
protected:
  int size;
  ...
};

class Floppy : public Disk { // 軟碟類別
protected:
  int kind;
```

```
   ...
};

main()
{
   Floppy a;
   ...
   cout << a.getsize();    // 可經由 Floppy 來操作 Disk
}                          // 內的公開成員
```

由於這種特性, 當我們要發展一個家族式的類別階層時, public 式的繼承是最適合不過了, 例如像『動物類-->哺乳類-->靈長類-->人類』這樣的類別階層。

12-2-2 private 式的繼承

private 的繼承方式會使所有父類別內 public 和 protected 的成員均變成 private。以下為 private 的繼承方式：

	父類別	衍生類別	
		子類別內	孫類別內
類別內成員的存取限制	public	private	不可存取
	protected	private	不可存取
	private	不可存取	不可存取

當繼承不是『是一種...』的關係時, 便可以用此法來做繼承。例如某個舊類別恰好有我們需要用到的功能, 但這個舊類別在邏輯上和新的類別並無太多的關係, 此時只是單純為減少重複撰寫程式碼的情況而用舊類別來建立新類別, 這時便應該以 private 的方式來繼承。

```
class Car {
public:
  double go();
  ...
};

class Ship : private Car {
  ...
};
```

由於這只是一種『舊模組重新利用』的關係，所以我們自然不希望在子類別中有父類別的影子存在，而 private 式的繼承正好可以滿足這樣的需求：所有父類別的公用界面在子類別中均變成私有。所以 Ship 若以 private 的方式繼承 Car 類別，則下面的用法會被視為錯誤：

```
Ship s;
...
s.go();     // 錯誤：在 Ship 類別中，
            // Car::go() 已變為私有成員
```

在這種情況下，我們只能在衍生類別的成員函式或夥伴中使用繼承而來的私有成員，請參考以下的例子：

程式 Ch12-07.cpp 以 private 方式繼承

```
#include<iostream>
using namespace std;

class Car {
public:
  Car (double s = 10) { speed = s;}
  double go(double time) { return time * speed;}
private:
  double speed;         // 時速
```

```
10 };
11
12 class Ship: private Car {   // 以 private 方式繼承 Car 的成員
13 public:
14   Ship(double s, double c):Car(s) { coff = c; }
15   double go(double time, double waterspeed)
16   {
17     return Car::go(time) + time * waterspeed * coff;
18   }
19 private:
20   double coff;    // 水流速度造成船流動速度的係數
21 };
22
23 int main()
24 {
25   Ship s(15,0.4);
26   int waterspeed;
27   cout << "請輸入目前水流速度？";
28   cin >> waterspeed;
29   cout << "小船 s 一小時可走 " << s.go(1,waterspeed) << " 公里";
30 }
```

執行結果

```
請輸入目前水流速度？15
小船 s 一小時可走 21 公里
```

在第 12 行我們讓 Ship 類別以 private 方式繼承關係不大的 Car 類別, 此時後者的公開成員函式在 Ship 類別中都變成私有的類別, 因此只能在類別中存取, 而不能由外部呼叫繼承而來的成員函式。

如果我們再以 Ship 衍生出其他類別, 那麼這些新的類別都無法再接觸到任何 Car 內的成員了 (因為它們在 Ship 內均變成 private 了)。 所以 private 式的繼承就只是父、子類別間的私有關係, 而與其他後續的衍生類別無關。這就像遺傳上無作用的隱性基因一樣, 雖然其子孫都具有這種基因, 但在外表上卻不會顯現出來。

12-2-3 protected 式的繼承

protected 的繼承方式會使所有父類別內 public 和 protected 的成員均變成 protected。下表為 protected 繼承方式對各種成員的影響：

	父類別	衍生類別	
		子類別內	孫類別內
類別內成員的存取限制	public	protected	protected
	protected	protected	protected
	private	不可存取	不可存取

這種方式的作用和 private 式的繼承很像，不過它可以將父類別內的非私有成員繼續保留給其後的子孫在內部使用。這就像遺傳上『有作用』的隱性基因一樣，雖然在其子孫的外表上無法顯現出來，但在他們的體內卻可產生一些作用。

假設我們已設計好了一個 Screen 類別，可以提供各種螢幕顯示的功能，然後又利用它來衍生出 Win 視窗類別：

```
class Win : private Screen
{ ... };
```

由於我們不希望別人能經由 Win 類別來使用到 Screen 內的功能，以免破壞視窗畫面，所以用 private 的方式來繼承；然而，我們必須考慮到擴充性的問題，也就是說，如果有人想要自行加強視窗系統的功能，而利用 Win 衍生出加強版的 EWin 類別，此時可能仍需用到原來 Screen 所提供的功能；因此，應該以 protected 的方式來繼承才是上策：

```
class Win : protected Screen {   // 以 protected 的方式繼承
  ...                            // Screen, 讓 Win 的衍生類
};                               // 別仍可存取到其提供的功能

// 加強版的視窗類別
class EWin : public Win {
   ...
   // 也可以用到 Screen 內非私用的功能
};
```

預設的繼承方式

如果在繼承時沒有指明繼承的方式, 那麼系統預設為 private 的方式。例如：

```
class AA : BB;        // AA 以 private 方式繼承 BB

class AA : public BB, CC, DD;
                      // AA 以 public 方式繼承 BB,
                      // 並以 private 方式繼承 CC 和 DD
```

然而, 如果是用 struct 來定義類別, 則預設為 public 方式：

```
struct AA : BB;       // AA 以 public 方式繼承 BB
```

12-3 繼承時的複製建構函式及 operator= 運算子

之前提過, 繼承時不會繼承父類別的複製建構函式及多載的 operator= 運算子, 不過預設以『逐成員複製』的複製建構函式及 operator= 運算子, 仍能適用於只需『逐成員複製』即可達到目的的場合。例如以下範例中, 由於父類別和子類別的內容都是用『逐成員複製』即可達到將甲物件指定給乙物件的效果, 所以未設計相關的成員函式, 也可做物件的指定：

程式 **Ch12-08.cpp** **繼承關係下的物件指定**

```
#include<iostream>
using namespace std;

class Shape {
public:
  Shape (int i=0, int j=0) { x = i;    y = j; }
  double getX() { return x;}
  double getY() { return y;}
protected:
  double x, y;          // 代表圖形的起點
};

class Circle : public Shape   { // 繼承 Shape 的特性
  friend ostream& operator<<(ostream& o, Circle& c);
public:
  Circle(int i, int j, int radius)
  { x = i; y = j;  r = radius; } // 直接存取 protected 資料成員
private:
  double r;             // 代表圓半徑
};

ostream& operator<<(ostream& o, Circle& c) // 輸出圓點座標及半徑
{                          // 可直接存取 protected 資料成員
  return o << '(' << c.getX() << ',' << c.getY() << ')' << '\t'
           << "r = " << c.r << endl;
}

int main()
{
  Circle small(1,2,1);    // 建立 Circle 物件
  Circle c = small;       // 將呼叫預設的複製建構函式
  cout << c;
  Circle big(3,3,100);
  c = big;                // 將呼叫預設的 operator= 運算子
  cout << c;
}
```

執行結果

```
(1,2)   r = 1
(3,3)   r = 100
```

在第 9 章及第 10 章時提過，如果類別成員不適合使用『逐成員複製』，就必須自行撰寫必要的複製建構函式並多載指定運算子來進行必要的處理，這些原則在前幾章提過，此處就不重複說明。

如果只是父類別的成員不適合做『逐成員複製』，子類別本身都可做『逐成員複製』，那麼只要父類別有提供適當的複製建構函式並多載指定運算子，子類別就不需做特別的處理，因為編譯器會在子類別的預設複製建構函式及指定運算子中，**自動**呼叫父類別的複製建構函式及指定運算子。

但要注意，如果子類別也自定了複製建構函式並多載指定運算子，此時記得要**自行**呼叫父類別的相關函式，因為此時編譯器已不會幫我們呼叫父類別的這些函式，若我們自己不呼叫或做相關的處理，將會使子類別物件的指定動作發生錯誤。例如以下這個例子：

程式　Ch12-09.cpp　在子類別的指定運算子中呼叫父類別的指定運算子

```
#include<iostream>
#include<cstring>       // 因為用到 strcpy() 函式故含括此檔案
using namespace std;

class Person {   // 人員類別
public:
  Person(const char*, int);
  Person& operator=(Person &p);
  Person() {}
  ~Person() { delete [] name; }
  void setName(const char* ptr) { strcpy(name,ptr); }
  const char* getName() { return name;}
private:
```

```
  char* name;    // 姓名
  int age;       // 年齡
};

Person::Person(const char* s, int a)
{
  name = new char[strlen(s)];
  strcpy(name, s);
  age = a;
}

Person& Person::operator=(Person& p) // 多載指定運算子
{
  name = new char[strlen(p.name)];
  strcpy(name, p.name);
  age = p.age;
  return *this;
}

class Student : public Person {       // 學生類別繼承人員類別
public:
  void reading()
  {
    cout << id << " - " << getName() << "在看書" << endl;
  }
  Student() {}
  Student(const char* s, int a, int i) : Person(s, a)
  {                                   // 呼叫父類別的建構函式
    id = i;
  }
  Student& operator= (Student&);
private:
  int id;                             // 學號
};

Student& Student::operator= (Student& s)      // 多載指定運算子
{
  //Person::operator=(s);                // 呼叫父類別的指定運算子
  id = s.id+100;
```

```
53   return *this;
54 }
55
56 int main()
57 {
58   Student st1("楊其文", 10, 4), st2;
59   st2 = st1;                       // 將 st1 指定給 st2
60   st1.setName("李家怡");           // 更改 st1 物件的姓名
61   st1.reading();
62   st2.reading();
63 }
```

執行結果

```
4 - 李家怡在看書
104 - ?在看書
```

1. 第 5 ~ 16 行定義了一個 Person 類別, 第 33 ~ 47 行則是由其衍生出的 Student 學生類別, 此類別有個代表學號的成員函式 id。

2. 在 49 ~ 54 行 Student 類別的多載指定運算子中, 我們故意將第 51 行呼叫父類別指定運算子的部份設爲註解, 以測試未呼叫父類別指定運算子的狀況。

3. 在第 58 行程式建立了 st1 、 st2 兩個學生物件, 但只初始化 st1 的內容。

4. 在第 59 、 60 行將 st1 指定給 st2, 再用 st1 呼叫 Person 類別的 setName() 成員函式修改 st1 的姓名。

程式最後用兩個學生物件呼叫 reading() 成員函式, 只有 st1 物件能顯示正確的姓名資訊, st2 的姓名則變成亂碼, 其原因就是先前所述：當我們自訂子類別的 operator=() 函式時, 必須在其中呼叫父類別的 operator=() 函式。但因程式將第 52 行的敘述設爲註解, 所以父類別成員無法正確複製過去, 造成沒有初始值的 st2 的姓名部份變成亂碼。修正方式就是將第 52 行開頭的註解符號 "//" 刪除, 程式執行結果就會正確。

細心的讀者可能發現, 第 52 行呼叫 "Person::operator=(s);" 時, 傳遞的參數是 Student 物件, 而非第 8 行函式原型所宣告的『Person &p』, 為何能呼叫成功呢？

這是因為編譯器在編譯這行敘述時, 會將參數物件先轉型成『Person』型別, 再以之呼叫 Person 類別的 operator=() 函式。換句話說, 子類別物件是可以自動轉型為父類別物件的, 以下就來介紹基礎類別和衍生類別間的型別轉換關係。

12-4 基礎類別和衍生類別間的型別轉換

12-4-1 子類別轉成父類別

編譯器不只會自動替內建資料型別做隱含的型別轉換, 當我們建立了父子類別的 public 繼承關係後, 編譯器也會主動將下面 3 種轉換方式納入其內部的標準型別轉換規則中：

- 子類別可自動轉換為父類別。
- 子類別的參考型別可自動轉換為父類別的參考型別。
- 子類別的指標型別可自動轉換為父類別的指標型別。

由於子類別的物件中本來就包含了父類別的部份, 所以將子類別轉換成父類別是很安全的。不過它們必須是以 public 的方式繼承才行, 如果是以 private 方式繼承, 則編譯器將不會進行自動轉型：

```
class D1 : public Base1;     // D1 以 public  方式繼承
class D2 : private Base1;    // D2 以 private 方式繼承
void fun(Base1 &);

D1 d1;
D2 d2;
fun(d1);    // 正確, D1& 可自動轉為 Base1&
fun(d2);    // 錯誤, 非 public 式的繼承不會自動轉換
```

子類別物件轉型為父類別也稱為『向上』轉型 (upcasting)。

我們可用以下的範例來觀察兩種繼承方式對型別轉換的影響：

程式 Ch12-10.cpp 繼承方式與型別轉換

```
#include<iostream>
using namespace std;

class Shape {
friend ostream& operator<<(ostream&, Shape&);
public:
  Shape (int i=0, int j=0) { x = i;     y = j; }
private:
  int x, y;           // 代表圖形的起點
};

ostream& operator<<(ostream& o, Shape& s)
{
   return o << '(' << s.x << ',' << s.y << ')';
}

class Circle : public Shape   { // 繼承 Shape 的特性
public:
  Circle(int i, int j, int radius): Shape(i,j)
  {                                  // 呼叫父類別的建構函式
```

```
21      r = radius;
22    }
23 private:
24   int r;  // 圓半徑
25 };
26
27 class Sphere : private Circle  { // 以 private 方式繼承
28 public:
29   Sphere(int i, int j, int k, int radius): Circle(i,j,radius)
30   { z = k; }
31 private:
32   int z;     // Z 軸座標
33 };
34
35 int main()
36 {
37   Circle disc(1,1,5);
38   cout << disc;        // 將物件從輸出串流輸出
39   Sphere baseball(0,0,0,10);
40   cout << baseball;  // 將物件從輸出串流輸出
41 }
```

程式中用 Shape 類別衍生出 Circle 類別, 再用 Circle 類別衍生出 Sphere 類別, 但改用 private 的繼承方式。main() 函式中先後建立 Circle 及 Sphere 物件, 並直接輸出到 cout。但由於只有基礎類別 Shape 有定義夥伴函式 operator <<(), 所以 Circle 及 Sphere 物件都必須轉型為 Shape, 但因 Sphere 類別是用 private 的繼承方式, 所以無法編譯成功, 以 Visual C++ 2005 為例, 會顯示如下訊息：

```
Ch12-10.cpp(40) : error C2243: 'type cast' : conversion from
'Sphere *' to 'const Shape &' exists, but is inaccessible
```

型別轉換運算子無法存取

解決方式很簡單, 只果您確實只想用 protected/private 方式衍生新的類別, 則衍生類別只要用強制型別轉換即可。以上述程式爲例, 只要將第 40 行的程式改成如下的形式, 即可編譯成功：

```
cout << (Shape&) baseball;  // 強制轉型爲 (Shape&) 型別

    (1,1)(0,0)        ←程式可正常輸出圓點座標
```

12-4-2 父類別轉成子類別

若是我們要反過來將父類別轉換成子類別呢？由於這是不安全的舉動, 所以也必須用強制的型別轉換才行, 例如：

```
class Base {
   int i;
  public:
   void set(int a) { i = a; }
};

class D : public Base {
   int j;
  public:
   void set2(int a) { j = a; }
};
...
Base b;
D *d = (D *)&b;    // 必須用強制的型別轉換才行
```

但要特別注意，由於子類別擁有父類別沒有的成員，例如上例中的 j 和 set2()，所以若透過物件 b 存取這些成員，例如下面這個敘述：

```
d->set2(5);
```

則會造成一個邏輯錯誤而難以除錯，因此像這種不安全的型別轉換應該儘量避免才是。

12-5 綜合演練

12-5-1 人員與學生類別

本章一開始以人員及學生類別舉例說明繼承的關係，現在我們就設計一個人員類別：

程式 Ch12-11.h 人員類別的定義

```
#include<iostream>
#include<string>
using namespace std;

enum Gender {male,female};        // 代表性別的列舉型別

class Person {  // 人員類別
public:
  Person(string, Gender, int);  // 建構函式
  Person() {}
protected:
  string name;  // 姓名
  Gender sex;   // 性別
  int age;      // 年齡
};
```

```
16
17 Person::Person(string n, Gender s, int a) : name(n)
18 {
19   sex = s;  age = a;
20 }
```

在第 5 行我們定義一個 Gender 列舉型別用來代表性別。有了人員類別後，接著就來定義學生類別，並做一個簡單的應用：

程式　Ch12-11.cpp 用人員類別建立學生類別

```
#include<iostream>
#include<string>
#include "Ch12-11.h"
using namespace std;

class Student : public Person { // 學生類別
friend ostream& operator<<(ostream&, Student &);
public:
  static int count() { return counter;}
  Student(string n, Gender s, int a):Person(n,s,a)
  {
     id = ++counter;       // 將計數器值加 1 當成學號
  }
private:
  int id;                 // 學號
  static int counter;     // 物件計數器
};
int Student::counter = 0;

ostream& operator<<(ostream& o, Student & s)
{
  return o << s.id << "號：" << s.name << '/'
             << s.age << " 歲" << endl;
}

int main()
{
```

```
28  Student ss[3]={Student("楊其文", male, 17),
29                 Student("李家怡", female, 18),
30                 Student("王松山", male, 19)};
31
32  cout << "學生共有 " << Student::count() << " 人" << endl;
33  for(int i=0;i<Student::count();i++)  // 依序輸出各物件
34    cout << ss[i];
35 }
```

執行結果

```
學生共有 3 人
1號：楊其文/17 歲
2號：李家怡/18 歲
3號：王松山/19 歲
```

1. 第 16 行的靜態資料成員是用來記錄已建構的物件個數，並以此數字在建構函式中設定學號。
2. 第 20 行爲 operator<<() 夥伴函式，可將學生物件直接輸出。
3. 第 28 行建立含 Student 物件的陣列，並用建構函式一一設定各元素的初始值。

12-5-2 模擬員工類別

公司員工也『是一種』人員，所以可由人員類別衍生出員工類別。以下先將人員類別增加一項功能：

程式 Ch12-12.h 新的人員類別

```
#include<iostream>
#include<string>
using namespace std;

enum Gender {male,female};        // 代表性別的列舉型別

class Person {  // 人員類別
```

```
public:
  string& getName() { return name; }
  bool operator>(Person& p) { return (age > p.age); }
  Person(string, Gender, int);
  Person() {}
protected:
  string name;  // 姓名
  Gender sex;   // 性別
  int age;      // 年齡
};

Person::Person(string n, Gender s, int a) : name(n)
{
  sex = s;  age = a;
}
```

我們這次增加了 operator>() 多載運算子, 用年齡做爲人員的比較方式。以下的範例程式就用這個人員類別衍生出新的員工類別 Employee；在 main() 函式中則建立含 Employee 物件的陣列, 然後用父類別的 > 多載運算子將物件排序：

程式 Ch12-12.cpp 使用父類別的比較運算子將員工排序

```
#include<iostream>
#include<string>
#include "Ch12-12.h"
using namespace std;

class Employee: public Person { // 員工類別
friend ostream& operator<<(ostream&, Employee &);
public:
  static int count() { return counter;}
  Employee(string n, Gender s, int a, int y):Person(n,s,a)
  {
    id = ++counter;
    seniority = y;
  }
```

```
private:
  int seniority;         // 年資
  int id;                // 員工編號
  static int counter;    // 物件計數器
};
int Employee::counter = 0;

ostream& operator<<(ostream& o, Employee & e)
{
  return o << e.id << " - " << e.name << '(' << e.age << ')'
           << " 已服務 " << e.seniority << " 年" << endl;
}

void swap(void* a, void* b)      // 交換指標用的函式
{
  void* temp = a;
  a = b;
  b = temp;
}

int main()
{                          // 建立 5 個物件
  Employee* em[5]={new Employee("李家怡", female, 28,5),
                   new Employee("楊其文", male, 37,9),
                   new Employee("陳眞玉", female, 30,3),
                   new Employee("王松山", male, 55,20),
                   new Employee("張國誠", male, 47,15)};

  cout << "排序前..." << endl;
  for(int i=0;i<Employee::count();i++)    // 依序輸出各物件
    cout << *em[i];

  for(int i=0;i<Employee::count()-1;i++) // 依年齡排序物件
   for(int j=i;j<Employee::count();j++)
     if (*em[i] > *em[j])
        swap(em[i],em[j]);      // 交換指標

  cout << "排序後..." << endl;
  for(int i=0;i<Employee::count();i++)    // 輸出各物件
    cout << *em[i];
}
```

執行結果

```
排序前...
1 - 李家怡(28) 已服務 5 年
2 - 楊其文(37) 已服務 9 年
3 - 陳真玉(30) 已服務 3 年
4 - 王松山(55) 已服務 20 年
5 - 張國誠(47) 已服務 15 年
排序後...
1 - 李家怡(28) 已服務 5 年
3 - 陳真玉(30) 已服務 3 年
2 - 楊其文(37) 已服務 9 年
5 - 張國誠(47) 已服務 15 年
4 - 王松山(55) 已服務 20 年
              └── 依照年齡排序
```

1. 第 28 行的 swap() 函式是單純做指標交換, 它會將兩個指標所指的位址對調。由於參數宣告爲 void* 型別, 所以任何型別的指標都可使用此函式。

2. 第 37 行將 em 陣列宣告爲 Employee* 型別, 表示每個元素都是指向 Employee 物件的指標, 所以在 {} 中的元素初始值, 都改用 new 的方式建構物件。

3. 第 47 ~ 50 行即爲使用氣泡排序法將陣列元素依年齡進行排序, 第 49 行的敘述中, Employee 物件會自動轉型爲 Person 型別再呼叫多載的 > 運算子以進行比較。若傳回 true, 即呼叫 swap() 函式將指標所指的物件對調。

學習評量

1. 以繼承方式定義新的類別時, 必須使用何符號指定父類別？

   a.:

   b.::

   c.->

   d.以上皆非。

2. "class AA: BB {...}" 這段語法的意思是：

   a.AA 類別中有個資料成員其型別爲 BB 。

   b.定義 AA 類別的建構函式, 並以成員初始化串列產生 BB 類別的部份。

   c.定義 AA 類別爲 BB 的衍生類別。

   d.以上皆非。

3. 以 class 定義繼承關係時, 若未指定繼承方式, 則

   a.預設以 public 方式繼承。

   b.預設以 private 方式繼承。

   c.預設以 proected 方式繼承。

   d.語法錯誤。

4. 若有一繼承關係爲：

```
class Parent {
  int i;
public:
  Parent(int x = 0) { i = x+10; }
}

class Child : public Parent {
public:
```

```
09   Child(int x) { i = x;}
10 };
11
12 int main()
13 {
14   Child c(10);
15 }
```

則下列敘述何者正確？

a.c.i 的值爲 0。

b.c.i 的值爲 10。

c.c.i 的值爲 20。

d.編譯失敗。

5. 承上題, 如果第 14 行改成 "Child c;", 則

   a.c.i 的值爲 0。

   b.c.i 的值爲 10。

   c.c.i 的值爲 20。

   d.編譯失敗。

6. 若父類別的資料成員 a 被宣告爲 protected, 則以 public 方式繼承時, 子類別所繼承到的資料成員 a 其存取限制爲？

   a.public。

   b.protected。

   c.private。

   d.無法在子類別中存取。

7. 續上題, 若繼承方式改為 protected, 則子類別所繼承到的資料成員 a 其存取限制為?

   a.public。

   b.protected。

   c.private。

   d.無法在子類別中存取。

8. 續上題, 若再用子類別以 public 方式衍生出孫類別, 則孫類別所繼承到的資料成員 a 其存取限制為?

   a.public。

   b.protected。

   c.private。

   d.無法在孫類別中存取。

9. 以 public 方式繼承時, 以下何者為真?

   a.子類別內部可存取父類別的 private 成員函式。

   b.外界可透過子類別物件呼叫父類別的 protected 成員函式。

   c.子類別內部只能改寫父類別的 public 成員函式。

   d.要將子類別物件傳遞給接受父類別物件的函式時, 編譯器會將其自動轉型。

10. 若用 string 類別以 public 方式衍生出一新的 Digit 類別, 並宣告 "Digit d;" 建立一個物件 d, 則以下何者為真?

   a.執行 sizeof(d) 時所傳回的大小, 是字串的長度再加上 Digit 其它資料成員的大小。

   b.若 Digit 類別中也定義了一個私有的 size() 函式, 則以物件 d 呼叫 size() 函式時, 預設會呼叫 Digit 類別的版本。

   c.建構 d 物件時, 會先呼叫 Digit 建構函式再呼叫 string 類別的建構函式。

   d.以上皆非。

程式練習

1. 請修改 Ch12-01.cpp 程式, 將圓形類別改成橢圓形類別。
2. 延續上一題, 從橢圓形類別衍生出圓形類別。
3. 延續上題, 替各類別增加一個計算面積的 area() 函式。
4. 請設計一個出版品類別 (例如有名稱、售價等成員), 並由它衍生出書籍類別 (例如有 ISBN 碼成員) 及雜誌類別 (例如有出刊週期)。
5. 延續上題, 替出版品類別設計一用售價來比較大小的 operator>() 成員函式, 並試用它比較書籍物件及雜誌物件的價格。
6. 請撰寫一個程式, 擁有一個代表學生的類別以及一個代表老師的類別, 其中學生與老師分別要有以下成員:

成員	學生	老師
姓名	✓	✓
出生年	✓	✓
學號	✓	X
年級	✓	X
教授科目 (國文、英文或數學)	X	✓

請適當安排繼承結構, 並嘗試建立任意個數的學生與老師。

7. 延續上題, 請為各個類別設計 ostream&<<(...) 函式, 以便能夠利用輸出串流輸出。

8. 延續上題, 請設法在繼承結構中, 加入可讓學生及老師依據姓名排序的函式。

9. 延續上題, 另增一個可根據年齡排序的方法。

10. 延續上題, 為學生類別增加可依學號排序的方法。

多重繼承與虛擬函式

學習目標

- 認識多重繼承
- 學習虛擬繼承
- 利用虛擬函式實作多型
- 認識純虛擬函式

前一章介紹了繼承的觀念及由既有類別衍生出新類別的語法與技巧，本章要來探討更進一步的主題：多重繼承與虛擬函式。多重繼承意指在繼承時，指定了多個父類別 (基礎類別)；而虛擬函式則是在繼承結構下，提供一種更直覺的物件操作方式，讓開發人員能以更物件導向的方式撰寫程式。

13-1 多重繼承

13-1-1 同時繼承多個父類別

一個子類別可以繼承自一或多個父類別，如果有多個父類別的話，那麼就必須用逗號將之分開，而且每個父類別之前均可個別指明其繼承方式。這就是所謂的『多重繼承』(Multiple inheritance)。舉例來說，自行車是一種交通工具，同時也是一種運動器材：

```
class Bicycle : public Vehicle, public ExerciseTool
{ ... };              └──────── 兩個父類別 ────────┘
```

如此一來 Bicycle 類別將同時繼承 Vehicle 及 ExerciseTool 類別的成員。

(C++ 初學者注意事項) 多重繼承時每個父類別的繼承方式都要個別寫出，未標明繼承方式者，將以預設的 private 方式繼承。

在多重繼承時，每個父類別只能出現一次，而且必須是已定義好的類別，否則會造成編譯時期的錯誤。雖然 C++ 並未限制父類別的數量，但一般都只會用到兩個父類別，以免形成太複雜的類別階層關係。

13-1-2 多重繼承下的物件建構

使用多重繼承時和單一繼承關係時相同，在程式中宣告衍生類別物件時，編譯器會自動呼叫父類別的建構函式然後才呼叫子類別的建構函式。只不過有多個父類別時，這些父類別建構函式的呼叫順序，是依照子類別定義中的次序來呼叫，請參見以下的範例：

程式 Ch13-01.cpp 多重繼承的物件建構

```
#include<iostream>
using namespace std;

class Vehicle {          // 交通工具類別
public:
  Vehicle(double p = 0)
  {
    cout << "Vehicle 物件建構中" << endl;
    speed = p;
  }
protected:
  double speed;          // 速度
};

class ExerciseTool {    // 運動器材類別
public:
  ExerciseTool(double w = 100)
  {
    cout << "ExerciseTool 物件建構中" << endl;
    weight = w;
  }
protected:
  double weight;         // 重量
};

class Bicycle: public Vehicle, public ExerciseTool { // 多重繼承
public:
  Bicycle(bool b = true) { discBreak = b; }
```

```
29 private:
30   bool discBreak;       // 是否使用碟煞
31 };
32
33 int main()
34 {
35   Bicycle bike;         // 宣告自行車物件
36 }
```

執行結果

```
Vehicle 物件建構中
ExerciseTool 物件建構中
```

由於第 26 行定義 Bicycle 類別時, 是先寫 "Vehicle", 再寫 "ExerciseTool", 所以建構 Bicycle 的物件時, 編譯器會先呼叫 Vehicle 的建構函式再呼叫 ExerciseTool 的建構函式, 如執行結果所示。

多重繼承下的衍生類別, 其用法和單一繼承時大同小異, 例如同樣可存取父類別中的 public 、 protected 成員；編譯器在必要時會自動處理轉型等。但如果不巧不同父類別中有同名的資料成員或成員函式時, 我們要如何存取想要使用的成員呢 ?

13-1-3 存取同名的成員

當多重繼承下的父類別中有同名的資料成員或成員函式時, 若不指定成員所屬的父類別名稱, 則會出現語意不明 (ambiguity) 的情況, 也就是編譯器無法判斷程式要使用的是哪一個成員, 因此編譯時會出現錯誤。例如：

```
class Vehicle {           // 交通工具類別
public:
  setPrice();
  ...
```

```
};

class ExerciseTool {    // 運動器材類別
public:
  setPrice();
  ...
};

class Bicycle: public Vehicle, public ExerciseTool { // 多重繼承
  ...
};

int main()
{
  Bicycle bike;
  bike.setPrice();      // 呼叫哪一個 setPrice()?
  ...

}

編譯時出現的訊息：

error C2385: ambiguous access of 'setPrice'
could be the 'setPrice' in base 'Vehicle'
or the 'setPrice' in base 'ExerciseTool'
```

要特別注意的是，這種語意不明的錯誤和函式多載並無關係。我們知道多載函式可藉著不同的簽名 (參數數量與型別) 來區分，在上述這種同名函式並非多載函式，因爲它們原本就分屬不同的類別，因此即使兩個父類別的同名函式有不同的簽名，仍是會引發語意不明的編譯錯誤。換句話說，就算函式簽名不同，呼叫父類別的同名函式時，一定要明確用範圍解析算符指出呼叫的函式所屬類別，請參考以下的範例：

程式 Ch13-02.cpp 多重繼承中的同名成員

```
#include<iostream>
using namespace std;

class Vehicle {
public:
   void setPrice(double p) { price = p;} // 設定價格的成員函式
   Vehicle(double p = 0, double s = 0)
   {
     price = p;  speed = s;
   }
protected:
   double price; // 價格
   double speed; // 速度
};

class ExerciseTool {
public:
   void setPrice(int p) { price = p;}     // 設定價格的成員函式
   ExerciseTool(int p = 0, double w = 100)
   {
     price = p;  weight = w;
   }
protected:
   int price;     // 價格
   double weight;// 重量
};

class Bicycle: public Vehicle, public ExerciseTool { // 多重繼承
public:
   Bicycle(double i,double j,double k, bool b): Vehicle(i,j)
   {                                  // 呼叫 Vehicle 的建構函式
      weight = k;
      discBreak = b;
   }
   double howMuch() { return Vehicle::price; } // 傳回 Vehicle
private:                                       // 的成員
   bool discBreak;       // 是否使用碟煞
```

```
38 };
39
40 int main()
41 {
42   Bicycle bike(8000,15,12,true);
43   cout << bike.howMuch() << endl;         // 顯示價格
44
45   bike.Vehicle::setPrice(2999);           // 呼叫不同的
46   bike.ExerciseTool::setPrice(3999);      // setPrice()
47   cout << bike.howMuch() << endl;         // 查看修改結果
48 }
```

執行結果

```
8000
2999
```

在 Vehicle 及 ExerciseTool 類別中, 我們故意將同名的 price 資料成員分別宣告為 double 及 int 型別, 而 setPrice() 的參數型別也不同。但讀者可自行嘗試, 不管 Bicycle 類別物件是用 double 或 int 呼叫 setPrice() 成員函式, 都會出現編譯錯誤, 一定要指定函式所屬的類別才能編譯成功。

因為 Bicycle 類別中的 howMuch() 成員函式傳回的是 Vehicle::price 這個成員, 而第 46 行設定的價格是 ExerciseTool 中的 price, 所以最後顯示的價格仍是 2999。

13-1-4 同一個基礎類別的多重繼承

在多重繼承時, 子類別會繼承到所有父類別各自的成員。那麼假設類別 DD 多重繼承了父類別 BB 和 CC, 但 BB 、 CC 本身又都是從基礎類別 AA 所衍生的, 則此時 DD 中會有幾份類別 AA 的成員呢？答案是兩份, 如下圖所示：

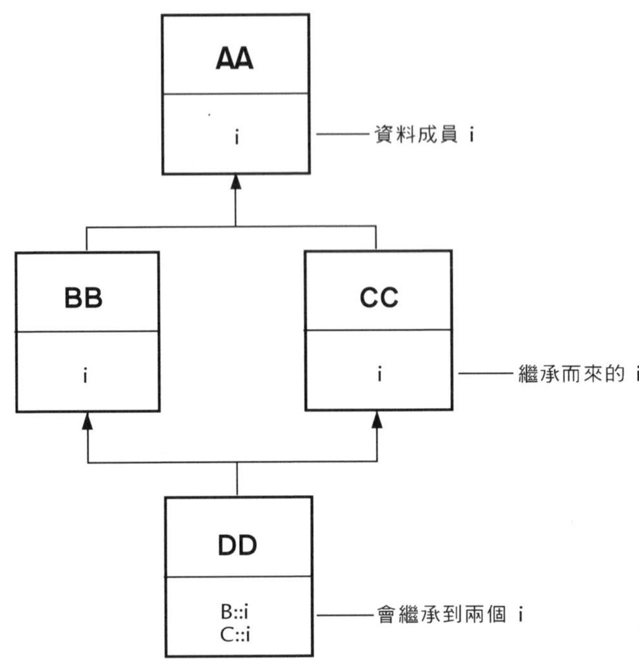

我們可用以下的範例程式驗證之：

程式 Ch13-03.cpp 多重繼承下含有多份基礎類別的內容

```
#include<iostream>
using namespace std;

class AA {
public:
  int geti() {return i;}
  void seti(int i) { this->i = i; }
protected:
  int i;
};

class BB : public AA {}; // 繼承 AA
class CC : public AA {}; // 繼承 AA
```

```

class DD : public BB, public CC {}; // 多重繼承 BB、CC

int main()
{
  cout << "AA 佔 " << sizeof(AA) << " 個位元組" << endl;
  cout << "BB 佔 " << sizeof(BB) << " 個位元組" << endl;
  cout << "CC 佔 " << sizeof(CC) << " 個位元組" << endl;
  cout << "DD 佔 " << sizeof(DD) << " 個位元組" << endl;
}
```

執行結果

```
AA 佔 4 個位元組
BB 佔 4 個位元組
CC 佔 4 個位元組
DD 佔 8 個位元組
```

如執行結果所示, BB 、CC 類別分別繼承了了一份 AA 類別的資料成員 i, 而多重繼承的 DD 則又從 BB 和 CC 各繼承一份資料成員 i, 所以對 DD 來說, 它共有兩個資料成員 i, 要存取時, 需如前面所提繼承同名成員一樣, 要用範圍解析運算子標示出要使用的是來自何處的成員。

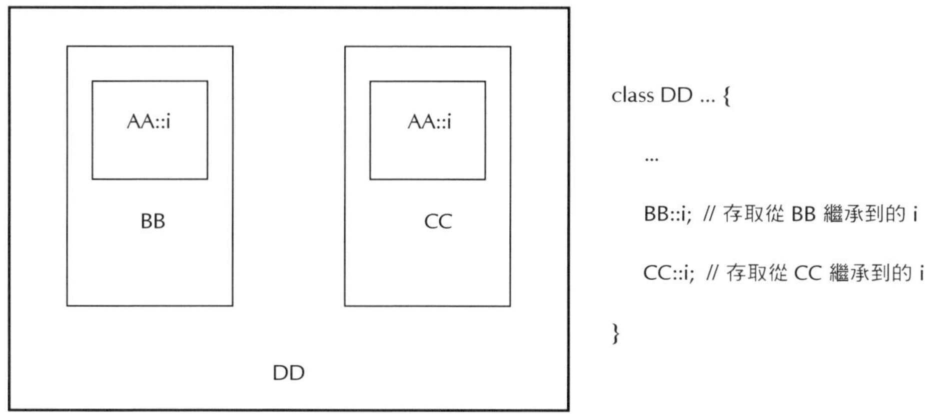

存取成員函式時，也是需使用相同的語法，請參考以下的例子：

程式 Ch13-04.cpp 存取不同繼承來源的同名成員函式

```
#include<iostream>
using namespace std;

class AA {
public:
  int geti() {return i;}
  void seti(int i) { this->i = i; }
protected:
  int i;
};

class BB : public AA {}; // 繼承 AA
class CC : public AA {}; // 繼承 AA

class DD : public BB, public CC {}; // 多重繼承 BB、CC

int main()
{
  DD d;
  d.BB::seti(10);                  // 呼叫 BB 中的成員函式
  d.CC::seti(8);                   // 呼叫 CC 中的成員函式
  cout << d.BB::geti() << endl; // 呼叫 BB 中的成員函式
  cout << d.CC::geti() << endl; // 呼叫 CC 中的成員函式
}
```

執行結果

```
10      ◄── BB::geti() 傳回 10
8       ◄── CC::geti() 傳回 8
```

然而在大多數的情況下，上述這種用法很容易造成使用上的困擾；另一方面，AA 基礎類別的內容應該只要有一份就夠了，多一份通常只是浪費空間與徒增困擾而已。因此，C++ 提供了一個變通的方式來解決這種問題，那就是『虛擬基礎類別』(Virtual base class)。經由虛擬基礎類別的指定，可以讓所指定的基礎類別永遠只有一份而不會重複。

13-2 虛擬基礎類別

13-2-1 由虛擬基礎類別衍生新類別

當我們在做類別的衍生時，可以用關鍵字 "virtual" 來指明要以虛擬的方式來繼承，則父類別便成為一個虛擬基礎類別。這種繼承方式也稱為『虛擬繼承』(Virtual Inheritance)，例如：

```
  class BB : public virtual AA
  { ... };
或
  class CC : virtual public AA
  { ... };
```

繼承方式和 virtual 關鍵字的位置可任意對調。一旦定義好虛擬繼承關係後，再用這些虛擬繼承的子類別衍生出孫類別時，不管孫類別是多重繼承幾個『由虛擬繼承衍生的子類別』，它所繼承到的虛擬基礎類別內容將**只有一份**。

我們將前面的範例略做修改，將基礎類別改用虛擬繼承的方式做繼承，也就是說它成為虛擬基礎類別，即可查覺其不同：

程式 Ch13-05.cpp 使用虛擬繼承

```
#include<iostream>
using namespace std;

class AA {
public:
  int geti() {return i;}
  void seti(int i) { this->i = i; }
protected:
  int i;
};

class BB : virtual public AA {}; // AA 為虛擬基礎類別
class CC : virtual public AA {}; // AA 為虛擬基礎類別

class DD : public BB, public CC {}; // 多重繼承 BB、CC

int main()
{
  cout << "AA 佔 " << sizeof(AA) << " 個位元組" << endl;
  cout << "BB 佔 " << sizeof(BB) << " 個位元組" << endl;
  cout << "CC 佔 " << sizeof(CC) << " 個位元組" << endl;
  cout << "DD 佔 " << sizeof(DD) << " 個位元組" << endl;

  DD d;
  d.BB::seti(99);                // 透過 BB 呼叫
  cout << d.geti() << endl;
  d.CC::seti(100);               // 透過 CC 呼叫
  cout << d.geti() << endl;
}
```

執行結果

```
AA 佔 4 個位元組
BB 佔 8 個位元組
CC 佔 8 個位元組
DD 佔 12 個位元組
99
100
```

在第 12 、 13 行加入 virtual 關鍵字後, 程式的執行結果出現一些變化。首先是三個衍生類別的大小都『膨脹』了, 這是因爲從虛擬基礎類別衍生新的類別時, 衍生類別會多出一個隱藏的虛擬基礎指標 (virtual base pointer), 指向記錄基礎類別的資訊, 因此 BB 、 CC 類別各多了一個指標使其大小變成 8 個位元組；而 DD 類別也繼承到這 2 個指標, 但資料成員 i 只有一份, 所以其大小爲 12 個位元組 (8 + 4)。

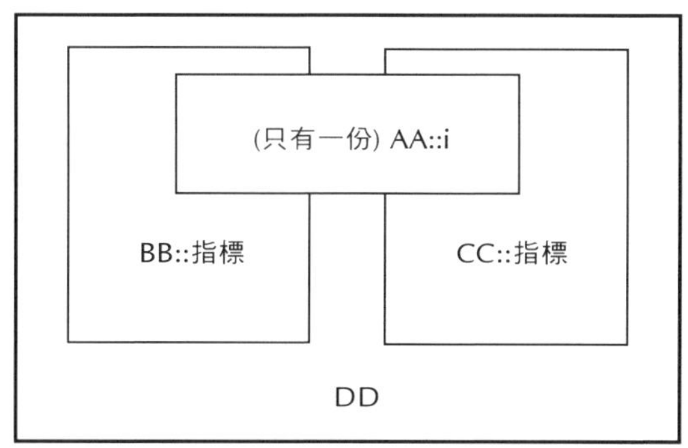

第 25 ~ 28 行則是呼叫虛擬基礎類別中的函式, 其中第 25 、 27 行仍有指定函式所屬的類別, 但此處的指定是多餘的, 因爲 AA 是虛擬基礎類別, 所以它的成員在衍生類別中只有一份, 不管『經由』何處呼叫 seti(), 都是呼叫同一個函式, 設定同一個資料成員 i 。

在第 26 、 28 行則是直接呼叫 AA 類別中的 geti() 成員函式, 因爲 AA 類別只繼承到一份, 所以不會出現語意不明的錯誤。

13-2-2 部份虛擬繼承

讀者也許會有一個疑問：在多重繼承中，如果只有部份的衍生類別是用虛擬繼承的方式繼承基礎類別，而有些類別則不使用虛擬繼承，則最下層的衍生類別又會有幾份基礎類別的內容呢？例如：

```
class A;           // 最上層的基礎類別
class B1: virtual A;
class B2: virtual A;
class B3: A;
class B4: A;
class C : B1, B2, B3, B4;
```

那麼它們的繼承關係將如下圖：

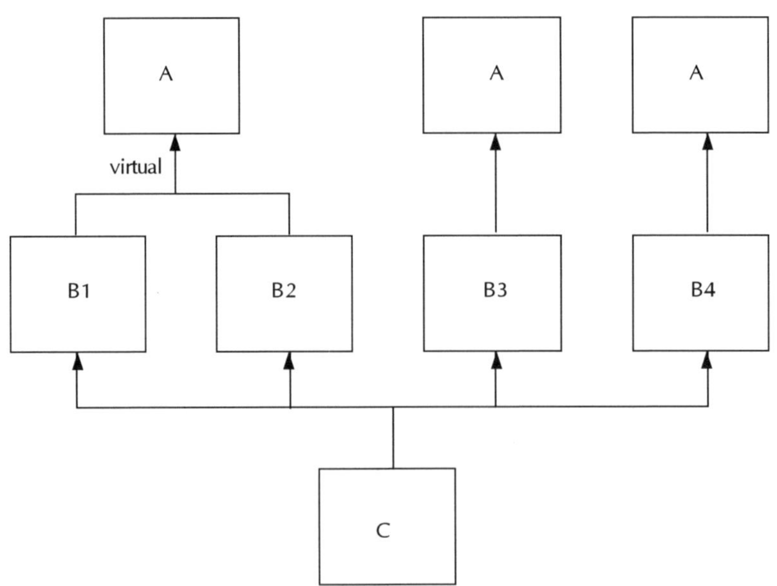

如圖所示，所有經由虛擬繼承而來的虛擬基礎類別將只有一份，而經由非虛擬繼承而來的，則會各自擁有一份。

13-2-3 以不同存取限制繼承虛擬基礎類別

多重繼承中使用不同的存取限制

類別內各成員的保護等級在虛擬繼承時的變化就和一般繼承方式相同，但有可能發生一種狀況：在多重繼承下，最終的衍生類別繼承到的虛擬基礎類別具有不同的存取限制繼承。由於繼承到的虛擬基礎類別只有一份，那麼這個虛擬基礎類別的存取限制應以何爲準呢？例如下面的情況：

```
class AA {   // 虛擬基礎類別
public:
  int func() {return i;}
  ...
protect:
  int x;
};

class BB : virtual public AA {}
class CC : virtual public AA {}

class DD : public BB, CC {} // 以私有方式繼承 CC
```

對 DD 類別而言，是否可以存取 AA 內的 x 成員呢？若由 BB 的繼承路徑往上找，則繼承到的 x 應爲 protected；但若由 CC 往上找，則該成員將是父類別的私有成員，也就是 DD 類別內應該不可存取 x 。對於這種矛盾，編譯器會以**較公開的等級** (即保護等級較低) 從寬認定，在此例中就是將 x 視爲 protected 。請參考以下的例子：

程式　Ch13-06.cpp　以不同存取限制繼承虛擬基礎類別

```
01 #include<iostream>
02 using namespace std;
03
04 class AA {
05 protected:
06   int i;
07 };
08
09 class BB : virtual public AA {}; // AA 為虛擬基礎類別
10 class CC : virtual public AA {}; // AA 為虛擬基礎類別
11
12 class DD : public BB, CC {        // 以私有方式繼承 CC
13 public:
14   DD (int i=100) { this-> i = i; }
15   int geti() {return i;}
16   void change()
17   {
18     i = -1000;  // 可存取到虛擬基礎類別的 protected 成員
19   }
20 };
21
22 int main()
23 {
24   DD d;
25   d.change();
26   cout << d.geti() << endl;
27 }
```

執行結果

```
-1000
```

類別 DD 以 public 的方式繼承 BB 、以 private 的方式繼承 CC 。因此若『經由』BB 則 i 是可存取的；但若『經由』CC 則 i 是父類別的私有成員, DD 將無法存取它。由於編譯器會採較公開的存取等級, 所以在第 18 行的敘述仍可存取到 i 。

部份覆蓋基礎類別的成員函式

另外一種矛盾的情況，則是兩個中間的類別繼承了同一基礎類別，但其中一個類別改寫了基礎類別的函式；而另一類別則未改寫。則以多重繼承方式再由這兩個類別衍生新類別，此類別呼叫該函式時，會呼叫到哪一個版本呢？

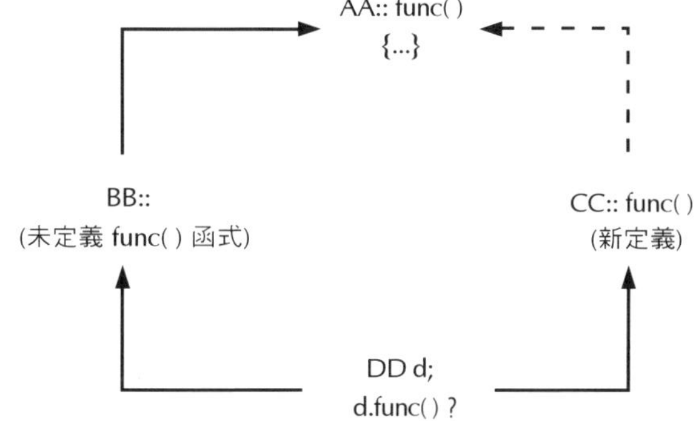

由於在 DD 和 BB 內並無定義 func( ) 函式, 所以當我們以 DD 物件來呼叫 func() 時, 是呼叫到 CC::func( ) 呢？還是經由 BB 往上呼叫到 AA::func( )？

如果 AA 不是虛擬基礎類別, 則單單用 DD 物件呼叫 func(), 會造成本章前面介紹過的模擬兩可錯誤。但若 BB 和 CC 在繼承 AA 時, 都是將 AA 設爲虛擬基礎類別, 則不會發生模擬兩可的錯誤, 編譯器會自動選擇較下層 (即與物件較親近的) 的基礎類別之成員函式來呼叫, 也就是 CC::func()。我們用以下的範例來測試此種狀況：

程式 Ch13-07.cpp 使用虛擬基礎類別

```
#include<iostream>
using namespace std;

class AA {
public:
  int geti() {return i;}
```

```
07   void seti(int i) { this->i = i; }
08 protected:
09   int i;
10 };
11
12 class BB : virtual public AA {    // AA 爲虛擬基礎類別
13 };
14
15 class CC : virtual public AA {    // AA 爲虛擬基礎類別
16 public:
17   void seti(int i) { this->i *= i; }  // 蓋掉 AA 的同名函式
18 };
19
20 class DD : public BB, public CC {      // 多重繼承
21 public:
22   DD (int i=100) { this-> i = i; }
23 };
24
25 int main()
26 {
27   DD d;
28   d.seti(33);          // 將會呼叫 CC::seti(33)
29   cout << d.geti() << endl;
30   d.BB::seti(33);     // 強制經由 BB 呼叫 AA::seti(33)
31   cout << d.geti() << endl;
32 }
```

執行結果

```
3300
33
```

第 28 行未指定 seti() 屬於何函式, 但並不會發生編譯錯誤, 而是直接呼叫與 DD 類別較親近的 CC 類別中的成員函式；第 30 行則是指定了要呼叫 BB 類別中的函式, 由於 BB 本身未定義該函式, 因此會呼叫從 AA 繼承來的函式內容。

13-3 虛擬函式

前一章介紹繼承時提過，衍生類別物件可轉型爲父類別的物件來操作，而反過來將父類別物件轉型爲衍生類別則可能引發危險。但爲了增加程式設計的彈性，我們可能會想將衍生類別物件以父類別的形式來操作 (例如父類別的指標)，但卻希望透過父類別的指標操作時，能呼叫到衍生類別自己的成員函式，雖然這時可將父類別指標轉型爲子類別再呼叫子類別的成員函式，但此舉相當不便，而且會降低寫程式的彈性。

舉例來說，我們可能想將父類別的指標一下指向甲類別物件、一下指向乙類別物件，如果能不需做轉型，而程式也能自動呼叫到對應子類別的成員函式，那就更方便了。例如：

```
class Shape {
public:
  area();          // 計算面積的函式
...
};

class Circle : public Shape {      // 圓形類別
public:
  area();          // 計算圓形面積
...
};

class Rectangle : public Shape {  // 矩形類別
public:
  area();          // 計算矩形面積
...
};

Shape* s = new Circle();           // Shape 指標指向 Circle 物件
s->area();                         // 希望呼叫 Circle::area()
Shape* s = new Rectangle();        // 指向 Rectangle 物件
s->area();                         // 希望呼叫 Rectangle::area()
```

要達到上列透過 s 指標呼叫 area() 函式時, 程式能依照指標所指的型別, 呼叫正確的成員函式, 必須透過 C++ 的**虛擬函式 (Virtual Function)**的功能來達成。

而這種透過父類別型別呼叫不同子類別成員函式的性質, 是物件導向程式設計的第三個重要特性：**多面性 (Polymorphism, 或稱多型)**。也就是說雖然外表看起來的操作方式是相同的, 但實際做的動作卻不同。

動態繫結與靜態繫結

通常我們在編譯程式時, 編譯器就會決定物件 (或物件的參考、指標) 所呼叫的成員函式爲何, 例如呼叫自己的成員函式、或是呼叫父類別的成員函式, 此種連結方式稱爲『靜態繫結』(static binding), 也就是在**程式執行前**即已決定呼叫的對象。

而如上例用 Shape* 指標呼叫 area() 函式時, 則不會在編譯階段決定要呼叫哪一個 area() 函式 (指標所指的物件隨時可更動), 而是在**程式執行時**才檢查物件的型別, 並呼叫正確的 area() 函式, 此種方式稱爲『**動態繫結**』(dynamic binding)。

13-3-1 定義虛擬函式

虛擬函式的用法是在類別內函式成員之前加上 **virtual** 關鍵字, 表示其爲虛擬函式, 例如：

```
class Shape{
   ...
   virtual double area() {};
};
```

虛擬函式的 virtual 關鍵字只能用在類別的本體之內，如果該函式的內容是定義在類別之外，就不必再加 virtual 了：

```
class Shape{
   ...
   virtual double area();
};

double Shape::area()   // 不可再加 virtual
{ ... }
```

(C++ 初學者注意事項) 虛擬基礎類別和虛擬函式雖然都用到 virtual 關鍵字，但二者之間並無直接關係。

虛擬函式一般是定義在最上層的基本類別中，那麼凡是由該類別所衍生出的各類別都將繼承這個虛擬函式。如果在衍生類別內又定義了一個**名稱、簽名及傳回值型別均相同**的函式，那麼這個函式也會成為虛擬函式，並將原來的虛擬函式遮蓋掉。在子類別中重複定義虛擬函式時，加不加關鍵字 virtual 都可以，請看下面的例子：

程式 Ch13-08.cpp 虛擬函式的動態呼叫範例

```
#include <iostream>
using namespace std;

class Shape {
public:
  virtual double area() { return 0; }  // 定義虛擬函式
  Shape(double x=0, double y=0) { this-> x = x; this->y = y;}
protected:
  double x,y;
};

class Circle: virtual public Shape {
```

```
public:
  Circle(double x=0, double y=0, double radius=0) : Shape(x,y)
   { r = radius; }
   double area() { return r*r*3.14159; }  // 定義虛擬函式
private:
   double r;      // 半徑
};

class Rectangle: virtual public Shape {
public:
  Rectangle(double x=0, double y=0,
              double x1=1, double y1=1) : Shape(x,y)
   { this->x1 = x1; this->y1 = y1; }
   double area() { return (x1-x)*(y1-y); }  // 定義虛擬函式
private:
   double x1,y1; // 右下角座標
};

void main()
{
   Shape* sp[3] = {new Shape(), new Circle(1,1,3), new Rectangle(1,2,3,4)};
                                // sp[] 的元素指向各種不同的物件
    for(int i=0; i<3; i++)
       cout << sp[i]->area() << endl;        // 一一輸出各物件的面積
}
```

執行結果

```
0          ←── 呼叫 Shape::draw() 的結果
28.2743    ←── 呼叫 Circle::draw() 的結果
4          ←── 呼叫 Rectangle::draw() 的結果
```

如果我們將上例 Shape::draw() 前的 virtual 關鍵字拿掉, 則透過 Shape 指標呼叫 area() 函式時, 都是呼叫到 Shape::draw(), 此時輸出的結果會變成：

```
0
0
0
```

也就是說, 未宣告爲 virtual 的函式並不會依物件的類別種類來選取適當的呼叫函式, 所以我們用 Shape 的指標呼叫 draw() 時, 均是使用了 Shape::draw() 而輸出三個 0 。

再次提醒, 要達到虛擬函式的功用, 各衍生類別中重新定義的函式其名稱、傳回值、參數型別均必須與基礎類別中定義的虛擬函式完全一致。

在較下層的類別內也可以定義新的虛擬函式, 例如：

```
class Circle : public Shape {
  ...
  virtual void drawArc() { ... }
};
```

那麼 drawArc() 會繼承給 Circle 的所有衍生類別, 但包括父類別 Shape 在內的其他類別則不能使用。

13-3-2 虛擬函式的呼叫時機

只有當我們利用物件的參考或指位器來呼叫虛擬函式時, 編譯器才會以動態繫結的方式來呼叫, 例如：

```
Circle c;
Shape *s1 = &c;
Shape &s2 = c;
s1->area();   // 以動態繫結來呼叫 Circle::area()
s2.area();    // 以動態繫結來呼叫 Circle::area()
```

而當我們以物件本身來呼叫虛擬函式、或直接以 :: 指明虛擬函式所屬類別時、甚至將子類別物件轉型為父類別時, 則雖然函式是宣告為 virtual, 這些呼叫仍是用『靜態繫結』的方式來呼叫, 例如：

```
c.area();            // 直接呼叫 Circle::area()
s1->Shape::area();   // 直接呼叫 Shape::area()
((Shape) c).area();  // 直接呼叫 Shape::area()
```

也就是說, 上面 3 種呼叫方式都是在程式執行之前即已確定要呼叫哪個虛擬函式了, 而不是在執行時才動態決定的。其中第 3 種方式因 '.' 運算子優先於形別轉換運算子, 所以需將型別轉換的動作用括號先括起來。

13-3-3 虛擬解構函式

在成員函式中, 建構函式是不能設為虛擬函式的, 因為建構函式的功用就是建立『指定』類別的物件, 而不像前述虛擬函式的應用情況：建立『不確定』類別的物件。

不過解構函式則可設為虛擬函式, 以上述的 Shape 類別為例, 它就缺少一個虛擬解構函式。因為如果我們在程式中要用 delete 敘述釋放 Shape 類別指標所指的子類別物件時, 我們可能希望程式能呼叫到該子類別的解構函式, 此時就必須將父類別的解構函式加上 virtual 關鍵字, 以 Shape 類別為例, 可加上如下的內容：

```
class Shape {
  ...
  virtual ~Shape() { }  // 虛擬解構函式
};
```

如此一來, 當我們在程式中用 delete 敘述釋放 Shape 類別指標所指的物件時, 編譯器將會替我們呼叫到衍生類別自己的解構函式。

13-4 純虛擬函式與抽象類別

像 Shape 這種『抽象的基礎類別』, 其 area() 函式並無什麼功用, 而必須等到其後續的衍生類別加入新的設計、新的處理方式後才能有計算面積的作用。在這種情況下, 我們就可以將 Shape 的 area() 設為『純虛擬函式』(Pure virtual function)。 設定的方法是將虛擬函式的內容部份以 "=0" 取代, 例如：

```
class Shape {
   ...
   virtual void area() = 0;
};
```

純虛擬函式只是一個抽象的代表, 它並不具有實體, 所以不可以直接被呼叫。因此, 凡是包含有純虛擬函式的類別, 就是所謂的『抽象基礎類別』(abstract base class), 都不能用來定義物件, 否則會造成編譯錯誤。例如：

```
Shape s;      // 錯誤, Shape 內有純虛擬函式
```

我們將前面的例子略作修改, 讓 Shape 類別變成抽象基礎類別：

程式 Ch13-09.cpp 純虛擬函式與抽象類別

```
#include <iostream>
using namespace std;

struct Point {  // 座標點
  double x;
  double y;
};

class Shape {                        // 抽象基礎類別
public:
  virtual double area()  = 0; // 純虛擬函式
};

class Circle: virtual public Shape {
public:
  Circle(double x=0, double y=0, double radius=0)
  { p.x =x; p.y = y; r = radius; }
  double area() { return r*r*3.14159; }  // 定義虛擬函式
private:
  Point p;
  double r;      // 半徑
};

class Rectangle: virtual public Shape {
public:
  Rectangle(double x=0, double y=0, double x1=1, double y1=1)
  { p1.x =x; p1.y = y; p2.x =x1; p2.y = y1; }
  double area() { return (p2.x-p1.x)*(p2.y-p1.y); }  // 定義虛擬函式
private:
  Point p1,p2;
};

void main()
{
   Shape* sp[4] = {new Circle(5,2,8),  // sp[] 指向各種不同的物件
                   new Circle(1,1,3),
                   new Rectangle(1,2,3,4),
```

```
38                  new Rectangle(0,3,7,21)};
39
40    for(int i=0; i<4; i++)
41       cout << sp[i]->area() << endl;       // 輸出各物件的面積
42 }
```

執行結果

```
201.062
28.2743
4
126
```

在第 11 行將虛擬函式定義爲 "=0" 使 Shape 類別成爲抽象基礎類別, 此外我們設計了另一個 Point 結構體, 並在 Circle 、 Rectangle 類別中用它來定義座標點的資料成員。

當父類別的純虛擬函式繼承給子類別時, 如果子類別內沒有再另外定義自己的虛擬函式, 那麼它將繼承到父類別的純虛擬函式, 而變成一個『抽象基礎類別』, 因此也將無法用來定義物件。例如：

```
MultiShape : public Shape {
   MultiShape *next;
   ...
};
```

MultiShape 可以將多個圖形串在一起, 由於它並沒有另外定義 Shape 的純虛擬函式 area(), 所以它也不能用來定義物件。如果我們希望可以用 MultiShape 來定義物件, 那麼就必須在類別中重新定義其 area() 函式：

```
MultiShape : public Shape {
public:
  void area() {}     // 函式內可以什麼也不做
protected:
  MultiShape *next;
    ...
};
```

13-5 綜合演練

13-5-1 多重繼承在研究生類別的應用

前一章介紹過我們可利用一個『人員』類別來衍生出學生及教師類別，我們現在再加一點變化，假設研究所的學生可擔任助教，助教可教授部份基本的課程，換言之，助教也是一種老師。因此研究生類別，可以是多重繼承學生及教師類別所衍生出來的。以下是基本的人員類別內容：

程式 Ch13-10.h 人員類別

```
#include<iostream>
#include<string>
using namespace std;

enum Gender {male,female};        // 代表性別的列舉型別

class Person {   // 人員類別
public:
  Person(string, Gender, int);
  Person() {}
protected:
  string name;  // 姓名
  Gender sex;   // 性別
  int age;      // 年齡
```

```
};

Person::Person(string n, Gender s, int a) : name(n)
{
  sex = s;  age = a;
}
```

由於『人員』類別只是記錄個人基本資料，每個人的基本資料只需一份即可，所以其衍生類別適合以虛擬繼承的方式來繼承其內容，如此多重繼承的研究生類別才不致於會有兩份個人基本資料這種不合理的情形：

程式 Ch13-10.cpp 研究生類別的定義與應用

```
#include<iostream>
#include<string>
#include "Ch13-10.h"     // 含括人員類別定義
using namespace std;

class Student : virtual public Person { // 學生類別
public:
  void goClass() { cout << name << "在上課" << endl; }
  Student(string n, Gender s, int a):Person(n,s,a)
  {
    id = ++counter;       // 將計數器值加 1 當成學號
  }
  Student() {id = ++counter;}
protected:
  int id;                 // 學號
  static int counter;     // 物件計數器
};
int Student::counter = 0;

class Teacher : virtual public Person { // 教師類別
public:
  void goClass() { cout << name << "老師在上課" << endl;}
  Teacher(string n, Gender s, int a):Person(n,s,a)
  {
```

```
    id = ++counter;       // 將計數器值加 1 當成教師編號
  }
  Teacher() {id = ++counter;}
protected:
  int id;                 // 教師編號
  static int counter;     // 物件計數器
};
int Teacher::counter = 0;

class Graduated : public Teacher, public Student { // 研究生類別
friend ostream& operator<<(ostream&, Graduated& );
public:
  Graduated(string n, Gender s, int a):Person(n,s,a) { }
                                        // 只呼叫一次 Person 的建構函式
  void goClass(bool b)
    {    // 假定以 true 表示用學生身份上課 (聽課)
      b ? Student::goClass() : Teacher::goClass();
    }
};

ostream& operator<<(ostream& o, Graduated & g)
{
  return o << g.name << "的學號：" << g.Student::id
           << ", 教師編號：" << g.Teacher::id << endl;
}

int main()
{
  Student ss[9];          // 隨意建幾個學生物件
  Teacher tt[3];          // 隨意建幾個教師物件
  Graduated g("史地分", male, 25);

  cout << g;
  g.goClass(true);
  g.goClass(false);
}
```

執行結果

```
史地分的學號：10， 教師編號：4
史地分在上課          ←── 呼叫 Student::goClass()
史地分老師在上課      ←── 呼叫 Teacher::goClass()
```

學生與教師類別的內容差不多，兩者都是虛擬繼承 Person 類別，並都有一個 goClass() 成員函式表示上課的情形，第 8 行的學生類別版本直接輸出『XXX 在上課』的訊息，第 22 行教師類別的版本則改爲輸出『XXX 老師在上課』的訊息。

研究生類別 Graduated 多種繼承 Teacher 及 Student 類別，由於基礎類別 Person 的內容只有一份，所以建構 Graduated 物件時，只需呼叫一次 Person 的建構函式來設定其內容。第 39 ~ 42 行的 goClass() 則改成接受一個 bool 參數，若爲 true 表示以學生身份上課；若爲 false 則以教師身份『上』課。

爲避免基礎類別中的資料成員被初始化多次，還有一種設計方法就是讓基礎類別只有『空白』的建構函式，所有的初始化動作都由衍生類別的建構函式自行設定。

在第 53 及 54 行隨意建幾個學生及教師物件，以使學號及教師編號數字增加，再正式建立一個 Gratuated 物件，並進行後續的操作。

13-5-2 利用抽象類別實作介面

以物件導向方式設計程式，首先就是要分析出程式中需要哪些類別，以及類別之間的繼承關係。不過就像我們現實世界中所看到的，類別可能不會單純的只具有某種特性，在分析的過程中，往往會發現有些類別具有某些相似的性質，但它們之間似乎又不該具有什麼關聯性或繼承關係。例如我們會說：小鳥會飛、飛機也會飛、小朋友手上的氣球也會『飛』走，但小鳥、飛機、氣球要用類別架構來描述似乎不太容易。

在這種情況下，我們可將『會飛』或『飛行』這項特殊的行爲用抽象基礎類別來設計，其中的純虛擬函式就是『飛行』、『上升』、『降落』等，接著再讓小鳥、飛機、氣球繼承或多重繼承這個抽象類別，並各自實作自己的『飛行』、『上升』、『降落』方法，如此就解決不同屬性的物件間會有相似行爲的問題。這種將不同類物件中的相似特性抽離出來所組成的抽象類別又稱爲『介面』(interface)，只要讓不同性質的類別繼承同一種介面，就能達到以一致的介面描述不同物件的相似行爲。

程式 Ch13-11.cpp 代表飛行『介面』的抽象類別

```
#include<iostream>
using namespace std;

class Flyable {         // 飛行的『介面』
public:
  virtual void takeoff() =0; // 起飛
  virtual void flying()  =0; // 飛行
  virtual void landing() =0; // 降落
};

class Bird : public Flyable {         // 鳥
public:
  void takeoff() { cout << "張開翅膀, 揮動翅膀" << endl; }
  void flying()  { cout << "展翅滑翔, 揮翅加速" << endl; }
  void landing() { cout << "兩腳前伸, 收翅落地" << endl; }
};

class Jetplane : public Flyable {    // 噴射機
public:
  void takeoff() { cout << "加油門, 仰起, 收起落架" << endl; }
  void flying()  { cout << "加油門" << endl; }
  void landing() { cout << "減速, 放起落架, 著地" << endl; }
};

int main()
{
```

```
27   Bird egale;
28   cout << "egale 的飛行歷程:" << endl;
29   egale.takeoff();
30   egale.flying();
31   egale.landing();
32
33   Jetplane airbus;
34   cout << "airbus 的飛行歷程:" << endl;
35   airbus.takeoff();
36   airbus.flying();
37   airbus.landing();
38 }
```

執行結果

```
egale 的飛行歷程：
張開翅膀， 揮動翅膀
展翅滑翔， 揮翅加速
兩腳前伸， 收翅落地
airbus 的飛行歷程：
加油門， 仰起， 收起落架
加油門
減速， 放起落架， 著地
```

1. 第 4 ~ 9 行的 Flyable 抽象類別即爲飛行的介面, 其中有 3 個代表起飛、飛行、降落的純虛擬函式。

2. 第 11 、 18 行的 Bird 及 JetPlane 類別分別繼承 Flyable 抽象類別, 並實作其中的 3 個函式, 描述其各自的飛行方式。

3. 在 main() 函式中分別建立 Bird 及 JetPlane 類別的物件, 並呼叫其飛行的成員函式。

學習評量

1. 以下有關多重繼承的敘述何者錯誤？

   a.可使用兩個或兩個以上的父類別來衍生類別。

   b.父類別中不能有同名的成員，否則會造成語意不明的錯誤。

   c.宣告父類別的順序，將決定父類別建構函式被呼叫的順序。

   d.多重繼承所衍生的類別，可以再用來衍生新類別。

2. 如果希望某個基礎類別在後續衍生的類別中都只有一份，則用它衍生新類別時，要加上何關鍵字？

   a.onlyone

   b.abstract

   c.static

   d.virtual

3. 要宣告或定義虛擬函式時，以下何者爲眞？

   a.一定要將函式的本體設爲空白的大括號 {}。

   b.繼承含虛擬函式的類別時，只能用虛擬繼承的方式

   c.要在函式名稱前加上 virtual 關鍵字。

   d.虛擬函式不能有傳回值。

4. 以下關於虛擬函式的敘述何者正確？

   a.編譯器處理虛擬函式的呼叫時，一律採動態繫結的方式。

   b.夥伴函式也能宣告爲虛擬函式。

   c.建構函式不能是虛擬函式。

   d.含虛擬函式的類別不能用來產生物件。

5. 以下程式片段有何錯誤？

```
class Parent {
protected:
  int i;
};

class ChildA : public Parent {};
class ChildB : public Parent { int i};
class GrandChild : public ChildA, ChildB {
  GrandChild ()
  {
    Parent::i=100;
    ChildA::i=10;
    ChildB::i=1;
  }
}
```

6. 有關於抽象類別，以下敘述何者錯誤？

a. 在類別宣告時加上 abstract 關鍵字即可成爲抽象類別。

b. 具有純虛擬函式的的類別一定是抽象類別。

c. 繼承抽象類別的類別, 若未實作所有的純虛擬函式, 也會變成抽象類別。

d. 抽象基礎類別不能用來產生物件。

7. 請指出以下程式的錯誤？

```
class Parent {
public:
  virtual int test() =0;
};

class Child : public Parent {
public:
  void test() { cout << 0; }
};

Child ch;
```

8. 若有以下程式片段, 則下列敘述何者為真？

```
class Parent {
protected:
  int i;
};

class ChildA : virtual Parent {};
class ChildB : virtual Parent { int i;};
class GrandChild : ChildA, ChildB {int i;};
```

a. GrandChild 中只有一份 Parent 的內容。

b. 在 GrandChild 中無法存取 Parent 中的 i 。

c. 在 ChildB 中可以存取 Parent 中的 i 。

d. 以上皆是。

9. 承上題, 以下何者正確？

a. sizeof(ChildA) 會傳回 4 。

b. sizeof(ChildB) 會傳回 8 。

c. sizeof(GrandChild) 會傳回 20 。

d. sizeof(GrandChild) 會傳回 24 。

10. 以下關於抽象基礎類別的敘述何者正確？

a.定義抽象基礎類別時要加上關鍵字 virtual 。

b.繼承抽象基礎類別時, 要在繼承方法的前或後加上關鍵字 virtual 。

c.程式中不能用抽象基礎類別定義物件。

d.以上皆非。

程式練習

1. 請設計如下圖所示的多重繼承架構，並視需要改寫父類別的成員函式及資料成員。

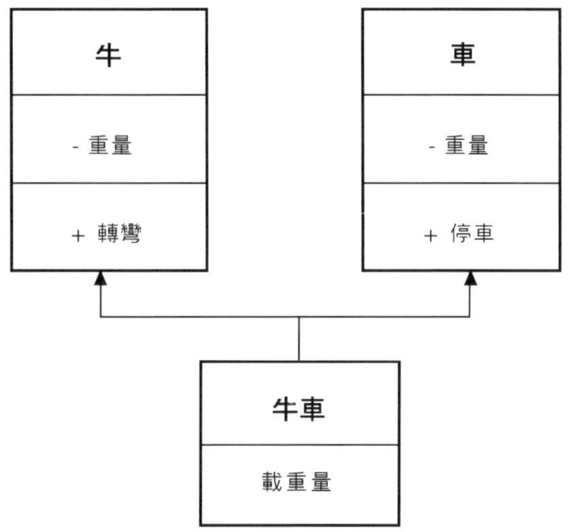

2. 請爲 13-08.cpp 中的各類別加上一個計算圖形周長的成員函式。

3. 假如學校中有管理人員，而系主任則是兼具教師和管理人員的屬性，請用人員類別衍生出管理人員及系主任類別。

4. 延續上題，假設管理者需參加校務會議及學務會議，請試將參加這兩項會議的行爲設計成包括在代表『參加會議』的抽象基礎類別中。

5. 請用抽象基礎類別設計一代表潛水的介面，並設計魚和潛艦類別，分別繼承潛水介面，並實作其中的虛擬函式。

輸出與輸入

學習目標

- 了解 C++ 的串流處理方式
- 學習將串流輸出格式化
- 學習用程式讀寫檔案

在 C 語言中, 所有的輸入與輸出 (I/O Input/Output) 功能都是由標準函式庫所提供的, 例如 <cstdio> 中的 printf(), scanf()...等。 C++ 雖然也『繼承』了這些函式, 但它們並不適用於物件導向的設計, 所以 C++ 又另外提供了一個更強的 I/O 串流類別庫 (I/O Stream Library) 讓我們可以很方便地控制鍵盤、螢幕、檔案、記憶體、以及其他各種週邊的輸出入動作。

從第 2 章開始所使用的 cout 、 cin 即來自 C++ 的串流類別庫, 本章將對這個類別庫所提供的功能做更進一步的介紹。

14-1 甚麼是串流？

串流 (Stream) 就是資料流通的管道, 它就像是一個封閉的通道一樣, 有個起點和終點, 而資料則是由起點流經通道而傳至終點, 其關係如下圖所示：

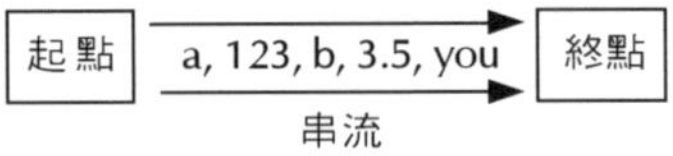

起點 → a, 123, b, 3.5, you → 終點

串流

當起點送出資料時, 就將資料加進 (Insert) 串流中, 而終點則會由串流中取出 (Extract) 資料來加以處理。

有些串流本身具有緩衝區 (Buffer), 可以將送入的資料暫存起來, 直到緩衝區滿了、或收到某些控制字元 (如換行或檔案結束符號)、或當我們下達強制送出的命令時, 才一次將所有資料送給終點。另外, 串流也可以做一些格式化 (例如將數值轉爲文字) 或過濾 (例如跳過空白字元) 的工作, 以減輕程式設計者的負擔。

每一種串流類別可代表一種輸出、入的設備。在做輸出時, 起點就是變數 (或資料), 而終點則是串流類別的物件 (例如標準輸出)。我們也已學過, 多個起點可以用 << 串接起來, 例如：

```
// cout 是代表標準輸出的物件
cout << "abc" << 1.23 << 'c' << 300;
```

在做輸入時, 則起點是串流類別的物件(如鍵盤、檔案等輸入), 而終點則是變數 (或物件)。各接收端也可以用 >> 串接起來, 以鍵盤輸入爲例來說明：

```
// cin 是代表標準輸入的物件
cin >> str >> i >> ch;
```

我們可以把 << 和 >> 想成是資料流動的方向, << 就是向左流入串流物件中, 而 >> 則是向右流入變數內。

所有的基本資料型別, 包括 char* (視爲字串) 在內, 及以大多數 C++ 類別庫中的類別 (例如第 11 章介紹的 string) 均可直接用 C++ 的串流做輸入或輸出。但自定的類別則必須多載 << 及 >> 運算子、或是定義將類別轉換成基本型別的函式, 才可以使用串流功能 (請參見 10 章)。

14-2 認識 C++ 串流類別庫

14-2-1 串流類別庫

在 C++ 串流類別庫中有許多的類別及樣版 (參見第 16 章), 在此我們簡單認識一下其中的重要類別。在這些串流類別中, 最上層的基礎類別就是 ios_base, 此類別定義了輸出入串流所共有的基本屬性及行爲；接著由 ios_base 衍生出一個 basic_ios 樣版, 其繼承架構如下：

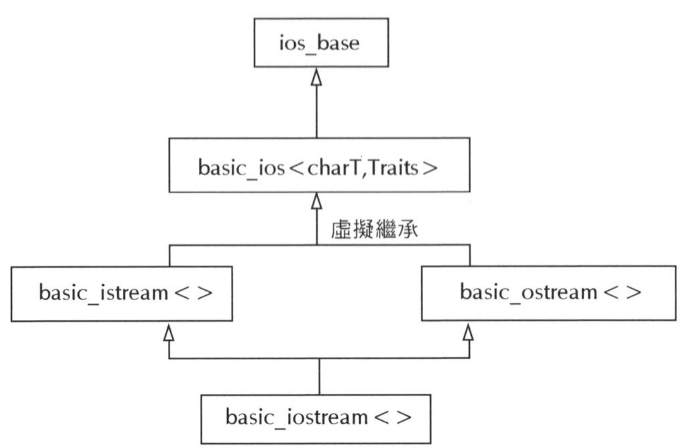

basic_istream 和 basic_ostream 都是以虛擬繼承的方式由 basic_ios 所衍生出的樣板, 在標準類別庫中就用它們分別建立了輸入串流類別 istream 及輸出串流類別 ostream, 我們常用的標準輸入及輸出物件 cin 及 cout 就是由這兩個類別產生的。basic_iostream<> 樣版則是多重繼承 basic_istream<> 及 basic_ostream<>, 可用以產生同時可做輸入或輸出的類別 (例如檔案就可做爲輸入的來源或輸出的目的)。

不過除非是有特殊的需要, 否則一般不需自行由這些樣板產生新的類別來使用, 而可直接使用標準類別庫中已定義好的類別 (例如 istream 和 ostream), 更簡單一點, 則是直接使用已事先產生的內建物件來進行輸入與輸出。

14-2-2 內建的串流物件

我們慣用的 cin 、 cout 只是內建串流物件的『四分之一』, 在 C++ 類別庫中預先建立的串流物件共有 8 個, 可分爲 4 組, 這些物件的功能及所屬的類別如下表所示：

類別	物件名稱	用途
istream wistream	cin wcin	由『標準輸入裝置』取得輸入
ostream wostream	cout wcout	從『標準輸出裝置』輸出
ostream wostream	cerr wcerr	從『標準錯誤裝置』輸出錯誤訊息
ostream wostream	clog wclog	將資訊記錄到『標準記錄裝置』

其中『標準輸入裝置』預設爲鍵盤，而標準輸出、標準錯誤、標準記錄則預設都是螢幕。 cin 、 cout 等都是代表這些標準裝置的物件，因此我們可直接用它們來進行輸入與輸出。

以 'w' 開頭的類別即爲使用前述的樣版產生類別時，指定了以 wchar_t 爲處理的資料型別 (關於如何由樣版產生類別，詳見第 16 章)，換言之就是適用於 wchar_t 型別資料的輸入與輸出。然而實際上要使用這些 wxxx 的串流物件並不如 cin 、 cout 方便，因爲各系統實作國際化字集的方式並不相同，甚至各家編譯器實作的方式都不同。例如在 Windows XP 上若要以 wcout 輸出雙位元組的中文字，還需先呼叫 ios_base::imbue() 成員函式修改所用的語系，請參考以下的例子：

程式 程式 Ch14-01.cpp　在 Windows XP 使用 wcout 等串流物件

```
#include<iostream>
using namespace std;

int main()
{
  wcout.imbue(locale("cht"));    // 設定使用中文
  wcout << L"請輸入一個數字：";
```

```
08
09   int i;
10   wcin >> i;
11   wcerr.imbue(locale("cht"));   // 設定使用中文
12   wcerr << L"測試 wcerr：" << ++i << endl;
13   wclog.imbue(locale("cht"));   // 設定使用中文
14   wclog << L"測試 wclog：" << ++i << endl;
15 }
```

執行結果

```
請輸入一個數字：100
測試 wcerr：101
測試 wclog：102
```

如範例所示, 在第 6 、 11 、 13 行都要個別用 wcout 、 wcerr 、 wclog 物件呼叫 imbue() 來修改所用的語系, 才能用該串流物件輸出中文。若刪除這幾行敘述, 則在輸出時, 各串流物件會將程式中所要輸出的字串視為有錯誤, 而不輸出, 所以在螢幕上就看不到輸出結果。至於 imbue()、 locale() 等函式的功用及意涵, 限於篇幅, 在此就不說明。

若以 Borland C++Builder 編譯此範例, 也看不到輸出結果。

第 7 、 12 、 14 行的字面常數字串前面所加的大寫 L 表示其後的文字為 wchar_t 型別, 且不可使用小寫的 l 代替。

上例只是簡單示範使用 wXXX 串流物件的『不方便性』, 為方便起見, 我們仍以使用 cout 、 cin 等物件為主。此外這個範例也示範了標準錯誤及標準記錄串流預設也都是輸出到螢幕。

14-2-3 轉向對標準輸出入的影響

請者或許會覺得奇怪, 既然 cout 、 cerr 、 clog 都是輸出到螢幕上, 爲什麼不只用一個來代表即可。其實這 3 個串流物件都輸出到螢幕是在個人電腦上的設定情形, 在不同的裝置上可能就有不同的結果；再者, 在包括 Windows 、 Unix 、 Linux 等作業系統下, 我們也能用『轉向』的方式, 將標準輸出及輸入轉向到其它的裝置, 例如檔案、印表機、或遠端的終端機等等。在這種情況下, cout 的輸出目的就會和 cerr 不同了, 以下簡單說明如何將標準輸出入『轉向』。

標準輸出的轉向

以 Windows XP 爲例, 在**命令提示字元**視窗中, 我們可以用 "dir > test" 的方式, 使 dir 原本會顯示在螢幕上的資料夾資訊『轉向』存到 "test" 這個檔案中。(在 Unix/Linux 系統下也可用相同的轉向技巧, 例如 "ls > test")。所以假設我們寫好一個程式 ABC.exe, 要讓它的標準輸出變成檔案 test, 只要執行 "abc > test", 就會使 abc 中輸出到標準輸出的內容, 寫到檔案 test 中。我們用以下的程式來測試：

程式 程式 Ch14-02.cpp 測試標準輸出的轉向

```
#include<iostream>
using namespace std;

int main()
{
  int i;
  cerr << "轉向測試, 請輸入一個數字：";
  cin >> i;
  cout << "輸入的數字是" << i << endl;  // 標準輸出可轉向
  clog << "程式結束。";
}
```

執行結果 1：(未轉向時)

```
轉向測試， 請輸入一個數字：5
輸入的數字是 5
程式結束。
```

執行結果 2：(轉向時)

```
C:\F5700\Ch14>Ch14-02 > test.txt
轉向測試， 請輸入一個數字：5
程式結束。
C:\F5700\Ch14>type test.txt
輸入的數字是 5     ← 這行文字被存到 test.txt 中
```

由第 2 個執行結果可發現, 當我們用轉向的方式執行編譯好的程式時, 程式中第 9 行用 cout 輸出的內容就不會出現在螢幕上了, 而會被轉存到轉向的裝置 (上例中為 test.txt)。至於 cerr 、 clog 的輸出仍是出現在螢幕上, 所以當我們需要設計可以轉向輸出的程式, 但希望程式的示誤訊息仍輸出到螢幕上, 就可用 cerr 來輸出這些訊息。

標準輸入的轉向

標準輸入也可以轉向, 轉向的符號是 '<', 同樣以 Windows XP **命令提示字元**為例, 若程式 abc.exe 需要使用者輸入一筆數字, 而檔案 test 中已存有該數字, 所以只要執行 "abc < test", abc 就能從 test 取得所需的數字並進行處理。

假如有個文字檔 five.txt, 其中只有一行文字 '5', 則我們要用它當前面範例程式 Ch14-02 的輸入, 可用如下的方式執行：

```
C:\F5700\Ch14>Ch14-02 < five.txt
轉向測試， 請輸入一個數字：輸入的數字是 5
程式結束。                                ↑
        我們沒有從鍵盤輸入數字， 程式就自行從檔案讀到 5 了
```

不過使用轉向的的方式來讀寫檔案只算是權宜之計，如果要專門進行讀寫檔案，則應使用 14-4 節的檔案串流。

14-3 輸出與輸入的控制

之前我們使用輸出入串流時，都只很簡單地直接進行輸出與輸入，其實 C++ 的串流類別提供了許多的輸出與輸入控制方法，這些控制方法有些是透過函式呼叫，有些則是透過像 endl 這樣的『控制器』(Manipulator)，以下就先來認識什麼是控制器。

14-3-1 認識控制器

從第 2 章我們使用 cout 時，就使用了 endl 讓 cout 做換行的動作，而 endl 就是輸出串流的**控制器** (Manipulator)。在串流類別中提供了許多可控制輸出內容及方式的控制器，雖然其用法 (像是 "cout << endl") 讓我們覺得控制器好像是個變數或物件，但其實所有的控制器都是串流類別的成員函式，稍後我們也會提到需加上參數來『呼叫』的控制器。

有些控制器是產生一定的特殊效果，例如 endl 會輸出一個換行字元 '\n' 並呼叫 flush() 函式，這個函式會將串流中尚未輸出的內容立即送出；而有些控制器則是修改串流物件內部的狀態，使後續的輸出入都會改以不同的方式輸出。而且一經設定後，其效果會一直持續，直到我們再用另一個控制器或串流類別的成員函式修改成另一狀態爲止。

例如我們曾用過的 boolalpha 控制器，可將 bool 型別的資料改以 "true"、"false" 的方式輸出。若程式稍後又想將 bool 型別的資料以預設 1、0 的方式輸出，就必須再用 noboolalpha 控制器設回來：

程式 Ch14-03.cpp 以布林值的輸出示範控制器的效果

```
01 #include<iostream>
02 using namespace std;
03
04 int main()
05 {
06   cout << true << endl;                    // 使用預設的方式
07   cout << boolalpha << false << endl;      // 設爲輸出『文字』
08   cerr << "cerr：" << true << endl;         // cerr 會不會變？
09   cout << true << endl;                    // 試試現在輸出的是？
10   cout << noboolalpha << false << endl;    // 設爲輸出『數字』
11 }
```

執行結果

```
1
false     ←cout 被 boolalpha 改成以文字顯示
cerr:1    ←cerr 沒有用過 boolalpha, 所以仍是用數字顯示
true
0         ←cout 被 noboolalpha 重設回預設的數字顯示
```

如上所示, cout 預設會將布林資料以數字顯示, 但只要呼叫過一次 boolalpha 控制器, 它就會變成用字元的方式顯示布林資料。

此外由第 8 行程式的輸出結果也可發現, 每個串流物件都有各自的狀態, 所以第 7 行在 cout 上使用 boolalpha 控制器, 並不會影響 cerr, 所以 cerr 仍是以數字輸出布林資料, 要讓 cerr 也改成以文字輸出布林資料, 則需執行 "cerr << boolalpha;"。

對控制器的效用有基本的認識後, 以下就來介紹輸出入串流的各種控制方式, 以下先從輸出串流的格式控制方法介紹起。

14-3-2 輸出串流的格式控制

在輸出串流類別的格式控制當中，大部份都是與數字的輸出格式有關，例如是否顯示正負號、小數點後要顯示幾位數等等，當然有部份也會影響非數字資料的輸出格式。

正負號與小數點

預設的狀態下，只有負數會顯示負號、含小數的浮點數才會有小數點，但我們可用以下的控制器來改變設定：

```
showpos       // 在正數前顯示正號
noshowpos     // 不顯示正號，此爲預設值
showpoint     // 無小數的浮點數後面也加上小數點
noshowpoint   // 無小數的浮點數不顯示小數點，此爲預設值
```

程式 Ch14-04.cpp 正號與小數點的控制

```
#include<iostream>
using namespace std;

int main()
{
  cout << 12345 << endl;
  cout << showpos << 54321 << endl;        // 加上正號
  cout << showpoint << 135.0 << endl;      // 加上小數點

  cout << noshowpos << .001 << endl;
}
```

執行結果

```
12345
+54321
+135.000
0.001
```

請注意, 對整數變數而言, 即使用 showpoint 也不會顯示小數點。除了控制有無正負號及小數點外, 我們還可用以下的方式控制輸出時的『表示法』及『有效位數』。

有效位數及浮點數表示法

使用串流物件輸出浮點數時, 串流物件會自行依實際的數值選用一般的表示法或科學符號表示法 (例如 3.14e+00), 而且預設會顯示的有效位數 (precision) 也只有 6 位數。我們可用下列的成員函式或控制器來調整這些設定:(以下粗體字者為成員函式、其餘為控制器)

```
precision()          // 傳回目前的有效位數
precision(int n)     // 將有效位數設爲 n 位數
setprecision(int n)

fixed                // 使用一般小數表示法
scientific           // 使用科學符號表示法
```

請注意, 使用 setprecision 控制器之前必須先含括 <iomanip> 含括檔 (稍後介紹的 setw()、setbase()、setfill() 等有參數的控制器, 也都必須含括 <iomanip> 才能使用), 其用法請參考以下範例:

程式 Ch14-05.cpp 有效位數與科學符號表示法

```
#include<iostream>
#include<iomanip>
using namespace std;
#define pi 3.1415926535897  // 定義常數

int main()
{
```

```
    cout << "預設的有效位數爲：" << cout.precision() << endl;
    cout << showpoint;        // 先設定爲整數也要顯示小數點
    cout << fixed;            // 小數點表示法
    cout << setprecision(8) << 1234.0 << '\t';
    cout << pi << endl;

    cout << scientific;       // 科學符號表示法
    cout << setprecision(4) << 1234.0 << '\t';
    cout << pi << endl;

    cout.precision(8);        // 改用成員函式設定
    cout << scientific << 1234.0 << '\t' << pi << endl;
}
```

執行結果

```
預設的有效位數爲：6
1234.00000000   3.14159265 ←─小數點後面顯示 8 位
1.2340e+003     3.1416e+000
1.23400000e+003 3.14159265e+000
```

設定較大的有效位數後, showpoint 的效果就會出現了, 對 "1234.0" 這樣的數字, 就不再只顯示到整數部份爲止, 而會多顯示幾個符合有效位數的 '0'。

數字系統

預設串流物件都是以十進位來輸入、輸出數字, 其實它們也可直接用來輸入或輸出 8 進位及 16 進位制的數字：

```
setbase(n) // 設定串流物件所用的進位制 (n 只能爲 8、10、16)
           // 需含括 <iomanip>
oct        // 讀寫八進位的數字
dec        // 讀寫十進位的數字
hex        // 讀寫十六進位的數字

showbase   // 顯示數字系統標記 (8 進位前面加 "0"；16 進位加 "0x")
```

```
noshowbase   // 不顯示數字系統標記, 此爲預設值

uppercase    // 數字系統標記的文字以『大寫』輸出
nouppercase  // 數字系統標記的文字以『小寫』輸出, 此爲預設值
```

請注意, 這些設定只對整數有效, 輸出或輸入浮點數時, 不管如何設定, 仍是採用十進位的數字系統, 以下是使用上列控制器的簡例：

程式 Ch14-06.cpp 使用不同數字系統

```
#include<iostream>
#include<iomanip>
using namespace std;

int main()
{
  cout << "請輸入一個數字：";
  int i;
  cin >> hex >> i;
  cout << showbase;
  cout << i << " 換算成8進位爲 "  << oct << i << endl;
  cout << i << " 換算成16進位爲 " << hex << i << endl;;

  cout << "請再輸入一個數字：";
  cin >> i;
  cout << uppercase;
  cout << i << " 換算成10進位爲 " << setbase(10)<< i << endl;
  cout << i << " 換算成8進位爲 "  << setbase(8) << i;
}
```

執行結果

```
請輸入一個數字：abcd   ←— 代表 16 進位的數字
43981 換算成8進位爲 0125715
0125715 換算成16進位爲 0xabcd
請再輸入一個數字：012   ←— 用 8 進位表示法輸入也沒用
0X12 換算成10進位爲 18
18 換算成8進位爲 022
```

在 16 進位中, 分別是用英文字母的 A ~ F (大小寫均可) 代表 10 ~ 15 的數字, 所以第 9 行程式將 cin 使用 hex 控制器後, 即可輸入 abcd 這樣的數字, 由後面的輸出可發現 abcd 換算成十進位數字為 43981 。

第 15 行的 cin 雖未加上 hex 控制器, 但第 9 行的設定仍然有效, 因此此處仍將輸入視為 16 進位數字。而我們在『執行結果』中也故意用 8 進位的表示法輸入 "012", 結果發現 cin 並不會理會我們輸入時的表示法, 還是把 "012" 當成 16 進位數字, 換算成 10 進位則為 18 。

欄位寬度與對齊方式

在前面的章節中, 我們輸出資料時, cout 總是依資料本身的『寬度』來輸出, 例如 5 位數的數值就一定只佔 5 個字元；若是 3 個字元的字串也只剛好用 3 個字元的空間來顯示。如果我們想讓每一筆不同『寬度』的資料, 輸出時都佔用相同寬度的欄位, 可用以下的成員函式或控制器來修改之：

```
width()             //  傳回目前的欄位寬度
width(int w)        // 將寬度設為 w 個字元
setw(int w)         // 同上, 使用時需含括 <iomanip>
```

請注意, 上列的寬度設定的效果『只能維持一次』, 輸出下一筆資料時 (不管是串接或另一個敘述) , 若未再使用 setw(), 則 cout 又會回復預設的方式輸出。此外若設定的寬度小於資料長度, 仍是以資料實際長度輸出：

```
cout << setw(2) << 12345;          // 仍是顯示 12345
```

設定欄寬之後, 若欄寬遠大於資料長度, 預設輸出資料會向右對齊, 而多餘的部分則填上空白字元, 我們可用下列控制器及成員函式修改對齊方式及填補的字元：

```
right       // 向右對齊, 此爲預設值
internal    // 正負號向左對齊, 資料則向右對齊
left        // 向左對齊

fill()      // 傳回目前的填補字元
fill(c)     // 將填補字元設爲 c
setfill(c) // 同上, 使用時需含括 <iomanip>
```

我們用以下的程式示範上述成員函式及控制器的用法：

程式　程式 Ch14-07.cpp　欄位寬度與對齊方式

```
#include<iostream>
#include<iomanip>
using namespace std;

int main()
{
  cout.fill('*');      // 填充字元設爲 '*'
  cout << setw(8) << -1000     << endl;
  cout << setw(8) << internal << -1000 << endl;
  cout << setw(8) << left     << -1000 << endl;

  cout.width(9);      // 設定寬度爲 9 個字元
  cout << setfill('_') << "Good" << endl; // 仍是向左對齊
  cout.width(9);      // 設定寬度爲 9 個字元
  cout << internal << "Good" << endl
       << right    << "Good" << endl;  // 串接輸出
}
```

執行結果

```
***-1000
-***1000
-1000***
Good_____
_____Good
Good
```

1. 第 7 行設定塡充字元爲 '*', 所以接下來 3 行由於資料長度小於欄位寬度, 所以多出的空位就會自動塡上 '*'。

2. 第 12、14 行改用 width() 設定欄寬。

3. 第 16 行是用串接的方式輸出, 所以已不受先前的 width() 的影響, 所以其寬度和字串長度相同, 因此不會出現塡充字元。

欄寬對輸入的影響

欄寬的設定也能用於輸入串流, 換句話說, 我們可用寬度設定來限制使用者可輸入的字數。但此時有一點要特別注意, 若使用者眞的輸入了超過欄寬的資料內容, 此時 cin 將會在下次取得輸入時, 取得前次剩餘的資料, 請參考下面這個例子：

程式 Ch14-08.cpp 資料輸入時的欄位寬度

```
#include<iostream>
#include<iomanip>
#include<string>
using namespace std;

int main()
{
  cout << "請輸入一個字串：";
  string ss;
  cin >> setw(5) >> ss;
  cout << "ss = " << ss << endl;

  cout << "請輸入另一個字串：";
  cin >>  ss;
  cout << "ss = " << ss;
}
```

執行結果

```
請輸入一個字串：International
ss = Inter
請輸入另一個字串：ss = national
                    └── 還沒輸入就自動讀到前次輸入『剩下』的字
```

第 10 行設定欄寬為 5, 表示 cin 最多只取 5 個字給 ss。但在『執行結果』中, 我們故意輸入超過 5 個字的內容, 結果後面的 "national" 就自動成為第 14 行 cin 的輸入內容, 因此我們還未輸入任何文字, 程式就已取得輸入, 所以會接著執行第 15 行的程式, 也就是輸出 "national" 這幾個字。

其它控制器

除了控制格式外, 還有幾個其它用途的控制器：

控制器名稱	說　明	適用於
ws	跳過輸入串流中連續的空白符號	輸入
endl	輸出換行符號 ('\n') 並呼叫 flush( )	輸出
ends	輸出字串結束符號 ('\0')	輸出
flush	強迫將輸出緩衝區內的資料全部輸出	輸出

關於 flush 的效果要特別解釋一下：基本上我們要輸出到輸出串流的資料, 都會先存於一個系統緩衝區, 遇下列狀況, 緩衝區的內容才會『真的』輸出到輸出裝置上：

- 緩衝區已滿了。
- 程式要『正常』結束執行了。
- 程式呼叫 flush 控制器。

endl 本身也會呼叫 flush, 所以用 endl 換行會清空緩衝區, 用 '\n' 換行則否。

● 可做輸入及輸出的串流，要從輸出狀態切換到輸入時。

請注意第 2 點，是指程式『正常』結束執行，若是程式是被意外中止執行，例如當機、或被使用者強迫中止，則可能輸出緩衝區仍有尚未寫到輸出裝置的資料，因此如果是輸出到檔案，將會導致資料喪失。

endl 的使用我們已相當熟悉，其它控制器的用法也差不多，請讀者自行演練。

14-3-3 無格式化的輸出與輸入

前幾章曾用過 getline() 這個 istream 的成員函式來取得含空白的輸入字串，在輸出與輸入串流中都有幾個特殊的成員函式，使用這些函式時，稱爲無格式化 (unformatted) 的輸出與輸入，因爲用它們進行輸出與輸入時，不能用前面介紹的控制器或成員函式控制格式。相對而言，可控制格式的 <<、>> 輸出與輸入就稱爲格式化的 (formatted) 輸出與輸入。

輸入串流的無格式化輸入

istream 類別提供的輸入函式可分爲字元與字串兩部份，以下先看字元的輸入函式：

```
int get()                  // 讀取一個字元，並將之轉換成整數傳回
istream& get(char& c) // 讀取一個字元，並存入 c 內
```

和 "cin >>" 不同的是，這二個函式可讀取到空白符號，而且有參數的 get() 版本會傳回原呼叫的串流物件，所以也可以串接使用，甚至和 >> 混用，例如：

```
char a, b, c;
cin.get(a).get(b) >> c; // 讀取三個字元
```

字串的輸入函式則稍微複雜，如下：

```
istream& get(char *str, streamsize len, char delim='\n')
istream& getline(char *str, streamsize len ,char delim = '\n')
istream& read (char* str, streamsize len)
int gcount()   // 傳回最近一次讀入字串的 byte 數。
```

streamsize 是 ios_base 類別中自訂的型別，一般實作都是定義爲無正負號的整數型別。

請不要將此處的 getline() 成員函式與 <string> 中的 getline() 函式混淆。前者需以 istream 物件呼叫、且參數中用來存放輸入的字串爲 char* 型別；而 <string> 中的同名函式則是獨立的函式，且用來存放輸入資料的是 string 物件。

前兩個函式均可用來讀取含空白字元的字串，並存入參數 str 中，最多會讀取 (len-1) 個字元，函式會再將一個字串結束字元 '\0' 放到 str 中；而 delim 則是表示讀到該字元時，即使未達 len 的字數，也停止讀取，預設的 delim 爲 '\n'，也就是換行時停止輸入，所以若指定其它的字元爲 delim 參數，我們就能將多行文字存入同一字串中。read() 函式和前 2 個函式最大的不同是它最多會讀取 len 個字元，且不會將字串結束字元放到 str 中。

程式中若有用到 read() 函式，則以 Visual C++ 2005 編譯程式時，編譯器會發出警告訊息，表示該函式是建議不要使用的 (deprecated)。

此外 getline() 讀到 delim 字元時會將它自緩衝區移除；get() 則否，所以如果未做其它處理，重複在 cin 使用 get() 讀取時，將會讀不到內容，請參考下面這個例子：

程式 **Ch14-09.cpp 使用 getline()、get() 讀取輸入**

```
01 #include<iostream>
02 #include<string>
03 using namespace std;
04 
05 int main()
06 {
07   char ss[30];
08   cout << "請輸入一個字串：";
09   cin.getline(ss, 10, '$');
10   cout << ss << endl;
11 
12   cout << "請輸入一個字串：";
13   cin.get(ss, 30);
14   cout << ss << endl;
15   cout << "請輸入一個字串：";
16   cin.get(ss, 30);
17   cout << ss << endl;
18 }
```

執行結果

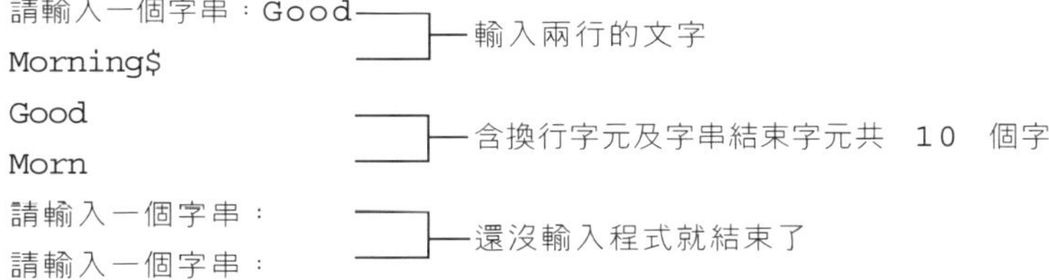
請輸入一個字串：Good
Morning$
Good
Morn
請輸入一個字串：
請輸入一個字串：
輸入兩行的文字
含換行字元及字串結束字元共 10 個字
還沒輸入程式就結束了

第 9 行用 cin.getline(ss, 10, '$'); 所以會讀到 '$' 爲止, 但只會取 9 個字元存到 ss 中 (外加字串的結束字元 '\0')。所以輸出時只看到 "Good" 加換行字元 '\n' 再加 "Morn"。

(C++ 初學者注意事項) get() 和 getline() 會自動在字串尾端加上 NULL, 所以它們實際上只能讀取 len-1 個字元。

由於輸入 "Morning$" 時, 最後有個按 Enter 鍵的動作, 所以輸入緩衝區會留有一個換行字元 '\n', 接下來第 13 、 16 行的 get() 都會直接讀到這個換行字元, 而認定使用者沒有輸入, 所以程式只顯示兩行 " 請輸入一個字串：" 而未取得任何輸入資料。解決方式之一就是另外用讀取『字元』的 get() 函式先讀入該換行字元, 或是呼叫 ignore() 成員函式忽略一個字元：

```
...
cin.get();          //  先將緩衝區中的換行字元讀進來
                    // 也可以用 cin.ignore(), 表示忽略一個字元
cin.get(ss, 30); //  這樣就能讀到資料了
```

另外要注意一點：若程式中將格式化輸入 >> 與 getline() 混合使用, 例如先用 >> 運算子取得一項輸入, 接著又想用 getline() 讀取一個字串, 也會出現如上 '\n' 還留在緩衝區, 使 getline() 根本讀不到資料的問題。此時當然也可用上列將換行字元自緩衝區清除的方法, 在本章綜合演練的範例中就可看到這類應用。

輸出串流的無格式化輸出

ostream 的無格式化輸出成員函式有：

```
ostream& put (char c)  // 輸出字元
ostream& write (const char* str, streamsize count)
                       // 輸出 str 中的 count 個字元
```

write() 函式會持續輸出 str 中的字元, 直到指定的 count 字數爲止, 就算 str 字串中間有字串結束字元 '\0', 也不會中止其輸出。所以輸出字串的字數, 不可少於 count 值。這兩個函式的用法不難, 此處就不多介紹。

14-4 檔案串流

對於已熟悉 cin/cout 用法的讀者來說, 讀寫檔案並無什麼不同, 唯一要做的, 就是將原來用的 cin/cout 換成檔案串流的物件, 其它用 >>、<< 輸入與輸出的方式都相同。

14-4-1 建立檔案串流物件

在 C++ 中要讀寫檔案, 只要建立代表檔案的輸出入串流物件即可, 此時輸出到串流就是寫入檔案, 而讀取串流就是從檔案讀取資料了。要進行檔案讀寫, 首先要做的就是用內建的檔案串流類別建構檔案物件:

- ifstream 類別:使用 basic_ifstream 樣版建立的讀取檔案類別, basic_ifstream 樣版是由 basic_istream 樣版所衍生的, 因此 ifstream 物件的用法和 cin 類似。
- ofstream 類別:使用 basic_ofstream 樣版建立的寫入檔案類別, basic_ofstream 樣版是由 basic_ostream 樣版所衍生的, 因此 ofstream 物件的用法和 cout 類似。
- fstream 類別:使用 basic_fstream 樣版建立的可同時供讀取及寫入的檔案類別, basic_fstream 樣版是由 basic_iostream 樣版所衍生的, 因此 fstream 物件兼具 cin/cout 的輸入與輸出性質。

上列的檔案串流類別及樣版都宣告於 <fstream> 之中, 因此以下的程式都會先含括這個檔案。

同理, <fstream> 中也有適用於 wchar_t 的 wXXstream 的樣版與類別。

依據您要做的動作選好適用的類別後，即可建構物件並『開啓檔案』來進行讀寫。我們可在建構物件時即指定檔案名稱及路徑；也可先只宣告物件，稍後再以檔案名稱及路徑呼叫物件的 open() 函式開啓檔案：

程式 Ch14-10.cpp 開啓檔案並讀取檔案內容

```
#include <iostream>
#include <fstream>          // 使用檔案串流
using namespace std;

int main()
{
  ifstream file1("Ch14-01.cpp");
  fstream file2;                // 先建構物件
  file2.open("Ch14-02.cpp"); // 再開啓檔案

  if (!file1 || !file2)         // 若無法開啓檔案
    cerr << "檔案開啓失敗" << endl;
  else {
    char str[80];
    file1.getline(str,80); // 從 file1 讀一行內容
    cout << str << endl;    // 輸出讀到的內容

    file2.getline(str,80); // 從 file2 讀一行內容
    file2.getline(str,80); // 再從 file2 讀一行內容
    cout << str;            // 輸出第 2 次讀到的內容
  }
} // 解構函式會自動關閉檔案
```

執行結果

```
#include<iostream>         ←從 Ch14-01.cpp 讀到的第 1 行
using namespace std;       ←從 Ch14-02.cpp 讀到的第 2 行
```

1. 第 7 行是用 ifstream 類別建立檔案串流物件, 且在建立時即以常數字串指定檔案名稱。

2. 第 8 行是用 fstream 類別建立可讀可寫的檔案串流物件 file2 (雖然程式中仍只用它做讀取動作), 且未指定檔名, 而是在第 9 行才用 open 成員函式開啓指定的檔案。

3. 第 11 行用！運算子判斷檔案是否開啓, C++ 串流類別多載了！運算子, 可用以判斷串流物件的狀態, 當串流物件有問題時, 用 ! 運算子就會傳回 true 。若先前開啓檔案的動作出現找不到檔案或檔案被別的程式佔用的狀況, 我們的程式就無法成功開啓檔案, 用！運算子就會傳回 true, 因此會執行第 12 行的敘述輸出相關的訊息。

例如, 您可試著用 Word 先開啓 Ch14-02.cpp, 再執行上面的範例, 此時因為 Word 編輯中的檔案不允許其它程式再以『可寫入』的方式開啓, 所以範例程式開啓 Ch14-02.cpp 的動作會失敗, 程式將會輸出第 12 行的訊息。

4. 第 15 行用 getline() 讀取一整行內容, 由於檔案一開啓時, 預設都是從頭開始讀取, 所以此時就會讀到第 1 行的內容；讀入後隨即在第 16 行輸出到 cout。

4. 第 18 、 19 行則是連續讀入 file2 的前 2 行內容, 並在第 20 行輸出第 2 次讀到的內容。

檔案的讀取就是這麼簡單, 除了改用檔案串流外, 其它好像都和使用標準輸出入差不多, 但其實讀寫檔案時, 還是有些地方與使用標準輸出入不同, 舉例來說讀取檔案會碰到檔案結尾 (標準輸入可沒有『鍵盤結尾』), 這時就要做特別的處理, 接著就來介紹各種讀寫檔案的處理方式。

14-4-2 循序讀寫檔案

剛剛提到，開啓檔案時，預設都是從頭開始讀或寫，並一直循序讀寫到後面，因此這種讀寫方式稱爲『循序』讀寫。

檔案開啓方式

fstream 類別雖然是用於可讀且可寫的狀況，但其實我們可在建構函式及 open() 成員函式中指定以下旗標 (flag) 爲參數，以唯讀或其它方式開啓檔案，而 ofstream 、 ifstream 也可透過這些旗標以多種方式開啓檔案。這些旗標都宣告於 ios_base 類別中，所以使用時要加上 ios_base:: 的標示：

ios_base::in	以唯讀方式開啓檔案，只能讀取檔案內容
ios_base::out	以寫入方式開啓檔案
ios_base::app	需配合前者使用，寫入的內容將附加到原內容後面
ios_base::trunc	開啓檔案並『清除』原有的內容
ios_base::binary	以二元檔的模式開啓 (後詳)
ios_base::ate	開啓檔後，將檔案指標 (後詳) 指到檔案結尾

上述旗標可利用 '|' 運算子組合使用，但要注意互斥或不合理的用法：

```
fstream a("a", ios_base::in|ios_base::out)      // 以唯讀方式開啓檔案
fstream b("b", ios_base::in|ios_base::binary)  // 以唯讀及
                                               // 二元檔的方式開啓
ifstream c("c", ios_base::trunc)        // 錯誤，輸入串流不能清除內容
ofstream d("d", ios_base::trunc | ios_base::app) // 錯誤，不合理
                                      // 清除內容又附加到原有內容後面？
```

以下範例示範幾個旗標的應用及效果：

程式 Ch14-11.cpp 使用不同的模式開啓檔案

```
#include <iostream>
#include <fstream>
using namespace std;

int main()
{
  fstream file;      // 先建構物件

  file.open("c:\\test.txt", ios_base::out); // 開啓可寫入的檔案
  if (!file)                           // 若無法開啓檔案
    cerr << "檔案開啓失敗" << endl;
  else {
    file << "測試一下" << endl; // 寫入一行文字
    file.close();                      // 關閉檔案
    cout << "寫入完畢" << endl;
  }

  file.open("c:\\test.txt", ios_base::app); // 以附加的方式開啓
  if (!file)                           // 若無法開啓檔案
    cerr << "檔案開啓失敗" << endl;
  else {
    for (int i = 0; i<10; i++)   // 用迴圈在檔案後面
      file << i;                       // 加上數字 0 到 9
    cout << "寫入完畢" << endl;
  }
}
```

執行結果

```
寫入完畢
寫入完畢
```

1. 第 9 行用 ios_base::out 以寫入模式開啓檔案。在檔名字串中可加入路徑, 但要記得第 3 章提過, 在 C++ 程式中 '\' 代表 Escape Sequence 字元開頭, 所以要表示 '\' 符號時, 需寫成 "\\" 。

2. 第 13 行寫入一字串後, 在第 14 行用 close() 成員函式關閉檔案。已關閉的檔案就不能再供讀寫, 必需再用 open() 開啓後才能讀寫之。

3. 第 18 行用 ios_base::trunc 以附加的方式開啓檔案, 所以再寫入的內容, 不會蓋掉檔案原有的內容。

程式執行完畢後, 您可用文字編輯器開啓 "c:\test.txt", 即可看到程式所寫入的內容：

```
測試一下
0123456789    ←─第 2 次開檔所附加的內容
```

檔案結束

讀取檔案串流時, 一旦讀到檔案結尾時, 就無法再取得輸入, 此時程式就必須自行停止讀取檔案, 並做後續處理。我們可用檔案串流物件呼叫 eof() 成員函式檢查 (**E**nd **O**f **F**ile, 意指檔案結尾), 若函式傳回 true 即表示已讀到檔案結尾。以下範例就使用 eof() 檢查是否已讀到檔案結尾：

程式 Ch14-12.cpp 檢查是否已讀到檔案結尾

```
#include<iostream>
#include<fstream>
#include<string>
using namespace std;

int main()
{
```

```
08   string filename;
09   cout << "請輸入要讀取的檔案名稱：";
10   cin >> filename;
11
12   ifstream file(filename.c_str());  // 開啓唯讀檔案
13   if (!file)                        // 若無法開啓檔案
14     cerr << "檔案開啓失敗" << endl;
15   else {
16     char ch;
17     while(!file.get(ch).eof())      // 若還沒到檔案結尾
18       cout << ch;                   // 關閉檔案
19   }
20 }
```

執行結果

```
請輸入要讀取的檔案名稱：c:\test.txt  ◄── 用前一範例產生的檔案來測試
測試一下
0123456789
```

1. 第 8 ~ 10 行讓使用者輸入一個檔案名稱, 並存於 string 物件中。

2. 第 12 行建構檔案輸入串流物件 file 時, 用字串物件呼叫 c_str() 成員函式將字串轉成 char* 型別的字串。

3. 第 17 行 while 迴圈的條件式中, 因 file 物件呼叫 get() 取得一個字元時, 函式會傳回 istream& 參考型別, 所以可再用傳回值呼叫 eof() 檢查是否已讀到檔案結尾。是就結束迴圈, 否就執行第 18 行的敘述, 將讀到的字元送往標準輸出。

因為是用迴圈每讀一個字元就由 cout 輸出一個字元, 而迴圈會一直到 eof() 傳回 true 時才停止, 所以這個迴圈將會由 cout 輸出整個檔案的內容。

二元檔的讀寫

以上介紹的檔案讀寫方式, 都是以『文字檔』的形式進行讀寫, 但對電腦程式來說, 使用二元檔 (binary file, 或稱二進位檔) 就可以了, 例如執行檔、圖形檔、影片檔等, 都是以二元檔的形式存於電腦中。

以『123456』爲例, 採文字檔的形式儲存, 每個數字都要個別存成一個字元, 就相當於存了一個字元陣列的內容是 "123456" 共六個字元；但如果是以二元檔的格式, 就相當於將之視爲一個整數來存放, 以 4 位元組的 int 爲例, 其 4 個位元組的值是 "00 01 E2 40", 如此一來還比文字檔節省了 2 個位元組的空間, 若數值更大, 節省的空間更多。但如果我們看到這樣的檔案內容, 將無法理解它們是什麼意思, 所以說二元檔是『給程式 (電腦) 看的檔案』。

各位元組實際存放的方式、順序, 會隨電腦硬體/作業系統而有不同, 在此就不深入探討。

要讀寫二元檔, 就是在開檔時指定以 ios_base::binary 的方式開啓即可。其次, 對二元檔案, 我們不能使用 <<、>> 運算子, 因爲它們是做『格式化』的輸出 / 入, 對二元檔, 必須以 read() 、 write() 這類非格式化的輸出入方式來進行：

```
istream &read(char *buf, streamsize num);
ostream &write(const char *buf, streamsize num)
```

雖然上列函式中用來表示要讀取或寫入的參數是 char* 型別, 但只要利用如下方式即可進行其它型別的資料讀取或寫入 (以下爲寫入的例子)：

```
ifstream f;
int i;  // 要寫入整數 i
...
f.write((char*) &i, sizeof(int));  // 將 &i 位址的 4 個位元組寫入檔案
```

請參考以下範例：

程式 Ch14-13.cpp 讀寫二元檔

```
#include<iostream>
#include<fstream>
#include<string>
using namespace std;

int main()
{
  string filename;
  cout << "請輸入要寫入的檔案名稱：";
  cin >> filename;
                                              // 開啓二元檔
 fstream file(filename.c_str(), ios_base::out|ios_base::binary);
  if (!file)                            // 若無法開啓檔案
    cerr << "檔案開啓失敗" << endl;
  else {
   for (int i = 1; i<=10; i++) {
     double d = i * i * i;       // 計算 1~10 的立方
     file.write((char*) &d, sizeof(double));
   }
   file.close();
   cout << "寫入完畢" <<endl;
  }
                                              // 重新開啓檔案
  file.open(filename.c_str(), ios_base::in|ios_base::binary);
  if (!file)                            // 若無法開啓檔案
    cerr << "檔案開啓失敗" << endl;
  else {
    for (int i = 1; i<=10; i++) {    // 用迴圈讀十個數字
      double d;
      file.read((char*) &d, sizeof(double));
      cout << d << endl;
    }
    file.close();
    cout << "讀取完畢";
  }
}
```

執行結果

```
請輸入要寫入的檔案名稱：cubic.bin   ◀──指定一個檔案名稱
寫入完畢
1
8
...(中略)
729
1000
讀取完畢
```

再次提醒, 以 Visual C++ 2005 編譯此程式時, 編譯器會對呼叫 read() 函式的敘述發出警告, 不過仍可編譯成功。

這個程式的內容可分為 2 部份, 第 12 ~ 22 行是開啓二元檔, 並寫入 1 ~ 10 立方的浮點數值；第二部份在第 24 ~ 35 行, 此處以唯讀方式開啓二元檔, 讀取十個 double 數值並輸出到 cout 。如果我們用文書編輯器開啓程式所寫入的檔案 (上例中為 cubic.bin), 只會看到一些不知所云的內容, 並不會看到像 1 、 8 、 27...這樣的數字, 因為這些數值都以二元的形式儲存, 而不是以文字的形式儲存。

14-4-3 非循序讀寫檔案

前面說過, 開啓檔案時, 預設都是從檔案開頭讀取或寫入, 這是因為在檔案串流中, 會記錄目前要讀取或寫入的位置 (position), 以一般方式開啓檔案時, 這個位置就是檔案開頭；以 ios_base::ate 、 ios_base::app 模式開檔, 則會將讀寫位置設定到最後面。

採用此種循序式來讀寫檔案時，有一個缺點：假設檔案非常大，要讀取或修改檔案中後方位置的一筆資料，必須耗費一些時間跳過前面的資料後，才能將讀寫位置指到所需的資料。

如果不想用原本循序的方式將檔案從頭讀到尾，就必須用檔案串流物件呼叫相關成員函式改變檔案讀寫的位置，如此就能任意讀寫檔案中的任何位置，此種非循序的讀寫方式也稱爲『隨機』存取 (random access)。與讀寫位置相關的成員函式包括：

```
tellg()               // 傳回目前的讀取位置
seekg(pos)            // 將讀取位置設爲第 pos 個字元
seekg(offset, rpos)   // 將讀取位置設爲相對於 rpos 的第 offset 個字元

tellp()               // 傳回目前的寫入位置
seekp(pos)            // 將寫入位置設爲第 pos 個字元
seekp(offset, rpos)   // 將寫入位置設爲相對於 rpos 的第 offset 個字元
// seekX() 函式均是傳回串流物件的參考
```

其中讀取位置的函式其名稱都是以 g (get) 結尾；而寫入位置的函式則以 p (put) 結尾。單一個參數的 seekX() 函式都是以檔案開頭開始計算的絕對位置；而 2 個參數的版本則是設定相對位置，代表相對位置參考點的參數 rpos 可設爲以下幾個常數：

```
ios_base::beg  // 表示相對於檔案開頭 (beginning) 的位置
ios_base::cur  // 表示相對於檔案目前 (current) 讀寫位置
ios_base::end  // 表示相對於檔案結尾的位置
```

指定相對位置時，若是正值表示是向後，若是負值則是向前，例如：

```
seekp(5, ios_base::beg) // 寫入位置移到檔案開始後 5 個字元
seekg(10,ios_base::cur) // 讀取位置移到目前位置後 10 個字元
seekg(-1,ios_base::end) // 寫入位置移到檔案結尾前 1 個字元
```

程式 Ch14-14.cpp 隨機存取檔案

```
#include<iostream>
#include<fstream>
#include<string>
using namespace std;

int main()
{
  string filename;
  cout << "請輸入要寫入的檔案名稱：";
  cin >> filename;

  ifstream file(filename.c_str(),ios_base::binary);   // 開啓二元檔
  if (!file)                                   // 若無法開啓檔案
     cerr << "檔案開啓失敗" << endl;
  else {
     cout << "目前讀取位置在：" << file.tellg() << endl;

     double d;
     file.seekg(5 * sizeof(double));        // 跳到第 6 筆
     cout << "目前讀取位置在：" << file.tellg() << endl;
     file.read((char*) &d, sizeof(double));
     cout << d << endl;
     cout << "目前讀取位置在：" << file.tellg() << endl;

```

```
25                                     // 跳到倒數第 2 筆
26     file.seekg(-2*sizeof(double),ios_base::end);
27     cout << "目前讀取位置在：" << file.tellg() << endl;
28     file.read((char*) &d, sizeof(double));
29     cout << d << endl;
30     cout << "目前讀取位置在：" << file.tellg() << endl;
31   }
32 }
```

執行結果

```
請輸入要寫入的檔案名稱：cubic.bin   ◄── 輸入用 Ch14-13.cpp 產生的二元檔
目前讀取位置在：0
目前讀取位置在：40
216
目前讀取位置在：48
目前讀取位置在：64
729
目前讀取位置在：72
```

這個範例是針對範例程式 Ch14-13 所產生的二元檔而設的, Ch14-13 寫入的檔案內容爲 10 個 double 變數, 而我們在第 19 行及第 26 行移動串流的讀取位置, 分別移到第 6 及第 9 個 double 變數的開頭, 讓程式能直接讀到這 2 筆數值。

程式在每次移動讀取位置及讀取一個 double 數值時都顯示 tellg() 傳回的目前位置, 由輸出結果可知每讀一次 double, 讀取位置就會向後移 8 (個位元組), 所以連續讀取就會讀到下一筆 double 的數值。

14-5 綜合演練

14-5-1 計算檔案中英文字母個數

我們可以利用 get() 函式逐字元讀取檔案，然後檢視讀入的字元爲何，即可計算檔案中各英文字母的數量。

程式 Ch14-15.cpp 計算檔案中各字母的字數並輸出統計結果

```
#include<iostream>
#include<fstream>
#include<string>
#include<iomanip>     // 使用到 setw() 控制器
#include<cctype>      // 使用到 isupper()、islower() 函式
using namespace std;

int main()
{
  string filename;
  cout << "請輸入要讀取的檔案名稱：";
  cin >> filename;

  int count[26] ={0};                       // 用來統計各字母字數的陣列
  fstream file(filename.c_str(), ios_base::in);
  if (!file)                          // 若無法開啓檔案
    cerr << "檔案開啓失敗" << endl;
  else {
    char ch;
    while (!file.get(ch).eof())       // 未到檔案結尾前持續讀取
      if (isupper(ch))                // 若爲大寫字母
        count[ch-65]++;               // 將對應位置的元素值加 1
      else if (islower(ch))           // 若爲小寫字母
        count[ch-97]++;               // 將對應位置的元素值加 1
  }
  file.close();
```

```
27
28   for(int i=0;i<26;i++) {  // 在螢幕上顯示統計結果
29     cout << "字母" << char(65+i) << '/' << char(97+i) << "有 "
30          << setw(3) << count[i] << " 個";
31     cout << ((i%2)? '\n' : '\t' );  // 每輸出兩筆就換行
32   }
33 }
```

執行結果

```
請輸入要寫入的檔案名稱：Ch14-01.cpp
字母A/a有   7 個        字母B/b有   3 個
字母C/c有  17 個        字母D/d有   4 個
字母E/e有  15 個        字母F/f有   0 個
字母G/g有   7 個        字母H/h有   3 個
字母I/i有  14 個        字母J/j有   1 個
...(下略)
```

1. 第 20 行 while 迴圈也是用與範例 Ch14-12.cpp 相同的方式讀取整個檔案中的所有字元。

2. 第 21 行, 判斷讀取的字元是否為大寫英文字母, 是就將其值減 65 (大寫英文字母的字碼為 65 至 90), 然後用該值為索引, 將對應的 int 陣列元素值遞增。

3. 第 23 行, 判斷讀取的字元是否為小寫英文字母, 是就將其值減 97 (小寫英文字母的字碼為 97 至 112), 然後用該值為索引, 將對應的 int 陣列元素值遞增。

4. 第 28 行的 for 迴圈則將統計結果輸出到標準輸出。

14-5-2 用檔案存放電話通訊錄

利用檔案串流可將含有人名與電話號碼的資料紀錄在一個檔案中，之後即可利用程式來搜尋特定對象的電話號碼。我們將輸入資料及查詢資料的功能放在同一程式中，使用者可選擇是要輸入新資料或查詢資料，以下範例是以一個通訊錄項目類別來表示姓名 / 電話號碼的資訊，並多載 <<、>> 運算子設計將物件寫入檔案及由檔案讀出的行為。

程式 Ch14-16.cpp 電話通訊錄資料輸入及查詢

```
#include<iostream>
#include<fstream>
#include<string>
using namespace std;

class Entry {    // 通訊錄項目類別
friend istream& operator>>(istream&, Entry&);
friend ostream& operator<<(ostream&, Entry&);
public:
  void keyin();
  string getname() { return name;}
  string getphone() { return phone;}
private:
  string name;  // 姓名
  string phone; // 電話
};

void Entry::keyin()       // 請使用者輸入新資料的函式
{
  cin.get();      // 清除緩衝區中的換行字元
  cout  << "請輸入新建項目的姓名：";
  getline(cin,name);
  cout  << "請輸入新建項目的電話號碼：";
  getline(cin,phone);
}

```

```
ostream& operator<<(ostream& os, Entry &e)
{ // 存檔時，每筆資料存一行，姓名與電話用逗號分開
  return os << e.name << ',' << e.phone << endl;
}

istream& operator>>(istream& is, Entry &e)
{
  getline(is,e.name,',');         // 先讀逗號之前的姓名
  getline(is,e.phone,'\n');       // 再讀換行字元之前的電話
  return is;
}

void addone(fstream& file)        // 輸入新項目的函式
{
  Entry newone;
  newone.keyin();
  file.seekp(0,ios_base::end);  // 移到檔案最後寫入新資料
  file << newone;
  cout << "已存檔!\n";
}

void lookup(fstream& file)        // 搜尋的函式
{
  cout << "要找誰的電話：";
  string name;
  cin.get();                  // 清除緩衝區中的換行字元
  getline(cin,name);          // 由鍵盤取得姓名字串

  Entry who;                  // 用來儲存由檔案讀入的資料
  file.seekg(0,ios_base::beg); // 從頭讀取
  while(!file.eof()) {
    file >> who;
    if(name == who.getname()) { // 比對姓名
      cout << "電話號碼是 " << who.getphone() << '\n';
      return;                // 已經找到，可跳出函式
    }
  }
  file.clear();               // 清除 eof() 的狀態
  cout << "沒有這個人的資料\n";
```

```
}

int main()
{
  fstream file = fstream("TelBook.txt", ios_base::in|ios_base::out);
  if (!file)
    cerr <<"檔案開啓失敗!!\n";
  else {
    char choice;
    do {
      cout << "請選擇功能(0)結束程式(1)輸入資料(2)搜尋資料：";
      cin >> choice;
      if (choice == '1')          // 使用者若選 1
        addone(file);
      else if (choice == '2')     // 使用者若選 2
        lookup(file);
    } while (choice != '0');
    cout << "...Goodbye...";
  }
}
```

執行結果

```
請選擇功能(0)結束程式(1)輸入資料(2)搜尋資料：2
要找誰的電話：John Smith      ◀── 檔案中已有一筆資料
電話號碼是 02-87654321
請選擇功能(0)結束程式(1)輸入資料(2)搜尋資料：2
要找誰的電話：林木雙
沒有這個人的資料
請選擇功能(0)結束程式(1)輸入資料(2)搜尋資料：1
請輸入新建項目的姓名：林木雙    ◀── 立即新增一筆資料
請輸入新建項目的電話號碼：03-9991234
已存檔!
請選擇功能(0)結束程式(1)輸入資料(2)搜尋資料：2
要找誰的電話：林木雙
電話號碼是 03-9991234         ◀── 可以找到剛剛輸入的資料了
請選擇功能(0)結束程式(1)輸入資料(2)搜尋資料：0
...Goodbye...
```

1. 第 6 ~ 16 行爲代表通訊錄項目的類別, 其中用 string 物件來存放姓名及電話。

2. 第 18 ~ 25 行是請使用者輸入新的通訊錄項目的函式, 因爲類別中是用 string 物件存放資料, 所以此處用的是 <string> 的 getline() 函式由 cin 取得輸入資料。

3. 第 27 ~ 30 行是爲多載的 << 運算子, 函式中依序將通訊錄項目中的姓名、逗號、電話及換行字元寫入串流物件。

4. 第 32 ~ 37 行是爲多載的 >> 運算子, 此處仍是用 <string> 的 getline() 函式由檔案串流取得輸入, 並依據寫入時的格式, 分別指定逗號、換行字元爲讀取結束的符號。

5. 第 39 ~ 46 行的 addone() 函式會呼叫 Entry 類別的 keyin() 成員函式請使用者輸入一筆通訊錄資料, 並將寫入位置移到檔案最後, 再將資料寫入檔案。

6. 第 48 ~ 66 行爲查詢的函式, 函式一開始先請使用者輸入要尋找的姓名, 接著用迴圈逐一讀入檔案中的記錄進行比對, 若找到相符的名稱 (請注意 string 類別的 == 比較會分辨大小寫), 即輸出其電話號碼。

7. 第 64 行呼叫的 clear() 成員函式會清除串流物件的狀態, 因爲若之前 while 迴圈一直讀到檔尾都沒找到資料, 將會使串流物件的 eof() 一直保持爲 true (基於執行效率問題, seekg() 並不會清除 eof() 的狀態), 使得下次再進入函式尋找資料時, 根本不會進入迴圈。

8. 第 68 ~ 85 行爲主程式 main() 的部份, 其中先建立 fstream 物件並開啓檔案, 開啓模式設爲讀取 / 寫入, 以供稍後查詢或寫入新資料。

9. 在開檔成功後, 第 75 ~ 82 行以 do-while 迴圈請使用者選擇要輸入新資料或進行查詢, 並用 swith-case 判斷要呼叫前面的 addone() 函式新增一筆資料、或呼叫用來查詢的 lookup() 函式。

學習評量

1. cout 是 _______ 類別的物件；cin 是 _______ 類別的物件。

2. 下列何者不是內建的輸出串流物件？
   a. cerr。
   b. cout。
   c. cofstream。
   d. clog。

3. 下列關於串流類別控制器的描述何者錯誤？
   a. 所有控制器需含括 <iosmanip> 後才能使用。
   b. 控制器其實是串流類別的成員函式。
   c. 有些控制器需加上參數。
   d. 使用非格式化輸出時無法使用控制器。

4. 當程式要將 int 型別以 4 位元組的大小寫入檔案時, 可使用哪一個寫入函式？
   a. operator>>()。
   b. write()。
   c. put()。
   d. 以上皆可。

5. 若 double d = 1.23456789, 則以下各敘述的輸出為？
   a. cout << setprecision(3) << d; _________________
   b. cout << showpos <<setprecision(7) << d; ________________
   c. cout << scientific << setprecision(5) << d; ________________

6. 若 "char* s = "C++";", 則以下各敘述的輸出為？
   a. cout << setw(5) << setfill('_') << s << endl; __________
   b. cout << setw(6) << setfill('*') << left << s << endl; ______
   c. cout << setw(7) << setfill('0') << internal << -100 << endl; _____

7. 若要以附加的方式在檔案的最後面寫入新的內容，下列何種開啓模式適用？
   a. ios_base::in|ate
   b. ios_base::out|trunc
   c. ios_base::in|binary
   d. ios_base::out|app

8. 要判斷檔案是否讀到檔案結尾時，可用檔案物件呼叫 ______________ 函式。

9. 已知 string.txt 檔案內容爲：

```
No Pain, No Gain!!
```

則以下程式片段中 str 最後所存的字串內容爲？ ______

```
string str;
ifstream file("string.txt")";
file >> str;
```

10. 承上題，若緊接著再執行一行 "file>>str;"，則 str 所存的字串內容爲？ ______

程式練習

1. 請練習用 fstream() 以唯讀模式開啓 Ch14-02.cpp 檔案, 並在螢幕上顯示開啓成功或失敗的訊息, 最後並關閉您所開啓的檔案。

2. 請試寫一個程式, 可將九九乘法表的內容寫入到檔案中。

3. 呈上題, 寫個程式可將上述檔案的內容讀出, 並顯示在螢幕上。

4. 請試寫一個程式, 讓使用者輸入一個中文字, 然後以 16 進位模式顯示該字的字碼。

5. 請試寫一個程式, 可讀取使用者指定的檔案, 然後計算檔案中『英文字母』、『數字字元』、『空白字元』各有多少。

6. 呈上題, 將檔案中的英文全部換成大寫後寫回。

7. 請練習以控制器的方式控制程式輸出的九九乘法表格式, 使每一項的寬度都固定, 例如：

```
3 * 3 =  9
3 * 4 = 12
...
```

8. 請試寫一程式, 會在使用者指定的檔案中, 爲每一行開頭加上行號。

9. 呈上題, 寫另一個程式將檔案去掉行號。

10. 請試寫一個檔案複製程式, 可將使用者指定的檔案, 完整複製到副檔名爲 .bak 的副本。(例如若要複製 Ch14-01.cpp, 則會產生 Ch14-01.cpp.bak；複製 Ch14-01.exe 則會產生 Ch14-01.exe.bak)

例外處理

學習目標

- 認識 C++ 的例外處理機制
- 學習在程式中處理例外的方法
- 讓程式拋出例外

例外處理 (Exception Handling) 是一種錯誤狀況的處理機制, 最初的 C++ 並沒有例外處理功能, 但隨著語言的發展, 在 C++ 標準化時, 就將這項功能加入標準之中。雖然在一般簡單的程式中不常用到例外處理, 但在團體合作的專案開發時, 則可透過例外處理機制來處理各程式模組彼此連繫時可能遇到的問題, 進而提高程式的可靠度。

15-1 C++ 的例外處理機制

15-1-1 甚麼是例外？

每個程式在執行的時候, 都可能遇到一些意外的狀況, 例如配置記憶體失敗、找不到要開啓的檔案、使用者輸入資料不正確導致程式錯誤...等等, 這些狀況一般都稱之爲執行時期錯誤 (Runtime Error)。

相對而言, 編譯器可檢查出的程式語法、語意錯誤則稱爲編譯時期 (Compile Time) 錯誤。

在一般狀況下, 程式在遇到這類執行時期錯誤時, 不是執行結果異常, 就是系統會立即中止程式。但這兩種結果都是大家所不樂見的, 因此爲了提可程式的可靠度、耐用度, 在設計程式時就需預先設計遭遇意外狀況時的處理措施, 讓程式不會出現奇怪的執行結果或是隨意地中止執行。過去常見的處理方式就是用 if 敘述先檢查變數或使用者輸入, 若有『不當』的值即做適當的處理, 例如:

```
int p = (int *) malloc (                 // 用 C/C++ 標準函式 malloc
                  sizeof(int) * 100); // 動態配置 100 個 int 的空間
if( p == 0) {                             // 若配置失敗即進行必要的處理
  ...
}
```

這種處理方式對小程式還不會怎樣，但當程式愈寫愈大時，就會發現『正常』的程式碼和處理『錯誤』狀況的程式碼摻雜在一起；或是需將程式流程轉到其它地方以進行處理，使程式流程複雜化，凡此種種都造成程式維護的困難。

為改善此種狀況, C++ 特別提供一種**例外處理** (Exception Handling) 機制, 讓程式設計人員可以用更有效率的方式, 來處理各種例外 (Exception)。對 C++ 而言, 當『例外』發生時, 程式 (或程式所呼叫的函式) 會**拋出**(throw) 例外, 此時若不加以處理，程式就會異常中止。我們先來看程式產生例外時，程式異常中止的情形；下面這個範例程式，就會產生配置記憶體失敗的例外：

程式 Ch15-01.cpp 動態配置記憶體時產生例外

```
01 #include <iostream>
02 
03 int main()
04 {
05   int * iptr;
06 
07   iptr = new int[536870911]; // 配置超大的陣列
08                              // 將引發例外
09   delete[] iptr;
10   std::cout << "發生例外時看不見這行訊息！\n";
11 }
```

執行結果

```
This application has requested the Runtime to terminate it in an
unusual way.
Please contact the application's support team for more information.
```

第 7 行的 new 敘述向系統要求配置了 (4G-4) 個位元組的記憶體空間 (若配置 4GB 的空間, 則使用 Visual C++ 2005 將會編譯失敗, 但使用其它編譯器則可能可成功編譯)，因為所配置的空間太大，因此會使 new 敘述引發『例外』。由於我們的程式未做任何的例外處理, 所以此時將會執行 C++ 標準函式庫的 terminate() 函式中止程式執行, 以 Visual C++ 2005 編譯的程式為例, 就會顯示如上的訊息, 此外 Windows XP 作業系統也會顯示另一個『Ch15-01.exe 發生問題，程式必須關閉...』的訊息窗。也因為程式執行到此就被中止了, 所以第 10 行顯示訊息的敘述也不會被執行。

使用不同編譯器所產生的程式中止訊息不盡相同。

大家可以想像一下, 如果我們開發的是商業軟體, 消費者買了軟體回去執行後出現如上的程式意外中止的狀況, 就算不要求退錢也將不會再採購貴公司的其它產品。因此若不想讓自己的程式出現如上的意外中止情形, 就需針對程式可能產生的例外進行處理。

15-1-2 try/catch 敘述 - 例外處理的基本結構

在 C++ 的例外處理機制下, 當程式在執行時遇到無法解決的狀況 (例如記憶體不足), 系統會產生對應的『例外物件』以通知程式該例外狀況。對程式而言, 就必須以例外處理架構來補捉及處理這個例外。

C++ 程式是用 try 和 catch 這兩個關鍵字來建立例外處理的架構, 其語法如下：

```
try {
   ...     // 可能引發例外的敘述
           // 例如配置記憶體
}
catch (例外的型別 例外參數或物件) {
   ...     // 處理例外的敘述
}
```

- 在 try 區塊中可放入『正常的』程式碼，也就是原本程式要執行的敘述。通常都是將一段可能會引發例外的敘述 (像是前述配置記憶體的敘述) 放在 try 區塊中。請注意：即使此區塊中的敘述只有一行，也不能省略大括號，這是 try 和 if/for 等敘述不同之處。

- catch 區塊就是所謂的例外處理程式，也就是要用來處理『不正常』狀況的程式。在 catch 後面的括號則類似於函式的參數宣告，此處要列出此段程式是要『捕捉』哪一類型的例外，也就是說發生指定的例外類型時，即執行這個區塊的程式。

若 catch 區塊中不會用到例外參數或物件，括號中只需註明例外的型別即可，例外變數或物件的名稱可省略。

在使用 try/catch 敘述的況下，程式的執行流程會變成如下圖所示：

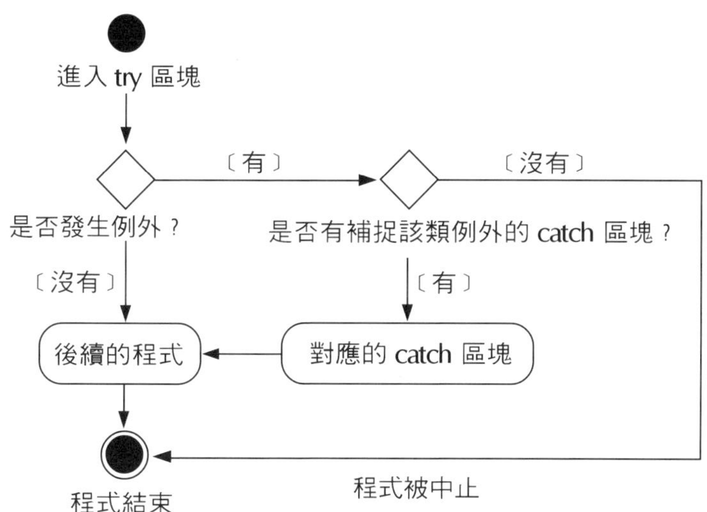

嚴格的說，系統找不到程式中有補捉該類例外的 catch 區塊時，會將例外再拋給上層的呼叫者處理。不過此處暫以 main() 函式的狀況為例，由於 main() 函式已是最上層的主程式，所以程式產生 main() 函式未補捉的例外時，就會使程式中止執行。

以 new 敘述為例, 它會拋出的例外為 bad_alloc 類別 (宣告於 <stdexcept>) 的物件, 我們只要將配置記憶體的 new 敘述放在 try 區塊中, 並用 catch 敘述補捉這一類型的例外, 即可防止 new 敘述配置記憶體失敗導致程式中止的情形, 修改後的程式如下：

程式 Ch15-02.cpp 捕捉動態配置記憶體所產生的例外

```
01 #include <iostream>
02 #include <stdexcept>            // 內含 bad_alloc 類別的宣告
03 using namespace std;
04 int main()
05 {
06   int * iptr;
07
08   try {
09     iptr = new int[536870911]; // 配置超大的陣列
10   }                            // 將引發例外
11   catch (bad_alloc e) {
12     cerr << "補捉到 std::bad_alloc 例外...\n";
13     cerr << e.what();          // 顯示例外的相關訊息
14   }
15
16   delete[] iptr;
17   cout  <<  "\n 發生例外時看不見這行訊息！ \n";
18 }
```

執行結果

```
補捉到 std::bad_alloc 例外...
bad allocation
發生例外時看不見這行訊息！
```

1. 第 2 行含括的 <stdexcept> 內含數個 C++ 標準的例外類別定義。

2. 第 8 行即為 try 敘述, 其區塊中只有一行用 new 動態配置記憶體並將傳回值指定給指標變數的敘述。

3. 第 11 ~ 14 行爲 catch 區塊, 在第 11 行的括號中註明捕捉的是 bad_alloc 型別的例外物件。在 catch 區塊中, 則是用 cerr 輸出 2 行訊息。

4. 第 13 行用補捉到的例外物件 e 呼叫其成員函式 what(), 該函式會傳回有關該物件的簡單訊息。

由於我們已將會產生例外的敘述放在 try 區塊, 而在 catch 敘述也確實補捉到對應的例外物件, 所以這次程式執行到第 9 行的 new 敘述時, 雖然仍是會產生例外, 但程式並不會中止執行, 而是會跳到第 11 行的 catch 區塊繼續執行。而在執行完 catch 區塊的程式後, 仍會繼續執行 try/catch 之後的程式碼, 讓程式能正常執行完畢。

未補捉到合適的例外

請注意, 要讓 try/catch 能在例外發生時發揮效用, 必須 catch 補捉的例外型別和程式拋出的例外型別一致。否則就算程式中有 try/catch 區塊, 發生未補捉到的例外類型時, 程式仍會立即中止執行, 請參見以下的例子：

程式 Ch15-03.cpp 捕捉動態配置記憶體所產生的例外

```
#include<iostream>
#include<stdexcept>              // 內含 bad_alloc 類別的宣告
#include<string>
using namespace std;

int main()
{
  string s = "Exception";        // 測試用的字串物件

  try {
    cout << s.at(100);            // 存取超出索引範圍的字元
  }                              // 將引發例外
  catch (bad_alloc e) {
    cerr << "補捉到 std::bad_alloc 例外...\n";
```

```
15      cerr << e.what();             // 顯示例外的相關訊息
16    }
17
18    cout << "\n發生例外時看不見這行訊息！ \n";
19  }
```

執行結果

```
This application has requested the Runtime to terminate it in an
unusual way.
Please contact the application's support team for more information.
```

程式仍是意外中止執行

雖然在第 13 行有補捉 bad_alloc 型別的例外, 但第 11 行 at() 成員函式存取超過範圍的字元時, 所抛出的是 out_of_range 型別的例外物件, 因此範例程式中的 catch 區塊無法發揮作用, 系統仍會因為找不到符合的 catch 區塊而中止程式執行。

15-1-3 補捉多個例外

如果希望程式能補捉多個例外, 我們可在 try 區塊後加上多個 catch 區塊, 每個區塊都負責處理某一種例外發生的情形。其結構如下：

```
try {
   ...    // 可能引發例外的敘述
}
catch (例外型別之1 例外參數或物件) {
   ...    // 處理例外的敘述
}
catch (例外型別之2 例外參數或物件) {   // 第 2 個 catch 段落
   ...    // 處理例外的敘述
}
// 還可以再接其它的 catch 段落
```

當 try 區塊中的敘述引發例外時, 系統會依序尋找各 catch 區塊所補捉的例外類型是否相符, 有相符者就將程式流程轉到該區塊繼續執行；若找不到仍是會使程式中止執行。

以下我們就將前一個範例改成會補捉兩種例外, 其中 out_of_range 例外是 string 類別的 at() 成員函式在索引值超出字串範圍時拋出的例外。

程式 Ch15-04.cpp 用多個 catch 補捉多種例外

```
#include<iostream>
#include<stdexcept>                 // 內含標準例外類別的宣告
#include<string>
using namespace std;

int main()
{
  int* ptr;
  string s = "Exception";           // 測試用的字串物件
  long num;

  try {
    cout << "請輸入要配置的 int 陣列元素數量：";
    cin >> num;
    ptr = new int[num];

    cout << "請問要檢視字串中的第幾個字元：";
    cin >> num;
    cout << s.at(num);
  }
  catch (bad_alloc e) {             // 捕捉配置記憶體失敗的例外
    cerr << e.what();               // 顯示例外的相關訊息
    cerr << "...您要求配置的陣列太大了...\n";
  }
  catch (out_of_range e) {          // 捕捉超出索引範圍的例外
    cerr << e.what();               // 顯示例外的相關訊息
    cerr << "...您要檢視的字元超出範圍...\n";
  }
```

```
29
30   delete [] ptr;
31   cout << "\n程式結束！\n";
32 }
```

執行結果

```
請輸入要配置的 int 陣列元素數量：1024768
請問要檢視字串中的第幾個字元：18
invalid string position...您要檢視的字元超出範圍...

程式結束！
```

執行結果

```
請輸入要配置的 int 陣列元素數量：1234567890
bad allocation...您要求配置的陣列太大了...
```

1. 第 12 ~ 20 行的 try 區塊中有動態配置記憶體及存取字串中字元的敘述，而配置的大小及存取字元的索引都是由使用者輸入。
2. 第 21 ~ 28 行共有 2 個 catch 區塊分別補捉 bad_alloc、out_of_range 類型的例外，並輸出相關的訊息。

由執行結果可看出：try 區塊中的程式引發不同的例外時，程式流程就會跳到對應的 catch 區塊繼續執行，當然另一個 catch 區塊就不會被執行。

string 類別多載的 [] 運算子並不會在索引超出範圍時拋出例外。

補捉所有的例外

當程式寫得愈來愈複雜時，try 區塊中的敘述有可能拋出的例外種類就更加五花八門了，要一一為每種例外類型寫一個 catch 區塊也非有效率的方法，因爲通常我們不會想對每一種例外都做特定的處理。但即使不想處理所有的例外，我們可能仍不希望程式在未處理的例外發生時，即意外中止執行，您可能想要做一點善後處理、或是至少顯示一段訊息提醒使用者，在這種情況下，我們可用單一個 catch 區塊來補捉所有不想特別處理的例外，這個特別的 catch 敘述寫法是在括號中放入三個小數點：

```
try {
  ...
}
catch (...) {   // 可補捉所有例外的 catch 區塊
  ...
}
```

例如前一個範例程式若改用 catch(...) 語法，可改寫成如下：

程式 Ch15-05.cpp 用多個 catch 補捉多種例外

```
#include<iostream>
#include<string>
using namespace std;

int main()
{
  int* ptr;
  string s = "Exception";        // 測試用的字串物件
  long num;

  try {
    cout << "請輸入要配置的 int 陣列元素數量：";
    cin >> num;
    ptr = new int[num];

    cout << "請問要檢視字串中的第幾個字元：";
    cin >> num;
    cout << s.at(num);
```

```
  }
  catch (...) {                    // 可補捉所有例外的 catch 區塊
    cerr << "\n...很抱歉，發生程式無法處理的問題，程式必須結束執行...";

  }

  delete [] ptr;
  cout << "\n程式結束！\n";
}
```

執行結果

```
請輸入要配置的 int 陣列元素數量：100
請問要檢視字串中的第幾個字元：18

...很抱歉，發生程式無法處理的問題，程式必須結束執行...
程式結束！
```

catch(...) 的語法也可與其它的 catch 區塊同時使用, 也就是用以處理其它 catch 區塊所未補捉的敘述。但要注意使用此方法時, 要將 catch (...) 放在所有 catch 區塊的最後面, 例如：

```
try {
  ...
}
catch (bad_alloc e) { // 用以處理記憶體配置失敗的例外
  ...
}
catch (...) {      // 用以處理 bad_alloc 以外的所有例外
  ...                  // 這一項要放在最後面
}
```

由於在發生例外時, 系統尋找有無符合的 catch 區塊時是依序由上向下尋找, 所以若將 catch (...) 放在前面緊接在 try 區塊之後, 則變成只要有例外發生, 就會執行到這個 catch 區塊, 其它的 catch 區塊將永遠無法發生作用。

補捉父類別類型的例外

例外處理機制在尋找符合的 catch 區塊時，除了會尋找完全一致的例外型別，如果 catch 補捉的是該型別以 public 繼承的父類別時，也會將之視爲符合者，並將執行流程轉向該處。舉例來說，bad_alloc 和 out_of_range 都是 exception 這個類別的衍生類別，所以只要有一個補捉 exception 類別的 catch 敘述，則 try 區塊中發生 bad_alloc 、 out_of_range 或其它屬於 exception 衍生類別的例外物件時，程式都會跳到該 catch 區塊進行處理。

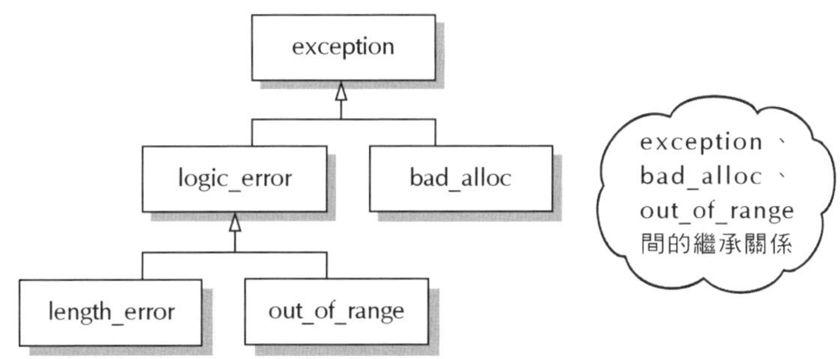

要補捉 exception 類別的例外物件，程式需含括 <exception>。像前述的範例，若要用單一個 catch 來處理，也可寫成：

程式 Ch15-06.cpp 補捉 exception 類別的例外

```
#include<iostream>
#include<string>
#include<exception>          // 使用 exception 類別需含括此檔
using namespace std;

int main()
{
  int* ptr;
  string s = "Exception";       // 測試用的字串物件
  long num;

```

```
12   try {
13     cout << "請輸入要配置的 int 陣列元素數量：";
14     cin >> num;
15     ptr = new int[num];
16
17     cout << "請問要檢視字串中的第幾個字元：";
18     cin >> num;
19     cout << s.at(num);
20   }
21   catch (exception e) { // 補捉 exception 類別及其衍生類別的例外
22      cerr << "\n...很抱歉，發生無法處理的問題：" << e.what()
23           << "，程式必須結束...";
24   }
25
26   delete [] ptr;
27   cout << "\n程式結束！\n";
28 }
```

執行結果

```
請輸入要配置的 int 陣列元素數量：1234567890

...很抱歉，發生無法處理的問題：bad allocation，程式必須結束...
程式結束！
```

第 21 行直接補捉 exception 類別的例外, 所以 try 區塊中不管是發生 bad_alloc 或 out_of_range 例外, 都會進入此區塊繼續執行。

利用 try/catch 的例外處理機制, 雖可解決程式產生例外時外中止執行的問題, 但也要付出一點代價：放在 try 區塊中的程式碼, 其執行效率會比不放在 try 區塊中還差。因此在執行效率重於一切的場合, 可能要避免使用 try/catch 的例外處理機制。

限於篇幅, 本章不擬介紹所有 C++ 標準中的 exception 衍生類別, 有興趣者請自行參考 C++ 說明文件。

15-2 抛出例外

例外的功能之一，就是讓設計函式庫、類別庫的開發人員，在遇到程式無法解決的執行時期錯誤或問題，抛出給使用函式庫的程式，讓呼叫者決定要如何處理這個問題。例如前面使用 string 類別 at() 成員函式存取字元的例子，當我們指定的參數索引超出字串範圍時，當初設計 at() 函式的人無法預知是什麼原因而導致這樣的錯誤，所以藉由抛出 out_of_range 例外的方式來『通知』我們的程式，而程式只要補捉該例外，即可對該錯誤狀況進行處理，甚至在修正問題後再重複呼叫相同函式。

但如果我們正在開發的是函式庫中的函式、程式中的某個模組，也會面臨如上的情況：呼叫者傳進來的參數會導致程式產生錯誤，但我們不知該如何妥善處理時，即可抛出例外給呼叫者處理。

15-2-1 使用 throw 敘述抛出例外

要抛出例外需使用 throw 敘述，其語法相當簡單，只要在 throw 後面接上要抛出的例外物件即可，例外物件可以是內建資料型別的資料，例如：

```
throw 3;            // 將整數 3 當成例外物件抛出
```

當程式執行到 throw 敘述時，就會進入例外處理流程：如果 throw 敘述是在 try 區塊之中，則會尋找 catch 區塊是否有補捉對應類型的例外 (例如要補捉上例抛出的 3，就需補捉 int 型別的例外)；若無對應的 catch 區塊，則是跳到呼叫者的程式，接下來的流程類似：如果呼叫者的敘述是在 catch 區塊中，就尋找有無補捉該例外的 catch 區塊。在任一階段，若程式不是在 try 區塊中，則處理方式就和沒有對應 catch 區塊一樣，直接再到上層的呼叫者尋找有無相關的例外處理程式。

舉例來說，若要撰寫一個計算商與餘數的函式，若發現除數為 0 時，我們要拋出例外給上層的呼叫者程式處理，可設計成如下的形式：

程式 Ch15-07.cpp 使用 throw 敘述拋出例外

```
#include<iostream>
using namespace std;

void divide(int i, int j)  // 除法運算的函式
{
  if (j == 0)          // 若除數為零
    throw j;           // 即拋出例外
  else
    cout << i << '/' << j << " = " << i/j << "..." << i%j;
}

int main()                        // 測試用的主程式
{
  int i,j;
  cout << "本程式會計算除法運算中的商及餘數，"
       << "請依序輸入被除數與除數：";
  cin >> i >> j;

  try {
    divide (i,j);              // 呼叫除法函式
  }
  catch (int) {                // 補捉整數型別的例外
    cerr << "\n...發生除以零的例外...";
  }
}
```

執行結果

```
本程式會計算除法運算中的商及餘數， 請依序輸入被除數與除數：15  0

...發生除以零的例外...
```

（輸入 0 為除數）

在 divide() 這個計算除法運算的函式中，會先檢查除數是否為 0，若為 0 即將除數當做例外拋出。在第 22 行的 catch 敘述，由於程式中不會用到補捉到的例外變數，所以只註明例外的型別，並未加上變數名稱。

C++ 基於效率的考量，並未像 Java 等語言，會在計算除以零時即拋出例外，但若程式做除以零的計算，將造成硬體錯誤，程式仍會立即中止執行。

15-2-2 拋出例外物件

如果我們想以物件的方式拋出例外，可使用 C++ 標準內建的例外類別來產生物件，或是衍生新的例外類別。例如前面提過 C++ 標準提供的例外類別如 bad_alloc、out_of_range 等都是由基礎類別 exception 所衍生的。我們可用 exception 類別或其衍生類別產生例外物件後由程式拋出。

C++ 並未限制程式只能拋出 exception 或其衍生類別的例外物件，任何物件都可當做例外拋出。

例如前一個範例，我們可將其中的 throw 敘述改成拋出一個自行建立的 exception 物件：

程式　Ch15-08.cpp　拋出 exception 類別的例外物件

```
#include<iostream>
#include<exception>
using namespace std;

void divide(int i, int j)  // 除法運算的函式
{
  if (j == 0)          // 若除數為零即拋出例外
     throw exception("\n...發生除以零的例外...");
  else
    cout << i << '/' << j << " = " << i/j << "..." << i%j;
}
```

```
12
13 int main()                    // 測試用的主程式
14 {
15   int i,j;
16    cout << "本程式會計算除法運算中的商及餘數, "
17         << "請依序輸入被除數與除數："; 
18   cin >> i >> j;
19
20   try {
21     divide (i,j);
22   }
23   catch (exception e) {
24     cerr << e.what();
25   }
26 }
```

執行結果

```
本程式會計算除法運算中的商及餘數, 請依序輸入被除數與除數：23  0

...發生除以零的例外...
```

第 8 行先用一段文字訊息建構 exception 物件, 隨即用 throw 敘述拋出該物件。而第 23 行的 catch 也改成補捉 exception 物件, 以補捉 divide( ) 函式所拋出的例外。

15-2-3 重新拋出例外

身爲被呼叫的程式模組, 有時候我們自己的程式碼也會引發例外, 在做過必要的處理後, 也可能需要讓呼叫者知道我們的模組爲什麼不能正常傳回結果的原因, 這時候就可將我們所補捉到的例外, 重新拋出, 讓呼叫者能自行處理。

由於是『重新』抛出例外，意味著這個例外已經發生了且被我們補捉了，所以重新抛出的動作都是在 catch 區塊中進行，其語法很簡單，就是單一個 throw 敘述，後面不用加例外物件：

```
try {
  ...
}
catch (bad_alloc) {
  ...       // 先做自己的善後處理
  throw;    // 將補捉到的 bad_alloc 例外再拋給上層
}
```

15-3 綜合演練

15-3-1 會抛出例外的階乘函式

本書前面曾介紹過計算階乘的函式，但受限於內建資料型別的範圍限制，使用 double 計算階乘時無法計算 170! 以上的階乘值。所以若我們要設計一個供大家使用的階乘計算函式，可在呼叫函式時的參數值超過 170 或為負值時，即抛出例外讓呼叫者處理。

程式 Ch15-09.cpp 抛出例外的階乘函式

```
#include <iostream>
using namespace std;

double fact(int n)      // 遞迴式函式
{
  if(n>170 || n<0)     // 計算的值太大或小於 0
    throw n;           // 將參數當成例外抛出
  else if (n==0)
```

```
    return 1;          // 0! 的值為 1

  double total = 1;
  for (int i=1; i<=n; i++)
    total *= i;
  return total;
}

int main()
{
  int x,y;
  cout << "本程式可計算 C(x,y) 的組合總數\n";

  while (true) {
    cout << "請輸入 x、y 的值 (輸入兩個 0 結束)：";
    cin >> x >> y;
    if(x == 0)
      break;       // 輸入 0 時跳出迴圈、結束程式

    try {
      cout << "C(" << x << ',' << y << ") = "
           << fact(x) / (fact(x-y)*fact(y)) << endl;
    }                      // 『X 取 Y 的組合』之計算公式
    catch (int) {
      cerr << "輸入的數值太大或數值有誤，無法計算\n";
    }
  }
}
```

執行結果

```
本程式可計算 C(x,y) 的組合總數
請輸入 x、y 的值 (輸入兩個 0 結束)：49 6
C(49,6) = 1.39838e+007
請輸入 x、y 的值 (輸入兩個 0 結束)：3 8
輸入的數值太大或數值有誤，無法計算
請輸入 x、y 的值 (輸入兩個 0 結束)：0 0
```

15-3-2 自訂例外的堆疊類別

在第 8 章曾示範過一個簡單的堆疊類別，該類別會在程式在堆疊已滿時還想放入一筆資料、或堆疊沒有內容時卻想取出一筆資料的狀況，輸出一段錯誤訊息。現在我們將它修改爲在上述兩種狀況時，都抛出自訂的例外類別物件，讓使用堆疊類別的程式，可自行決定要如何處理該項錯誤。修改後的堆疊類別定義如下：

程式 Ch15-10.h 會拋出自訂例外類別物件的堆疊類別

```
#include <iostream>
#include <exception>
#define MaxSize 20
using namespace std;

class StackFull : public exception {};    // 自訂的例外類別
class StackEmpty: public exception {};

class Stack {
public:
  Stack() { sp = 0; }    // 建構函式, 將 sp 設為 0 表示堆疊是空的
  void push(int data);   // 宣告存入一個整數的函式
  int pop();             // 宣告取出一個整數的函式
private:
  int sp;                // 用來記錄目前堆疊中已存幾筆資料
  int buffer[MaxSize];   // 代表堆疊的陣列
};

void Stack::push(int data)      // 將一個整數『堆』入堆疊
{
    if(sp == MaxSize)           // 若已達最大值, 則不能再放資料進來
      throw StackFull();        // 拋出自訂的 StackFull 例外
    else
      buffer[sp++] = data;      // 將資料存入 sp 所指元素, 並將 sp 加 1
}                               // 表示所存的資料多了一筆
```

```
26
27 int Stack::pop()                  // 從堆疊中取出一個整數
28 {
29    if(sp == 0)                    // 若已經到底了, 表示堆疊中應無資料
30      throw StackEmpty();          // 拋出自訂的 StackEmpty 例外
31    return buffer[--sp];           // 傳回 sp 所指的元素, 並將 sp 減 1
32 }                                 // 表示所存的資料少了一筆
```

1. 第 6、7 行分別由 C++ 內建的 exception 類別衍生出自訂的 StackFull、StackEmpty 例外類別。

2. 第 22、30 行則在堆疊已滿仍要存入資料、以及堆疊已空仍要取出資料時, 拋出自訂例外類別的物件。

以下簡例示範使用堆疊類別時補捉例外的情形:

程式 Ch15-10.cpp 使用堆疊類別的程式

```
#include <iostream>
#include "Ch15-10.h"

void main()
{
  Stack st;      // 定義堆疊物件

  try {
    for (int i=0; i<=20; i++)  // 用迴圈放入 21 筆資料
      st.push(i);
  }
  catch (StackFull) {
    cerr << "操作錯誤, 堆疊已滿\n";
  }

```

```
  try {
    for (int i=0; i<=20; i++)  // 用迴圈取出 21 筆資料
      cout << st.pop() << '\t';
  }
  catch (StackEmpty) {
    cerr << "操作錯誤, 堆疊已清空\n";
  }
}
```

執行結果

```
操作錯誤, 堆疊已滿
19	18	17	16	15	14	13	12	11	10
9	8	7	6	5	4	3	2	1	0
操作錯誤, 堆疊已清空
```

學習評量

1. 下列何者不是例外處理敘述？

   a. catch

   b. exception

   c. try

   d. throw

2. 下例敘述何者正確？

   a. 程式可以用 try/catch 敘述處理『編譯時期錯誤』。

   b. 發生『邏輯錯誤』時, 程式將無法編譯成功。

   c. 例外處理所處理的是程式執行時期所發生的錯誤。

   d. 未處理程式可能拋出的例外, 編譯程式會失敗。

3. 以下何者爲合法的例外處理架構？

   a. try { } finally { }

   b. catch () { } throw { }

   c. try { } catch () { }

   d. switch() { } catch() { }

4. 有一 C++ 敘述要做 a/b 的計算, 但整數 b 的值爲 0, 則下列敘述何者正確？

   a. 此敘述會拋出例外。

   b. 此敘述不會拋出例外。

   c. 編譯器會發出警告。

   d. 編譯器不會發出警告。

5. 在程式中呼叫一個可能會拋出例外的函式時，以下處置方式何者適當？

   a. 在 try 區塊中先檢查呼叫函式所用的參數，通過檢查再於 catch 區塊中呼叫該函式。

   b. 在 try 區塊中呼叫該函式，並用 catch 補捉該函式可能拋出的例外物件。

   c. 呼叫該函式時，要將其傳回值 throw 給上層。

   d. 呼叫該函式時，要用 catch 敘述補捉其傳回值。

6. 以下有關例外處理的描述何者正確？

   a. 不論程式如何設計，當例外發生時，程式在輸出例外資訊後，仍將繼續執行。

   b. 在 try 區塊中未發生例外時，程式會跳到 catch(...) 區塊。

   c. 如果程式沒有處理例外，則例外發生時，該程式將會被中止。

   d. 如果程式沒有處理可能引發的例外，則程式將無法編譯成功。

7. 請參考以下的 C++ 例外類別架構。

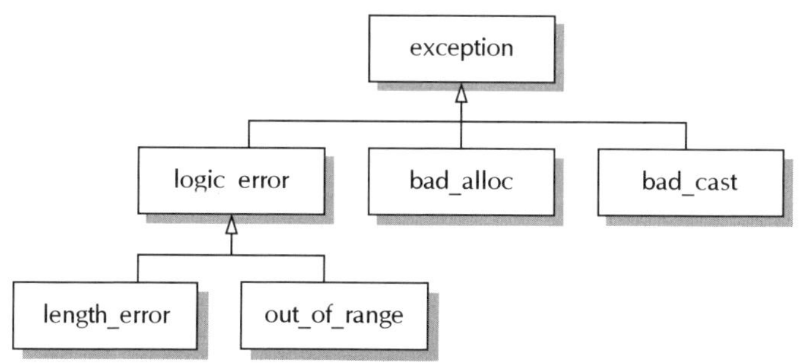

   某程式的 try/catch 段落中補捉了 logic_error 例外物件，則下列何者描述有誤？

a.發生 length_error 例外時會跳到此 catch 區塊。

b.發生 bad_alloc 例外時會跳到此 catch 區塊。

c.發生 out_of_range 例外時不會跳到此 catch 區塊。

d.這段 catch 段落的程式不一定會被執行。

8. 延續上題, 若某程式有如下的 try/catch 區塊：

```
try {
  ...
}
catch (bad_alloc e) {
  cerr << "Memory not enough!";
}
catch (logic_error e) {
  cerr << e.what();
}
catch (exception e) {
  cerr << "What happen?";
}
catch (...) {
  return;
}
```

則下列描述何者正確？

a. try 區塊中發生任何一種例外時, 此段程式都會顯示一段訊息。

b. 發生 bad_cast 例外時, 不會執行上列任一段 catch 段落。

c. 發生 length_error 時, 程式會顯示例外物件的內建訊息。

d. 最後一個 catch 區塊根本不會被執行。

9. C++ 語言在預設的情況下, 以下何種動作會導致程式拋出例外？

   a. 系統的記憶體不足以滿足 new 配置的記憶體的需求時。

   b. 程式執行除以零的計算時。

   c. 存取陣列超出元素索引範圍時。

   d. 指定超過 32767 的數值給 short 型別的變數時。

10. 請指出下列程式片段的問題。

```
try {
  ...
}
catch (exception e) {
  ...
}
catch (bad_alloc e) {
  ...
}
```

程式練習

1. 請練習設計一個簡單的程式以字元陣列 (指標) 及索引爲參數, 函式會傳回從該索引 (含) 開始的 5 個字元。函式在以下 2 種狀況會拋出例外：

   - 指定的參數索引超出字串範圍時。
   - 指定的參數索引到字串結尾的字數, 不足 5 個字元時。

2. 呈上題, 設計一個函式可將字元陣列中的字母由小寫全部變成大寫, 但當陣列中含有英文字母以外的字元時, 函式即拋出例外。

3. 『雞兔同籠』的問題是在已知雞兔的總頭數及總腳數的情況下, 計算雞兔各有幾隻。請設計一個程式可讓使用者輸入雞兔的總頭數及總腳數, 程式即算出雞兔各有多少隻。但程式中要用例外處理的方式, 處理使用者輸入數值不合理的情況 (例如會算出雞兔的隻數非整數的情況)。

4. 試寫一程式, 模擬銀行存款帳戶, 當存戶領取的金額超出帳戶餘額時, 即引發例外。

5. 呈上題, 擴充程式, 加入轉帳功能, 轉帳額超過 10 萬元時也會引發例外。

樣版：Template

學習目標

- 認識泛型 (Generic) 程式設計
- 使用樣版定義泛型函式
- 使用樣版定義泛型類別
- 善用 C++ 標準函式庫

在撰寫程式的過程中，常常會遇到需要將相同的邏輯應用在不同型別資料上，因而重複撰寫多段類似程式的狀況。在這一章中，就要告訴您如何將這些相似的程式片段抽取出來，只要撰寫一次，就能夠應用在不同型別的資料上。

16-1 泛型程式設計

隨著您所撰寫的程式越來越多，可能在撰寫程式的過程中會遇到有一種『似曾相識』的感覺，發現剛剛寫的一段程式或是函式好像以前寫過了，舉個例子來說，如果您想要從一個 int 陣列中找出最小值的位置，可能就會撰寫出以下的程式：

程式 Ch16-01.cpp 在陣列中找尋最小值

```
#include <iostream>
using namespace std;

// 函式宣告
int min(int data[],int size);

int main()
{
  int all[] = {20,17,39,18,22,46}; // 測試資料
  int minOfAll = min(all,sizeof(all) / sizeof(int));

  cout << "all[] 中最小的元素是 all[" << minOfAll
       << "]" << endl;
}

// 找出陣列中的最小值所在的位置
int min(int data[],int size)
{
  int index = 0; // 紀錄最小值的位置
```

```
  for(int i = 1;i < size;i++) {
    if(data[i] < data[index])
      index = i;
  }

  return index;
}
```

執行結果

```
all[] 中最小的元素是 all[1]
```

這個程式很簡單, min() 函式只是一一檢視陣列中的元素, 紀錄下目前最小元素的索引值, 並在最後傳回而已。如果程式同時也需要對一個 double 型別的陣列搜尋最小值, 會發生什麼事情呢？由於 min() 函式所能接受的是 int 型別的陣列, 不能傳入 double 型別的陣列, 所以雖然要執行的工作是一樣的, 但卻無法利用同一個函式來完成。

要解決這個問題, 您可能會想到函式多載, 那麼就可能會寫出以下這樣的程式：

程式 Ch16-02.cpp 利用函式多載解決不同型別資料的問題

```
#include <iostream>
using namespace std;

// 函式宣告
int min(int data[],int size);
int min(double data[],int size);

int main()
{
```

```
  int all[] = {20,17,39,18,22,46}; // 測試資料
  double another[] = {7.65,3.4,2.11,1.5,4.33}; // 測試資料

  int minOfAll = min(all,sizeof(all) / sizeof(int));
  cout << "all[] 中最小的元素是 all[" << minOfAll
       << "]" << endl;
  minOfAll = min(another,sizeof(another) / sizeof(double));
  cout << "another[] 中最小的元素是 another[" << minOfAll
       << "]" << endl;
}

// 找出 int 型別陣列中的最小值所在的位置
int min(int data[],int size)
{
  int index = 0; // 紀錄最小值的位置

  for(int i = 1;i < size;i++) {
    if(data[i] < data[index])
      index = i;
  }

  return index;
}

// 找出 double 型別陣列中的最小值所在的位置
int min(double data[],int size)
{
  int index = 0; // 紀錄最小值的位置

  for(int i = 1;i < size;i++) {
    if(data[i] < data[index])
      index = i;
  }

  return index;
}
```

執行結果

```
all[] 中最小的元素是 all[1]
another[] 中最小的元素是 another[3]
```

您可以發現到, 多載版本的 min() 函式和原本用來處理 int 陣列的 min() 函式幾乎一模一樣, 唯一的差別就是函式所傳入的第一個參數資料型別不一樣, 但整個函式的邏輯是完全一樣的。這樣的作法有以下的缺點：

1. 因為有處理不同資料型別的相同函式, 所以程式變長了, 想想看如果我們還要處理其他種類的資料, 是不是又要再多寫更多相同的函式？

2. 這兩個多載函式的內容是一樣的, 如果處理的流程有所更改, 就必須同時修改這兩個函式, 更糟的是, 如果萬一不小心, 在不同的函式中修改的不一致, 就可能會出現錯誤, 而且很難發現。

綜合上述, 可以知道我們所需要的是一種能夠把相同的程式抽取出來, 但又可以用來處理不同型別資料的機制, 像這樣的程式設計方式, 稱為『泛型程式設計』(generic programming), 指其可以泛用於不同資料型別之意。在 C++ 中, 就透過了所謂的『**樣版**』(Template) 來提供泛型程式設計的功能。在下一節開始, 我們就來看看如何透過樣版, 輕鬆解決剛剛的問題。

16-2 函式樣版

簡單的來說, 樣版就是讓您在定義函式或是類別時, 可以先不指定某些參數、變數或是資料成員的型別, 而等到眞正要用到該函式或是類別時, 才告訴編譯器眞正的型別, 然後由編譯器依據您提供的型別, 以樣版為基礎產生眞正的函式或是類別的定義。

16-2-1 定義函式樣版

接著我們就來看看, 如何使用樣版重新撰寫上一節的 min() 函式, 而且不會有多載函式的缺點。定義函式樣版的語法如下：

```
template<樣版參數>
傳回值  函式名稱(函式參數)
{
   函式本體
}
```

1. 關鍵字 template 表示接下來要定義的是函式樣版, 而不是一般函式。
2. 每一個樣版可以定義有多個樣版參數, 透過這些樣版參數, 就可以更改函式中函式參數與傳回值等任何變數的資料型別。
3. 樣版中函式的定義就和一般函式無異, 唯一的差別就是可以在函式的定義中使用樣版參數來指定可變動的資料型別。

以下我們就利用了上述的語法定義 min() 函式樣板：

程式 Ch16-03.cpp 使用樣版製作泛型程式

```
#include <iostream>
using namespace std;

// 函式樣版
 // 找出陣列中的最小值所在的位置
template<class T>
int min(T data[],int size)
{
  int index = 0; // 紀錄最小值的位置

  for(int i = 1;i < size;i++) {
```

```
12      if(data[i] < data[index])
13        index = i;
14    }
15
16    return index;
17  }
```

1. 首先在第 6 行使用 template 關鍵字表示接著要定義一個函式樣板。

2. template 關鍵字之後的一對角括號包含的就是『樣版參數』, 此例中只有一個名稱為 T 的樣板參數, T 之前的關鍵字 class 的意思就是說 T 是代表某種類別或是資料型別, 但在定義函式樣版時尚未確定, 必須在實際使用此函式時才會指定。您可以為樣板參數自由命名, 就像是函式參數一樣。

3. 第 7 ~ 17 行就是此樣版所定義的函式, 注意到第 7 行函式的第一個參數就使用了前述的樣版參數來定義, T data[] 的意思就是這個參數會是一個陣列, 但陣列中元素的資料型別此時還不知道, 會在實際使用此函式時依據樣版參數所代表的資料型別而定。

4. 其他部份都和上一節所看到的兩個 min() 函式相同。

透過這樣的方式, 我們就可以定義一個所要處理的資料型別尚未確定, 但處理流程已經具體呈現的函式, 接著我們就來看看如何使用這個函式樣版。

16-2-2 使用函式樣版

函式樣版的用法就和一般函式類似, 唯一的差別就是要在呼叫函式時指定樣版參數。以下就是分別使用上述函式樣版來為 int 以及 double 型別的陣列找出最小元素位置的範例：

程式 Ch16-03.cpp 使用函式樣版 (續前頁)

```
19 int main()
20 {
21   int all[] = {20,17,39,18,22,46}; // 測試資料
22   double another[] = {7.65,3.4,2.11,1.5,4.33}; // 測試資料
23 
24   int minOfAll = min<int>(all,sizeof(all) / sizeof(int));
25   cout << "all[] 中最小的元素是 all[" << minOfAll
26        << "]" << endl;
27 
28   minOfAll = min<double>(another,
29     sizeof(another) / sizeof(double));
30   cout << "another[] 中最小的元素是 another[" << minOfAll
31        << "]" << endl;
32 }
```

第 24 行與第 28 行就呼叫了剛剛所定義的函式樣版, 與呼叫一般函式不同的是, 在函式名稱之後必須以一對角括號指定樣版參數, 這裡分別傳入的就是所要處理的陣列的資料型別, 因此第 24 行傳入 int 、而第 28 行傳入的是 double。程式的執行結果就和上一節的 Ch16-02.cpp 一樣。

當編譯器看到第 24 行以 min<int> 呼叫函式樣版時, 編譯器就會以 int 取代函式樣版中的樣版參數 T , 產生一份 min(int[ ],int) 函式的定義, 然後將第 24 行的呼叫動作改成呼叫此新產生的函式。相同的道理, 編譯器也會為第 28 行的呼叫動作產生另外一份 min(double[ ],int) 函式的定義, 實際編譯的結果就和上一節的 Ch16-02.cpp 一模一樣, 但卻有以下的好處：

1. 不同型別參數的多載函式是由編譯器幫我們產生, 而不需要我們自己動手撰寫, 不但省事, 也避免了人工手誤所可能導致的問題。
2. 撰寫函式時可以專注於程式的邏輯, 而由編譯器幫我們處理資料型別差異的問題。

您可以看到，如果陣列中放置的是我們自己定義的類別的物件，而且該類別定義有多載的 **<** 運算子的話，也一樣可以運用這個函式樣版，來找出陣列中最小元素的位置，眞正可以達到泛用的目的。

16-2-3 將函式樣版單獨儲存

爲了讓其他的程式也都可以使用定義好的函式樣版，您也可以將函式樣版放在單獨的檔案中，並在需要使用時含括進來。舉例來說，我們可以將剛剛定義的函式樣版 min() 單獨抽取出來：

程式　Ch16-04.h 單獨存檔的 min() 函式樣版

```
// 函式樣版
// 找出陣列中的最小值所在的位置
template<class T>
int min(T data[],int size)
{
  int index = 0; // 紀錄最小值的位置

  for(int i = 1;i < size;i++) {
    if(data[i] < data[index])
      index = i;
  }

  return index;
}
```

要使用時，只要含括包含函式樣版定義的檔案即可：

程式　Ch16-04.cpp 使用含括檔中的函式樣版

```
#include <iostream>
#include "Ch16-04.h"
using namespace std;
```

```
int main()
{
  int all[] = {20,17,39,18,22,46}; // 測試資料
  double another[] = {7.65,3.4,2.11,1.5,4.33}; // 測試資料

  int minOfAll = min<int>(all,sizeof(all) / sizeof(int));
  cout << "all[] 中最小的元素是 all[" << minOfAll
       << "]" << endl;

  minOfAll = min<double>(another,
    sizeof(another) / sizeof(double));
  cout << "another[] 中最小的元素是 another[" << minOfAll
       << "]" << endl;
}
```

這樣一來，所有的程式就都可以共用定義好的函式樣版了。

16-3 樣版參數

在上一節中，我們已經看到了樣版的威力，事實上，只要善用樣版參數，樣版的使用可以更加便利。

16-3-1 依據參數自動套用樣版

如果您是個對於程式碼外觀非常在意的程式設計人員，可能會覺得在使用函式樣版時，必須以角括號傳入樣版參數的方式破壞了程式碼的一致性。事實上，只要您在使用函式樣版時傳入適當的函式參數，編譯器便可以依據函式參數的型別，自動幫您決定正確的樣版參數。舉例來說，我們就可以透過以下的方式，省略樣版參數來使用 min() 函式樣版：

程式 Ch16-05.cpp 讓編譯器幫我們決定樣版參數

```
01 #include <iostream>
02 #include "Ch16-04.h"
03 using namespace std;
04
05 int main()
06 {
07   int all[] = {20,17,39,18,22,46}; // 測試資料
08   double another[] = {7.65,3.4,2.11,1.5,4.33}; // 測試資料
09
10   int minOfAll = min(all,sizeof(all) / sizeof(int));
11   cout << "all[] 中最小的元素是 all[" << minOfAll
12        << "]" << endl;
13
14   minOfAll = min(another,sizeof(another) / sizeof(double));
15   cout << "another[] 中最小的元素是 another[" << minOfAll
16        << "]" << endl;
17 }
```

您可以看到, 在第 10 以及第 14 行中, 我們都沒有傳入樣版參數, 便呼叫了函式樣版 min()。此時, 編譯器會依據第一個參數的型別, 決定樣版參數 T 的值。以第 10 行爲例, 由於 all 陣列的型別是 int[], 所以樣版參數 T 的值就是 int；同樣的道理, 在第 14 行中, 由於 another 的型別是 double[], 所以樣版參數 T 的值就是 double。

16-3-2 非型別的樣版參數

樣版參數不僅可用來指定型別, 也可以傳入常數值, 這種樣版參數我們稱之爲『非型別的樣版參數』(Nontype Template Parameter)。以我們之前所定義的函式樣版 min() 爲例, 在呼叫時必須傳入兩個參數, 一個是儲存資料的陣列, 另一個是陣列的大小, 但是因爲這兩個參數是分開的, 因此編譯器並不會幫我們檢查傳入的陣列大小是否眞的與第 2 個參數相符。爲了解決這個問題, 我們可以將 min() 函式樣版重新定義如下：

程式 Ch16-06.h 使用非型別樣版參數

```
01 // 函式樣版
02 // 找出陣列中的最小值所在的位置
03 template<class T,int size> // 新增非型別的樣版參數
04 int min(T (&data)[size])
05 {
06   int index = 0; // 紀錄最小值的位置
07 
08   for(int i = 1;i < size;i++) {
09     if(data[i] < data[index])
10       index = i;
11   }
12 
13   return index;
14 }
```

1. 我們在第 3 行中新增了一個非型別的樣版參數 size, 這個參數並不是用來指定型別, 而是用來指定陣列的大小。

2. 在第 4 行中, 我們就使用新增的樣版參數 size 來定義陣列的大小, 並且將參數改成傳遞參考, 以便讓編譯器能夠檢查陣列大小是否相符。

在使用新修改的函式樣版時, 就必須傳入兩個樣版參數, 第一個參數是陣列的型別, 而第二個是陣列的大小：

程式 Ch16-06.cpp 使用含有非型別樣版參數的函式樣版

```
#include <iostream>
#include "Ch16-06.h"
using namespace std;

int main()
{
  int all[] = {20,17,39,18,22,46}; // 測試資料
```

```
08
09     // 使用非型別的樣版參數
10     int minOfAll = min<int,6>(all);
11
12     // 編譯器會檢查陣列大小錯誤
13     // minOfAll = min<int,8>(all);
14
15     cout << "all[] 中最小的元素是 all[" << minOfAll
16          << "]" << endl;
17 }
```

在第 10 行中, 就傳入了 int 給樣版參數 T , 表示陣列是 int 型別, 並且傳入 6 給樣版參數 size , 指定陣列的大小必須是 6 。如此一來, 編譯器就會先產生以下的函式：

```
int min(int (&data)[6]) {...}
```

然後以 all 為參數呼叫這個函式, 這時編譯器就會檢查 all 是否為一個有 6 個元素的 int 陣列。如果您將第 13 行的註解取消, 編譯時就會發生錯誤：

```
Ch16-06.cpp
Ch16-06.cpp(13) : error C2664: 'min' : cannot convert parameter 1
from 'int [6]' to 'int (&)[8]'
```

這是因為第 13 行傳入 int 以及 8 給樣版時, 產生的函式如下：

```
int min(int (&data)[8]) {...}
```

但呼叫時傳入的陣列 all 卻是 int[6], 型別並不相符, 所以無法正確編譯。

要特別注意的是, 此種作法會為不同大小的陣列都產生一份多載的 min() 函式, 耗費額外的程式碼空間。

在使用樣版時,必須傳入常數值或是在編譯時期就可以計算出結果的運算式給非型別的樣版參數,而不能傳入在執行時期才能決定的變數或是運算式。而且非型別的樣版參數在編譯時就會被傳入的常數值取代,因此您也不能將非型別樣版參數當成變數使用,例如在 min() 函式本體中若有 size++ 之類的敘述,編譯時就會發生錯誤

16-4 類別樣版

樣版不但能夠套用在函式上，也能夠套用在類別上，讓類別可以運用在不同的資料型別上。舉例來說，在第 8 章我們曾經介紹過一個簡單的堆疊類別，可以用來處理整數的資料，我們也一樣可以透過樣版機制，讓這個堆疊能夠用在其他型別的資料上。

16-4-1 定義類別樣版

定義類別樣版也和定義函式樣版相似，都使用 template 關鍵字，並且可以指定樣版參數，然後在類別中使用樣版參數來指定成員、成員函式的參數、或是成員函式傳回值的資料型別。以下就是使用樣版定義的 Stack 類別：

程式 Ch16-07.h 運用樣版機制的 Stack 類別

```
using namespace std;

template<class T,int MaxSize = 20>
class Stack {
public:
   void init() { sp = 0; }   //  初始化的成員函式
   void push(T data);        //  宣告存入一個整數的函式
   T pop();                  //  宣告取出一個整數的函式
private:
   int sp;               // 用來記錄目前堆疊中已存幾筆資料
   T buffer[MaxSize];  // 代表堆疊的陣列
   static void Error() { cout << "\nStack Error\n"; }
```

```
13 };
14
15 template<class T,int MaxSize>
16 void Stack<T,MaxSize>::push(T data)   // 將一個整數『堆』入堆疊
17 {
18    if(sp == MaxSize)         // 若已達最大值, 則不能再放資料進來
19      Error();
20    else
21      buffer[sp++] = data; // 將資料存入 sp 所指元素, 並將 sp 加 1
22 }                          // 表示所存的資料多了一筆
23
24 template<class T,int MaxSize>
25 T Stack<T,MaxSize>::pop()                // 從堆疊中取出一個整數
26 {
27    if(sp == 0) {            // 若已經到底了表示堆疊中應無資料
28      Error();
29      return 0;
30    }
31    return buffer[--sp];    // 傳回 sp 所指的元素, 並將 sp 減 1
32 }                          // 表示所存的資料少了一筆
```

1. 第 3 ~ 13 行就是新的 Stack 類別定義, 一樣使用 template 關鍵字定義類別樣版。

2. 在這個樣版中, 我們定義了兩個樣版參數, 第一個是用來指定堆疊中所存放資料型別的樣版參數 T , 第二個則是用來指定堆疊大小的 MaxSize 非型別樣版參數。

3. 注意到非型別樣版參數可以指定預設值, 指定的方式就和一般函式中參數的預設值一樣。在此例中, MaxSize 樣版參數的預設值是 20 , 如此一來, 在使用樣版時, 就可以省略此參數。

4. 接下來在 7 ~ 12 行樣版的定義中, 就使用了兩個樣版參數來定義資料成員與宣告成員函式。

5. 第 15 ~ 22 行是成員函式 push() 的函式定義, 注意到類別樣版的成員函式也必須定義爲函式樣版, 且樣版參數必須與類別樣版中的參數個數、型別相符, 如第 15 行所示, 否則編譯時會發生錯誤。第 16 行中指定成員函式所屬的類別時, 也必須加上樣版參數, 這樣才能對應到第 3 行所定義的類別樣版。

6. 第 24 ~ 32 行是成員函式 pop() 的函式定義, 定義方法就和 push() 一樣。

這樣一來, 我們就擁有了一個可以運用在多種型別資料上的堆疊了。

16-4-2 使用類別樣版

類別樣版的定義看起來雖然複雜, 但使用類別樣版就簡單多了, 和使用函式樣版非常類似, 只要指定樣版名稱與樣版參數, 編譯器就會自動產生新的類別定義, 並以此類別定義來產生物件, 例如以下的程式就使用了剛剛定義的 Stack 類別樣版：

程式 Ch16-07.cpp 使用類別樣版建立不同型別資料的堆疊

```
#include <iostream>
#include "Ch16-07.h"

int main()
{
    Stack<int> st1;  // 定義一個整數堆疊
    Stack<char,10> st2; // 定義一個字元堆疊
   st1.init();
   st2.init();

     // 將資料存入第一個堆疊中
   st1.push(1); st1.push(2); st1.push(3);

     // 將資料存入第二個堆疊中
```

```
15   st2.push('a'); st2.push('b'); st2.push('c');
16
17   cout << st1.pop();
18   cout << st2.pop();
19   cout << st1.pop();
20   cout << st2.pop();
21   cout << st1.pop();
22   cout << st2.pop();    st2.pop(); // 故意多 pop 一次
23 }
```

執行結果

```
3c2b1a
Stack Error
```

1. 第 2 行先含括包含 Stack 類別樣版的檔案, 以定義 Stack 類別樣版。

2. 第 6 行就使用了 Stack 類別樣版建立一個可以處理 int 資料的堆疊。注意到這裡省略了 MaxSize 參數, 因此會採用預設值 20 , 建立一個可以存放 20 個整數的堆疊。

3. 第 7 行一樣使用 Stack 類別樣版建立一個可以處理 char 資料的堆疊, 但同時指定了 MaxSize 樣版參數的值爲 10 , 因此會建立一個可以存放 10 個字元的堆疊。

4. 第 17 ~ 22 行就使用剛剛產生的堆疊處理資料, 就和使用一般的類別一樣。

您看, 有了樣版機制後, 只要撰寫一次類別樣版, 就可以套用在不同型別的資料上, 不但不需要自己處理不同的資料型別, 也不需擔心後續維護上的問題, 可以讓程式的撰寫輕鬆不少。

16-5 特製樣版

樣版最大的好處就是可以將同樣的程式邏輯套用在不同的資料型別上，但是有些時候，您可能會發現某一種資料型別是例外的狀況，無法套用同樣的程式邏輯，如果不加以處理，就可能在往後撰寫程式時，將樣版套用到該種型別上，產生錯誤。

16-5-1 樣版可能的問題

舉例來說，在我們所定義的 min() 函式樣版中，會使用 < 運算子來比較陣列中的資料，雖然這對於幾乎所有的內建型別都適用，但對於代表字串的 char* 來說，如果使用 < 運算子，比較的是字串的位址，而不是字串的內容。如果沒有注意到這一點，就可能會寫出錯誤的程式而不自知。請看以下的例子：

程式 Ch16-08.cpp 套用樣版到不適當的資料型別

```
#include <iostream>
#include "Ch16-08.h"
using namespace std;

int main( )
{
  char* all[] = { // 測試資料
    "zebra",
    "dog",
    "cat",
    "frog",
  };

   // 套用到字串陣列上
  int minOfAll = min<char*>(all,4);

  cout << "all[] 中最小的元素是 all[" << minOfAll
       << "]" << endl;
}
```

執行結果

```
all[] 中最小的元素是 all[0]
```

你可以看到, 第 15 行我們將 min() 函式樣版套用到字串陣列上, 結果程式判斷最小的元素是 all[0], 也就是 "zebra" , 而不是依據字串順序的 "cat" , 這就是因為 min() 中 < 運算子比較的是字串的位址, 而不是字串的內容。

16-5-2 定義特製的函式樣版

要解決上述的問題, 可以為 char* 定義特製 (Specilization) 的 min() 函式樣版。所謂的『特製樣版』, 就是指針對特定的樣版參數值, 撰寫專屬的樣版內容, 以便在將樣版套用在該樣版參數值時, 採用此特製的內容, 而不是原先的樣版內容。舉例來說, 我們就可以為 char* 型別撰寫專屬的 min() 函式樣版：

程式 Ch16-09.h 特製函式樣版

```
#include <cstring>

// 樣版函式
 // 找出陣列中的最小值所在的位置
template<class T>
int min(T data[],int size)
{
  int index = 0; // 紀錄最小值的位置
  for(int i = 1;i < size;i++) {
    if(data[i] < data[index])
      index = i;
  }

  return index;
}

```

```
17 // 爲 char* 特製的 min() 函式樣版
18 template<>
19 int min<char*>(char* data[],int size)
20 {
21   int index = 0;
22   for(int i = 1;i < size;i++) {
23     // 改採用 strcmp 函式比較字串內容
24     if(strcmp(data[i],data[index]) < 0)
25       index = i;
26   }
27   return index;
28 }
```

第 17 ~ 28 行就是爲 char* 型別特製的 min() 函式樣版, 這有幾點要注意：

1. 定義特製的函式樣版時, 不能有任何樣版參數。
2. 特製的函式樣版要放在原始的函式樣版之後。
3. 在函式名稱後, 要以角括號標示出特製版本的樣版參數值, 以此例來說, 就是 char* 。這個部份可以省略, 由編譯器依據函式參數以及傳回值的型別自動判斷。
4. 函式樣版中原本使用樣版參數的地方, 都必須明確寫上樣版參數值, 例如第 19 行原本使用樣版參數 T 的地方, 就改成了 char* 。

第 24 行中就使用了 strcmp() 函式來比較字串。加上了這個特製版本的 min() 函式樣版後, 執行結果如下：

執行結果

```
all[] 中最小的元素是 all[2]
```

類別樣版也一樣可以擁有特製的版本, 撰寫方法就和特製的函式樣版類似, 我們就不再舉例。

16-6 綜合演練

到目前爲止，我們已經看到了樣板的用法與用途，由於它的強大威力，所以在 C++ 開始開始流行的初期，便有工程師運用樣版開發出了一整套的程式庫，稱爲 STL (Standard Template Library，標準樣版程式庫)，裡頭涵蓋了一般程式常會用到的各種資料結構與演算法，而且因爲採用了樣版的關係，所以這些資料結構或是演算法都可以泛用在各種型別的資料上，節省了許多撰寫程式的時間與精力。

STL 推出之後，廣受 C++ 程式員的喜愛，最後 STL 便成爲了 C++ 標準程式庫的一份子，只要您使用符合 C++ 標準的編譯器，就可以使用這一組程式庫。在這一節中，我們就要使用 STL 中的樣版，取代前面幾節中範例所展示的功能，讓您了解善用 C++ 標準程式庫所帶來的便利。

16-6-1 使用 <algorithm> 定義的函式樣版

在 C++ 標準程式庫中的 <algorithm> 含括檔中，就定義了許多的演算法，以下我們就示範使用其中的 min_element() 函式樣版來處理整數以及倍精度浮點數的陣列，找出陣列中的最小值：

程式 Ch16-10.cpp 找出陣列的最小值

```
#include <iostream>
#include <algorithm>
using namespace std;

void main(int argc,char* argv[])
{
  int all[] = {20,17,39,18,22,46}; // 測試資料
  double another[] = {7.65,3.4,2.11,1.5,4.33}; // 測試資料

```

```
10   // 使用 min_element()函式樣版處理整數陣列
11   int* minInt = min_element<int*>(&all[0],&all[6]);
12   cout << "all[] 中最小的元素是 " << *minInt << endl;
13
14   // 使用 min_element()函式樣版處理倍精度陣列
15   double* minDouble =
16     min_element<double*>(&another[0],&another[5]);
17   cout << "another[] 中最小的元素是 " << *minDouble << endl;
18 }
```

執行結果

```
all[] 中最小的元素是 17
another[] 中最小的元素是 1.5
```

1. 要使用 min_element() 函式樣版, 首先必須含括 <algorithm>。

2. 對於陣列來說, min_element() 函式樣版必須傳入指到陣列區間的兩個指標爲函式的參數。要注意的是, STL 中是由指向區間的第一個元素位址與區間『之後』的元素位址來指定區間, 因此雖然 all 陣列只有 6 個元素, 但第 11 行傳入的是 all 陣列中第 1 個元素與第 7 個元素的位址, 以便指定整個陣列。

3. min_element() 會傳回指向區間內最小元素的指標, 因此第 11 及 15 行分別以指標變數取得傳回值, 並在第 12 及 17 行取得指標所指元素列印最小值。

呼叫 min_element() 時一樣可以省略樣版參數, 讓編譯器依據傳遞給 min_element() 的參數型別自動判斷樣版參數值, 這樣會讓 min_element() 更像是一般的函式。

<algorithm> 中所定義的函式樣版除了可以用來處理陣列資料以外, 也可以用來處理 STL 中所定義的許多資料結構, 發揮更大的效用。

16-6-2 使用 <stack> 所提供的堆疊

在這一章中我們曾經嘗試撰寫一個可以泛用於多種型別資料的堆疊，其實在 C++ 標準程式庫中就已經定義有一個 stack 類別樣版，以下就是實際的範例：

程式 Ch16-11.cpp 使用stack類別樣版

```
#include <iostream>
#include <stack>
using namespace std;

void main(int argc,char* argv[])
{
    stack<int> st1;  // 定義一個整數堆疊
    stack<char> st2; // 定義一個字元堆疊

     // 將資料存入第一個堆疊中
   st1.push(1); st1.push(2); st1.push(3);

     // 將資料存入第二個堆疊中
   st2.push('a'); st2.push('b'); st2.push('c');

   cout << st1.top();st1.pop();
   cout << st2.top();st2.pop();
   cout << st1.top();st1.pop();
   cout << st2.top();st2.pop();
   cout << st1.top();st1.pop();
   cout << st2.top();st2.pop();
}
```

執行結果

```
3c2b1a
```

1. 第 2 行, 要使用 stack 類別樣版, 首先必須含括 <stack> 。
2. 第 7 、 8 行, 只要指定堆疊中資料的型別作爲樣版參數, 即可使用 stack 類別樣版產生堆疊。
3. stack 類別比較特別的是必須使用 top() 函式取得堆疊頂端的資料, pop() 函式則只會移除堆疊頂端的資料, 而不會傳回該項資料。

學習評量

1. 要定義函式樣版, 必須使用 ________________ 關鍵字。

2. 有關樣版, 以下何者正確？

   a.每個樣版只能有一個樣版參數。

   b.樣版參數不一定要是資料型別。

   c.使用樣版時一定要指定樣版參數。

   d.樣版參數不能用來指定函式的傳回值型別。

3. 要定義代表型別的樣版參數時, 必須使用 ________________ 關鍵字。

4. 定義樣版時, 樣版參數必須放在那一種括號中：
   a.()
   b.[]
   c.<>
   d.{}

5. 請問以下何者錯誤？
   a.樣版的定義必須與樣版的使用放在同一個檔案中。
   b.同一個樣版在不同樣版參數時產生的其實是多載的同名函式。
   c.樣版的定義必須出現在樣版的使用之前。
   d.以上敘述皆錯誤。

6. 請問以下何者正確？
   a.樣版參數只能用來指定資料型別。
   b.樣版參數的名稱必須是 T 。
   c.如果樣版中有非型別樣版參數, 就不能有用來指定型別的樣版參數 。
   d.以上皆非。

7. 有關非型別的樣版參數, 以下何者正確?
   a. 非型別的樣版參數不能指定型別。
   b. 使用樣版時, 非型別的樣版參數必須傳入常數值。
   c. 使用樣版時, 非型別的樣版參數不能使用運算式。
   d. 以上皆非。

8. 有關特製的函式樣版, 以下何者正確?
   a. 定義特製的函式樣版時, 不能有樣版參數。
   b. 特製的函式樣版可以放置在任意位置。
   c. 定義特製的函式樣版時, 一定要在函式名稱後以角括號標示樣版參數值, 不得省略。
   d. 以上皆非。

9. 有關 <algorithm> 中所定義的函式樣版, 以下何者正確?
   a. 這些函式都適用於陣列。
   b. 指定陣列區間時是透過指到陣列中元素的兩個指標。
   c. min_element( )傳回的是陣列中的最小值。
   d. 以上皆正確。

10. 有關 C++ 標準程式庫中的 stack 類別樣版, 以下何者正確?
   a. pop( ) 成員函式會傳回並移除堆疊頂端的資料。
   b. top( ) 成員函式不會移除堆疊頂端的資料。
   c. 不能用來處理字串。
   d. 以上皆正確。

程式練習

1. 請撰寫一個 max() 函式樣版, 可以傳入兩個相同型別的資料, 並傳回其中較大的值。

2. 請撰寫一個氣泡排序法的函式樣版 bubble_sort(), 傳入一個陣列, 並將陣列的內容排序。

3. 請修改本章所撰寫的 min() 函式樣版, 改成傳回陣列中的最小值, 而不是最小值的位置。

4. 請參考編譯器的說明文件, 使用 <algorithm> 中所定義的 max_element() 函式樣版, 找出陣列中的最大值。

5. 請參考編譯器的說明文件, 使用 <algorithm> 中所定義的 find() 函式樣版, 找出陣列中指定的值。

6. 請使用本章介紹過 <stack> 中所定義的 stack 類別樣版, 建立一個可以儲存 char* 字串的堆疊。

7. 請嘗試撰寫和 <algorithm> 中所定義的 min_element() 一樣功能的函式樣版。

8. 請參考本章 Stack 類別樣版, 設計一個泛用於多種型別資料的佇列 (Queue)。

9. 請參考編譯器的說明文件, 使用 <queue> 中所定義的 queue 類別樣版, 重寫上一題的程式。

10. 使用 <algorithm> 中所定義的 random_shuffle() 函式樣版, 設計一個撲克牌洗牌程式。

安裝 Visual C++ 2005 Express Edition

學習目標

- 瞭解 Visual C++ 2005 Express Edition之安裝需求
- 在電腦上安裝 Visual C++ 2005 Express Edition
- 進行線上註冊

A-1 安裝前注意事項

Visual C++ 2005 Express Edition (以下簡稱 VC++ Express), 是微軟所推出在 Windows 平台開發 C++ 應用程式的整合環境。要安裝本軟體的基本硬體需求包括：

硬體項目	需求
中央處理器	Pentium 600MHz 等級 (建議至少 1GHz 等級)
記憶體	192 MB (建議至少 256 MB)
磁碟空間	1.2 GB (包括 .NET Framework 2.0)

所需磁碟空間的部份, 有將近 300MB 的空間是用於安裝 .NET Framework 2.0 這個必備的軟體元件, 不過若您的電腦已安裝微軟 SQL Server 2005 或其它 Visual XXX 2005 開發工具, 則安裝程式將不會再安裝此項元件。另一個影響所需磁碟空間的因素則為選擇安裝的軟體, 使用者可選擇安裝的元件包括：

- VC++ Express：C++ 整合開發環境本身, 需安裝此項元件才能用 VC++ Express 的整合開發環境開發 C++ 程式；否則只能以命令列工具編譯、連結程式。
- MSDN 2005 Express：內含額外的說明文件。
- Microsoft SQL Server 2005 Express Edition：資料庫伺服器簡易版, 如不需開發資料庫程式或系統已安裝 Microsoft SQL Server 2005, 可不安裝此軟體。

在下一節的安裝過程式中可看到選擇這些元件的步驟。

A-2 開始安裝

Visual C++ Express 是免費的開發工具, 您可以連到 http://www.microsoft.com/taiwan/vstudio/express/visualc/download/ 下載安裝程式：

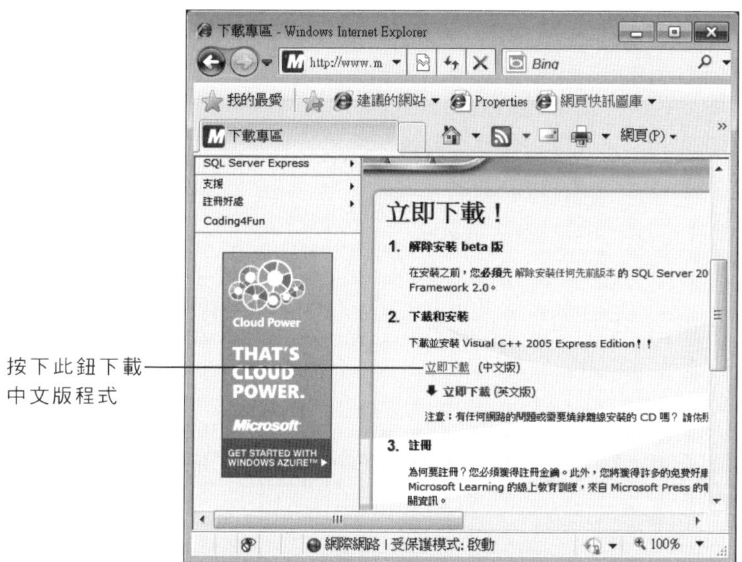

雙按下載到的 vcsetup.exe 後, 依以下步驟進行安裝：

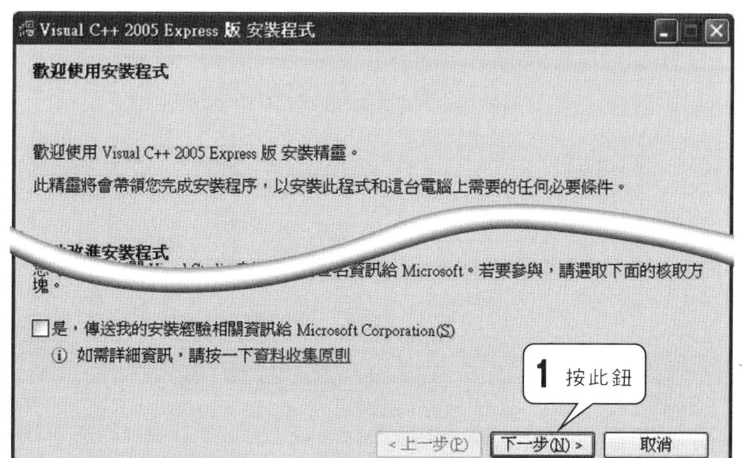

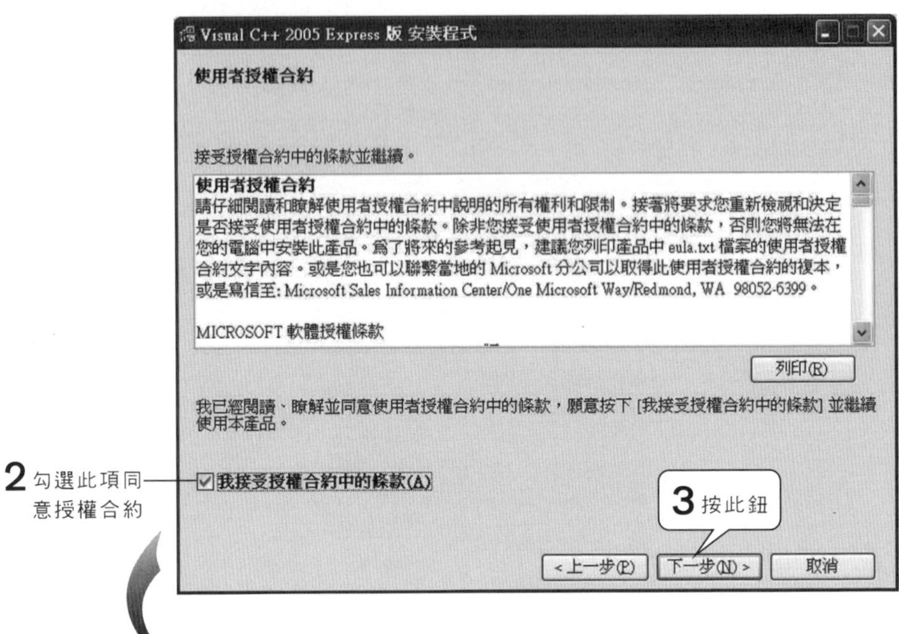
Visual C++ 2005 Express 版 安裝程式
使用者授權合約
接受授權合約中的條款並繼續。
使用者授權合約
請仔細閱讀和瞭解使用者授權合約中說明的所有權利和限制。接著將要求您重新檢視和決定是否接受使用者授權合約中的條款。除非您接受使用者授權合約中的條款，否則您將無法在您的電腦中安裝此產品。爲了將來的參考起見，建議您列印產品中 eula.txt 檔案的使用者授權合約文字內容。或是您也可以聯繫當地的 Microsoft 分公司以取得此使用者授權合約的複本，或是寫信至: Microsoft Sales Information Center/One Microsoft Way/Redmond, WA 98052-6399。
MICROSOFT 軟體授權條款
列印(R)
我已經閱讀、瞭解並同意使用者授權合約中的條款，願意按下 [我接受授權合約中的條款] 並繼續使用本產品。
我接受授權合約中的條款(A)
< 上一步(P)
下一步(N) >
取消
2 勾選此項同意授權合約
3 按此鈕

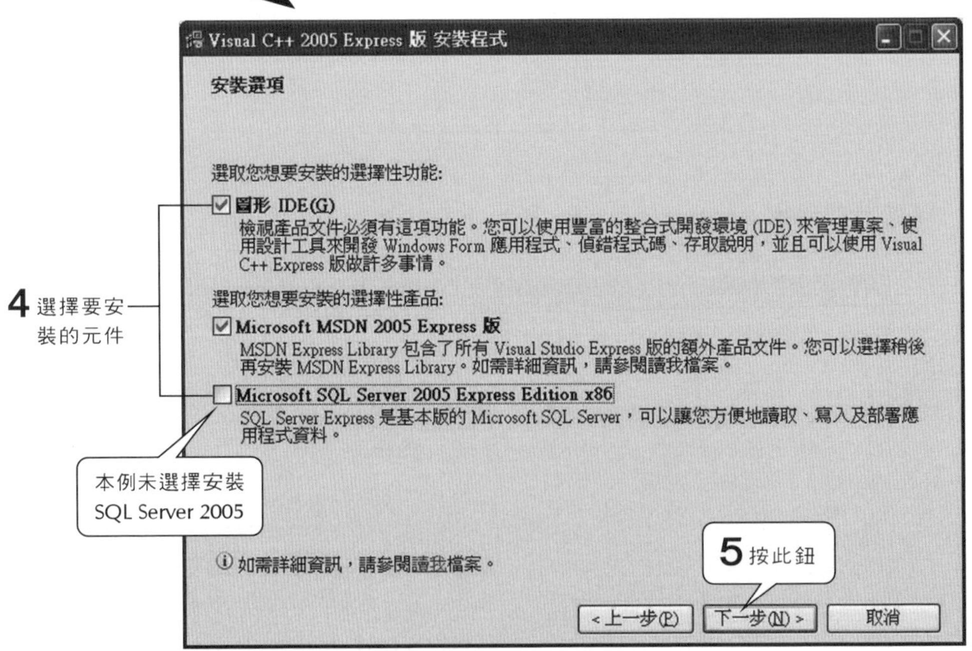
Visual C++ 2005 Express 版 安裝程式
安裝選項
選取您想要安裝的選擇性功能:
圖形 IDE(G)
檢視產品文件必須有這項功能。您可以使用豐富的整合式開發環境 (IDE) 來管理專案、使用設計工具來開發 Windows Form 應用程式、偵錯程式碼、存取說明，並且可以使用 Visual C++ Express 版做許多事情。
選取您想要安裝的選擇性產品:
Microsoft MSDN 2005 Express 版
MSDN Express Library 包含了所有 Visual Studio Express 版的額外產品文件。您可以選擇稍後再安裝 MSDN Express Library。如需詳細資訊，請參閱讀我檔案。
Microsoft SQL Server 2005 Express Edition x86
SQL Server Express 是基本版的 Microsoft SQL Server，可以讓您方便地讀取、寫入及部署應用程式資料。
如需詳細資訊，請參閱讀我檔案。
< 上一步(P)
下一步(N) >
取消
4 選擇要安裝的元件
本例未選擇安裝 SQL Server 2005
5 按此鈕

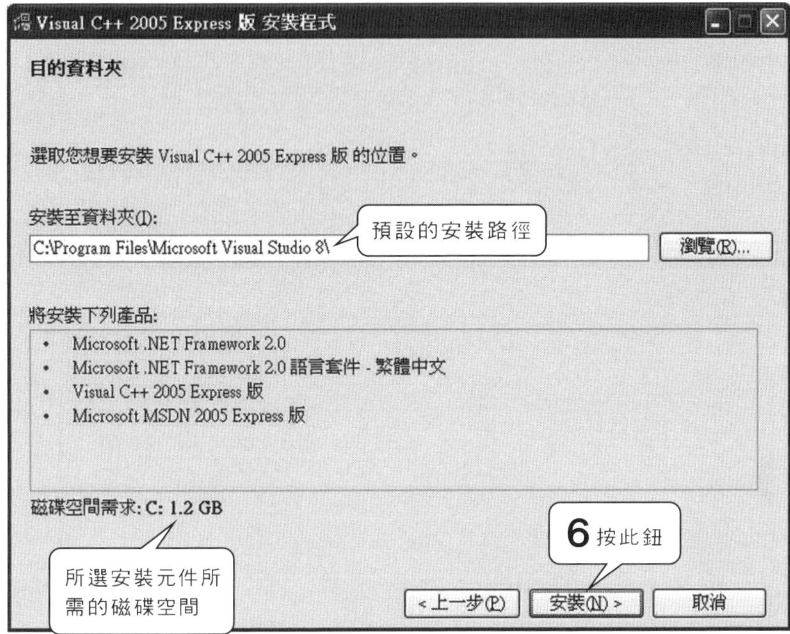
Visual C++ 2005 Express 版 安裝程式
目的資料夾
選取您想要安裝 Visual C++ 2005 Express 版 的位置。
安裝至資料夾(I):
C:\Program Files\Microsoft Visual Studio 8\
預設的安裝路徑
瀏覽(R)...
將安裝下列產品:
Microsoft .NET Framework 2.0
Microsoft .NET Framework 2.0 語言套件 - 繁體中文
Visual C++ 2005 Express 版
Microsoft MSDN 2005 Express 版
磁碟空間需求: C: 1.2 GB
6 按此鈕
所選安裝元件所需的磁碟空間
< 上一步(P)
安裝(N) >
取消

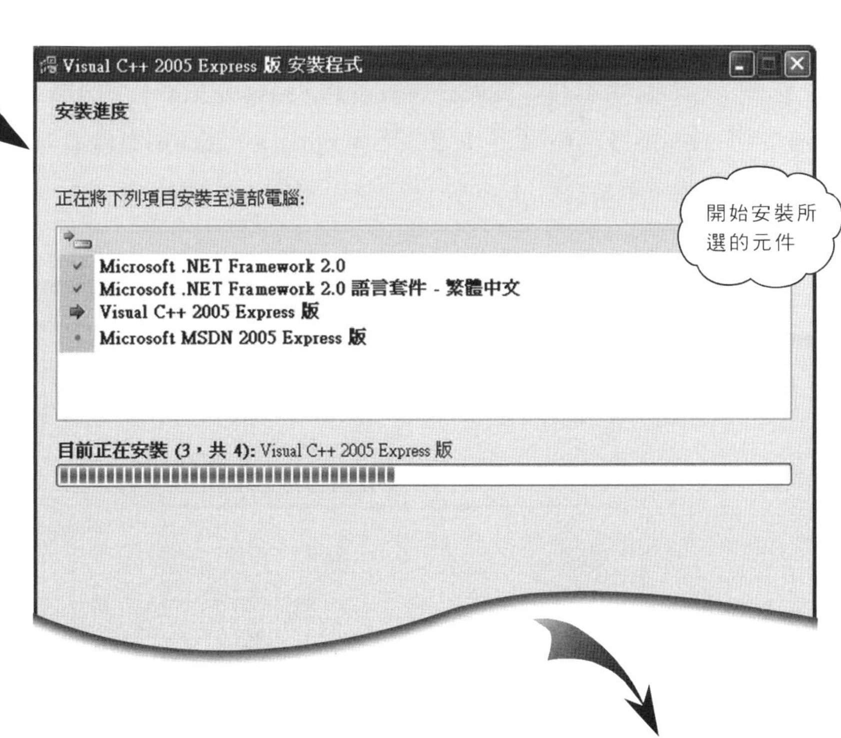
Visual C++ 2005 Express 版 安裝程式
安裝進度
正在將下列項目安裝至這部電腦:
開始安裝所選的元件
Microsoft .NET Framework 2.0
Microsoft .NET Framework 2.0 語言套件 - 繁體中文
Visual C++ 2005 Express 版
Microsoft MSDN 2005 Express 版
目前正在安裝 (3，共 4): Visual C++ 2005 Express 版

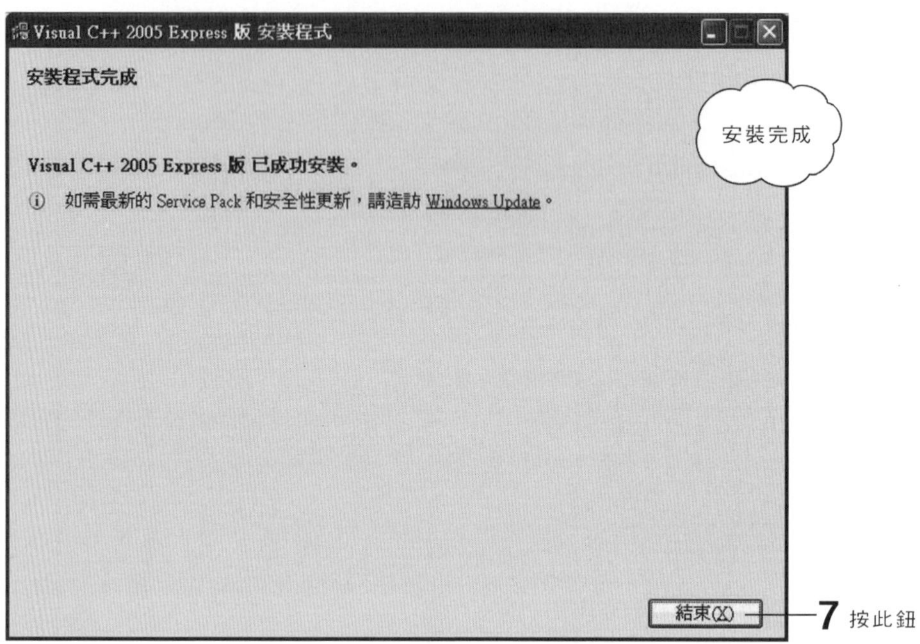

安裝完成後, 可執行『**開始 / 所有程式 /Visual C++ 2005 Express Edition/ Microsoft Visual C++ 2005 Express Edition**』命令啟動 VC++ Express 整合開發環境, 第 1 次執行時會出現如下的畫面：

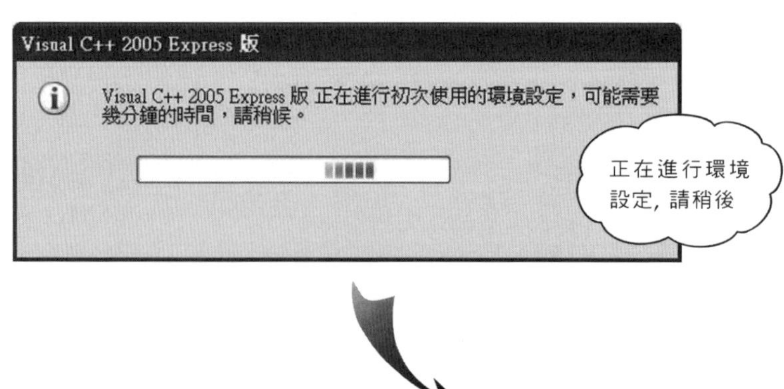

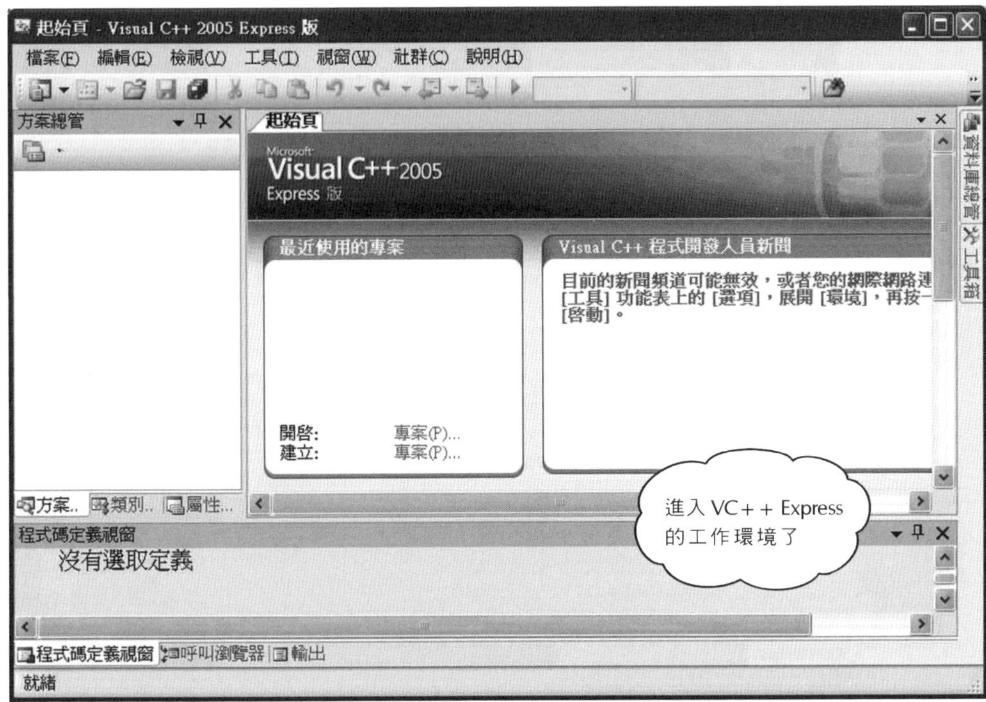

至於如何用 VC++ Express 撰寫程式、建立專案, 請參見附錄 B 的介紹。

A-3 線上註册

安裝完畢後請至微軟網站進行註册, 請注意, 需註册過微軟的 Microsoft Passport (即 MSN 的帳號, 可隨時申請) 才能申請 VC++ Express 的註册。請在 VC++ Express 中執行『**說明 / 註册產品**』命令, 開啓如下交談窗：

Visual C++ 2005 Express 版 產品註冊
Visual Studio 2005
您還沒有註冊您的 Visual C++ 2005 Express 版。這項產品還可以執行 30 天，之後就必須註冊。
註冊完全免費，而且可以讓您取得各項珍貴的資訊和資源，包括特殊優惠與折扣。如需有關註冊的詳細資訊，請參閱
註冊的優點。
您需要立即註冊嗎?
立即註冊才能繼續使用本產品。
如果您有註冊金鑰，請在下面輸入它，然後按一下 [完成註冊]。
這樣將可讓您繼續使用這項產品，不會受到干擾。
註冊金鑰(R):
完成註冊(C)
稍後需要將註冊金鑰填到此欄中
稍後註冊(L)

1 按此即會開啟瀏覽器連到註冊網頁

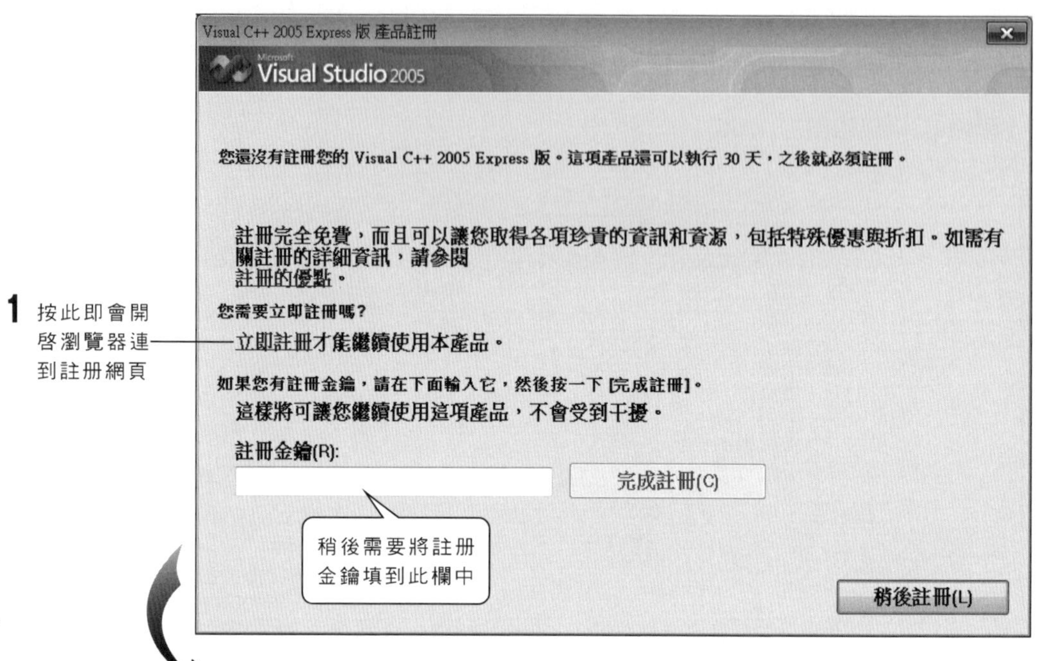

登入 - Windows Internet Explorer
https://login.live....
Bing
我的最愛
建議的網站
Properties
網頁快訊圖庫
登入
網頁(P)
安全性(S)
工具(O)
Microsoft® Visual C++® 2005 Express Edition
擁有 MSN Hotmail、MSN Messenger 或 Passport 帳號? 它是您的 Windows Live ID。
若要註冊此產品，您必須先登入 Windows Live™ ID。
若要開始，請註冊 Windows Live™ ID
現在就註冊
如果您還沒有 Windows Live 帳號，可按此處立即申請
登入 Microsoft
電子郵件地址：
plaay@hotmail.com
密碼：
忘記密碼？
登入
儲存我的電子郵件地址和密碼
儲存我的電子郵件地址
每次都詢問我的電子郵件地址和密碼
https://login.live.com/ppsecure/
網際網路 | 受保護模式: 啟動
100%

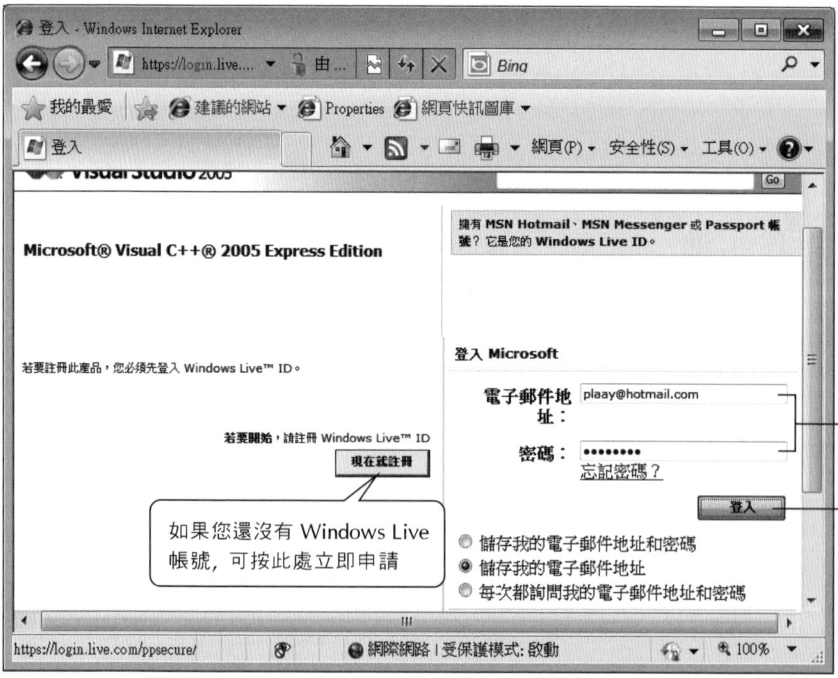

2 在此輸入您的 Windows Live 電子郵件地址及密碼

3 按此鈕

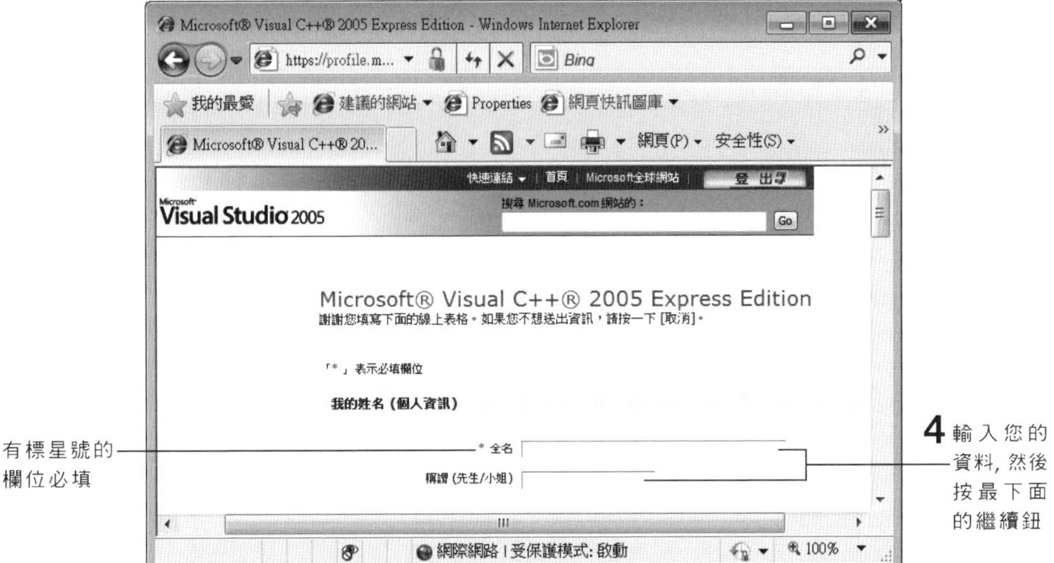

接著就會顯示註册金鑰：

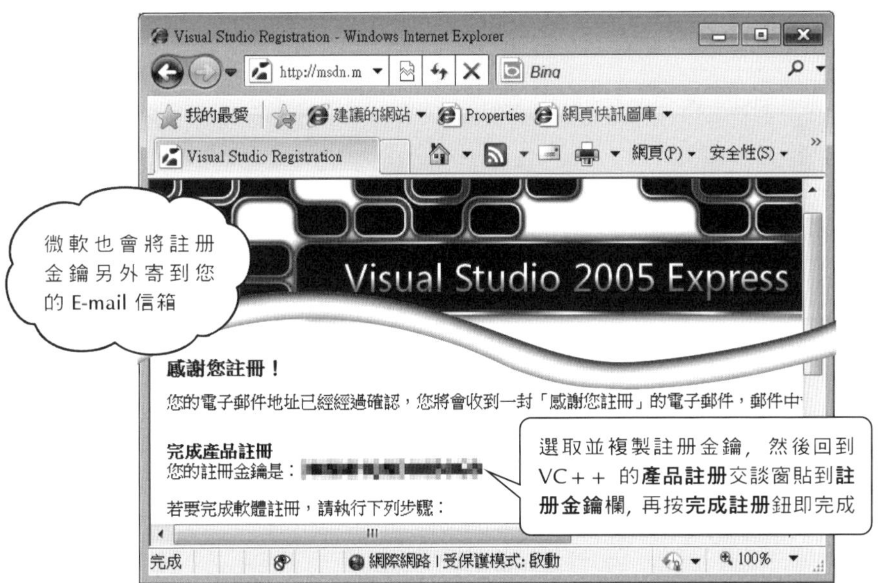

註册完成後, 在您的 E-mail 信箱中還會收到一封感謝註册的信函, 您可前往信中所列的網站以獲取更多有關 VC++ 的資源。

使用 Visual C++ 2005 Express Edition 編譯與執行程式

學習目標

- 使用 Visual C++ 2005 Express Edition 編譯範例程式
- 學習建立新的 C++ 程式專案
- 認識命令列編譯工具

Visual C++ 2005 Express Edition (以下簡稱 VC++ Express) 是以專案 (Project) 的方式來管理開發中的 C++ 程式, 但初學 C++ 程式設計時, 通常都只會有一個原始程式檔, 因此並不需用到其完整的專案管理功能。我們雖無法避免會用到 VC++ Express 的專案功能, 但爲方便初學者學習, 以下將只提到編譯範例程式及撰寫新程式時所需的最『基本』的專案管理功能。

當讀者對 C++ 程式的開發較熟悉後, 可自行參考 VC++ Express 本身的線上說明文件, 學習其進階的專案管理功能。

B-1 編譯書附的範例程式

由於編譯的動作需在硬碟上進行, 因此請先將書附檔案中的程式都先解壓縮到硬碟中, 以下說明均以 C:\F5700\ChXX 為範例程式的存放路徑,讀者可自行選擇存放到不同的路徑下。

用 VC++ Express 編譯範例程式大致可分成三大步驟：

1. 建立專案
2. 將原始程式加入專案中
3. 編譯、連結、執行程式

建立專案

請執行『**開始/ 所有程式/Visual C++ 2005 Express Edition/Microsoft Visual C++ 2005 Express 版**』命令啟動 VC++ Express, 第一次啟動時會出現一個小視窗表示正在進行初次的環境設定, 稍後即會出現如下的 VC++ Express 主畫面, 請依以下步驟建立專案：

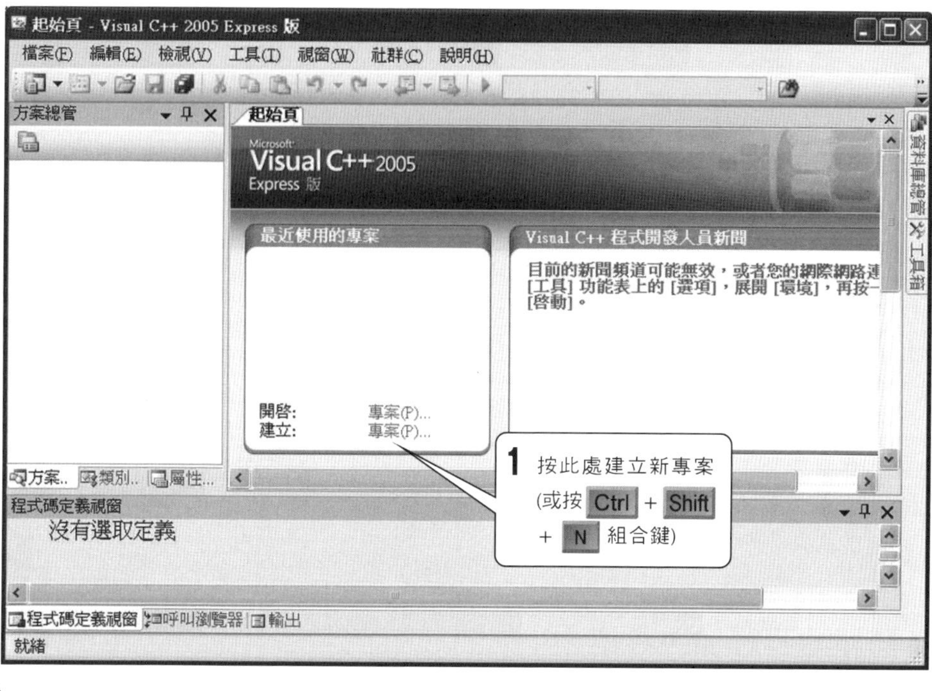
起始頁 - Visual C++ 2005 Express 版
檔案(F) 編輯(E) 檢視(V) 工具(T) 視窗(W) 社群(C) 說明(H)
方案總管
起始頁
Visual C++ 2005
Express 版
最近使用的專案
Visual C++ 程式開發人員新聞
目前的新聞頻道可能無效，或者您的網際網路連
[工具] 功能表上的 [選項]，展開 [環境]，再按一
[啓動]。
開啓: 專案(P)...
建立: 專案(P)...
1 按此處建立新專案
(或按 Ctrl + Shift
+ N 組合鍵)
程式碼定義視窗
沒有選取定義
就緒

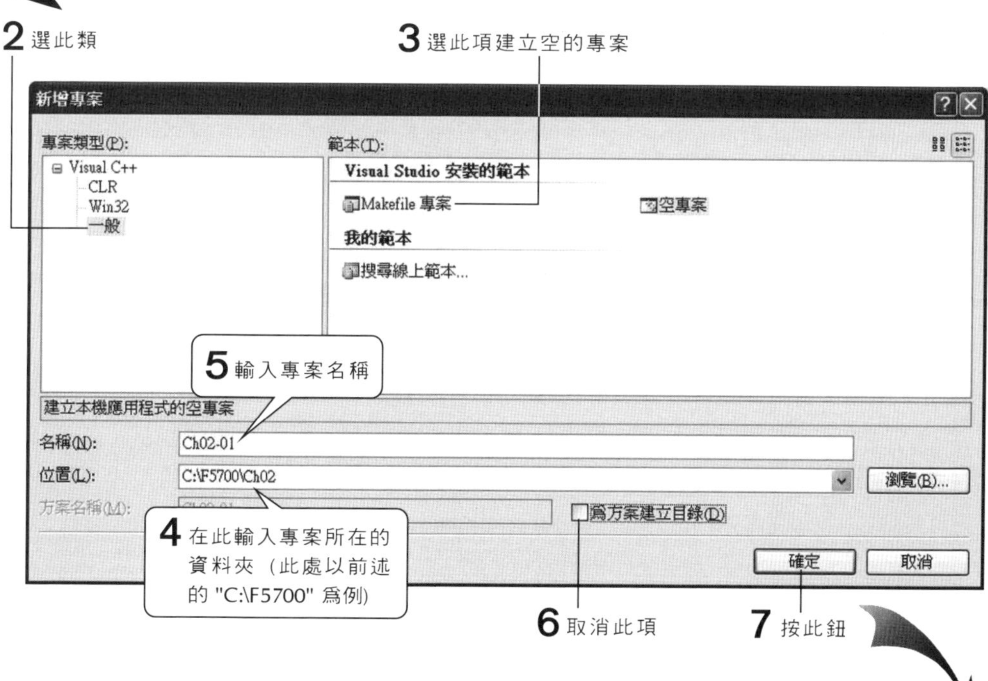
2 選此類
3 選此項建立空的專案
新增專案
專案類型(P):
範本(T):
Visual C++
CLR
Win32
一般
Visual Studio 安裝的範本
Makefile 專案
空專案
我的範本
搜尋線上範本...
5 輸入專案名稱
建立本機應用程式的空專案
名稱(N): Ch02-01
位置(L): C:\F5700\Ch02
瀏覽(B)...
方案名稱(M):
為方案建立目錄(D)
4 在此輸入專案所在的資料夾 (此處以前述的 "C:\F5700" 為例)
確定
取消
6 取消此項
7 按此鈕

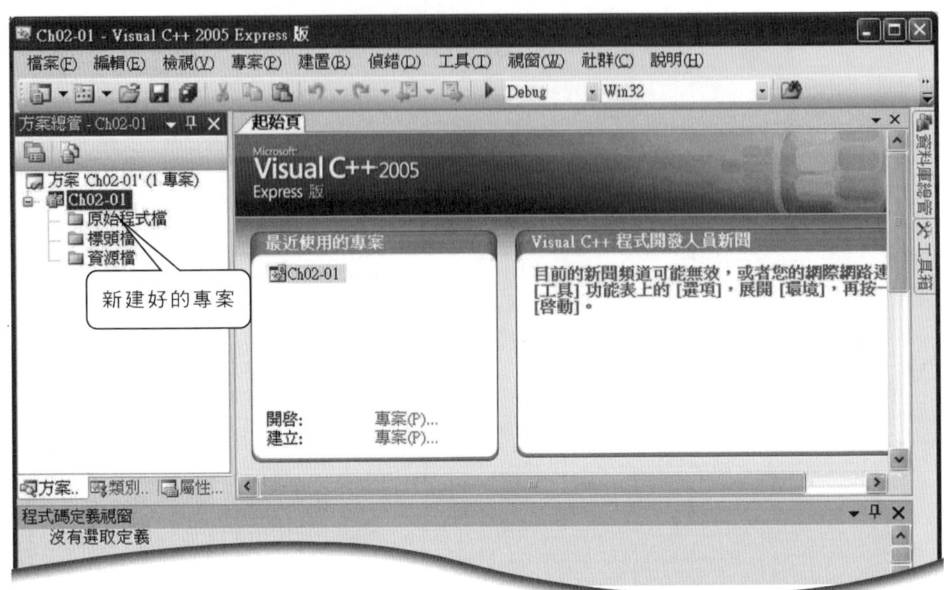

將原始程式加入專案中

建好空白的專案後，接著要將範例程式的原始檔加到專案之中，請依以下步驟進行：

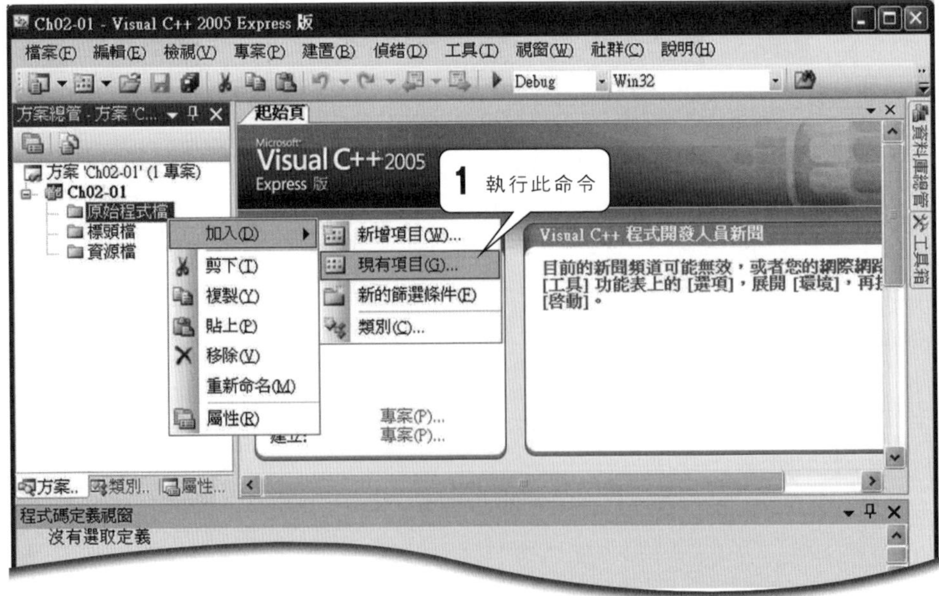

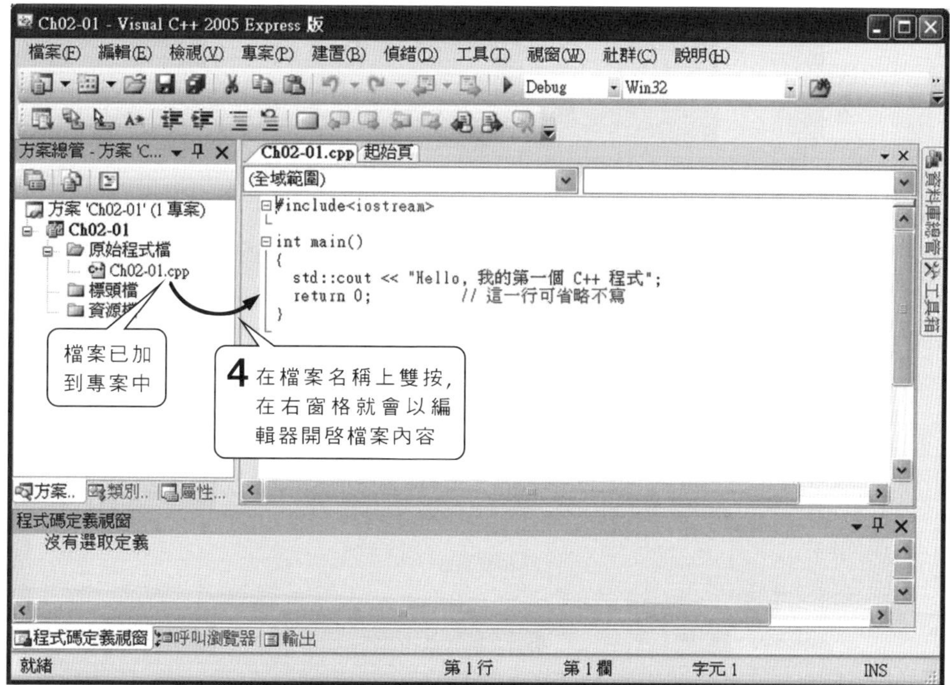

編譯、連結、執行程式

在 VC++ Express 中，編譯、連結、執行程式的動作可一氣呵成或分別進行。以下我們將之分成兩個動作：先編譯 / 連結程式 (VC++ Express 的用語是『Build』，以下稱此動作為『產生執行檔』) 看程式有無任何語法錯誤、成功後再來執行程式：

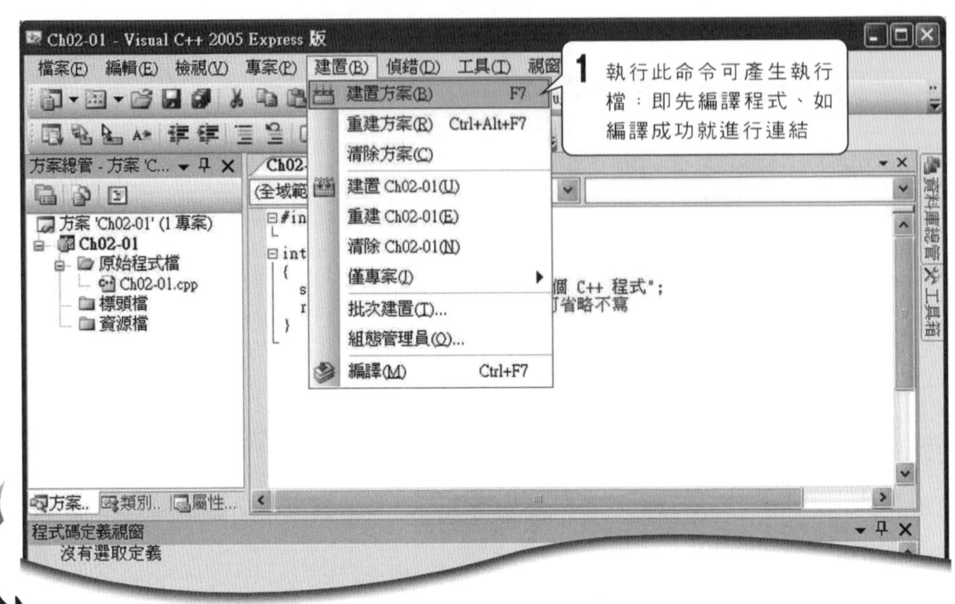

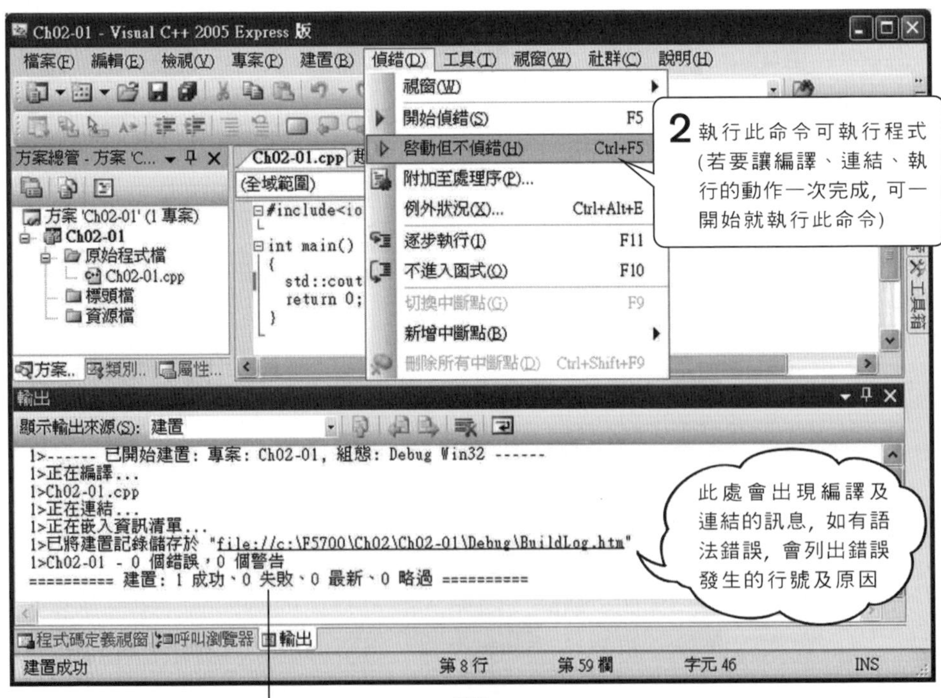

沒有錯誤表示編譯、連結成功

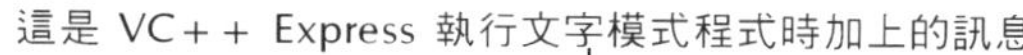

這是 VC++ Express 執行文字模式程式時加上的訊息

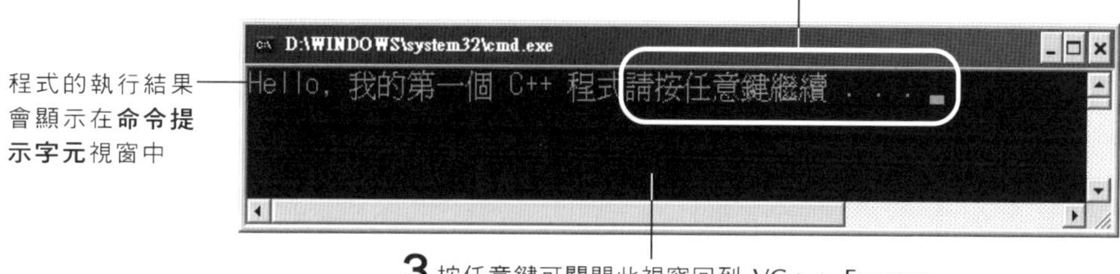

B-2 建立新專案及編寫程式

若要用 VC++ Express 建立全新的專案、編寫程式, 可依如下步驟進行：

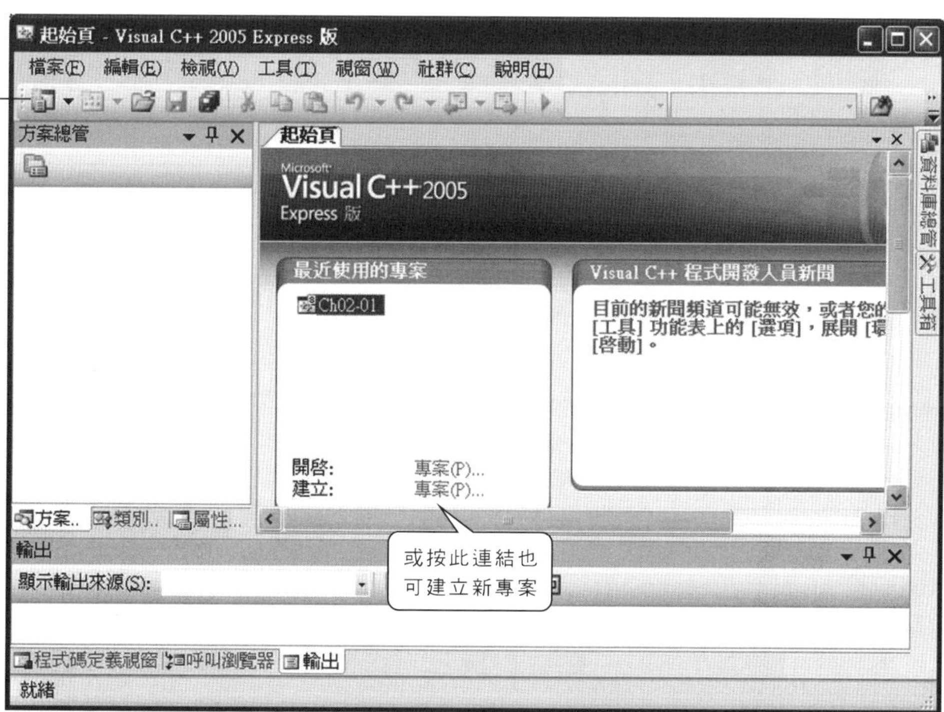

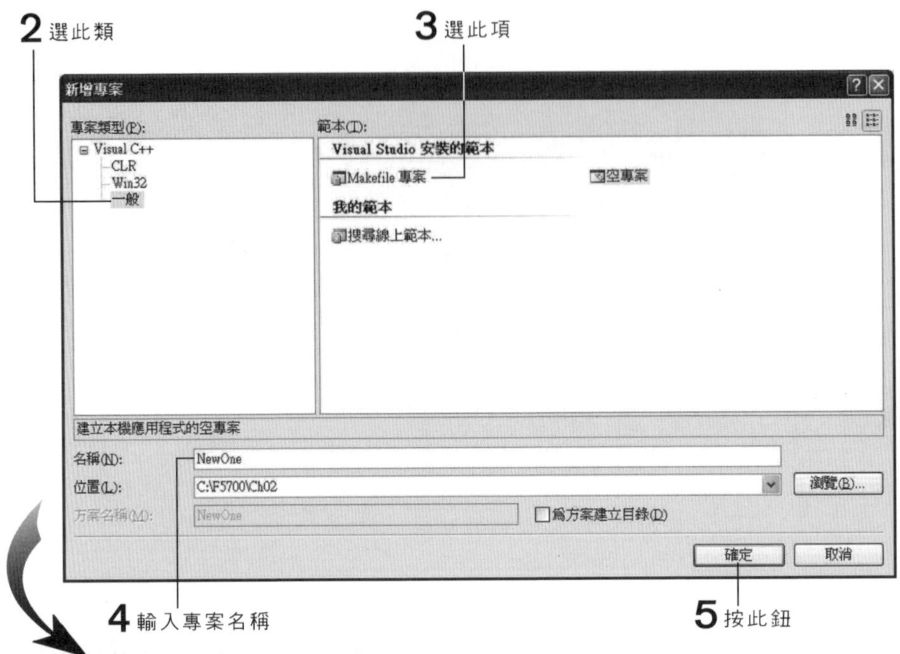
2 選此類
3 選此項
新增專案
專案類型(P):
Visual C++
CLR
Win32
一般
範本(T):
Visual Studio 安裝的範本
Makefile 專案
空專案
我的範本
搜尋線上範本...
建立本機應用程式的空專案
名稱(N):
NewOne
位置(L):
C:\F5700\Ch02
瀏覽(B)...
方案名稱(M):
NewOne
為方案建立目錄(D)
確定
取消
4 輸入專案名稱
5 按此鈕

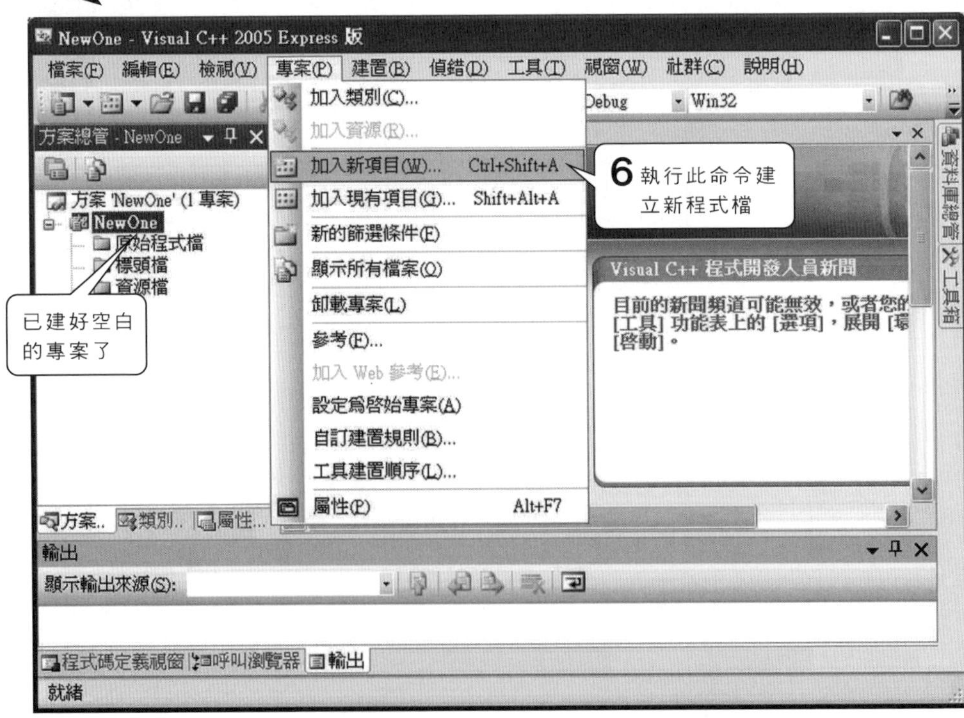
NewOne - Visual C++ 2005 Express 版
檔案(F) 編輯(E) 檢視(V) 專案(P) 建置(B) 偵錯(D) 工具(T) 視窗(W) 社群(C) 說明(H)
加入類別(C)...
加入資源(R)...
加入新項目(W)... Ctrl+Shift+A
加入現有項目(G)... Shift+Alt+A
新的篩選條件(F)
顯示所有檔案(O)
卸載專案(L)
參考(F)...
加入 Web 參考(E)...
設定為啟始專案(A)
自訂建置規則(B)...
工具建置順序(L)...
屬性(P) Alt+F7
6 執行此命令建立新程式檔
方案總管 - NewOne
方案 'NewOne' (1 專案)
NewOne
原始程式檔
標頭檔
資源檔
已建好空白的專案了
Visual C++ 程式開發人員新聞
目前的新聞頻道可能無效，或者您的 [工具] 功能表上的 [選項]，展開 [環 [啟動]。
輸出
顯示輸出來源(S):
程式碼定義視窗
呼叫瀏覽器
輸出
就緒

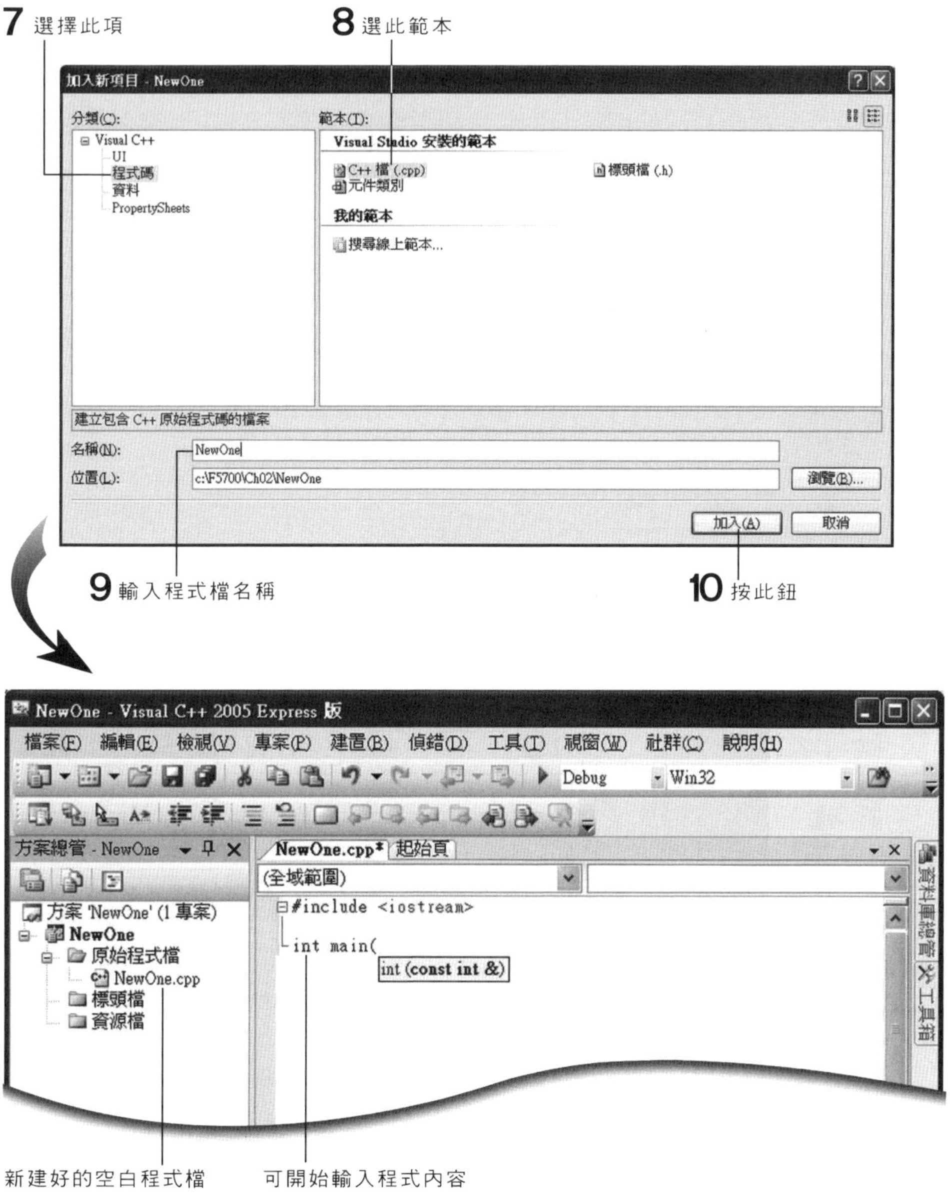

7 選擇此項

8 選此範本

加入新項目 - NewOne

分類(C):

Visual C++
UI
程式碼
資料
PropertySheets

範本(T):

Visual Studio 安裝的範本

C++ 檔 (.cpp)
標頭檔 (.h)
元件類別

我的範本

搜尋線上範本...

建立包含 C++ 原始程式碼的檔案

名稱(N): NewOne

位置(L): c:\F5700\Ch02\NewOne

瀏覽(B)...

加入(A) 取消

9 輸入程式檔名稱

10 按此鈕

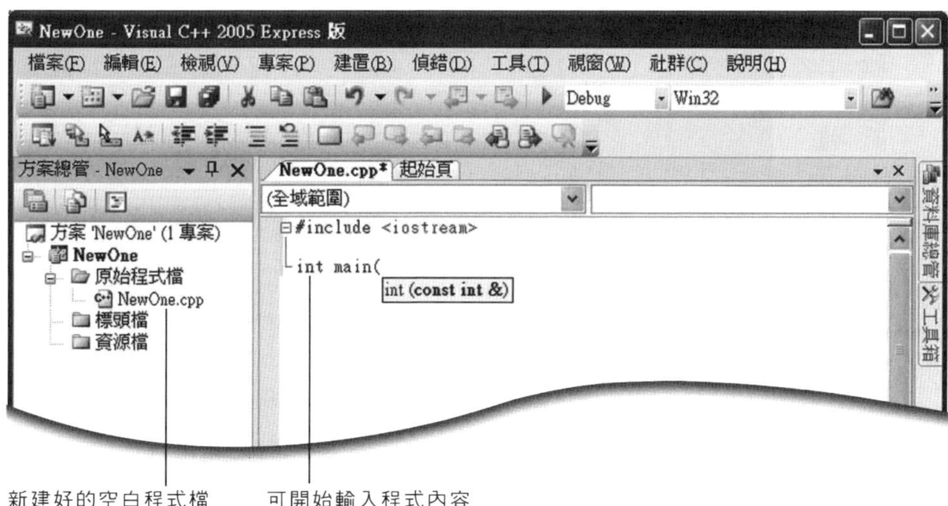

接著即可像使用一般編輯器一樣在 VC++ Express 中編寫程式, VC++ Express 編輯器的特點是會將不同屬性的識別字用不同的顏色標示, 例如 C++ 關鍵字為藍色、註解為綠色等, 以下簡單示範輸入程式的情形：

輸入不同屬性的識別字
會自動變成不同的顏色
1 輸入 C++ 內建的類別、函式、物件
名稱時, 會出現提示窗以供選擇
編輯各種程式區
塊時, 會自動縮排

2 我們要輸入的是 "cout", 隨
著輸入 'c' 、 'o'... 等字元時,
會自動跳出符合的項目

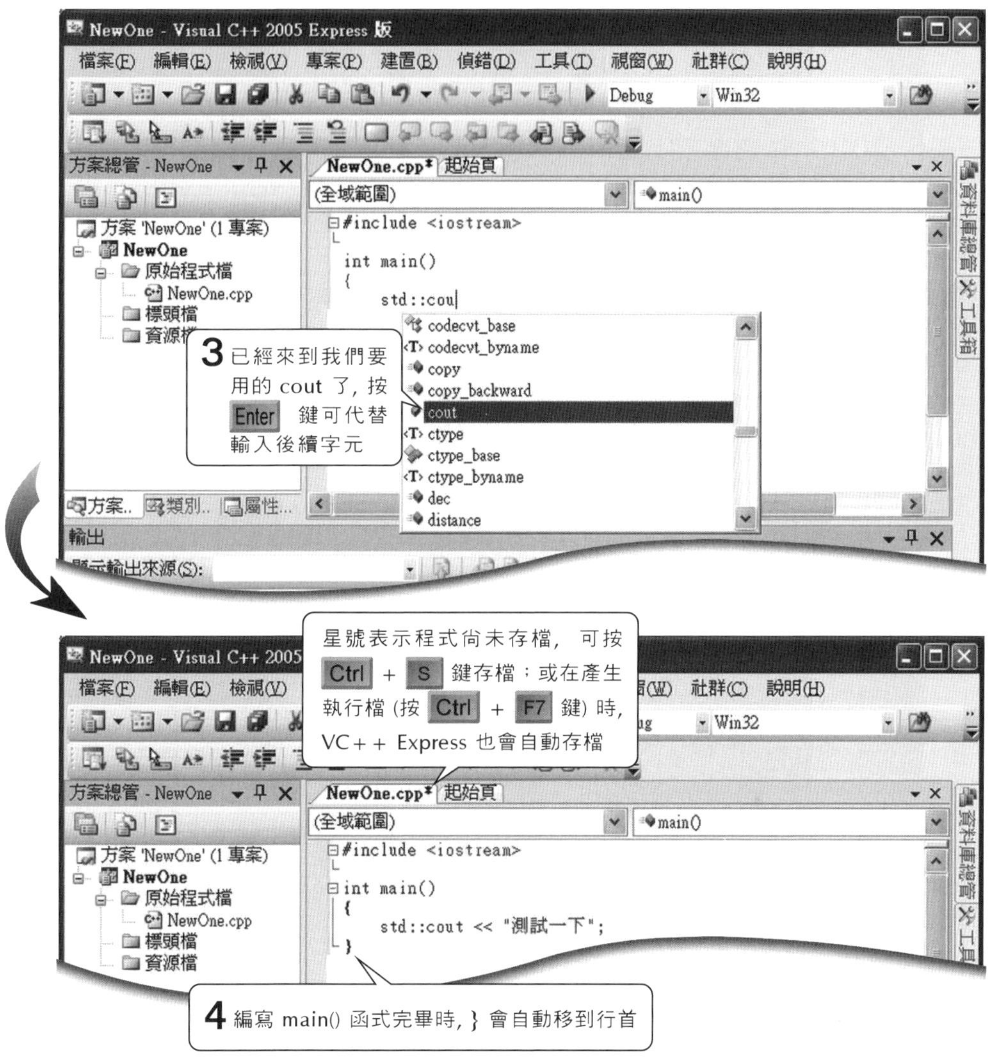

寫好程式後, 可以前一節介紹的方式產生執行檔及執行程式。

B-3 使用命令列編譯工具

如果不想使用 VC++ Express 的整合開發環境編寫程式, 可先以您慣用的編輯器寫好程式, 再用 VC++ Express 內附的命令列編譯器來建立程式。使用此方法的好處是不必另外建立專案；缺點則是操作不如在 VC++ Express 中般方便。

要用 VC++ Express 的命令列編譯工具編譯、連結程式, 請先執行『**開始/所有程式/ Visual C++ 2005 Express Edition/Visual Studio Tools/Visual Studio 2005 命令提示字元**』命令進入已設好環境變數的**命令提示字元**視窗：

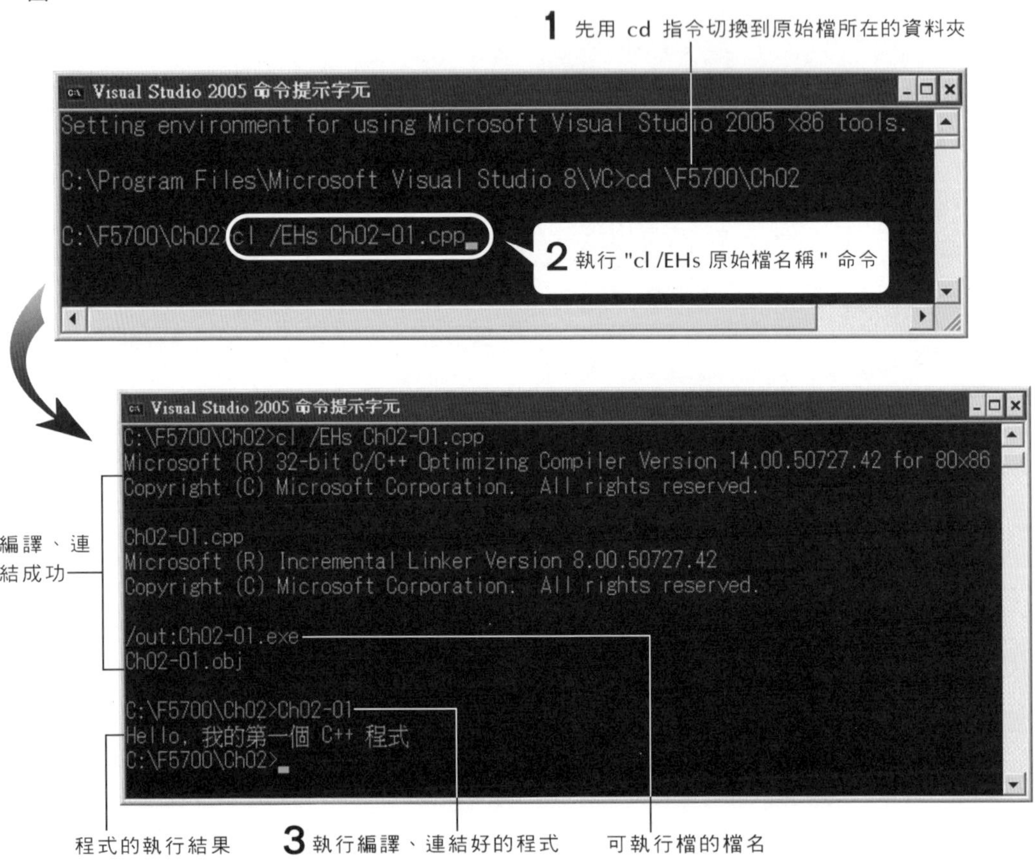

請注意, 命令列編譯工具 cl 執行時需要設妥一些環境變數, 所以若單純執行『**開始 / 所有程式 / 附屬應用程式 / 命令提示字元**』進入文字模式來執行 cl, 將無法順利編譯程式。

用 cl 編譯程式時, 若程式有語法錯誤, cl 也會列出錯誤所在的行號及可能原因, 此時請修改程式後再編譯看看。

Visual C++ 2005 Express Edition 除錯功能簡介

學習目標

- 認識 Visual C++ 2005 Express Edition 的除錯功能
- 學習除錯模式下的操作方式
- 觀察及修改變數值
- 利用中斷點中斷程式

寫程式時會遇到的錯誤狀況可分為三類：語法錯誤 (編譯時期錯誤)、執行時期錯誤、邏輯錯誤。其中語法錯誤可由編譯器檢查出來；執行時期錯誤可利用例外處理機制來處理；至於邏輯錯誤則是指程式雖順利編譯成功, 但執行的結果卻和原先所想的不同, 亦即可能程式中的迴圈、條件判斷式、運算式內容錯誤, 導致程式執行結果不正確的情形。

這類邏輯錯誤有時只需仔細檢視一下程式即可看出, 但有時則會令人摸不著頭緒, 完全不能判斷程式錯在何處。這時候就可利用整合開發環境所提供的除錯功能, 幫助我們找出程式的問題並修正之, 本附錄將簡介如何使用 Visual C++ 2005 Express Edition (以下簡稱 VC++ Express) 所提供的除錯功能：

- 以除錯模式執行程式
- 檢視及修改執行中的變數值
- 設定程式中斷點

VC++ Express 的除錯功能相當強大, 限於篇幅, 本章僅介紹最基本的用法, 更進階的操作方式及設定, 請參見 VC++ Express 的線上說明。

C-1 以除錯模式執行程式

VC++ Express 提供以『除錯模式』的方式執行程式, 在這個模式中, 可利用 VC++ Express 本身提供的除錯功能來監看各變數值與運算式的變化, 甚至可修改變數值。但要使用這項功能, 編譯、連結所產生的執行檔中必須含有相關的除錯資訊, 然而以附錄 B 介紹的方式建立空白專案時, 該專案所產生的執行檔預設不會含除錯資訊, 因此我們必須先修改專案設定。

以下示範均以為 Ch05-21.cpp 所建立的專案為例。

要將專案設為會含有除錯資訊，請先開啓專案，然後依如下步驟進行：

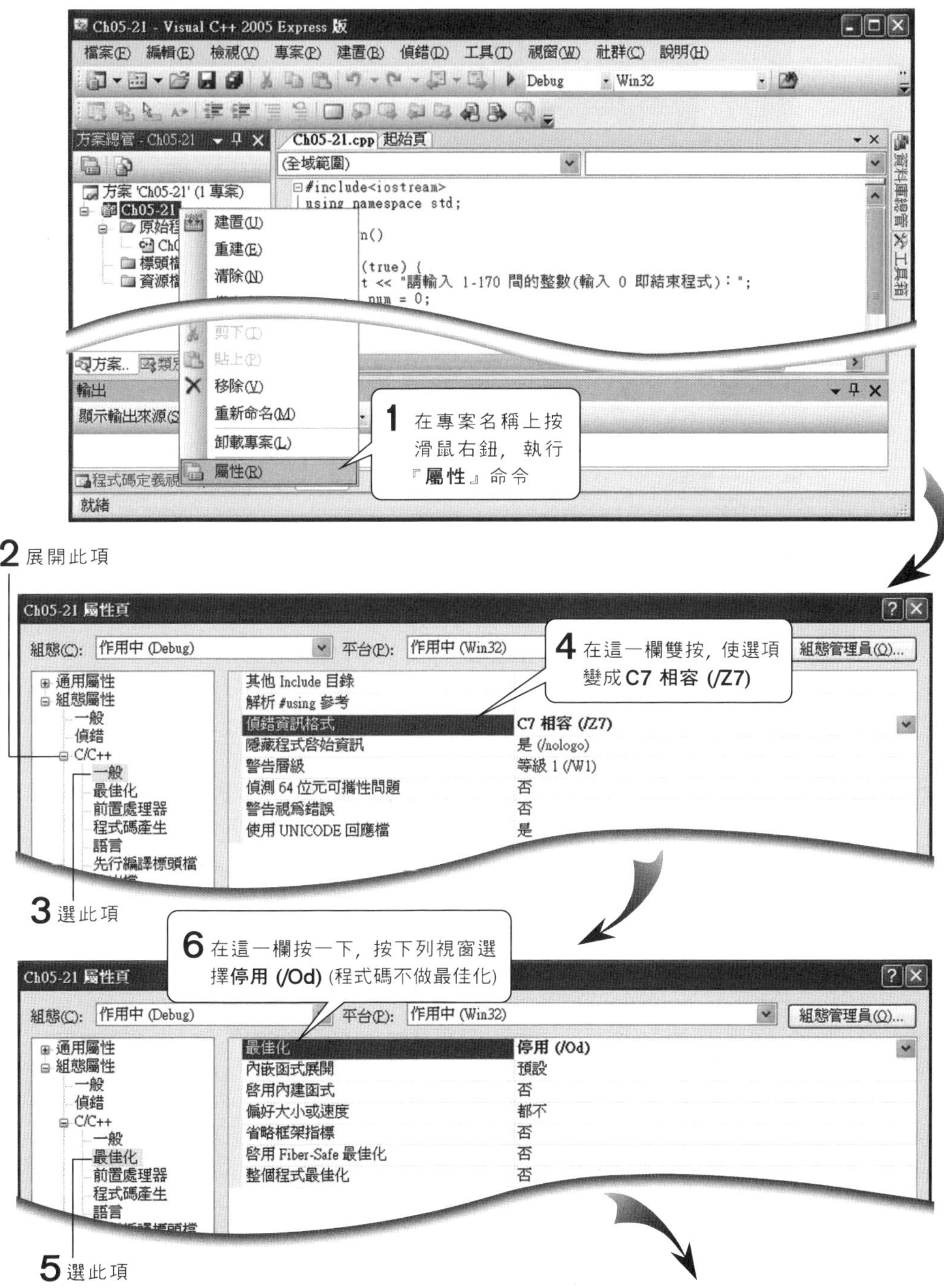

接著請按 Ctrl + Alt + F7 鍵重建專案, 然後按 F10 鍵開始以除錯模式啟動程式, F10 鍵的功能是以逐行的方式一步步執行程式中的敘述, 此時 VC++ Express 的視窗會變成如下的情形。以下用一連串的動作示範除錯時的基本操作方式：

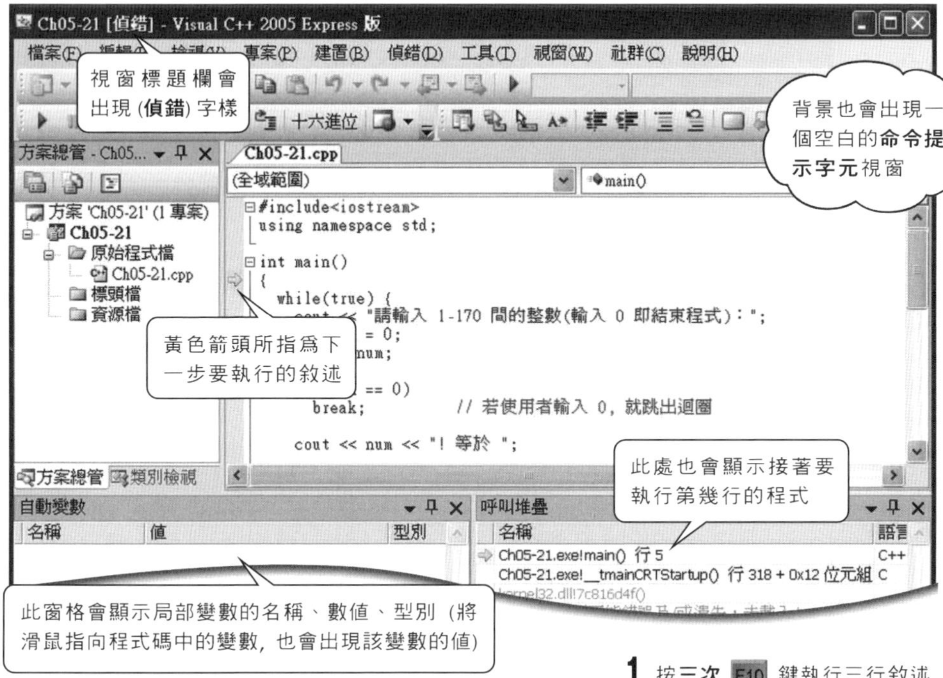

Ch05-21 [偵錯] - Visual C++ 2005 Express 版

視窗標題欄會出現 (**偵錯**) 字樣

背景也會出現一個空白的**命令提示字元**視窗

```
#include<iostream>
using namespace std;

int main()
{
  while(true) {
    cout << "請輸入 1-170 間的整數(輸入 0 即結束程式)：";
      = 0;
     num;

      == 0)
      break;          // 若使用者輸入 0，就跳出迴圈

    cout << num << "! 等於 ";
```

黃色箭頭所指為下一步要執行的敘述

此處也會顯示接著要執行第幾行的程式

呼叫堆疊：Ch05-21.exe!main() 行 5

此窗格會顯示局部變數的名稱、數值、型別 (將滑鼠指向程式碼中的變數，也會出現該變數的值)

1 按**三次** F10 鍵執行三行敘述

此箭頭表示函式傳回值，本例為前一行 "cout << ..." 的傳回值

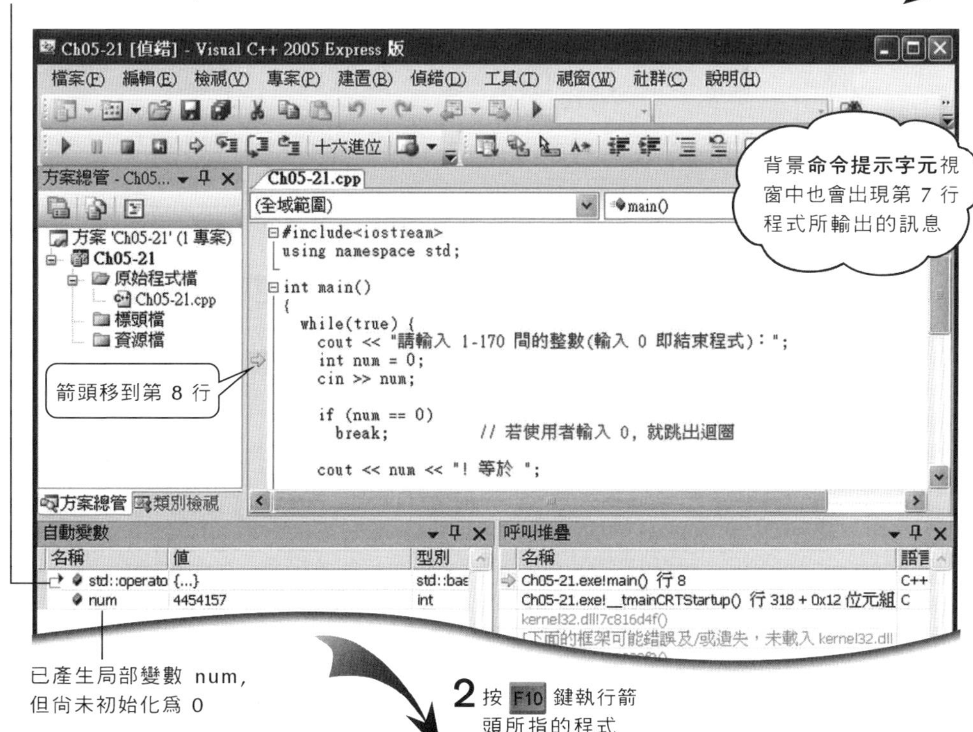

2 按 F10 鍵執行箭頭所指的程式

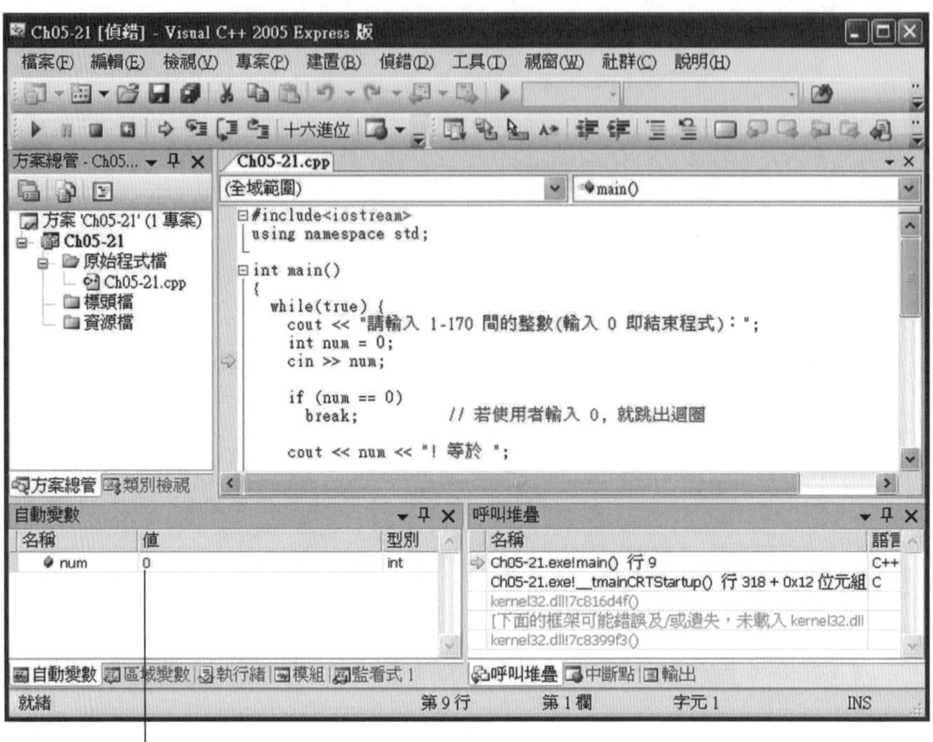

num 的值變成 0 了 (前一敘述有更動的變數值會以紅色顯示)

3 按 F10 鍵執行 "cin >> num;"

跳到**命令提示字元**視窗

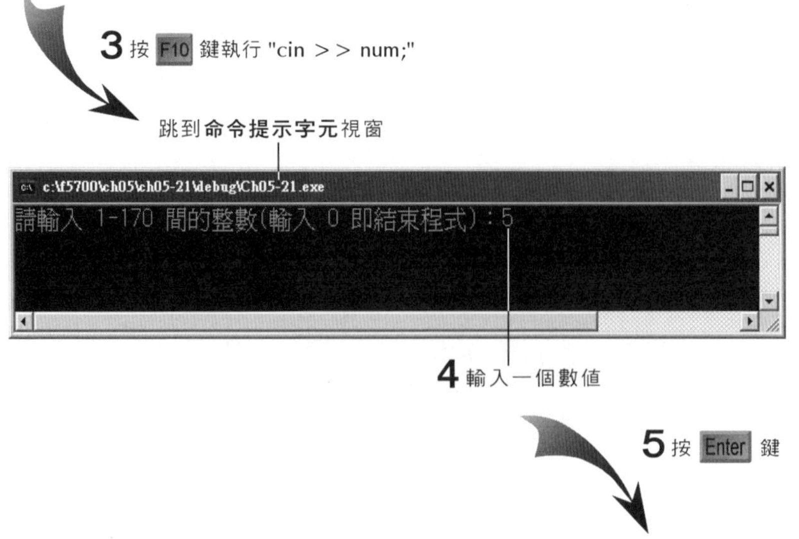

4 輸入一個數值

5 按 Enter 鍵

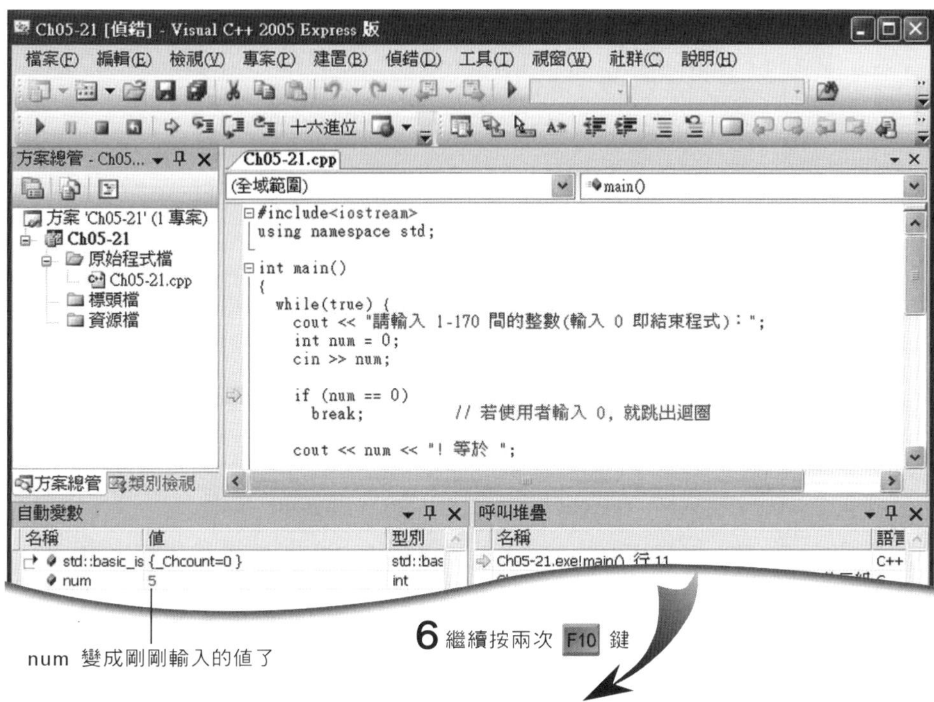
num 變成剛剛輸入的值了
6 繼續按兩次 F10 鍵

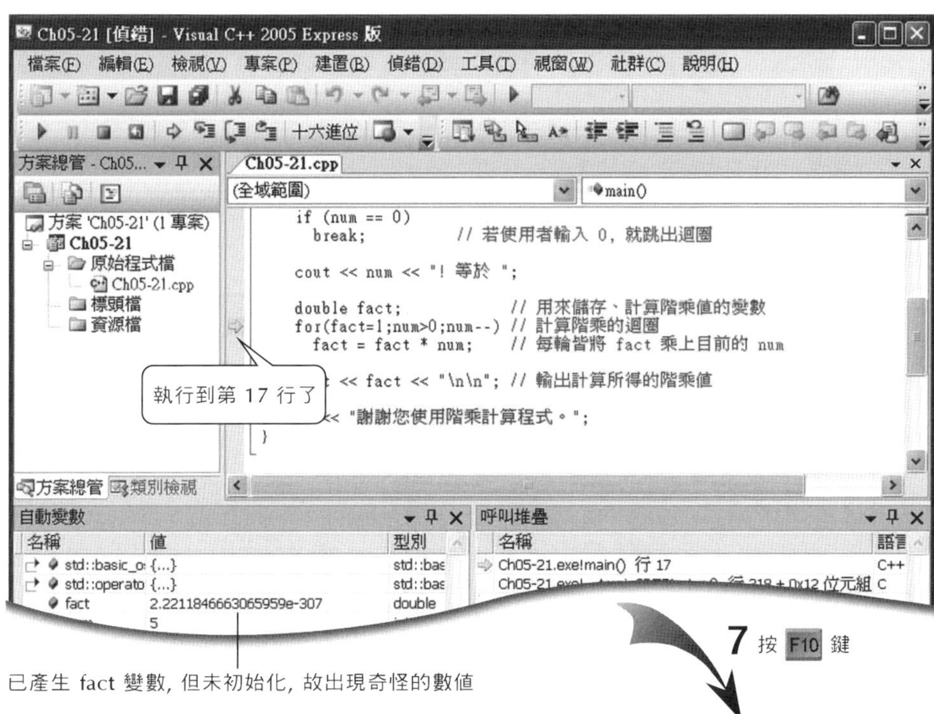
執行到第 17 行了
已產生 fact 變數, 但未初始化, 故出現奇怪的數值
7 按 F10 鍵

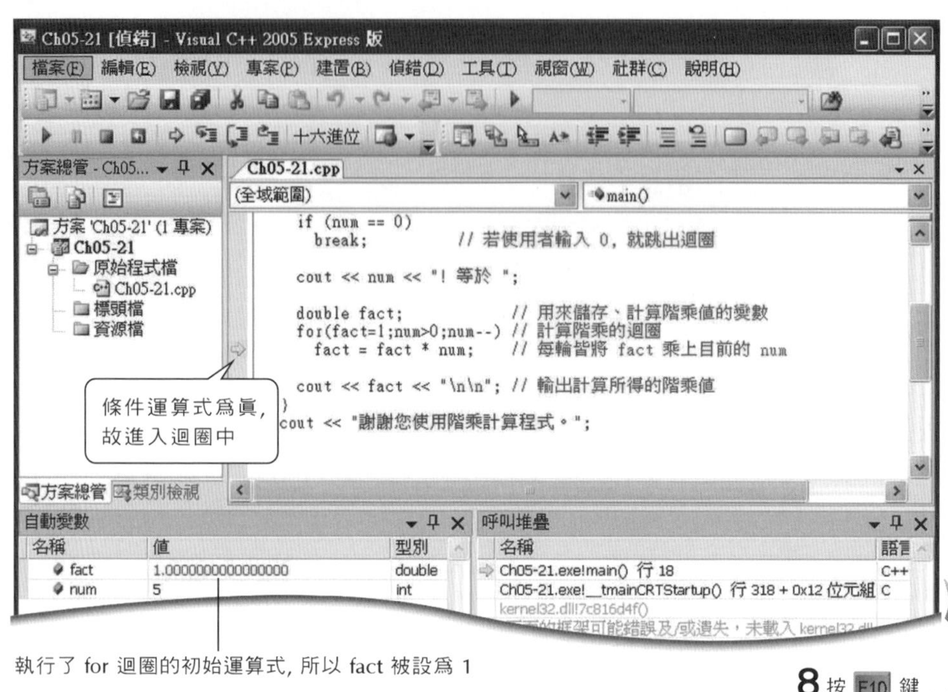
Ch05-21 [偵錯] - Visual C++ 2005 Express 版
檔案(F) 編輯(E) 檢視(V) 專案(P) 建置(B) 偵錯(D) 工具(T) 視窗(W) 社群(C) 說明(H)
十六進位
方案總管 - Ch05...
Ch05-21.cpp
(全域範圍)
main()
方案 'Ch05-21' (1 專案)
Ch05-21
原始程式檔
Ch05-21.cpp
標頭檔
資源檔
if (num == 0)
break; // 若使用者輸入 0，就跳出迴圈
cout << num << "! 等於 ";
double fact; // 用來儲存、計算階乘值的變數
for(fact=1;num>0;num--) // 計算階乘的迴圈
fact = fact * num; // 每輪皆將 fact 乘上目前的 num
cout << fact << "\n\n"; // 輸出計算所得的階乘值
cout << "謝謝您使用階乘計算程式。";
條件運算式為真，故進入迴圈中
方案總管 類別檢視
自動變數
名稱 值 型別
fact 1.0000000000000000 double
num 5 int
呼叫堆疊
名稱 語言
Ch05-21.exe!main() 行 18 C++
Ch05-21.exe!__tmainCRTStartup() 行 318 + 0x12 位元組 C
kernel32.dll!7c816d4f()
執行了 for 迴圈的初始運算式, 所以 fact 被設為 1
8 按 F10 鍵

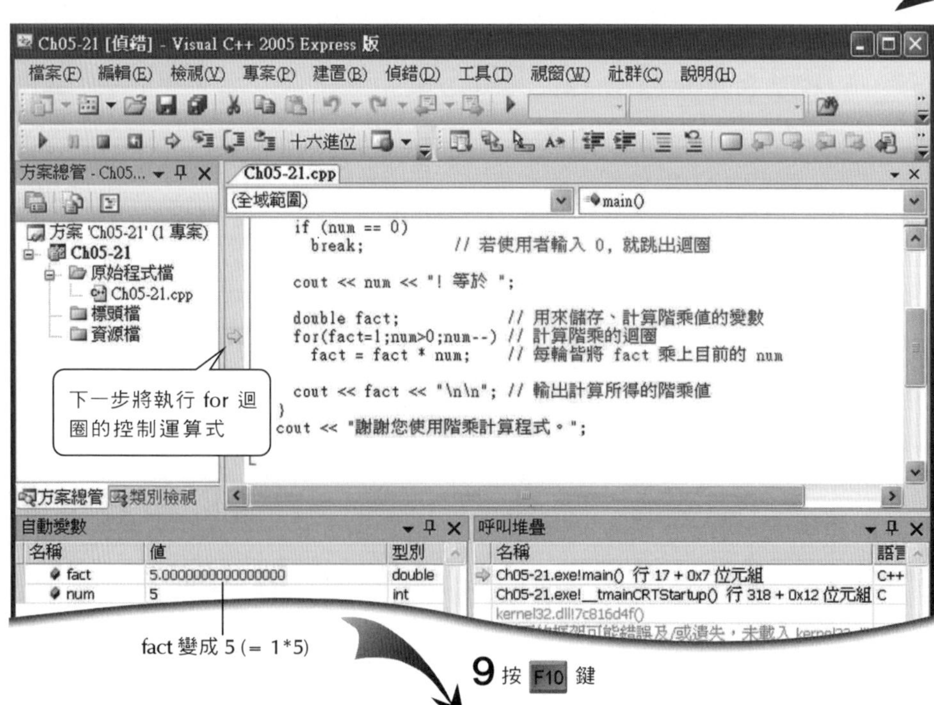
Ch05-21 [偵錯] - Visual C++ 2005 Express 版
檔案(F) 編輯(E) 檢視(V) 專案(P) 建置(B) 偵錯(D) 工具(T) 視窗(W) 社群(C) 說明(H)
十六進位
方案總管 - Ch05...
Ch05-21.cpp
(全域範圍)
main()
方案 'Ch05-21' (1 專案)
Ch05-21
原始程式檔
Ch05-21.cpp
標頭檔
資源檔
if (num == 0)
break; // 若使用者輸入 0，就跳出迴圈
cout << num << "! 等於 ";
double fact; // 用來儲存、計算階乘值的變數
for(fact=1;num>0;num--) // 計算階乘的迴圈
fact = fact * num; // 每輪皆將 fact 乘上目前的 num
cout << fact << "\n\n"; // 輸出計算所得的階乘值
cout << "謝謝您使用階乘計算程式。";
下一步將執行 for 迴圈的控制運算式
方案總管 類別檢視
自動變數
名稱 值 型別
fact 5.0000000000000000 double
num 5 int
呼叫堆疊
名稱 語言
Ch05-21.exe!main() 行 17 + 0x7 位元組 C++
Ch05-21.exe!__tmainCRTStartup() 行 318 + 0x12 位元組 C
kernel32.dll!7c816d4f()
fact 變成 5 (= 1*5)
9 按 F10 鍵

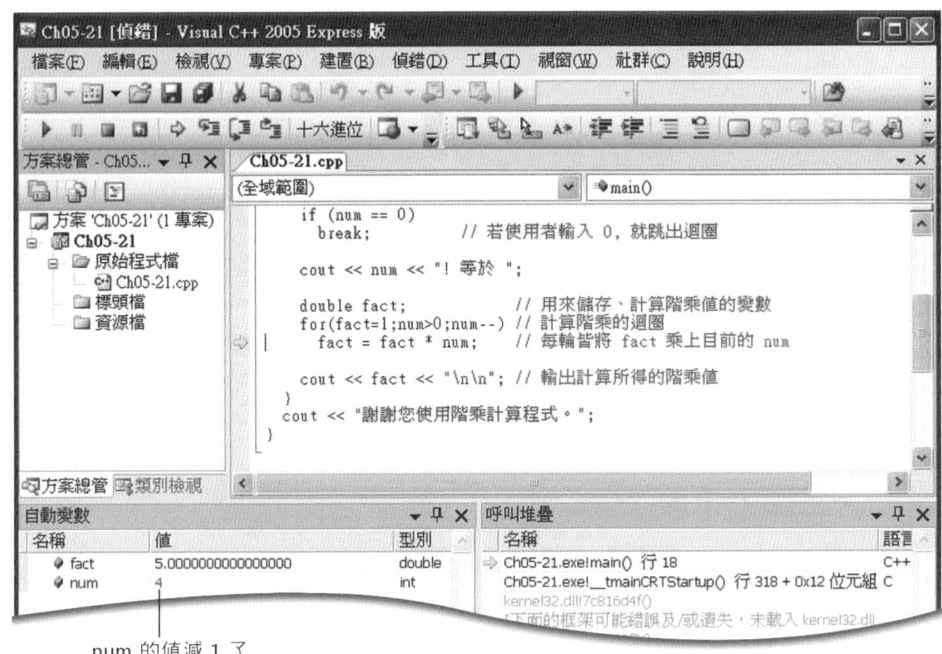

接著持續按 F10 鍵可觀察各變數在迴圈中變化情形，如果想修改變數的值，可參見下一節的說明。除了 F10 功能鍵，也可使用以下兩個功能鍵執行各敘述：

- F11 (**逐步執行**)：如果箭頭所指的敘述內有呼叫函式，則按 F11 鍵可跳入函式的部份繼續除錯 (若是按 F10 鍵則不會跳入函式，而會直接以函式傳回結果執行該敘述)。

請注意，若跳入標準函式庫的函式中，可能會執行很久才能跳出，且會干擾目前程式的除錯，因此不建議初者用此功能進入標準函式庫的函式。

- Shift + F11 (**跳離函式**)：如果用前一功能進入函式中，但不想再『逐步』執行該函式內容，可按 Shift + F11 鍵立即執行完該函式的所有敘述，跳回原呼叫的敘述。

若想結束除錯模式，可按 Shift + F5 鍵或執行『**偵錯/停止偵錯**』命令。

C-2 檢視及修改執行中的變數值

VC++ Express 的**自動變數**窗格只會顯示目前視野 (scope) 中的局部變數, 若在除錯過程中要檢視靜態變數、全域變數的值, 則需使用**監看式**的功能：

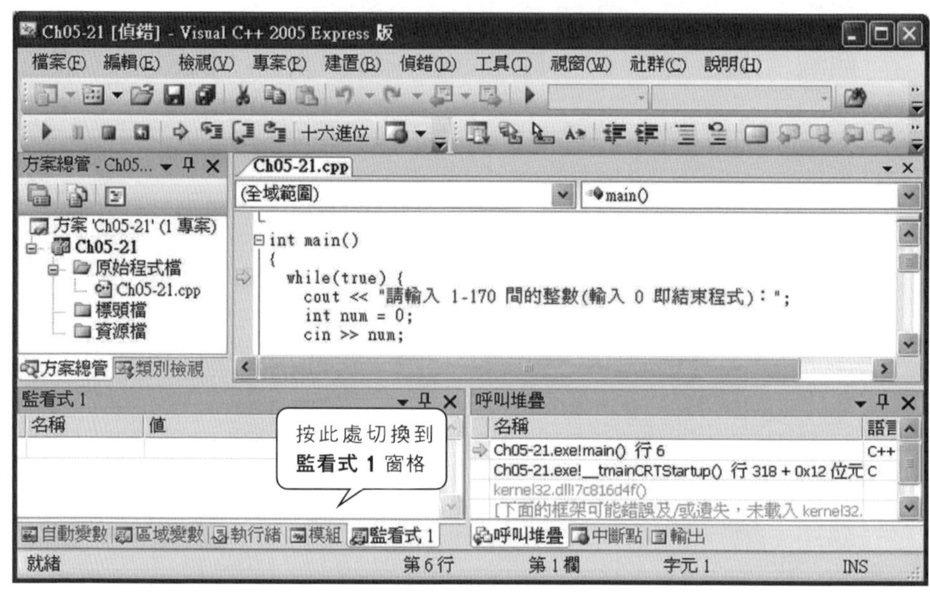

在**監看式 1** 窗格可加入任何變數名稱或運算式, 輸入方式如下：

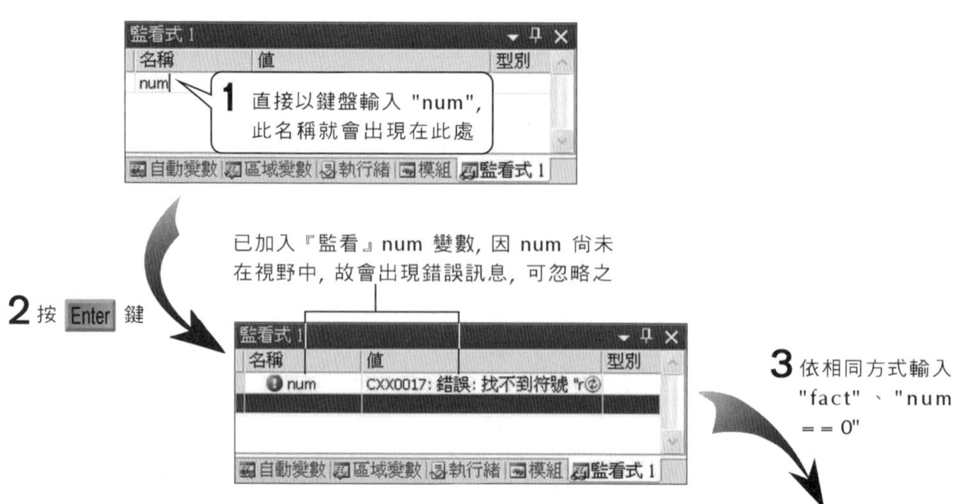

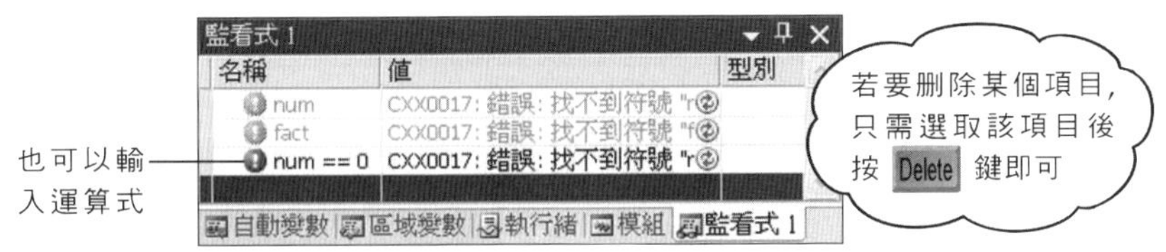

接著請按 F10 鍵開始執行程式, 當程式進入變數的視野時, 該變數的值、相關的運算式也會出現數值：

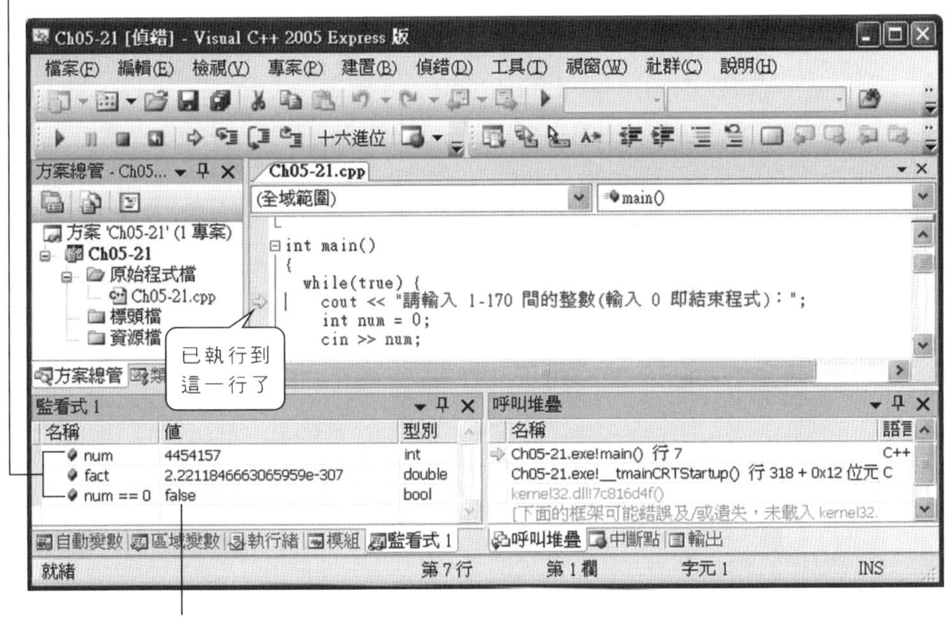

輸入運算式時, 若運算式本身會改變變數值, 則輸入時, 程式中的變數值將會依運算結果變動。例如若輸入 "num--", 則 num 的值會立即減 1。

修改變數值

若要修改變數的值, 可依如下方式操作 (在**自動變數**窗格中也可修改局部變數的值)：

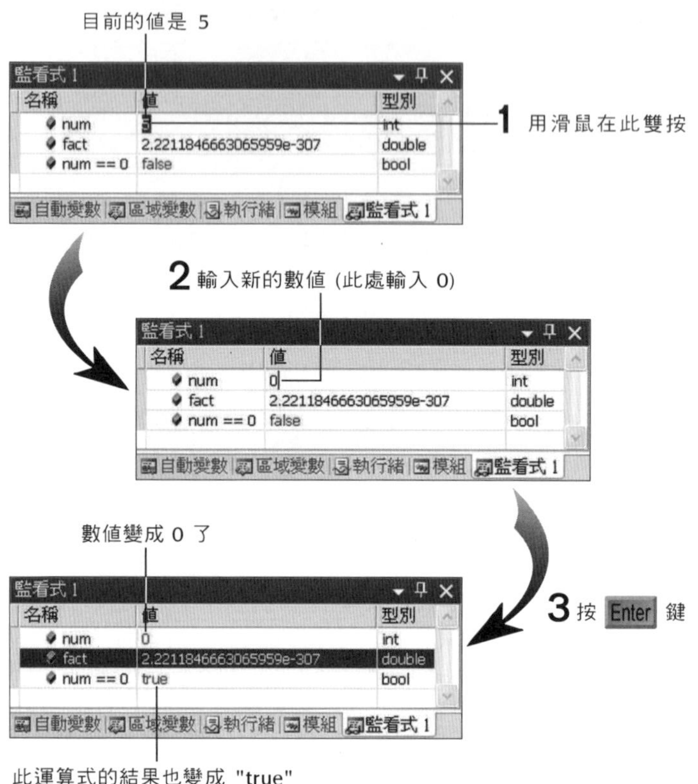

上例中將 num 改成 0, 則在執行接下來的 if 敘述的條件運算式時就會使結果爲眞, 並結束程式。利用這種方式, 我們可用不同的數值測試、觀察程式執行的情形, 進而找出程式可能的問題。

C-3 使用中斷點

有時候程式很大, 但所要除錯的部分並不是在程式的前頭, 這時若以 F10 鍵逐步執行就變得相當麻煩, 此時可利用中斷點 (Breakpoint) 功能來輔助除錯。中斷點的功能在於中斷程式的執行, 換言之, 在除錯模式下可讓程式自動執行到中斷點的位置停下來。

設定中斷點

要在程式中設定中斷點，只需在欲暫停的敘述前用滑鼠按一下：

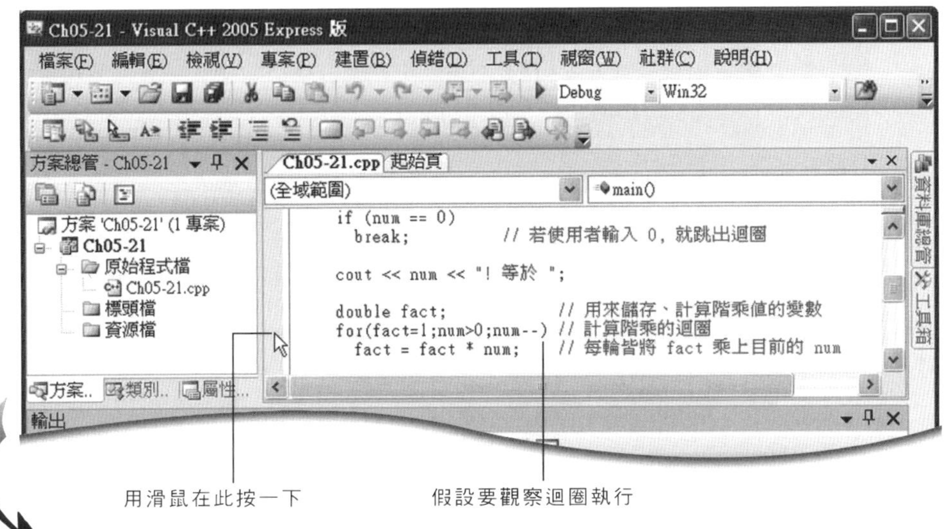

用滑鼠在此按一下
假設要觀察迴圈執行

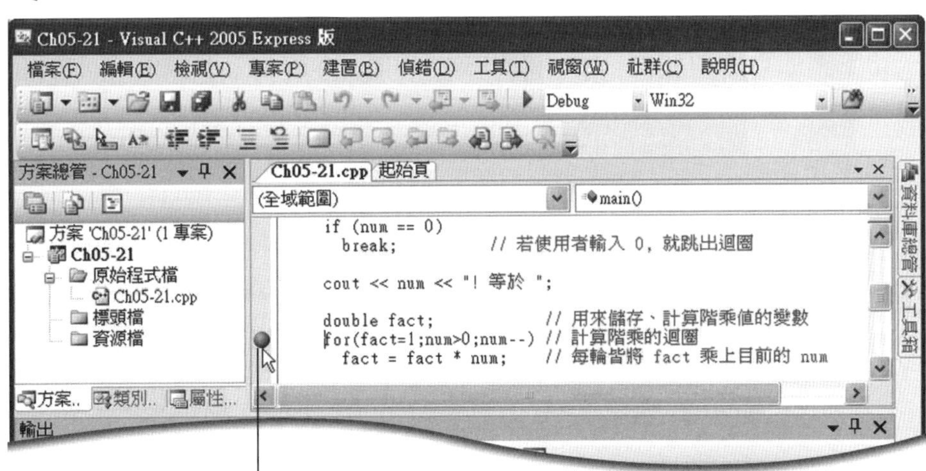

出現此圖示表示這行敘述已被設為中斷點

中斷點的數量並無限制，所以您可在程式任何可能有問題的敘述上設定中斷點，以便檢查它們在執行時的狀況。

設好中斷點後，就不必一開始就用逐步的方式執行程式，接著按 F5 鍵執行程式，此時程式會自動執行到中斷點所在的敘述時，就會暫停執行：

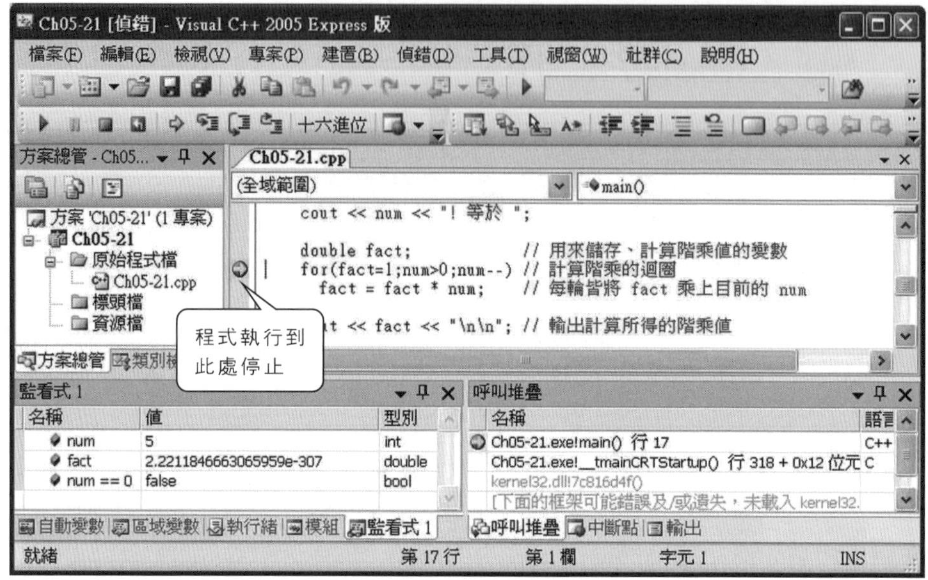

接下來您可用前述的 F10、F11 等功能鍵逐步執行程式；或者您已設定多個中斷點，且目前執行的狀況正常，可再按 F5 鍵繼續執行程式，程式會在下一個中斷點再度暫停執行。

請注意，如果中斷點是設在 if/else、switch/case 結構中的某一部份，可能程式執行時並未發生符合該條件的狀態，使中斷點的敘述根本不會被執行，如此也將使中斷點失去中斷程式的功效。

進階中斷點設定

設定中斷點不只可設定在哪一行敘述上中斷，還可以設定需同時符合特定條件，中斷點才會眞的中斷程式執行，例如可指定當某變數值爲多少、或某運算式爲眞 (true) 時才中斷程式。要做這類設定，請在中斷點的圖示上按下滑鼠右鈕：

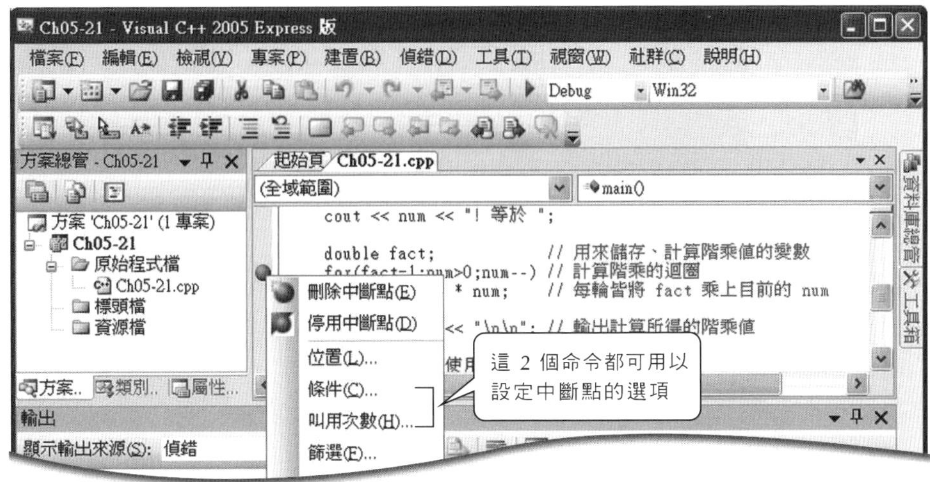

條件：顧名思義，此項是設定當程式執行到中斷點的敘述時，必須符合指定的狀態，才會中斷程式，選此項時會出現如下的設定交談窗：

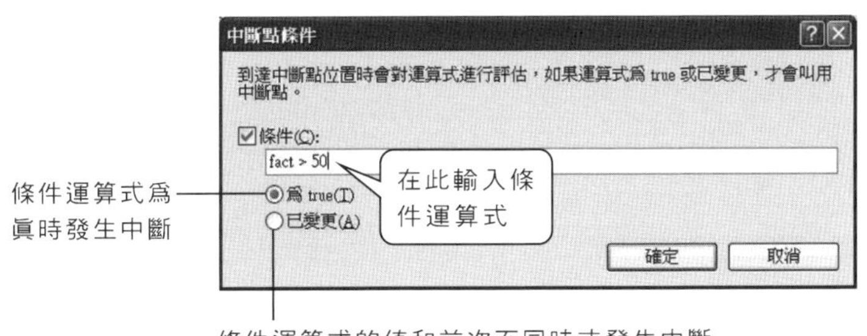

叫用次數：設定當中斷點的敘述執行到第幾次時，才要中斷程式，適用於函式或迴圈中的中斷點。選此項時會出現如下的設定交談窗：

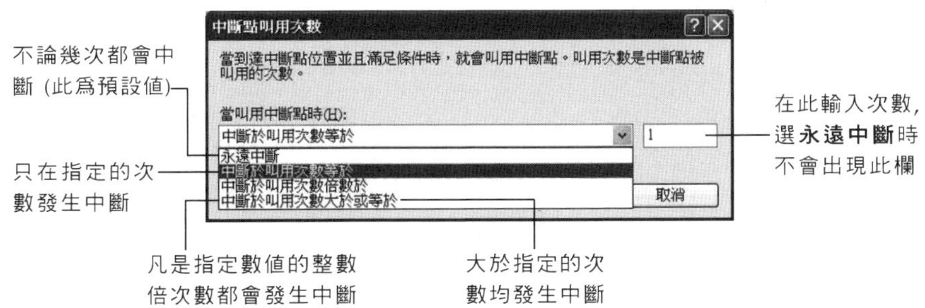

最新程式語言
C++

最新程式語言
C++